普通高等院校“十三五”规划教材

普通高等院校机械类精品教材

编审委员会

顾　问：杨叔子　华中科技大学

　　　　李培根　华中科技大学

总主编：吴昌林　华中科技大学

委　员：（按姓氏拼音顺序排列）

崔洪斌　河北科技大学

冯　浩　景德镇陶瓷大学

高为国　湖南工程学院

郭钟宁　广东工业大学

韩建海　河南科技大学

孔建益　武汉科技大学

李光布　上海师范大学

李　军　重庆交通大学

黎秋萍　华中科技大学出版社

刘成俊　重庆科技学院

柳舟通　湖北理工学院

卢道华　江苏科技大学

鲁屏宇　江南大学

梅顺齐　武汉纺织大学

孟　逵　河南工业大学

芮执元　兰州理工大学

汪建新　内蒙古科技大学

王生泽　东华大学

杨振中　华北水利水电学院

易际明　湖南工程学院

尹明富　天津工业大学

张　华　南昌大学

张建钢　武汉纺织大学

赵大兴　湖北工业大学

赵天婵　江汉大学

赵雪松　安徽工程大学

郑清春　天津理工大学

周广林　黑龙江科技学院

国家级精品资源共享课配套教材
普通高等院校“十二五”规划教材
普通高等院校“十三五”规划教材
普通高等院校机械类精品教材

顾　问　杨叔子　李培根

数控技术及装备

（第三版）

主　编　韩建海　胡东方
主　审　廖效果

華中科技大學出版社
http://www.hustp.com
中国　武汉

内 容 简 介

本书为国家级精品课程教材、普通高等院校“十三五”规划教材、普通高等院校机械类精品教材。

全书共7章，包括数控技术概述、数控加工技术基础知识、数控编程技术、计算机数控装置、数控机床的伺服驱动与反馈系统、数控机床机械结构、数控机械设计实例等内容，每章均附有本章重点、难点和知识拓展以及一定数量的思考题与习题。本书的编写立足于数控理论知识和实际应用技术的恰当结合，以应用为本，融工艺、编程、操作、原理、机械结构和装备设计于一体。本书内容全面、丰富，重点突出、层次清楚，既包括基础理论，又包括实用技术和实用技能，强调知识的综合应用，力求体现先进性、实用性，反映了当今数控技术发展的新成就和新动向。

本书主要作为应用型本科院校的机械工程及其自动化、机械设计制造及其自动化、机械电子工程等机械类专业的教材，也可作为广大自学者及工程技术人员的自学和培训用书，对从事数控技术及装备开发设计和研究的科技人员也有一定的参考价值。

图书在版编目(CIP)数据

数控技术及装备/韩建海，胡东方主编. —3版. —武汉：华中科技大学出版社，2016.5（2024.8重印）
普通高等院校“十二五”规划教材　普通高等院校“十三五”规划教材　普通高等院校机械类精品教材
ISBN 978-7-5680-1860-9

Ⅰ.①数…　Ⅱ.①韩…　②胡…　Ⅲ.①数控机床-高等学校-教材　Ⅳ.①TG659

中国版本图书馆CIP数据核字(2016)第116031号

数控技术及装备(第三版)　　韩建海　胡东方　主编
Shukong Jishu ji Zhuangbei (disanban)

责任编辑：刘　飞
封面设计：原色设计
责任校对：李　琴
责任监印：张正林
出版发行：华中科技大学出版社(中国・武汉)　　电话：(027)81321913
武汉市东湖新技术开发区华工科技园　　邮编：430223
录　　排：华中科技大学惠友文印中心
印　　刷：广东虎彩云印刷有限公司
开　　本：787mm×960mm　1/16
印　　张：22.75　插页：2
字　　数：487千字
版　　次：2007年9月第1版　2011年9月第2版　2024年8月第3版第6次印刷
定　　价：46.80元

本书若有印装质量问题，请向出版社营销中心调换
全国免费服务热线：400-6679-118　竭诚为您服务
版权所有　侵权必究

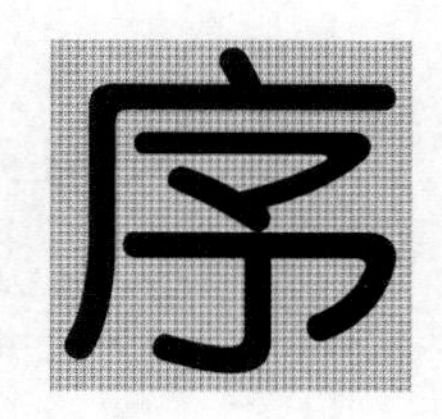

“爆竹一声除旧，桃符万户更新。”在新年伊始，春节伊始，“十三五规划”伊始，来为“普通高等院校机械类精品教材”这套丛书写这个“序”，我感到很有意义。

近十年来，我国高等教育取得了历史性的突破，实现了跨越式的发展，毛入学率由低于10%达到了高于20%，高等教育由精英教育而跨入了大众化教育。显然，教育观念必须与时俱进而更新，教育质量观也必须与时俱进而改变，从而教育模式也必须与时俱进而多样化。

以国家需求与社会发展为导向，走多样化人才培养之路是今后高等教育教学改革的一项重要任务。在前几年，教育部高等学校机械学科教学指导委员会对全国高校机械专业提出了机械专业人才培养模式的多样化原则，各有关高校的机械专业都在积极探索适应国家需求与社会发展的办学途径，有的已制定了新的人才培养计划，有的正在考虑深刻变革的培养方案，人才培养模式已呈现百花齐放、各得其所的繁荣局面。精英教育时代规划教材、一致模式、雷同要求的一统天下的局面，显然无法适应大众化教育形势的发展。事实上，多年来许多普通院校采用规划教材就十分勉强，而又苦于无合适教材可用。

“百年大计，教育为本；教育大计，教师为本；教师大计，教学为本；教学大计，教材为本。”有好的教材，就有章可循，有规可依，有鉴可借，有道可走。师资、设备、资料（首先是教材）是高校的三大教学基本建设。

“山不在高，有仙则名。水不在深，有龙则灵。”教材不在厚薄，内容不在深浅，能切合学生培养目标，能抓住学生应掌握的要言，能做到彼此呼应、相互配套，就行，此即教材要精、课程要精，能精则名、能精则灵、能精则行。

华中科技大学出版社主动邀请了一大批专家，联合了全国几十个应用型机械专业，在全国高校机械学科教学指导委员会的指导下，保证了当前形势下机械学科教学改革的发展方向，交流了各校的教改经验与教材建设计划，确定了一批面向普通高等院校机械学科精品课程的教材编写计划。特别要提出的，教育质量观、教材质量观必须随高等教育大众化而更新。大众化、多样化决不是降低质量，而是要面向、适应与满足人才市场的多样化需求，面向、符合、激活学生个性与能力的多样化特点。“和而不同”，才能生动活泼地繁荣与发展。脱离市场实际的、脱离学生实际的一刀切的质量不仅不是“万应灵丹”，而是“千篇一律”的桎梏。正因为如此，为了真正确保高等教育大众化时代的教学质量，教育主管部门正在对高校进行教学质量评估，各高校正在积极进行教材建设、特别是精品课程、精品教材建设。也因为如此，华中科技大学出版社组织出版普通高等院校应用型机械学科的精品教材，可谓正得其时。

我感谢参与这批精品教材编写的专家们！我感谢出版这批精品教材的华中科技大学出版社的有关同志！我感谢关心、支持与帮助这批精品教材编写与出版的单位与同志们！我深信编写者与出版者一定会同使用者沟通，听取他们的意见与建议，不断提高教材的水平！

特为之序。

中国科学院院士

教育部高等学校机械学科指导委员会主任

杨叔子

2006.1

第三版前言

本书自第一版出版以来，经多次印刷，被全国几十所院校的有关专业采用。在使用中，许多授课老师和读者向我们提出了一些宝贵意见和建议，使我们受益匪浅，在此，向热心支持和帮助我们的相关兄弟院校的教师以及读者表示衷心的感谢。

根据大家所提宝贵意见和我们近几年来的教学实践，同时结合数控技术及装备的快速发展与社会的实际需求，现对本书的第二版进行了部分修订，此次修订延续原有教材的定位，适合于地方普通院校培养具有创新精神和实践能力的应用型高级专门人才的办学目标，其指导思想仍立足于数控理论知识和实际应用技术的最佳结合，融工艺、编程、操作、原理、机械结构和装备实例设计于一体，与当前企业对数控人才的需求相适应，强化了数控应用能力的培养。

此次再版主要对第二版的第四章进行了重点修订，增加了插补算法的实例，便于读者理解，其他章节未做大的修改。

本次修订工作由河南科技大学的老师们完成，具体分工为：第 1 章和第 2 章，韩建海，胡东方；第 3 章，胡东方，杨丙乾；第 4 章，张明柱，胡东方；第 5 章，吴孜越；第 6 章，任小中；第 7 章，王笑一，吴孜越；全书由韩建海和胡东方担任主编，韩建海、胡东方完成了全书的统稿工作。教材参考学时 64 课时，有关章节内容可根据专业要求及学时情况酌情调整。

编　者

2016 年 5 月

第二版前言

本书自第一版出版以来，经三次印刷，被全国几十所院校有关专业采用。在使用中，许多授课老师和读者向我们提出了一些宝贵意见和建议，使我们受益匪浅，在此，向热心支持和帮助我们的相关兄弟院校的教师以及读者表示衷心的感谢。

根据大家所提宝贵意见和我们近几年来的教学实践，同时结合数控技术及装备的快速发展与社会的实际需求，对本书的第一版进行了修订，此次修订延续原有教材的定位，适合于地方普通院校培养具有创新精神和实践能力的应用型高级专门人才的办学目标，其指导思想仍立足于数控理论知识和实际应用技术的最佳结合，融工艺、编程、操作、原理、机械结构和装备实例设计于一体，与当前企业对数控人才的需求相适应，强化数控应用能力的培养。

此次再版除了对部分章节做了文字上的必要修订外，主要对第一版的第 6 章和第 8 章进行了重点修订，对第一版的第 4 章和第 5 章进行了整合，教材由原来的 8 章变为了现在的 7 章，对第 2、3 章也做了部分删减和调整，使得教材更加贴近工程实际，便于更多读者使用。

全书共分 7 章。第 1 章数控技术概述，主要介绍了数控机床、数控机床的种类及应用范围、现代数控技术在机械制造中的应用与发展，第 2 章数控加工技术基础知识，介绍了数控加工的工艺处理、数控编程的基础知识、手工编程中的数学处理；第 3 章数控编程技术，介绍了数控车床编程及其编程实例、数控铣床和加工中心编程及其编程实例、数控自动编程技术；第 4 章计算机数控装置，介绍了 CNC 装置的硬件和软件结构、CNC 系统的操作面板、插补原理、刀具半径补偿原理、数控装置中的可编程控制器、开放式数控系统；第 5 章数控机床的伺服驱动与反馈系统，介绍了步进电动机驱动系统、直流伺服电动机驱动系统、交流伺服电动机驱动系统和主轴驱动、常用检测装置；第 6 章数控机床机械结构，介绍了数控机床的结构特点及要求、数控机床的进给运动及传动机构、数控机床的主传动及主轴部件、数控回转工作台和分度工作台、自动换刀机构和其他辅助装置；第 7 章数控机械设计实例，介绍了典型数控车床和铣床的设计方法。

修订工作由河南科技大学的老师们完成，具体分工为：第 1、2 章，韩建海、胡东方；第 3 章，胡东方、杨丙乾；第 4 章，杨丙乾、张明柱；第 5 章，胡东方、吴孜越、王笑一；第 6 章，任小中；第 7 章，王笑一、张明柱；全书由韩建海教授和胡东方副教授担任主编，韩建海、胡东方完成了全书的统稿工作。教材参考学时 64 课时，有关章节内容可根据专业要求及学时情况酌情调整。

承蒙华中科技大学的廖效果教授在百忙之中主审了本书。廖教授逐章逐节认真仔细地审阅了全部书稿，提出了不少宝贵的意见，在此深表谢意。

本书在修订过程中参阅了同行专家、学者和一些院校的教材、资料和文献，在此谨致谢意。修订后的本书有较明显的改进与提高，但由于编者水平有限，书中难免存在错误和不足之处，敬请读者批评指正。

编　者

2011 年 8 月

第一版前言

数控技术及装备是现代先进制造技术的基础和核心，是发展新兴高新技术产业和尖端工业的使能技术和最基本的装备，是衡量一个国家国际竞争力的重要标志。它的技术水平和现代化程度决定着整个国民经济的水平和现代化程度。

随着数控技术及装备的发展与普及，现代企业对于懂得数控工艺、操作、编程、设计的技术人才的需求量越来越大，许多工科高校的学生和企业技术人员，都迫切期望了解和掌握数控技术及装备的各种知识与技能。为了适应这种发展的需要，根据高等院校应用型本科人才培养的教学要求，我们在普通高等院校机械类精品教材编委会的指导下，编写了本书。

本书编写的指导思想立足于数控理论知识和实际应用技术的最佳结合，融工艺、编程、操作、原理、机械结构和装备设计于一体，与当前企业对数控人才的需求相适应。本书强调数控应用能力的培养，以内容的系统性、先进性、实用性和完整性，更好地反映机械行业发展的需要。

全书共分 8 章。第 1 章为数控技术概述，主要介绍了数控机床、数控机床的种类及应用范围、现代数控技术在机械制造中的应用与发展；第 2 章为数控加工技术基础知识，介绍了数控加工的工艺处理、数控机床的刀具与工具系统、数控编程的基础知识；第 3 章为数控编程技术，介绍了数控车床编程、数控铣床和加工中心编程、数控自动编程技术；第 4 章为数控机床的操作，介绍了数控系统控制面板、数控机床的操作模式、数控机床的对刀、数控机床的刀具参数设置与自动换刀、数控机床的安全操作；第 5 章为计算机数控装置，介绍了 CNC 装置的硬件和软件结构、插补原理、刀具半径补偿原理、数控装置中的可编程序控制器、开放式数控系统；第 6 章为数控机床的驱动与位置控制，介绍了进给和主轴驱动、检测元件；第 7 章为数控机床机械结构，介绍了数控机床的结构特点及要求、数控机床的进给运动及传动机构、数控机床的主传动系统及主轴部件、分度工作台和数控回转工作台、自动换刀机构和其他辅助装置；第 8 章为数控机械设计实例，介绍了装配机器人和典型数控铣床的设计方法。各章末均附有思考题与习题。

本书主要作为应用型本科院校的机械工程及其自动化、机械设计制造及其自动化、机械电子工程等机械类专业的教材，也可作为广大自学者及工程技术人员的自学和培训用书，对从事数控技术及装备开发设计和研究的科技人员也有一定的参考价值。

本书参考学时为 64 课时，有关章节内容可根据专业要求及学时情况酌情调整。

本书由河南科技大学老师参加编写，第 1 章由韩建海编写；第 2 章由韩建海，胡东方编写；第 3 章由胡东方，杨丙乾编写；第 4 章由杨丙乾编写；第 5 章由彭晓南，张明柱编写；

第6章由彭晓南，吴孜越编写；第7章由任小中编写；第8章由张明柱编写；全书由韩建海教授担任主编，胡东方、张明柱担任副主编，韩建海、胡东方完成了全书的统稿工作。

全书由华中科技大学的廖效果教授主审，他认真、仔细地审阅了全稿，提出了不少宝贵的意见和建议，编者在此表示衷心的感谢。

本书在编写过程中参阅了同行专家、学者的著作和一些院校的教材，在此谨致谢意。由于编者水平有限，书中难免存在不足和错误之处，敬请读者批评指正，以便进一步修改。

编　者

2007年7月

目　录

第1章 数控技术概述

由自动机床、组合机床和专用机床组成的自动化或半自动化生产线，是用于对大批量生产的产品进行高效加工的重要装备。但是，机械制造工业中，单件小批量生产的零件占机械加工总量的75％～80％，尤其是宇航、造船、机床、重型机械及国防工业部门的一些零件，其精度要求高、形状复杂、加工批量小，且改型频繁、更新换代快，采用普通机床加工这些零件，效率低、劳动强度大，有时甚至不能加工。采用专用的自动机床加工这类零件显得很不合理，而调整或改装专用的"刚性"自动化生产线投资大，周期长，有时甚至不可能实现。为此，迫切需要一种灵活的、通用的、能够适应产品频繁变化的"柔性"自动化机床或生产线。这是一类什么样的装备？它们具有什么特点？其组成和工作原理如何？这类装备在机械制造工业中的应用前景怎么样？其发展状况如何？本章将对其进行介绍。

1.1 数控机床简介

1.1.1 数控机床的基本概念

数字控制(NC，numerical control)是一种借助数字、字符或其他符号对某一工作过程(如加工、测量、装配等)进行自动控制的方法。

数控技术(numerical control technology)是指用数字量及字符发出指令并实现自动控制的技术，它是制造业实现自动化、柔性化和集成化生产的基础技术。由于计算机应用技术的发展，数控系统均采用了计算机数控(CNC，computer numerical control)，以区别于传统的NC。

数控机床(numerical control machine tools)是用计算机通过数字信息来自动控制机械加工的机床。具体地说，数控机床通过编制程序，即通过数字(代码)指令来自动完成机床各个坐标的协调运动，正确地控制机床运动部件的位移量，并且按加工的动作顺序，自动控制机床各个部件的动作。数控机床是集计算机应用、自动控制、精密测量、微电子、机械加工等技术于一体的，一种具有高效率、高精度、高柔性和高自动化的机电一体化数控装备。

1.1.2 数控机床的特点

1. 数控机床的加工特点

1) 加工精度高、质量稳定

数控机床是以数字形式给出指令进行加工的，目前数控机床的脉冲当量(即每输出一个脉冲后机床移动部件相应的移动量）可达到0.01～0.000 1 mm，而且进给传动链的反向间隙与丝杆螺距误差等均可由数控装置进行补偿，因此，数控机床可以获得比机床本身精度更高的加工精度，且加工质量稳定。

2）生产效率高

数控机床主轴转速和进给量的变化范围比普通机床大，每一道工序都可选用最佳的切削用量，这就有利于提高数控机床的切削效率。数控机床移动部件的快速移动和定位均采用加速、减速控制，并可选用很高的空行程运动速度，从而缩短了定位和非切削时间。工件装夹时间短，对刀、换刀快，更换被加工工件时几乎不需要重新调整机床，节省了工件安装调整时间。带有刀库和自动换刀装置的数控加工中心可实现多道工序的连续加工，生产效率的提高更为明显。与普通机床相比，数控机床的生产效率可提高2～3倍，有些可提高几十倍。

3）适应性强

数控机床采用数字程序控制，当加工对象改变时，只要重新编制零件加工程序并输入，就能够实现对新零件的自动化加工。因此，在同一台机床上可实现对不同品种及尺寸规格零件的自动加工，无须制造、更换许多工具、夹具和检具，更不需要重新调整机床，这就使复杂结构的单件、小批量生产以及新产品试制非常方便。

4）良好的经济效益

在使用数控机床加工零件时，虽然分摊到每个零件上的设备费用较高，但由于数控机床的适应性强，在单件、小批量生产情况下，可节省工艺装备费用和辅助生产工时、生产管理费用，以及降低废品率，从而使生产成本下降。此外，数控机床可实现一机多用。

5）自动化程度高、劳动强度低

数控机床是按预先编制好的程序自动完成零件加工的，操作者一般只需装卸工件、操作键盘，无须进行繁杂的重复性手工操作，因而大大减轻了操作者的劳动强度和紧张程度，改善了劳动条件，还可减少对熟练技术工人的需求，可以一人管理多台加工机床。

6）有利于实行现代化生产管理

采用数控机床加工，能方便地计算零件加工工时、生产周期和加工费用，并简化了检验程序以及工夹具和半成品的管理工作。利用数控系统的通信功能，采用数控标准代码，易于实现计算机联网，实现CAD/CAM一体化。

2. 数控机床的使用特点

1）对操作、维修人员的要求

数控机床操作人员不仅应具有一定的工艺知识，还应在数控机床的结构、工作原理以及程序编制方面进行过专门的技术理论培训和操作训练，掌握操作和编程技能，并能对数控加工中出现的各种应急情况做出正确的判断和处理。数控机床维修人员应有较丰富的理论知识和精湛的维修技术，并掌握相应的机、电、液专业知识，才能综合分析数控机床故障，判断故障点，实现高效维修，尽可能缩短故障停机时间。

2）对夹具和刀具的要求

单件生产时一般采用通用夹具。批量生产时，为节省工时，应使用专用夹具，并要求夹具定位可靠，能实现自动夹紧，还应具有良好的排屑、冷却结构。

数控机床刀具应具有以下特点：较高的精度、寿命和几何尺寸稳定性；采用机夹不重磨式刀具，能实现机外预调、快速换刀；能很好地控制切屑的折断、卷曲和排出；具有良好的可冷却性能。

3. 数控机床的应用范围

一般来说，数控机床最适合加工具有以下特点的零件。

(1) 多品种，中、小批量生产的零件。由图 1-1(a)所示可看出，零件加工批量的增大对选用数控机床是不利的。原因在于数控机床价格昂贵，与大批量生产采用的专用机床相比，其生产效率还不够高。由图 1-1(b)所示可看出，在多品种，中、小批量生产情况下，采用数控机床的总费用更为合理，其中最小经济批量 N_{min}～最大经济批量 N_{max} 是其适用范围。

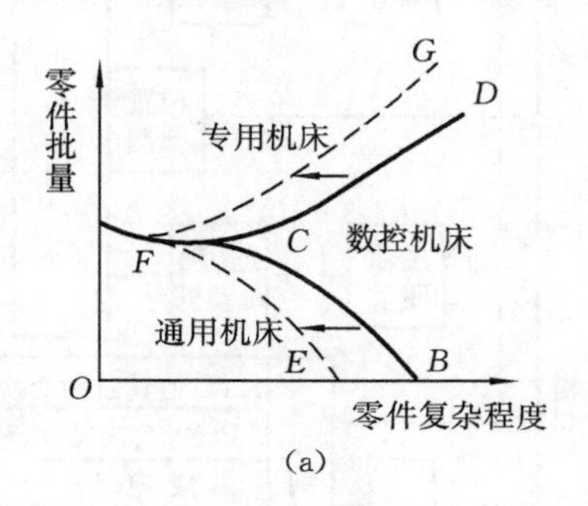

(a)

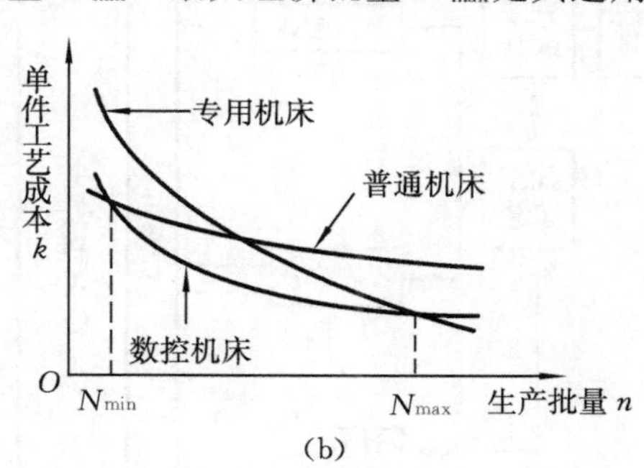

(b)

图 1-1　数控机床的适用范围

(2) 形状结构比较复杂的工件。由图 1-1(a)可看出，随着零件复杂程度和生产批量的变化，三种机床的应用范围也发生了变化。零件复杂程度愈高，数控机床显得愈适用。目前，随着数控机床的普及应用，其使用范围正由 *BCD* 线向 *EFG* 线复杂性较低的范围扩大。

(3) 需要频繁改型的工件。

(4) 需要最短生产周期的急需工件。

1.1.3　数控机床的工作原理及组成

1. 数控机床的工作原理

数控机床在加工工艺与表面成形方法上与普通机床基本相同，在实现自动控制的原理和方法上有很大的区别。数控机床是用数字化的信息来实现自动控制的。先将与加工零件有关的信息，即工件与刀具相对运动轨迹的尺寸参数、切削用量及各种辅助操作等加工信息，用规定的文字、数字和符号组成代码，按一定的格式编写成加工程序，然后将加工程序输入数控装置。经过数控装置的处理、运算，按各坐标轴的移动分量送到各轴的驱动电路，经过转换、放大，用于伺服电动机的驱动，带动各轴运动，并进行反馈控制，使刀具、工件以及其他辅助装置严格按程序规定的顺序、轨迹和参数有条不紊地动作，从而加工出所需要的零件。

2. 数控机床的组成

数控机床一般由数控系统、伺服系统、主传动系统、强电控制装置、辅助装置和机床本体组成。图 1-2 所示为一种较典型的现代数控机床的组成框图。

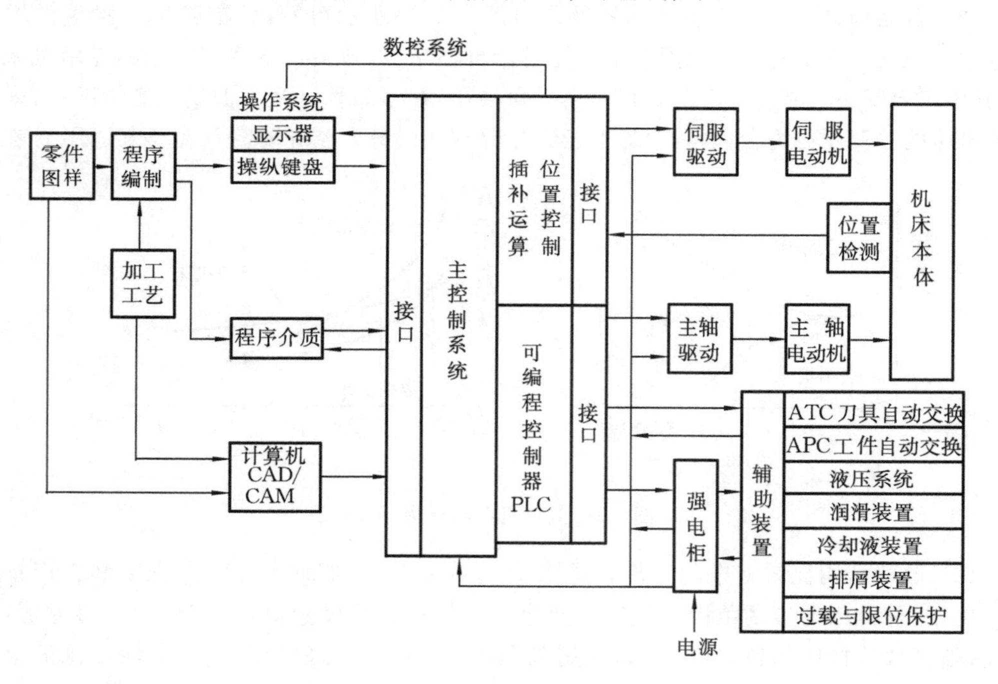

图 1-2　现代数控机床的组成框图

（1）数控系统。数控系统是机床实现自动加工的核心，主要由操作系统、主控制系统、可编程控制器、各类 I/O 接口等组成。其主要功能有：多坐标控制和多种函数的插补功能、多种程序输入功能，以及编辑和修改功能、信息转换功能、补偿功能、多种加工方法选择功能、显示功能、自诊断功能、通信和联网功能。其控制方式分为数据运算处理控制和时序逻辑控制两大类。其中，主控制器内的插补运算模块是通过译码、编译等信息处理，进行相应的刀具轨迹插补运算，并通过与各坐标伺服系统的位置、速度反馈信号比较，控制机床各个坐标轴的位移。时序逻辑控制通常主要由可编程控制器 PLC 来完成，它根据机床加工过程对各个动作的要求进行协调，并按各检测信号进行逻辑判别，控制机床各个部件有条不紊地工作。

(2) 伺服系统。它是数控系统的执行部分，主要由伺服电动机、驱动控制系统及位置检测反馈装置等组成，并与机床上的执行部件和机械传动部件组成数控机床的进给系统。它根据数控装置发来的速度和位移指令控制运动部件的进给速度、方向和位移。伺服系统有开环、半闭环和闭环之分。在半闭环和闭环伺服系统中，还要使用位置检测装置去间接或直接测量执行部件的实际进给位移，并与指令位移进行比较，按闭环原理，将其误差转换放大后控制运动部件的进给。

(3) 主传动系统。它是机床切削加工时传递扭矩的主要部件之一。一般分为齿轮有级调速和电气无级调速两种类型。档次较高的数控机床都要求实现无级调速，以满足各种加工工艺的要求。它主要由主轴驱动控制系统、主轴电动机以及主轴机械传动机构等组成。

(4) 强电控制装置。强电控制装置通常也称为强电柜，是介于数控装置和机床机械、液压部件之间的控制系统，主要由各种中间继电器、接触器、变压器、电源开关、接线端子和各类电气保护元器件等构成。其主要作用是接收数控装置输出的主运动变速、刀具选择交换、辅助装置动作等指令信号，经必要的编译—逻辑判断—功率放大后直接驱动相应的电器、液压、气动和机械部件，完成指令所规定的动作。此外，行程开关和监控检测等开关信号也要经过强电控制装置送到数控装置进行处理。

(5) 辅助装置。它主要包括刀具自动交换装置(ATC，automatic tool changer)、工件自动交换装置(APC，automatic pallet changer)、工件夹紧放松机构、回转工作台、液压控制系统、润滑装置、冷却液装置、排屑装置、过载与限位保护装置等。

(6) 机床本体。它是指数控机床机械结构实体。它与普通机床相比，同样由主传动机构、进给传动机构、工作台、床身以及立柱等部分组成，但数控机床的整体布局、外观造型、传动机构、刀具系统及操作机构等具有如下特点。

① 采用高性能主传动及主轴部件。

② 进给传动采用高效传动件，一般采用滚珠丝杠螺母副、直线滚动导轨副等。

③ 具有较完善的刀具自动交换和管理系统。

④ 具有工件自动交换、工件夹紧与放松机构。

⑤ 床身机架具有很高的动、静刚度。

⑥ 采用全封闭罩壳。

1.2 数控机床的种类及应用范围

1.2.1 按工艺用途分类

1. 金属切削类数控机床

金属切削类数控机床可分为两类:一类是普通型数控机床,如数控车床、数控铣床等;另一类是加工中心,其主要特点是具有刀库和自动换刀机构,工件经一次装夹后,可以进行多种工序的加工。下面介绍几种典型数控机床及其应用。

1) 数控车床

数控车床又称为CNC车床。与普通车床相比,其结构上仍然是由主轴箱、刀架、进给传动系统、床身、液压系统、冷却系统、润滑系统等部分组成,只是数控车床的进给系统是采用伺服电动机,经滚珠丝杠传到滑板和刀架,实现纵向和横向进给运动。可见,数控车床进给传动系统的结构较普通车床大为简化。数控车床也有加工各种螺纹的功能。

(1) 数控车床的布局。数控车床的主轴、尾座等部件相对床身的布局形式与普通车床基本一致,而刀架和床身导轨的布局形式发生了根本的变化,这是因为刀架和床身导轨的布局形式直接影响数控车床的使用性能及车床的结构和外观。另外,数控车床上都设有封闭的防护装置。图1-3所示为某型数控车床的外观图。

图1-3 数控车床

① 床身和导轨的布局。数控车床床身与水平面的相对位置如图1-4所示,它有四种布局形式:图(a)所示为水平床身,图(b)所示为斜床身,图(c)所示为水平床身斜滑板,图(d)所示为立式床身。水平床身的工艺性好,便于导轨面的加工。水平床身配上水平放置的刀架可提高刀架的运动精度,一般用于大型数控车床或小型精密数控车床的布局。但是水平床身下部空间小,故排屑困难。从结构尺寸上看,刀架水平放置使得滑板横向尺寸较长,从而加大了车床宽度方向的结构尺寸。水平床身配上倾斜放置的滑板,并配置倾斜

式导轨防护罩,这种布局形式一方面有水平床身工艺性好的特点,另一方面机床宽度方向的尺寸较水平配置滑板的要小,且排屑方便。

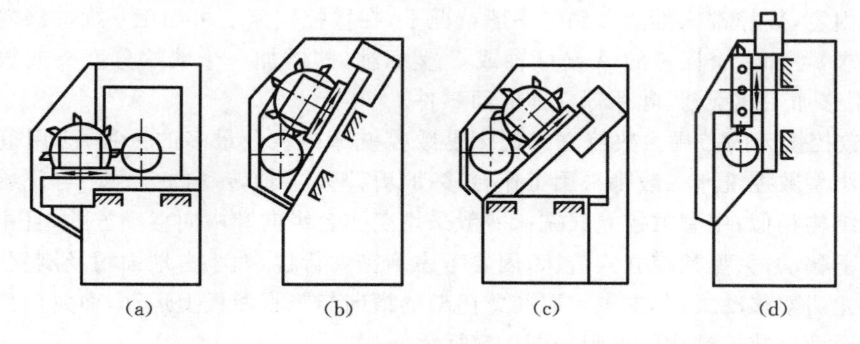

图 1-4 数控车床的布局
(a) 水平床身;(b) 斜床身;(c) 水平床身斜滑板;(d) 立式床身

水平床身配上倾斜放置的滑板和斜床身配置斜滑板布局形式被中、小型数控车床普遍采用。此两种布局形式的特点是:排屑容易,铁屑不会堆积在导轨上,也便于安装自动排屑器;操作方便,易于安装机械手,以实现单机自动化;机床占地面积小,外形简单、美观,容易实现封闭式防护。

斜床身导轨倾斜的角度分别为 30°、45°、60°、75°和 90°(称为立式床身)。倾斜角度小时,排屑不便;倾斜角度大时,导轨的导向性差,受力情况也差。导轨倾斜角度的大小还会直接影响机床外形尺寸高度与宽度的比例。综合考虑上面的诸因素,中、小规格的数控车床,其床身的倾斜度以 60°为宜。

② 刀架的布局。刀架作为数控车床的重要部件,其布局形式对机床整体布局及工作性能影响很大。目前,两坐标联动数控车床多采用 12 工位的回转刀架,也有采用 6 工位、8 工位、10 工位回转刀架的。回转刀架在机床上的布局有两种形式:一种是回转轴垂直于主轴,另一种是回转轴平行于主轴。

四坐标数控车床的床身上安装有两个独立的滑板和回转刀架,故称为双刀架四坐标数控车床。其上每个刀架的切削进给量是分别控制的,因此,两刀架可以同时切削同一工件的不同部位,这样既扩大了加工范围,又提高了加工效率。四坐标数控车床的结构复杂,且需要配置专门的数控系统,以实现对两个独立刀架的控制。这种机床适合加工形状复杂、批量较大的零件,如曲轴和航空航天所用零件。

(2) 数控车床的用途。数控车床与普通车床一样,也是用来加工轴类或盘类的回转体零件的。但是,数控车床能自动完成内外圆柱面、圆锥面、圆弧面、端面、螺纹等工序的切削加工,所以数控车床特别适合加工形状复杂的轴类或盘类零件。

2) 数控铣床

数控铣床是一种加工功能很强的数控机床,目前迅速发展起来的加工中心、柔性加工单元等都是在数控铣床、数控镗床的基础上产生的。数控铣床机械部分与普通铣床基本相同,工作台或刀具可以进行横向、纵向和竖直三个方向的运动。因此,普通铣床所能加工的工艺内容,数控铣床都能做到。一般情况下,在数控铣床上可加工平面曲线轮廓。如有特殊要求,可加一个回转的 A 坐标轴或 C 坐标轴,即增加一个数控分度头或数控回转工作台,用来加工螺旋槽、叶片等立体曲面零件。

(1) 数控铣床的布局。数控立式铣床是数控铣床中数量最多的一种,应用范围也最为广泛。小型数控铣床一般都采用工作台移动、升降及主轴转动的方式。与普通立式升降台铣床结构相似;中型数控立式铣床一般采用工作台纵向和横向移动方式,且主轴沿竖直溜板上下移动;大型数控立式铣床,因要考虑到扩大行程,缩小占地面积及刚度等问题,往往采用龙门架移动式,其主轴可以在龙门架的横向与竖直溜板上运动,而龙门架则沿床身作纵向运动。数控铣床的外观如图 1-5 所示。

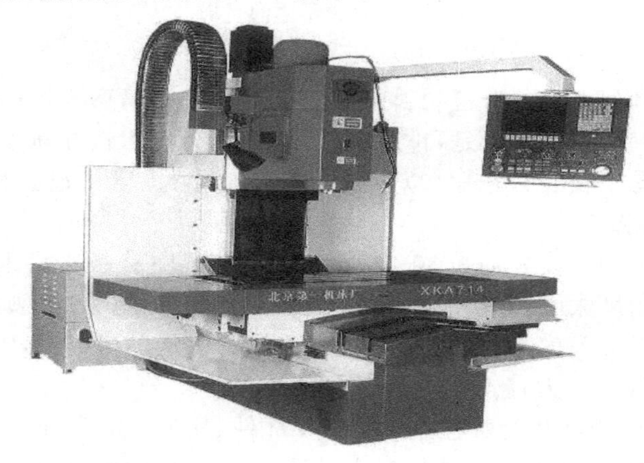

图 1-5 立式数控铣床

(2) 数控铣床的主要功能。数控铣床分为立式、卧式和立卧组合式三种,其功能也不尽相同。一般数控铣床常具有下列主要功能。

① 点位控制。利用这一功能,数控铣床可以进行钻孔、扩孔、锪孔、铰孔和镗孔等加工。

② 连续轮廓控制。数控铣床通过直线与圆弧插补,可以实现刀具相对工件的运动轨迹的连续轮廓控制,加工出由直线和圆弧几何要素构成的平面轮廓工件。对非圆曲线构成的平面轮廓,在经过直线或圆弧逼近后也可以加工。

③ 刀具半径自动补偿。利用这一功能,编程人员在编程时可以很方便地按工件实际轮廓形状和尺寸进行编程计算,而加工中可以使刀具中心自动偏离工件轮廓一个刀具半径,加工出符合要求的轮廓;也可以通过改变刀具半径补偿量的方法来弥补铣刀制造的尺

寸精度误差，扩大刀具直径选用范围及刀具返修刃磨的允许误差；还可以利用改变刀具半径补偿值的方法，以同一加工程序实现分层铣削和粗、精加工，或用于提高加工精度。此外，通过改变刀具半径补偿值的正负号，还可以用同一加工程序加工某些需要相互配合的工件(如凹、凸模具等)。

④ 刀具长度补偿。利用这一功能可以自动改变切削平面高度，同时可以降低在制造与返修时对刀具长度尺寸的精度要求，可以弥补轴向对刀误差。

⑤ 镜像加工。对于一个轴对称形状的工件来说，利用这一功能，只要编出一半形状的加工程序就可完成全部加工内容。

⑥ 固定循环。数控铣床进行钻、扩、铰、锪和镗加工时的基本动作是：无切削快进到孔位→工进→快退。对于这种典型循环动作，可以专门设计一段子程序，在需要的时候通过调用来实现上述加工循环。特别是在加工许多相同的孔时，应用循环功能指令可以大大简化程序。使用数控铣床的连续轮廓控制功能时，也常遇到一些典型操作，如铣整圆、方槽等，使用循环指令也可以进行加工。对于大小不等的同类几何形状(如圆、矩形、三角形、平行四边形等)，还可以用参数方式编制出加工各种几何形状的子程序，在加工中按需要调用，对子程序中需设定的参数随时赋值，就可以加工出大小不同或形状不同的零件轮廓及孔径、孔深不同的孔。

⑦ 特殊功能。具有自适应控制系统的数控铣床可以通过检测切削力、温度等的变化，及时控制机床改变切削用量，使铣床及刀具始终保持最佳状态，从而可获得较高的切削效率和加工质量，延长刀具使用寿命。具备数据采集系统的数控铣床既能对实物扫描采集数据，又能对采集到的数据进行自动处理并生成数控加工程序。

3) 加工中心

在数控铣床的基础上配备刀库和自动换刀系统，就构成加工中心。加工中心与普通数控机床的区别主要是：它能在一台机床上完成多道工序内容的加工。

(1) 现代加工中心的主要功能。

① 利用加工中心的自动换刀装置，一次装夹工件后，可以连续对工件进行自动钻孔、扩孔、铰孔、镗孔、攻螺纹、铣削等多工序的加工，工序高度集中。

② 加工中心若带有自动分度回转工作台或主轴箱，具有可自动偏转角度的功能，则可一次装夹工件后，自动完成多个平面或多个角度位置的多工序加工。

③ 加工中心具有自动改变机床主轴转速、进给量和刀具相对工件的运动轨迹及其他辅助功能。

④ 带有交换工作台的加工中心可实现加工和装卸工件的同步完成。

(2) JCS-018A 型立式加工中心。JCS-018A 型立式加工中心的外观如图 1-6 所示。图中，10 是床身，其顶面的横向导轨支承着滑座 9，滑座床身导轨的运动为 Y 轴方向。工作台 8 沿滑座导轨的纵向运动为 X 轴方向。5 是主轴箱，主轴箱沿立柱导轨的上、下(Z

轴)方向移动。1是X轴的直流伺服电动机。2是换刀机械手,它位于主轴和刀库之间。4是盘式刀库,能储存16把刀具。3是数控柜,7是驱动电源柜,它们分别位于机床立柱的左右两侧。6是机床的操作面板。

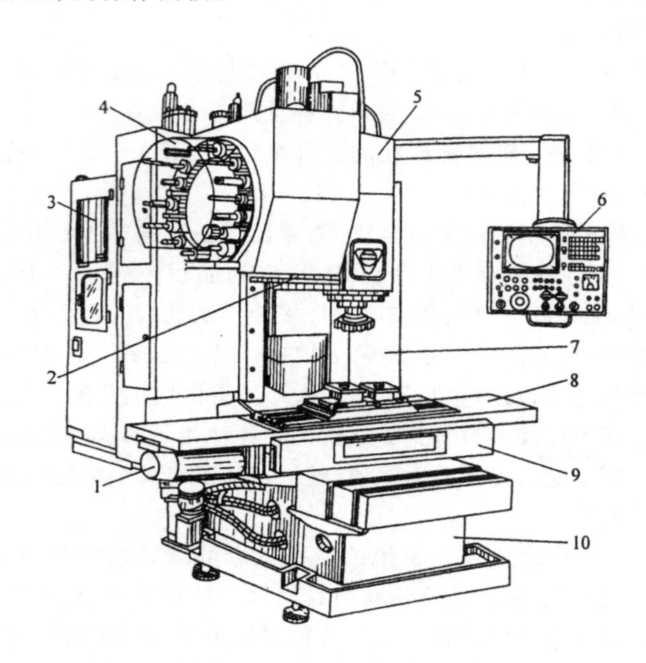

图1-6 JCS-018A型立式加工中心外观图

1—X轴的直流伺服电动机;2—换刀机械手;3—数控柜;4—盘式刀库;
5—主轴箱;6—操作面板;7—驱动电源柜;8—工作台;9—滑座;10—床身

2. 金属成形类数控机床

这类机床是指采用冲、挤、压、拉等成形工艺的数控机床,如数控折弯机、数控弯管机、数控压力机等。

3. 特种加工类数控机床

这类机床主要有数控线切割机、数控电火花加工机、数控激光切割机、数控火焰切割机、数控三坐标测量机等。

1.2.2 按运动轨迹分类

1. 点位控制数控机床

这类机床主要有数控钻床、数控镗床、数控冲床、三坐标测量机等。点位控制的数控机床用于加工平面内的孔系,它控制在加工平面内的两个坐标轴(一个坐标轴就是一个方向的进给运动)带动刀具与工件作相对运动,从一个坐标位置(坐标点)快速移动到下一个坐标位置，然后控制第三个坐标轴进行钻、镗切削加工。这类机床要求坐标位置有较高的定位精度。为了提高生产效率，先用机床设定的最高进给速度进行定位运动，在接近定位点前分级或连续降速，最后以低速趋近终点，这种运动方式能减少运动部件的惯性过冲和由此引起的定位误差。在定位移动过程中不进行切削加工，因此，对运动轨迹没有任何要求。

2. 点位直线控制数控机床

这类机床的特点是除了要求控制点与点之间的位置准确外，还要控制两相关点之间的移动速度和轨迹，但其轨迹是与机床坐标轴平行的直线。在移动过程中，刀具能以指定的进给速度进行切削，一般只能加工矩形、台阶形零件。这类机床主要有简易数控车床、数控磨床等，其数控装置的控制功能比点位控制系统复杂，不仅要控制直线运动轨迹，还要控制进给速度及自动循环加工等功能。一般情况下，这类机床有 2～3 个可控轴，但同一时间只能控制一个坐标轴。

3. 轮廓控制数控机床

轮廓控制的特点是能够对两个或两个以上坐标轴的位移和速度同时进行连续控制，以加工出任意斜率、圆弧或任意平面的曲线(如抛物线、阿基米德螺旋线等)或曲面。为了满足刀具沿工件轮廓的相对运动轨迹符合工件加工轮廓的表面要求，必须将各坐标运动的位移控制和速度控制按照规定的比例关系精确地协调起来。因此，在这类控制方式中，就要求数控装置具有插补运算的功能，即根据程序输入的基本数据(如直线的终点坐标、圆弧的终点坐标和圆心坐标或半径等)，通过数控装置内插补运算器的数学处理，把直线或曲线的形状描述出来，并一边运算，一边根据计算结果向各坐标轴控制器分配脉冲，从而控制各坐标轴的联动位移量与所要求的轮廓相符合。这类机床主要有数控车床、数控铣床、数控线切割机、加工中心等。按所控制的联动坐标轴数，轮廓控制数控机床又可分为以下几种形式。

(1) 两轴联动。主要用于数控车床加工曲线旋转面或数控铣床等加工曲线柱面，如图 1-7 (a)所示。

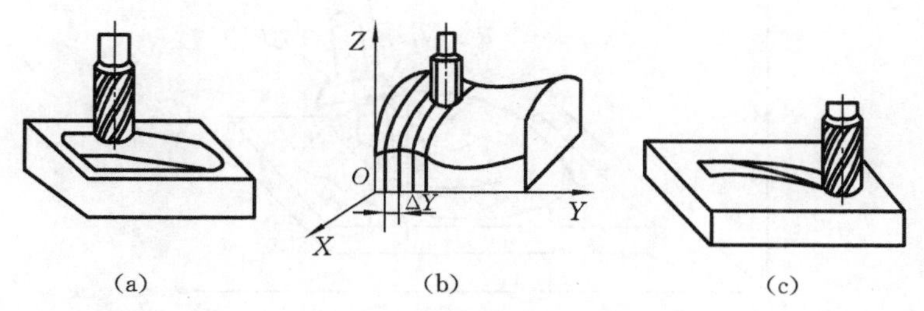

图 1-7　不同形面铣削的联动轴数

(a) 两轴联动；(b) 两轴半联动；(c) 三轴联动

(2) 两轴半联动。即以 X、Y、Z 三轴中任意两轴作插补运动,第三轴作周期性进给,采用球头铣刀用"行切法"进行加工。如图 1-7 (b)所示,在 Y 轴方向分为若干段,球头铣刀沿 XZ 平面的曲线进行插补加工,当一段加工完后进给 ΔY,再加工另一相邻曲线,如此依次用平面曲线来逼近整个曲面。

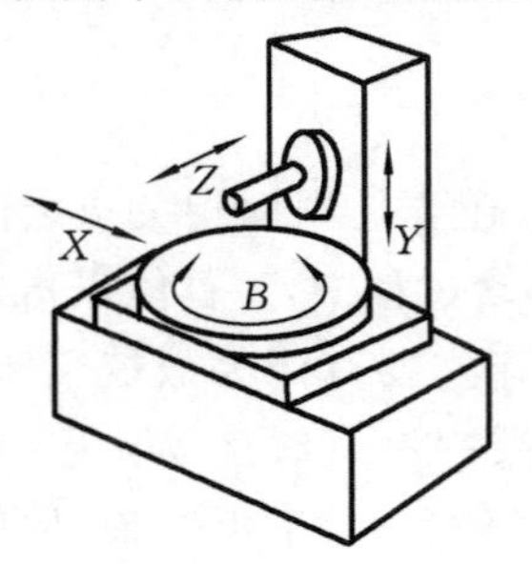

图 1-8　四轴联动数控机床

(3) 三轴联动。一般分为两类:一类就是 X、Y、Z 三个直线坐标轴联动,比较多地用于数控铣床、加工中心等,如用球头铣刀铣切三维空间曲面(见图 1-7(c));另一类是除了控制 X、Y、Z 中任意两个直线坐标轴联动外,还同时控制围绕其中某一直线坐标轴旋转的旋转坐标轴。例如,车削加工中心,它除了控制纵向(Z 轴)、横向(X 轴)两个直线坐标轴联动外,还需同时控制围绕 Z 轴旋转的主轴(C 轴)联动。

(4) 四轴联动。同时控制 X、Y、Z 三个直线坐标轴与某一旋转坐标轴联动。图 1-8 所示为同时控制 X、Y、Z 三个直线坐标轴与一个工作台回转轴(B 轴)联动的数控机床。

(5) 五轴联动。除了控制 X、Y、Z 三个直线坐标轴联动外,还同时控制围绕这三个直线坐标轴旋转的 A、B、C 坐标轴中的两个坐标轴,即形成同时控制五个轴联动。如图 1-9 所示,用端铣刀加工时,刀具的端面与工件轮廓在切削点处的切平面相重合(加工凸面),或者与切平面成某一夹角(加工凹面),也就是刀具轴线与工件轮廓的法线平行或成某夹角(成一夹角可以避免产生刀刃干涉)。加工时切削点 $P(x,y,z)$ 处的坐标与法线 n 的方向角 θ 是不断变化的,因此,刀具刀位点 O' 的坐标与刀具轴线的方向角也要发生相应的变化。目前的数控机床都是在编制加工程序时,根据零件曲面轮廓的数学模型,计算出每一个切削点相对应的刀位点 O' 的坐标与方向角(即刀位数据),通过数控装置控制刀具与工件相对运动至所要求的切削位置。刀位点的坐标位置可以由三个直线进给坐标轴来实

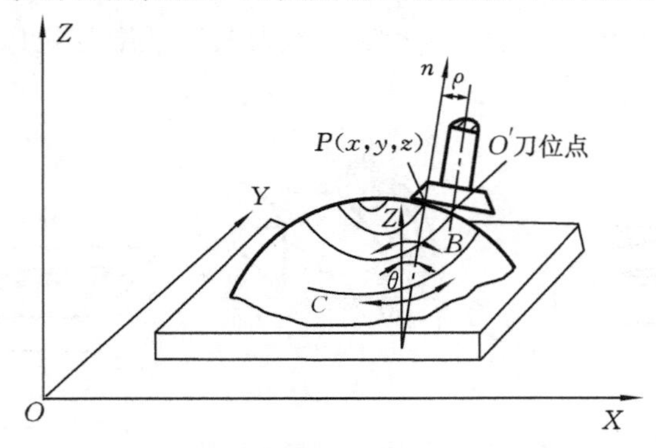

图 1-9　五轴联动数控加工

现，刀具轴线的方向角则可以由任意两个绕坐标轴旋转的圆周进给坐标的两个转角合成来实现。因此，用端铣刀加工空间曲面轮廓时，需要同时控制五个坐标轴，即三个直线坐标轴，两个圆周进给坐标轴进行联动。五轴联动的数控机床目前是功能最全、控制最复杂的一种数控机床。

1.2.3 按伺服控制方式分类

1. 开环控制数控机床

这类机床的进给伺服系统是开环的，即没有位置检测反馈装置。其驱动电动机只能采用步进电动机，这类电动机的主要特征是控制电路每变换一次指令脉冲信号，电动机就转动一个步距角。图 1-10 所示为由功率步进电动机驱动的开环进给系统。数控装置根据所要求的进给速度和进给位移，输出一定频率和数量的进给指令脉冲，经驱动电路放大后，每一个进给脉冲驱动功率步进电动机旋转一个步距角，再经减速齿轮、丝杠螺母副，转换成工作台的一个当量直线位移。对于圆周进给，一般都是通过减速齿轮、蜗杆蜗轮副带动转台进给一个当量角位移。开环控制多用于经济型数控机床或对旧机床进行改造。

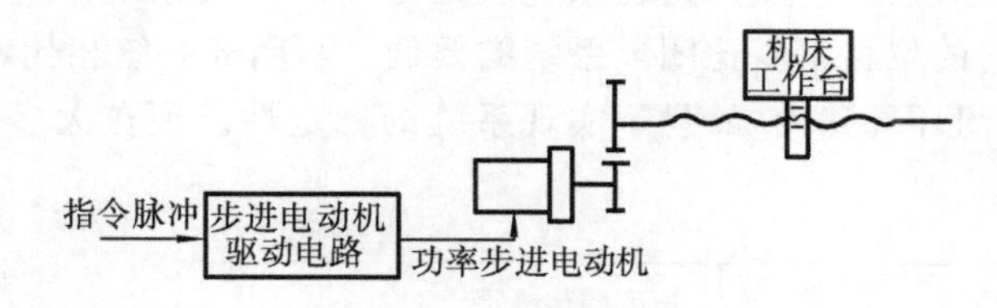

图 1-10　开环进给伺服系统

2. 闭环控制数控机床

闭环控制数控机床的进给伺服系统是按闭环反馈控制方式工作的，其驱动电动机可采用直流或交流两种伺服电动机，并配有速度反馈和位置反馈。图 1-11 所示为典型的闭环进给系统，其位置检测装置安装在进给系统末端的执行部件上，实测它的位置或位移量。数控装置将位移指令与位置检测装置测得的实际位置反馈信号随时进行比较，根据其差值与指令进给速度的要求，按一定的规律进行转换后，得到进给伺服系统的速度指令。另一方面还利用和伺服驱动电动机同轴刚性连接的测速部件，随时实测驱动电动机的转速，得到速度反馈信号，将它与速度指令信号相比较，根据比较的结果即速度误差信号，对驱动电动机的转速随时进行校正。利用上述的位置控制和速度控制两个回路，可以获得比开环进给系统精度更高、速度更快、驱动功率更大的特性指标。但是，由于在整个控制环内，许多机械传动环节的摩擦、刚度和间隙均呈非线性特性，并且整个机械传动链的动态响应时间（与电气响应时间相比）又非常慢，这给整个闭环系统的稳定性校正带来很大困难，系统的设计和调整也都相当复杂。因此，这种闭环控制方式主要用于精度要求

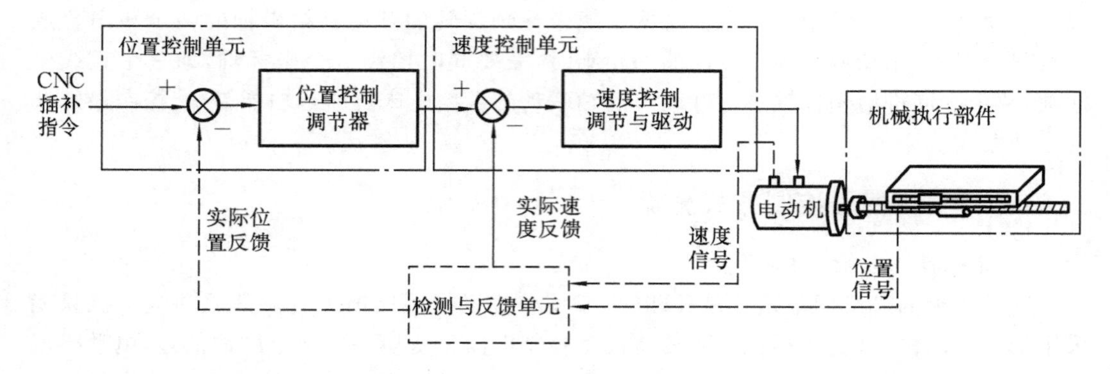

图 1-11　闭环进给系统

很高的数控坐标镗床、数控精密磨床等。

3. 半闭环控制数控机床

如果将位置检测装置安装在伺服电动机或丝杠的端部（如图 1-12 中虚线所示），间接测量执行部件的实际位置或位移，这种系统就是半闭环进给系统。它可以获得比开环系统更高的精度，但它的位移精度比闭环系统的要低。与闭环系统相比，因大部分机械传动环节未包括在系统闭环环路内，故易于实现系统的稳定性。现在大多数数控机床都采用这种半闭环控制方式。

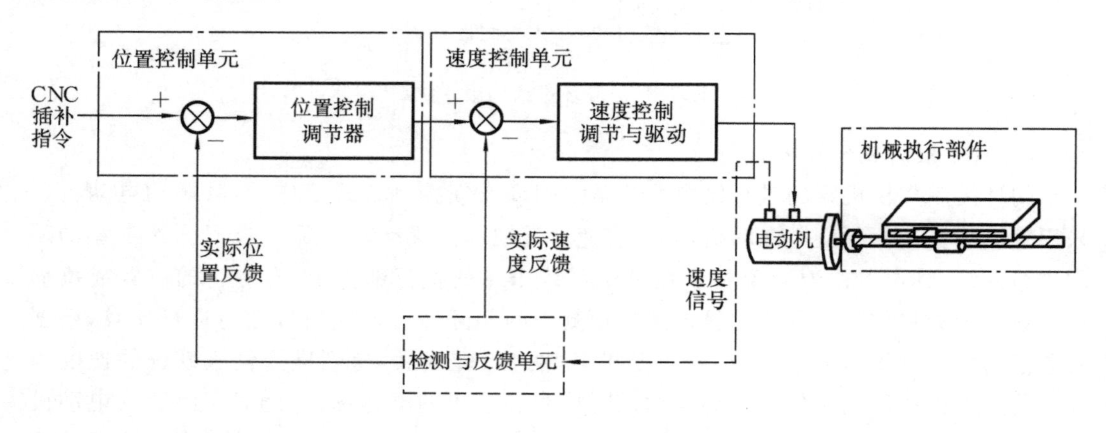

图 1-12　半闭环进给系统

1.2.4　按数控系统功能水平分类

按数控系统的功能水平，通常把数控系统分为低、中、高三档。当然这种划分的界限是相对的，不同时期会有不同的划分标准。按目前的发展水平，可以根据表 1-1 列出的一些功能及指标，将各种类型的数控系统分为低、中、高三档。其中：中、高档一般称为全功能数控或标准型数控；经济型数控属于低档数控，是指由单片机和步进电动机组成的数控系统，或其他功能简单、价格低的数控系统。经济型数控主要用于车床、线切割机床以及旧机床改造等。

表1-1　数控系统不同档次的功能及指标

功　能	低　档	中　档	高　档
系统分辨率/μm	10	1	0.1
G00速度/(m/min)	3～8	10～24	24～100
伺服类型	开环及步进电动机	半闭环及直、交流伺服电动机	闭环及直、交流伺服电动机
联动轴数	2～3轴	2～4轴	5轴或5轴以上
通信功能	无	RS-232C或DNC	RS-232C、DNC、MAP
显示功能	数码管显示	图形、人机对话	三维图形、自诊断
内装PLC	无	有	强功能内装PLC
主CPU	8位、16位CPU	16位、32位CPU	32位、64位CPU
结构	单片机或单板机	单微处理机或多微处理机	分布式多微处理机

1.3　现代数控技术在机械制造中的应用与发展

1.3.1　数控技术的诞生与发展

1. 数控机床的诞生

自20世纪40年代，航空技术的不断发展对各种飞行器的制造提出了越来越高的要求。组成飞行器的零件多为难加工材料，且形状复杂，加工精度要求很高，传统的机床和工艺很难胜任。1948年，美国帕森斯(Parsons)公司在研制加工直升机叶片轮廓检验用样板的机床时，首先提出了应用电子计算机控制机床来加工样板曲线的设想。后来受美国空军委托，帕森斯公司与麻省理工学院(MIT)伺服机构实验室合作进行研制工作，于1952年研制成功世界上第一台三坐标立式数控铣床，其控制装置由约2 000多个电子管组成，体积庞大，比铣床本体还要大得多。该铣床解决了普通机床难以加工的零件制造问题，它的诞生开创了数控技术应用的新纪元，标志着机械制造数字控制时代的开始。

2. 数控机床的发展

(1) 数控系统的发展。数控系统的发展是数控技术和数控机床发展的关键。电子元器件和计算机技术的发展推动了数控系统的发展。数控系统的发展历程由当初的电子管式起步,经历了分立晶体管式—小规模集成电路式—大规模集成电路式—小型计算机式—超大规模集成电路式—微型计算机式的数控系统等几个阶段。数控系统的 CPU 已由 8 位字长增加至 16 位和 32 位,时钟频率由 2 MHz 提高到 16 MHz、20 MHz 和 32 MHz,最近还开发出了 64 位 CPU,并且开始采用精简指令集运算芯片 RISC 作为 CPU,使运算速度得到进一步提高。此外,大规模和超大规模集成电路和多个微处理器的采用,使数控系统的硬件结构标准化、模块化和通用化,使数控功能可根据需要进行组合和扩展。高性能的计算机数控系统可以同时控制十几个轴,甚至几十个轴(包括坐标轴、主轴与辅助轴),且能实现在线编程,使得编程和控制一体化。操作者可以在机床旁直接通过键盘进行编程,并利用显示器实现人机对话,便于检查、修改程序,给调试和加工带来极大的方便。

计算机数控系统还可带有可编程序控制器(PLC),它代替了传统的继电器逻辑控制,大大减小了庞大的强电柜的体积。PLC 可以通过编制程序来改变其控制逻辑,同样具有高度的柔性。数控系统和 PLC 的结合,可以有效地完成刀具管理和刀具寿命监控。

(2) 伺服驱动系统的发展。伺服驱动系统是数控机床的重要组成部分,它的电动机、电路及检测装置等的技术水平都有极大提高。电动机早期采用步进电动机和液压扭矩放大器,继而采用液压伺服系统、小惯量直流伺服电动机、大惯量直流伺服电动机、交流伺服电动机。近来出现了数字伺服系统,与通常的模拟伺服系统相比,数字伺服系统的脉冲当量从 1 μm 减小到 0.1 μm,进给速度仍能达到 10 m/min。可以预计,数字伺服系统的出现,将会促进高精度数控机床的发展。组成伺服驱动电路的位置、速度和电流控制环节部分实现数字化,甚至以单片微机或高速数字信号处理器为硬件基础,进行全数字化控制,与 CNC 系统的计算机进行双向通信联系,就避免了零点漂移,提高了位置与速度控制的精度和稳定性。数控系统由于采用软件控制,系统可以引用多种控制策略,容易改变系统的结构和参数,以适应不同机械负载的要求,有的甚至可以自动辨识负载惯量,并自动调整和优化系统的参数,从而获得最佳的静态和动态控制性能和效果。采用高速和高分辨率的位置检测装置组成半闭环和闭环位置控制系统,增量式位置检测编码达到 10 000 p/r(脉冲/转),绝对式编码器可以达到 1 000 000 p/r 和 0.01 μm 的分辨率,分辨率为 0.1 μm 时,位移速度可达 240 m/min,这样,便极大地提高了位置控制的精度,即机床的定位精度。

(3) 数控机床结构的发展。数控机床的主运动部件不断向高速化方向发展,除采用直流调速电动机和交流变频调速电动机驱动主轴部件,以提高主运动的速度和调速范围,并缩短传动链外,近来更有采用电主轴,将主轴部件做在电动机转子上,从而大大提高了主轴转速和减少了机械转动惯量,主轴转速最高可达 30 000~100 000 r/min,而且仅用 1.8 s 即可从零转速升到最高转速。

采用带有刀库和自动换刀装置的加工中心，使工序集中在一台机床上完成。使用加工中心与使用一般数控机床相比，这种方式减少了机床的台数与占地面积，压缩了半成品的库存量，减少了工序间的辅助时间，有效地提高了生产率，同时，也减少了由于多次安装引起的定位误差。目前刀库的容量可多达120把，自动换刀时间仅为1～2 s。现已先后出现了带有工业机器人和工件交换系统（APC）的车削加工中心机床以及可以自动更换电极的电火花加工中心机床。

1.3.2 柔性制造系统

1. 柔性制造系统的概念和特征

所谓柔性即表示有较大的适应性，它是相对刚性而言的。柔性制造系统（FMS，flexible manufacturing system）是利用计算机控制系统和物料输送系统，把若干台设备联系起来，形成没有固定加工顺序和节拍的自动化制造系统。它在加工完一种工件后，能在不停机调整的情况下，自动地向另一种工件转换。其主要特征如下。

（1）高柔性。能在不停机调整的情况下，实现多种不同工艺要求的零件加工。

（2）高效率。能采用合理的切削用量实现高效加工，同时使辅助时间和准备时间减少到最低程度。

（3）高度自动化。自动更换工件、刀具、夹具，实现自动装夹和输送，自动监测加工过程，有很强的系统软件功能。

2. 柔性制造系统的类型和适用范围

柔性制造系统一般可分为柔性制造单元、柔性制造系统和柔性生产线三种类型。

（1）柔性制造单元（FMC，flexible manufacturing cell）。这是一种简单的柔性制造系统，通常由加工中心（MC）与自动交换工件（AW，APC）的装置所组成，同时，数控系统还增加了自动检测与工况自动监控等功能。图1-13所示为一柔性制造单元，由刀具容量为40把的卧式加工中心、环形工件交换工作台、工件托盘及托盘交换装置组成。环形工作台是一个独立的通用部件，与加工中心并不直接相连，装有工件的托盘在环形工作台的导轨上由环形链条驱动进行回转，每个托盘座上有地址编码。当一个工件加工完毕后，托盘交换装置将加工完的工件连同托盘一起拖回至环形工作台的空位，然后，按指令将下一个待加工的托盘与工件转到交换工位，由托盘交换装置将它送到机床的工作台上，定位夹紧以待加工。已加工好的工件连同托盘转至工件的装卸工位，由人工卸下，并装上待加工的工件。托盘搬运的方式多用于箱体类零件或大型零件。托盘上可装夹几个相同的零件，也可以装夹不同的数个零件。

（2）柔性制造系统。较大的柔性制造系统有两个以上柔性制造单元或多台数控机床、加工中心组成，并用一个物料输送系统将机床联系起来。工件被装在夹具和托盘上，自动地按加工顺序在机床间逐个输送。

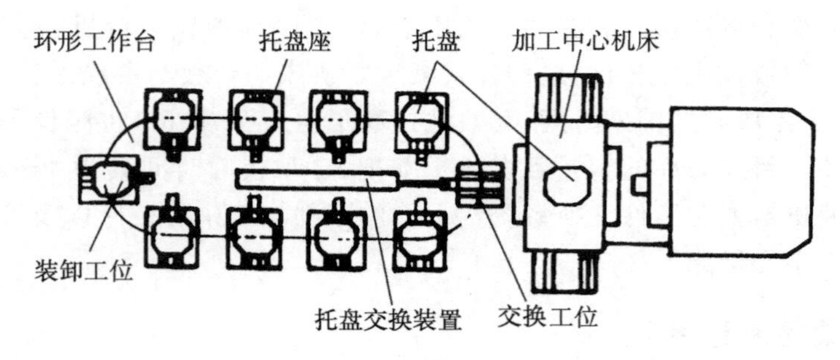

图 1-13　柔性制造单元

（3）柔性生产线（FTL，flexible transfer line）。在零件生产批量较大而品种较少的情况下，柔性制造系统的机床可以完全按照工件加工顺序排列成生产线的形式，这种生产线与传统的刚性生产线的不同之处在于能同时或依次加工少量不同的零件。当零件更换时，其生产节拍可进行相应的调整，各机床的主轴箱也可自动进行调整。这种生产线称为柔性生产线。

柔性制造系统的适用范围如图 1-14 所示。

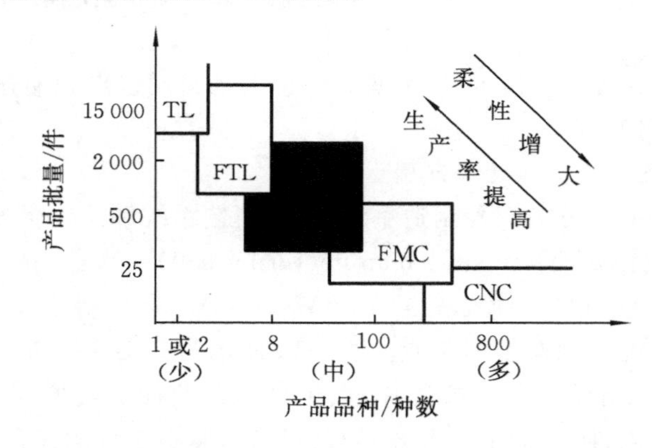

图 1-14　柔性制造系统的适用范围

3. 柔性制造系统的组成

柔性制造系统由加工、物流、信息流三个子系统组成，每一个子系统还可以有分系统。加工系统可以由 FMC 组成，也可由 CNC 机床按 DNC 的控制方式构成，可以自动更换刀具和工件并进行自动加工。有些组成设备还可能是自动更换多轴箱的加工中心。系统中的机床有互补和互替两种配置原则：互补是指在系统中配置完成不同工序的机床，彼此互相补充而不能代替，一个工件顺次通过这些机床进行加工；互替是指在系统中配置有相同的机床，一台机床有故障时空闲的一台机床可以替代加工，以免等待。当然，一个系统的机床设备也可以按这两种方式混合配置，这要根据生产纲领来确定。

物流系统包括刀具和工件两个物流系统。刀具的自动输送和管理有两种形式：一种是在加工设备上配备大容量的刀库；另一种形式是设置独立的中央刀库，由工业机器人在中央刀库和各机床的刀库之间进行输送和交换刀具。刀具的备制和预调一般都不包括在系统自动管理的范围之内。要求刀具的数目少，就必须采用标准化、系列化刀具，并要求刀具的寿命较长。系统应有监控刀具寿命和刀具故障的功能。目前多用定时换刀的方式控制刀具的寿命，即记录每一把刀具的使用时间，达到预定的使用寿命后即强行更换。

物流系统还包括工件、夹具的输送、装卸以及仓储等装置。在 FMS 中，工件和夹具的存储仓库多用立体仓库，由仓库计算机进行控制和管理。其控制功能有：记录在库货物的名称、货位、数量、质量以及入库时间等内容；接受中央计算机的出、入库指令，控制堆垛机和输送车的运动；监督异常情况和故障报警。各设备之间的输送路线按其布局情况，有直线往复、封闭环路和网格方式等数种，而以直线往复方式居多。输送设备有传输带、有轨或无轨小车以及机器人等。传送带结构简单，但不灵活，在新设计的系统中用得越来越少。目前使用最多的是有轨小车和无轨小车。

无轨小车又称自动引导小车(AGV，automated guide vehicle)。图 1-15(a)所示为其示意图，小车上有托盘交换台 3，工作台 1 与托盘 2 由交换台推上机床的工作台进行加工，加工好的工件连同托盘拉回到小车的交换台上，送至装卸工位，由人工卸下并装上新的待加工工件。小车的行车路线常用电缆或光电引导。图 1-15(b)所示为电缆引导的原理图，在地面(6 为地平面)下埋设有电缆(导向电缆)8，通以低频电流，在电缆周围形成磁场 7。固定在小车车身内的两个感应线圈 5 中即产生电压，当小车运行偏离电缆时，两线圈的电压不相等，转向电动机 4 即正向或反向旋转以校正小车的位置，使小车总是沿电缆引导的路线行走。光电引导方式是在地面上铺设反光的不锈钢带，利用光的反射使小车上的一排光电管产生信号，引导小车沿反光带运动。

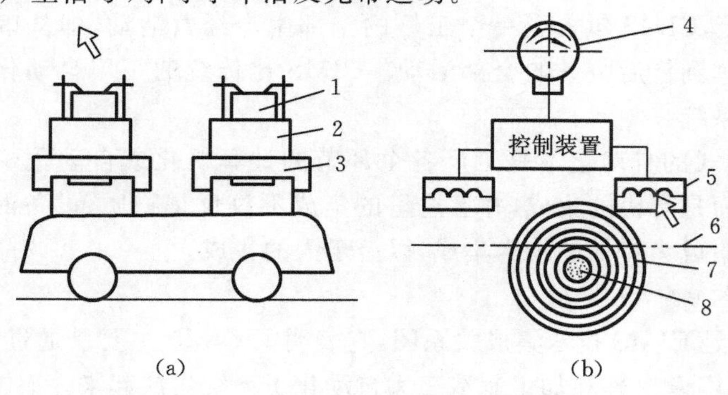

图 1-15　自动引导小车

1—工作台；2—托盘；3—托盘交换台；4—电动机；
5—感应线圈；6—地平面；7—磁场；8—导向电缆

信息流系统包括加工系统及物流系统的自动控制,在线状态监控及其信息处理,以及在线检测和处理等。

4. 柔性制造系统的优点

目前,在全世界范围内,企业拥有的柔性制造系统很多,而且还在以很快的速度增长。柔性制造系统的加工对象很广,生产批量为10~1 000件,其中300件以下的最多,年产量约在2 000~30 000件。一个柔性制造系统加工对象的品种为5~300种,其中30种以下的最多。使用柔性制造系统的行业主要集中在汽车、飞机、机床、拖拉机以及某些家用电器行业。柔性制造系统具有良好的经济效益和社会效益。这是由于解决了零部件的存放、运输以及等待时间,可以提高生产率50%以上,并使生产周期缩短50%以上,缩短了资金周转期。由于装夹、测量、工况监视、质量控制等功能的采用,使机床的利用率由单机使用的50%提高到70%~90%,而且加工质量稳定。另一个优点是操作人员大为减少。

1.3.3 计算机集成制造系统

1. 计算机集成制造系统的定义

目前,计算机集成制造系统(CIMS,computer integrated manufacturing system)还没有一个完善的、被普遍接受的定义。1976年美国的Hatvany教授给出的定义是:CIMS是通过成组技术和数据管理系统将CAD、CAM和生产计划、管理集成在一起的系统。1986年Bunce博士给出的定义是:CIMS是生产产品全过程的各自动化子系统的完美集成,是把工程设计、生产制造、市场分析和其他支持功能合理组织起来的计算机集成系统。还有学者认为:CIMS是把孤立的局部自动化子系统,在新的管理模式和生产工艺指导下,综合应用柔性制造技术、信息技术、自动化技术,通过计算机及其软件灵活而有机综合起来的一个完整系统,等等。在诸多的定义中,有以下两点是大家一致公认的。

(1) 在功能上,CIMS包含了一个工厂的全部生产经营活动,即从市场预测、产品设计、加工制造、管理到售后服务的全部活动。CIMS比传统的工厂自动化的范围大得多,是一个复杂的大系统。

(2) CIMS模式的自动化不是工厂各个环节的计算机化或自动化(有人称自动化孤岛)的简单叠加,而是有机的集成,并且这里的集成不仅仅是物质、设备的集成,更主要的是体现在以信息集成为特征的技术集成,以至于人的集成。

2. CIMS的组成

图1-16所示是CIMS技术集成关系图,它表明了CIMS主要是通过计算机信息技术模块把工程设计、经营管理和加工制造三大自动化子系统集成起来。

(1) 工程设计系统。主要包括计算机辅助工程分析(CAE,computer aided engineering)、计算机辅助设计(CAD,computer aided design)、成组技术(GT,group technology)、计算机辅助工艺过程设计(CAPP,computer aided process planning)和计算机辅助制造

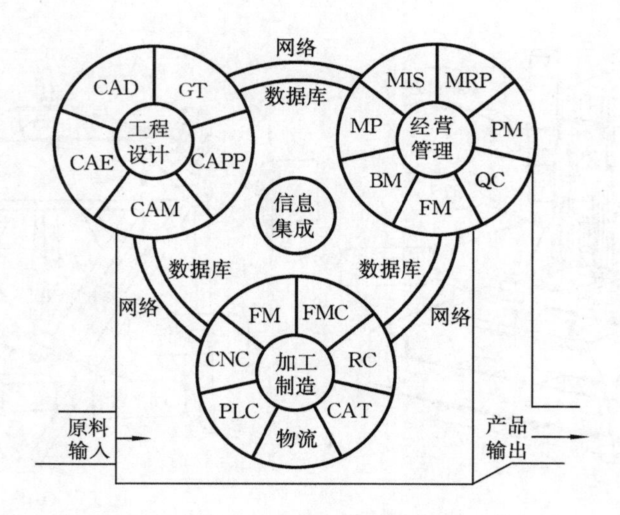

图 1-16　CIMS 技术集成关系图

(CAM，computer aided manufacturing)等。

(2) 经营管理系统。主要包括管理信息系统(MIS，management information system)、制造资源计划(MRP，manufacturing resource planning)、生产管理(PM，production management)、质量控制(QC，quality control)、财务管理(FM，financial management)、经营计划管理(BM，business management)和人力资源管理(MP，man power resources management)等。

(3) 加工制造系统。主要包括 FMS 柔性制造系统、FMC 柔性制造单元、CNC 数控机床、可编程控制器 PLC、机器人控制器(RC，robot controller)、自动测试(CAT，computer automated testing)和物流系统等。

1.3.4　并联运动机床

并联运动机床(Parallel Machine Tools)，又称虚拟轴机床(Virtual Axis Machine Tools)，也曾被称为六条腿机床，它是以空间并联机构为基础，充分利用计算机数字控制的潜力，以软件取代部分硬件，以电气装置和电子器件取代部分机械传动，使将近两个世纪以来以笛卡儿坐标直线位移为基础的机床结构和运动学原理发生了根本变化。并联运动机床与传统机床的比较如图 1-17 所示。

从图中可见，并联运动机床与传统机床的区别主要表现在以下方面。

(1) 传统机床布局的基本特点：以床身、立柱、横梁等作为支承部件，主轴部件和工作台的滑板沿支承部件上的直线导轨移动，按照 X、Y、Z 坐标运动叠加的串联运动学原理，形成刀头点的加工表面轨迹。

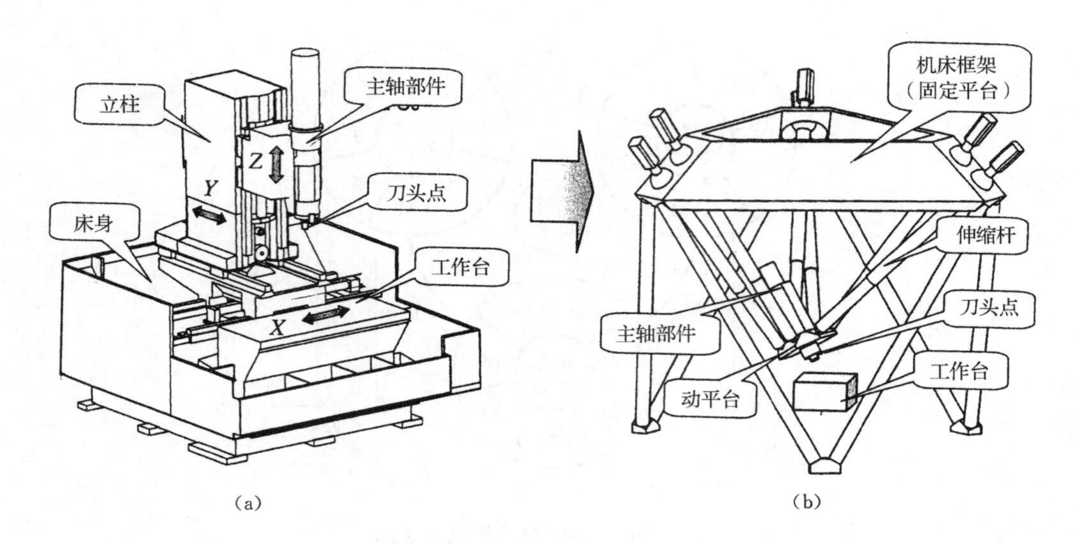

图 1-17　并联运动机床与传统机床的比较

(a)传统机床；(b)并联运动机床

(2) 并联运动机床布局的基本特点：没有实体坐标系，机床坐标系与工件坐标系的转换全部靠软件完成，机床机械零部件数目较串联构造平台大幅减少，以机床框架为固定平台的若干杆件组成空间并联机构，主轴部件安装在并联机构的动平台上，通过多杆结构在空间同时运动来移动主轴头，可改变伸缩杆的长度或移动其支点，按照并联运动学原理形成刀头点的加工表面轨迹，各伸缩杆采用相互独立的伺服驱动装置驱动。

(3) 由于并联运动机床结构以桁架杆系取代传统机床结构的悬臂梁和两支点梁来承载切削力和部件重力，加上运动部件的质量明显减小以及主要由电主轴、滚珠丝杠、直线电动机等机电一体化部件组成，因而具有刚度高、动态性能好、机床的模块化程度高、易于重构以及机械结构简单等优点，是新一代机床结构的重要发展方向。

本章重点、难点和知识拓展

本章重点：数控机床的组成，各类数控机床的应用范围。

本章难点：CIMS，并联机床。

知识拓展：认真学习后续各章内容，会加深对本章内容的理解。结合生产实习，尽可能多看数控加工方面的内容，以增加感性认识。熟悉数控设备的组成和结构，了解数控操作方面的知识。

思考题与习题

1-1 什么是数字控制技术？什么叫数控机床？简述数控机床产生的背景。

1-2 数控机床的加工特点有哪些？试述数控机床的使用范围。

1-3 数控机床由哪几部分组成？各部分的基本功能是什么？

1-4 简述数控机床的工作原理。

1-5 试述数控机床按其功能的分类情况以及各类机床的特点。

1-6 试述闭环控制数控机床的控制原理，它与开环控制数控机床的差异。

1-7 什么叫点位控制、点位直线控制、轮廓控制数控机床？试述各自的特点和应用。

1-8 加工中心同一般数控机床的区别是什么？

1-9 什么叫柔性制造系统？它有何特征？

1-10 柔性制造系统由哪几部分组成？

1-11 简述CIMS的定义。它由哪几部分组成？

1-12 什么叫并联机床？它与传统机床相比有何特点？

第2章 数控加工技术基础知识

数控加工技术基础知识是数控加工的前期准备工作。工艺制订得是否合理，刀具选择得是否合适，对程序编制能否运用自如等，这些都对数控机床的加工效率和零件的加工精度有重要的影响。将工艺等知识融入程序，可进一步提高程序的质量。由于数控机床加工的特殊性，要求操作者对数控加工工艺、数控编程方法有一定的了解，这些知识有的与普通机床操作要求相似，有的则完全不同。本章内容将带你进入数控加工技术的大门。

2.1 数控加工的工艺处理

工艺分析及处理是整个数控加工工作中较为复杂而又非常重要的环节之一。数控加工工艺是否先进、合理，关系到加工质量的优劣。在编制加工程序前，必须对机床主体和数控系统的性能、特点和应用，以及数控加工的工艺方案制订工作等各个方面，都有比较全面的了解。编程时对工艺处理考虑不周，常常是造成数控加工失败的主要原因之一。

2.1.1 数控加工的主要内容

数控机床与普通机床加工工件的区别在于数控机床是按照程序自动加工工件，而普通机床则是由人来操作的。数控加工中，只要改变加工程序就能达到加工不同形状工件的目的。

1. 适合数控加工的工件

在选择适合数控加工的工件时，一般可按下列顺序考虑。

(1) 通用机床无法加工的工件应作为优先选择。

(2) 通用机床难加工，质量也难以保证的工件应作为重点选择。

(3) 通用机床加工效率低、工人手工操作劳动强度大的工件，可在数控机床尚存在富裕加工能力时选择。

2. 不适合数控加工的工件

(1) 占机调整时间长，如以毛坯的粗基准定位加工第一个精基准，需用专用工装协调的工件。

(2) 加工部位分散，需要多次安装、设置原点的工件，这时，采用数控加工很麻烦，效果不明显，可安排通用机床补加工。

(3) 按某些特定的制造依据（如样板等）加工的型面轮廓。主要原因是获取数据困难，易于与检验依据发生矛盾，增加了程序编制的难度。

2.1.2 数控机床的合理选用

由于数控机床是运用数字控制技术控制的机床，它是随着电子元器件、电子计算机、传感技术、信息技术和自动控制技术的发展而发展起来的，是涉及电子、机械、电气、液压、气动、光学等多种学科的综合技术产物。当前，数控机床的价格相对较高，数控机床的先进性、复杂性和发展的速度快，以及品种型号、档次的多样性，使得选用数控机床远比选用一般传统机床要复杂得多。

不同的数控机床各有特色，任何数控机床都绝非万能。对一台具体的数控机床来说，只能具备其中的部分功能。因此，在选用数控机床时，必须进行具体的研究和分析。选用得合理，就能使有限的投资获得极佳的效果和效益，反之，也有可能花费很大的代价才能达到解决问题的目的，会造成浪费。选用数控机床需遵循以下几个原则。

1）生产上适用

这主要是指所选用的数控机床功能必须适应被加工零件的形状尺寸、尺寸精度和生产节拍等要求。其中：形状尺寸适应性是指所选用的数控机床必须能适应被加工零件合理群组的形状尺寸要求；加工精度适应性是指所选择的数控机床必须满足被加工零件群组的精度要求，在能确保零件群组的加工精度的基础上，不追求不必要的高精度；生产节拍适应性是指根据加工对象的批量和节拍要求来决定数控机床的选用，并注意上、下工序间的节拍协调一致，以及外部机床的配置、编程、操作、维修等环境。

2）技术上先进

在选用数控机床时，应充分考虑到技术的发展，应具有适当的前瞻性，保证设备在技术水平上的先进性，不要一味追求低价格，避免出现新购设备在使用不长时间后即面临淘汰的尴尬境地。

3）经济上合理

数控机床的价格主要取决于技术水平的先进性，质量和精度的好坏，配置的高低以及质量保证费用等。对数控机床的价格必须进行综合考虑，不应一味追求价格高或低，应坚持最高性价比原则，即在满足被加工零件的功能要求和保证质量稳定可靠的前提下，做到经济合理。

除上述基本原则以外，选用数控机床时还要考核生产企业质量保证体系的完善性和可信性，其售前和售后服务网络是否健全，服务队伍的素质是否能胜任工作，服务能否及时，是否能履行承诺，这对选用后设备的正常使用至关重要。

2.1.3 零件加工的工艺分析

无论是手工编程还是自动编程，在编程前都要对所加工的零件进行工艺分析，拟订加工方案，选择合适的刀具，确定切削用量。在编程中，对一些工艺问题（如对刀点、加工路线等)也需做一些处理。因此程序编制中的零件的工艺分析是一项十分重要的工作。

1. 数控加工工艺的主要内容

根据数控加工的实践经验,数控加工工艺主要包括以下内容。

(1) 选择适合在数控机床上加工的零件和确定工序内容。

(2) 对零件图样进行数控工艺性分析。

(3) 零件图形的数学处理及编程尺寸设定值的确定。

(4) 选择数控机床的类型。

(5) 制订数控工艺路线,如工序划分、加工顺序的安排、基准选择、与非数控加工工艺的衔接等。

(6) 数控工序的设计,如确定工步、刀具选择、夹具定位与安装、确定走刀路线、测量、确定切削用量等。

(7) 加工程序的编写、校验和修改。

(8) 调整数控加工工艺程序,如对刀、刀具补偿等。

(9) 数控加工工艺技术文件的定型与归档。

2. 数控加工工艺分析的一般步骤与方法

数控加工工艺分析涉及面很广,在此仅从数控加工的可能性和方便性两方面加以分析。

在程序编制前对零件进行工艺分析时,要有机床说明书、编程手册、切削用量表、标准工具、夹具手册等资料。

1) 零件图样上尺寸数据的标注应符合编程方便的原则

(1) 零件图样上尺寸标注方法应适应数控加工的特点,在数控加工零件图样上,应以同一基准标注尺寸,直接给出坐标尺寸。

(2) 构成零件轮廓的几何要素的条件应充分。在手工编程时,要计算每个节点的坐标。在自动编程时,要对构成零件轮廓的所有几何要素进行定义。因此在分析零件图时,要分析几何要素的给定条件是否充分,如果构成零件几何要素的条件不充分,编程时便无法下手。

2) 零件各加工部位的结构工艺性应符合数控加工的特点

(1) 零件的内腔和外形最好采用统一的几何类型和尺寸。这样,可以减少刀具规格和换刀次数,使编程方便,生产效益提高。

(2) 内槽圆角半径的大小决定着刀具直径的大小,因而内槽圆角半径不应过小。

(3) 铣削零件底平面时,槽底圆角半径不应过大,因为铣刀端刃铣削平面的能力差,致使加工效率低。

(4) 应采用统一的基准定位。在数控加工中,若没有采用统一的基准定位,会因工件重新安装而出现加工后的两个面轮廓位置及尺寸不协调的现象。

此外，还应分析零件所要求的加工精度、尺寸公差是否能得到保证，有无引起矛盾的多余尺寸或影响工序安排的封闭尺寸等。

3. 加工方法的选择

加工方法的选择原则是保证加工表面的加工精度和表面粗糙度的要求。由于获得同一级精度及表面粗糙度的加工方法有许多，因而在实际选择时，要结合零件的形状、尺寸和热处理要求等全面考虑，对各加工阶段的划分和加工顺序的安排要做到经济合理。

1) 加工阶段的划分

当零件的加工质量要求较高时，可划分为粗加工、半精加工、精加工和光整加工等阶段。

(1) 粗加工阶段。该阶段要切除大量的余量，在保留一定加工余量的前提下，提高生产率和降低成本是该阶段的主要目标，所以该阶段的切削力、夹紧力、切削热都较大。如果零件的加工批量较大，应优先采用普通机床和成本较低的刀具进行加工，这样不但可发挥普通机床设备的效能，降低生产成本，也易保持数控机床的精度。

(2) 半精加工阶段。该阶段为主要表面的精加工做好准备，也完成一些次要表面的加工，如钻孔、攻螺纹、铣键槽等。

(3) 精加工阶段。该阶段使主要表面加工到图样规定的尺寸、精度和表面粗糙度。

(4) 光整加工阶段。该阶段使某些特别重要的表面加工达到极高的表面质量，但该阶段一般不能用来提高工件的形状和位置精度。

2) 加工顺序的安排

在安排数控加工顺序时，应遵循以下几个原则。

(1) 先粗后精。整个工件的加工工序，应是粗加工在前，相继为半精加工、精加工、光整加工。粗加工时快速切除余量，精加工时保证精度和表面粗糙度。对于易发生变形的零件，由于粗加工后可能发生变形而需要进行校形，所以需将粗、精加工的工序分开。

(2) 先主后次。先加工工件的工作表面、装配表面等主要表面，后加工次要表面。

(3) 先基准后其他。工件的加工一般多从精基准开始，然后以精基准定位加工其他主要表面和次要表面，如轴类零件一般先加工中心孔。

(4) 先面后孔。箱体、支架类零件应先加工平面，后加工孔。平面大而平整，作为基准面稳定可靠，容易保证孔与平面的位置精度。

(5) 工序集中。工序集中就是将工件的加工集中在少数几道工序内完成。这样可提高生产率；减少工件装夹次数，保证表面间的位置精度；减少换刀次数，缩短加工的辅助时间；减少数控机床和操作人员数量。

(6) 先内腔后外形。先加工内腔，以外形夹紧；然后加工外形，以内腔中的孔夹紧。

另外,在同一次安装中进行的多道工序,应先安排对工件刚度破坏较小的工序。

2.1.4 数控加工工序的划分

工序的划分是数控加工技术中十分重要的环节。工序划分合理与否,将直接影响数控机床技术优势的发挥和零件的加工质量,应当引起足够重视。

1. 工序划分的原则

为了充分发挥数控机床的优势,提高生产效率和保证加工质量,数控加工工艺设计中应遵循工序最大限度集中的原则,即零件在一次装夹中力求完成本台数控机床所能加工的全部表面。工序划分应考虑以下几个原则。

1) 粗精加工分开的原则

若零件(单件)的全部表面均由数控机床加工,工序的划分一般按先粗加工,后半精加工,最后精加工,依次分开进行,即粗加工全部完成之后再进行半精加工、精加工。粗加工时可快速切除大部分余量,再依次精加工各个表面,这样,既可提高生产效率,又可保证零件的加工精度和表面粗糙度。对于某一加工表面,则应按粗加工—半精加工—精加工的顺序完成。对于精度要求较高的加工表面,在粗、精加工工序之间,零件最好搁置一段时间,使粗加工后零件的变形得到较为充分的恢复,再进行精加工,这样才有利于提高加工精度。一般情况下,精加工余量以留 0.12～0.16 mm 为宜。精铣时应尽量采用顺铣方式,以保证零件表面质量。此外,在可能条件下,尽量在普通机床或其他机床上对零件进行粗加工,以减轻数控机床的负荷,保证加工精度。

2) 一次定位的原则

对于一些在加工中因重复定位而产生误差的零件,应采用一次定位的方式,按顺序换刀作业。例如,加工箱体类零件的各轴线孔系,可依次连续加工完成同一轴线上的各孔,以提高孔系的同轴度及位置公差,然后再加工其他坐标位置的孔,确保孔系的位置精度。根据零件特征,尽可能减少装夹次数。在一次装夹中,尽可能完成较多的加工表面,这样,可以减少辅助时间,提高数控加工的生产效率。

3) 先面后孔的原则

通常,可按零件加工部位划分工序。一般先加工简单的几何形状,后加工复杂的几何形状;先加工精度较低的部位,后加工精度要求较高的部位;先加工平面,后加工孔。例如,对铣平面—镗孔复合加工,可按先铣平面后镗孔的顺序进行。因为铣削时切削力较大,零件易变形,待其恢复变形后再镗孔,有利于保证孔的加工精度。若先镗孔再铣平面,则孔口就会产生毛刺、飞边,影响孔的装配。

4) 尽量减少换刀的原则

在数控加工中,应尽可能按刀具进入加工位置的顺序集中工序,即在不影响加工精度的前提下,减少换刀次数,减少空行程,节省辅助时间。零件在一次装夹中,尽可能使用同一把刀具完成较多的加工表面。当一把刀具完成加工的所有部位后，尽可能为下道工序作些预加工。例如，使用小钻头为大孔预钻位置孔或划位置痕，或用前道工序的刀具为后道工序先进行粗加工，换刀后完成精加工或加工其他部位。对于一些不重要的部位，尽可能使用同一把刀具完成同一个工位的多道工序加工。

5）连续加工的原则

在加工半封闭或封闭的内外轮廓中，应尽量避免加工停顿现象。由于“零件—刀具—机床”这一工艺系统在加工过程中暂时处于弹性变形动态平衡状态下，若忽然进给停顿，则切削力会明显减小，就会失去原工艺系统的平衡，使工件在刀具停顿处留下划痕（或凹痕）。因此，在轮廓加工中应避免进给停顿现象，保证零件表面的加工质量。

2. 工序与工步的划分

1）工序的划分

（1）按零件装卡定位方式划分工序。由于每个零件结构形状不同，各表面的技术要求也有所不同，故加工时，其定位方式存在差异。一般加工外形时，以内形定位；加工内形时又以外形定位。因而，可根据定位方式的不同来划分工序。

（2）按粗、精加工划分工序。根据零件的加工精度、刚度和变形等因素来划分工序时，可按粗、精加工分开的原则来划分工序，即先粗加工再精加工。此时，可用不同的机床或不同的刀具进行加工。通常在一次装夹中，不允许将零件的某一部分表面加工完毕后，再加工零件的其他表面。

（3）按所用刀具划分工序。为了减少换刀次数，减少空行程时间和不必要的定位误差，可按刀具集中工序的方法加工零件，即在一次装夹中，尽可能用同一把刀具加工出需要加工的所有部位，然后再换另一把刀具加工其他部位。

2）工步的划分

工步的划分主要从加工精度和效率两方面来考虑。在一个工序内往往需要采用不同的刀具和切削用量，对不同表面进行加工。为了便于分析和描述较复杂的工序，在工序内又细分为工步。工步划分的原则如下。

（1）对同一表面，按粗加工、半精加工、精加工依次完成，或全部加工表面按先粗后精加工分开进行。

（2）对于既有铣面又有镗孔的零件，可先铣面后镗孔。按此方法划分工步，可以提高孔的加工精度。因为铣削时切削力较大，工件易发生变形，先铣面后镗孔，使其有一段时间恢复，可减少由变形引起的对孔的精度的影响。

（3）按刀具划分工步。某些机床工作台回转时间比换刀时间短，可按刀具划分工步，以减少换刀次数，提高加工效率。

总之，工序与工步的划分要根据具体零件的结构特点、技术要求等情况综合考虑。

2.1.5　加工路线的确定

在数控加工中,刀具刀位点相对于工件的运动轨迹称为加工路线。加工路线是编写程序的依据之一。加工路线的确定原则主要有以下几点。

1. 加工路线应保证被加工零件的精度和表面粗糙度,且效率高

例如,铣削外表面轮廓时,铣刀的切入和切出点应沿零件轮廓曲线的延长线上的切向切入和切出零件表面,而不应沿法向直接切入零件,以避免加工表面产生划痕,保证零件轮廓光滑。铣削内轮廓表面时,切入和切出无法外延,这时铣刀可沿零件轮廓的法线方向切入和切出,并将其切入、切出点选在零件轮廓两几何要素的交点处。图 2-1 和图 2-2 所示分别为铣削外轮廓表面和铣削内轮廓表面时刀具的切入和切出过渡。

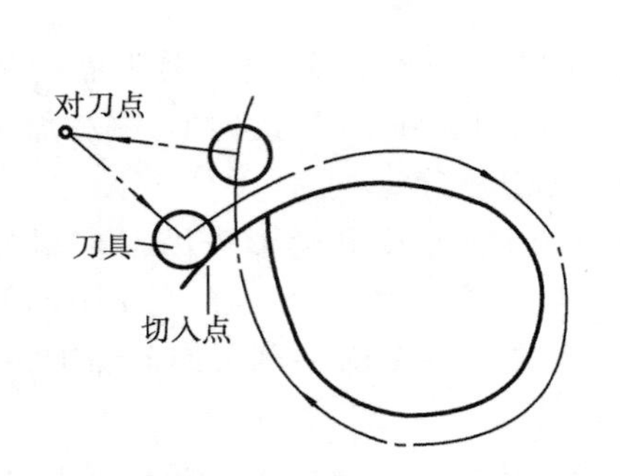

图 2-1　外轮廓加工刀具的切入和切出过渡

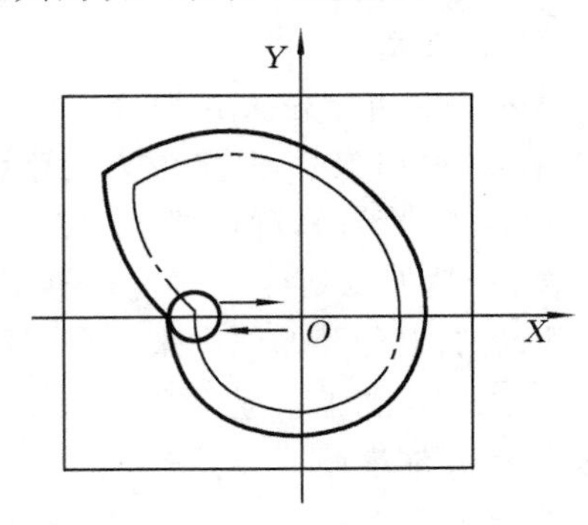

图 2-2　内轮廓加工刀具的切入和切出过渡

图 2-3 所示为加工封闭凹槽的走刀路线。图(a)所示为采用行切法的进给路线,所谓行切法是指刀具与零件轮廓的切点轨迹是一行一行的,而行间的距离是按零件加工精度的要求确定的。这种方案由于表面不是连续加工完成的,在两次接刀之间表面会留下刀痕,所以表面质量较差,但加工路线较短。图(b)所示为采用环切法的进给路线,所谓环切法是指刀具走刀轨迹为沿型腔边界走等距线。这种方案克服了表面加工不连续的缺点,但进给路线太长,效率较低。图(c)所示为先用行切法,最后一刀用环切法的进给路线。这种方案克服了前两种方案的不足,先采用行切法,最后环切一刀,光整表面轮廓,获得较好的效果。因此,三种方案中,图(a)所示方案最差,图(c)所示方案最好。

对于一些位置精度要求较高的孔系加工时,应特别关注各孔加工顺序的安排,若安排不当,就有可能把坐标轴的反向间隙带入行程中,会直接影响各孔之间的位置精度。各孔的加工顺序和路线应按同向行程进行, 即采用单向趋近定位点的方法,以免引入反向误差。例如,图 2-4(a)所示的孔系加工路线,在加工孔Ⅳ时,X 方向的反向间隙将会影响孔Ⅲ、孔Ⅳ的孔距精度;如果改为图 2-4(b)所示的加工路线,可使各孔的定位方向一致,从而提高孔距精度。

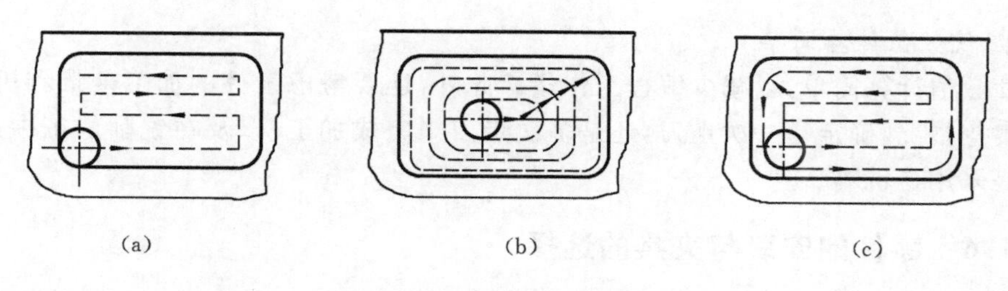

图 2-3　封闭凹槽加工走刀路线

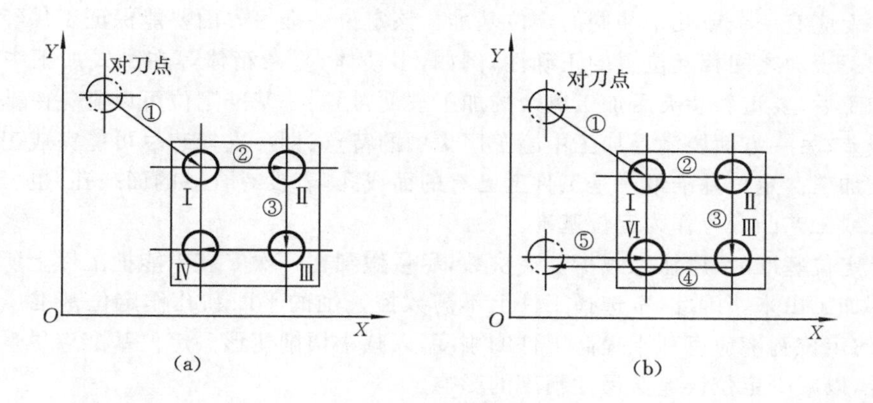

图 2-4　孔系加工方案比较

2. 应使加工路线最短

应使加工路线最短，这样既可减少程序段，又可减少空刀时间。图 2-5 所示为钻孔加工路线的例子。按照一般习惯，总是先加工均布于同一圆周上的八个孔，再加工另一圆周上的孔，如图 2-5(a)所示。但是对点位控制的数控机床而言，要求定位精度高，定位过程尽可能快，因此，这类机床应按空程最短来安排走刀路线，如图 2-5(b)所示，这样可以节省加工时间。

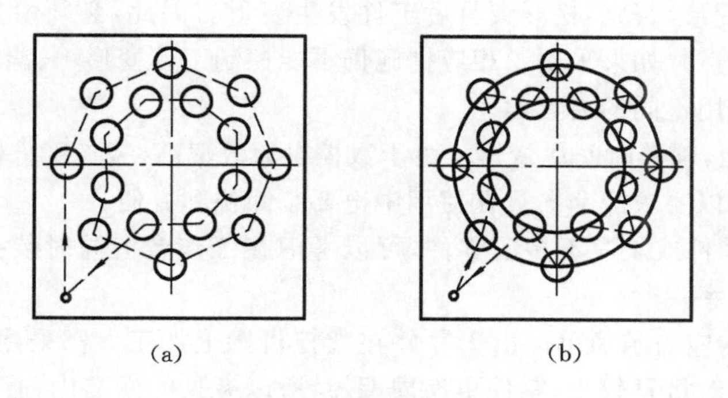

图 2-5　最短加工路线选择

3. 应使数值计算简单

应使数值计算简单,以减少编程工作量。此外,还要考虑工件的加工余量和机床、刀具的刚度等情况,确定是一次走刀,还是多次走刀来完成加工,以及在铣削加工中是采用顺铣还是采用逆铣等。

2.1.6 零件的安装与夹具的选择

1. 定位基准的选择

工件上应有一个或几个共同的定位基准。该定位基准一方面要能保证工件经多次装夹后其加工表面之间相互位置的正确性,例如,多棱体、复杂箱体等在卧式加工中心上完成四周加工后,要重新装夹后加工剩余的加工表面,用同一基准定位可以避免由基准转换引起的误差;另一方面要满足加工中心工序集中的特点,即一次安装尽可能完成工件上较多表面的加工。定位基准最好是工件上已有的面或孔,若没有合适的面或孔,也可专门设置工艺孔或工艺凸台等作为定位基准。

选择定位基准时,应注意减少装夹次数,尽量做到在一次安装中能把工件上所有要加工表面都加工出来。因此,常选择工件上不需数控铣削的平面和孔作定位基准。对薄板件,选择的定位基准应有利于提高工件的刚度,以减小切削变形。定位基准应尽量与设计基准重合,以减少定位误差对尺寸精度的影响。

2. 装夹方案的确定

在零件的工艺分析中,已确定了工件在数控机床上加工的部位和加工时用的定位基准,因此,在确定装夹方案时,只需根据已选定的加工表面和定位基准确定工件的定位夹紧方式,并选择合适的夹具。此时,主要考虑以下几点。

(1) 夹紧机构或其他元件不得影响进给,加工部位要敞开。要求在夹持工件后,夹具上的一些组成件(如定位块、压块和螺栓等)不能与刀具运动轨迹发生干涉。

(2) 必须保证最小的夹紧变形。工件在粗加工时,切削力大,夹紧力也必须大,但又不能把工件夹压变形,否则,松开夹具后工件发生变形。因此,必须慎重选择夹具的支承点、定位点和夹紧点。如果采用了相应措施仍不能控制工件变形,只能将粗、精加工分开,或者粗、精加工使用不同的夹紧力。

(3) 装卸方便,辅助时间尽量短。由于数控机床效率高,装夹工件的辅助时间对加工效率影响较大,所以要求配套夹具在使用中也要装卸快和方便。

(4) 对小型零件或工序不多的零件,可以考虑在工作台上同时装夹几件工件进行加工,以提高加工效率。

(5) 夹具结构应力求简单。由于零件在数控机床上加工大都采用工序集中原则,加工的部位较多,同时批量较小,零件更换周期短,所以夹具的标准化、通用化和自动化对加工效率的提高及加工费用的降低有很大影响。因此,对批量小的零件应优先选用组合夹具,对形状简单的单件小批量生产的零件,可选用通用夹具。只有对批量较大,且周期性投产的零件和加工精度要求较高的关键工序才设计专用夹具,以保证加工精度和提高装夹效率。

(6) 夹具应便于与机床工作台面及工件定位面间进行定位连接。例如,加工中心工作台面上一般都有基准 T 形槽,转台中心有定位圆,台面侧面有基准挡板等定位元件。固定方式一般利用 T 形槽螺钉或工作台面上的紧固螺孔,用压板或螺栓压紧。夹具上用于紧固的孔和槽的位置必须与工作台上的 T 形槽和孔的位置相对应。

3. 定位安装的基本原则

在数控机床上加工零件时,定位安装的基本原则与普通机床相同,也要合理选择定位基准和夹紧方案。为了提高数控机床效率,确定定位基准与夹紧方案时应注意以下 3 点。

(1) 力求设计、工艺与编程计算的基准统一。

(2) 减少装夹次数,尽可能在一次定位装夹后,加工出全部待加工表面。

(3) 避免采用人工调整式加工方案,以充分发挥数控机床的效能。

2.1.7 数控加工的工艺文件

数控加工的工艺文件主要有:数控编程任务书、数控加工工件安装和原点设定卡片、数控加工工序卡片、数控加工走刀路线图、数控刀具卡片等。文件格式可根据企业实际情况自行设计。

1. 数控编程任务书

它阐明了工艺人员对数控加工工序的技术要求和工序说明,以及数控加工前应保证的加工余量。它是编程人员和工艺人员协调工作和编制数控程序的重要依据之一。

2. 数控加工工件安装和原点设定卡片(简称装夹图和零件设定卡)

它应表示出数控加工原点定位方法和夹紧方法,并应注明加工原点设置位置和坐标方向,使用的夹具名称和编号等。

3. 数控加工工序卡

数控加工工序卡与普通加工工序卡有许多相似之处,所不同的是:数控加工工序卡中应注明编程原点与对刀点,要进行简要编程说明(例如,所用机床型号、程序编号、刀具半径补偿、镜向对称加工方式等)及切削参数(即程序编入的主轴转速、进给速度、最大吃刀量等)的选择。

4. 数控加工走刀路线图

在数控加工中,常常要注意并防止刀具在运动过程中与夹具或工件发生意外碰撞,为此,必须告诉操作者关于编程中的刀具运动路线(例如,从哪里下刀、在哪里抬刀、哪里是斜下刀等)。为简化走刀路线图,一般可采用统一约定的符号来表示。不同的机床也可以采用不同的图例与格式。

5. 数控刀具卡

数控加工时，对刀具的要求十分严格，应按照数控机床标准的刀具与工具系统的要求选择。刀具一般要在机外对刀仪上预先调整刀具直径和长度。刀具卡应反映刀具编号、刀具结构、尾柄规格、组合件名称代号、刀片型号和材料等。它是组装刀具和调整刀具的依据。

2.2 数控编程的基础知识

数控编程是将零件加工的工艺顺序、运动轨迹与方向、位移量、工艺参数（如主轴转速、进给量、吃刀量等）以及辅助动作（如换刀、变速、冷却液开停等），按动作顺序，用数控机床的数控装置所规定的代码和程序格式，编制成加工程序单（相当于普通机床加工的工艺规程），再将程序单中的内容通过控制介质输送给数控装置，从而控制数控机床自动加工。这种从零件图样到制成控制介质的过程，称为数控机床的程序编制。

2.2.1 数控加工程序的组成及分类

1. 数控加工程序的组成

在数控机床上加工零件，首先要编制程序，然后用该程序控制机床的运动。数控指令的集合称为程序。在程序中根据机床的实际运动顺序书写这些指令。一个完整的数控加工程序由程序开始部分（程序号）、若干个程序段、程序结束部分组成。一个程序段由程序段号和若干个程序字组成，一个程序字由地址符和数字组成。

下面是一个完整的数控加工程序，该程序由程序号开始，以 M02 结束。

程序	说明
O1002；	程序开始
N1 G90 G92 X0 Y0 Z0；	程序段 1
N2 G42 G01 X－60.0 Y10.0 D01 F200；	程序段 2
N3 G02 X40.0 R50.0；	程序段 3
N4 G00 G40 X0 Y0；	程序段 4
N5 M02；	程序结束

1）程序号

为了区分每个程序，对程序要进行编号，这样，可给今后的使用、存储和检索等带来很大方便。程序号由程序号地址和程序的编号组成，程序号必须放在程序的开头。如：O1002，其中 O 为程序号地址（编号的指令码），1002 为程序的编号（1002 号程序）。

不同的数控系统，程序号地址也有所差别。如 SIMENS 系统用％，FANUC 系统用 O 作为程序号的地址码，编程时一定要参考说明书，否则程序将无法执行。

2）程序字

一个程序字由字母加数字组成，例如，Z－16.8，其中 Z 为地址符，－16.8 表示数字（有正、负之分）。

3）程序段

程序段号加上若干个程序字就可组成一个程序段。在程序段中表示地址的英文字母可分为尺寸地址和非尺寸地址两种。表示尺寸地址的英文字母有 X、Y、Z、U、V、W、P、Q、I、J、K、A、B、C、D、E、R、H 共 18 个字母。表示非尺寸地址有 N、G、F、S、T、M、L、O 等 8 个字母。常用地址符见表 2-1。

表 2-1 常用地址符

机 能	地 址 符	说 明
程序号	O 或 P 或％	程序编号地址
程序段号	N	程序段顺序编号地址
坐标字	X,Y,Z;U,V,W;P,Q,R; A,B,C;D,E; R; I,J,K;	直线坐标轴 旋转坐标轴 圆弧半径 圆弧中心坐标
准备功能	G	指令动作方式
辅助功能	M,B;	开关功能，工作台分度等
补偿值	H 或 D	补偿值地址
暂停	P 或 X 或 F	暂停时间
重复次数	L 或 H	子程序或循环程序的循环次
切削用量	S 或 V F	主轴转数或切削速度 进给量或进给速度
刀具号	T	刀库中刀具编号

4）程序段的格式和组成

程序段的格式可分为地址格式、分隔地址格式、固定程序段格式和可变程序段格式等。其中，以可变程序段格式应用最为广泛，所谓可变程序段格式就是程序段的长短是可变的。例如，N004 G01 X5 Y10 F100；其中 N 是程序段地址符，用于指定程序段号；G 是指令动作方式的准备功能地址，G01 为直线插补；X、Y 是坐标轴地址；F 是进给速度指令地址，其后的数字表示进给速度的大小，如 F100 表示进给速度为 100 mm/min。

2. 数控加工程序的分类

数控加工程序可分为主程序和子程序，子程序的结构同主程序的结构一样。在通常情况下,数控机床是按主程序的指令进行工作,但是,当主程序中遇到调用子程序的指令时,控制流程转到子程序执行。当子程序遇到返回主程序的指令时,控制流程返回到主程序继续执行。一般情况下,FANUC 系统最多能存储 200 个主程序和子程序。在编制程序时,若相同模式的加工在程序中多次出现,可将这个模式编成一个子程序,使用时只需通过调用子程序命令进行调用,这样就简化了程序的设计。

在数控加工程序中可以使用用户宏程序。所谓宏程序就是含有变量的子程序,在程序中调用宏程序的指令称为用户宏指令,系统可以使用用户宏程序的功能称为用户宏功能。执行时只需写出用户宏命令,就可以执行用户宏功能。使用用户宏的方便之处是可以用变量代替具体数值,在实际加工时,只需将此零件的实际尺寸数值用用户宏命令赋予变量即可。

2.2.2 常见指令功能介绍

数控机床的各种操作是按照给定加工程序中的各项指令来完成的。这些指令包括 G 指令、M 指令,以及 F 功能(进给功能)、S 功能(主轴转速功能)、T 功能(刀具功能)。

1. G 指令

G 指令也称准备功能指令。这类指令是在数控装置插补运算之前需要预先规定,为插补运算、刀补运算、固定循环等做好准备,在数控编程中极其重要。G 指令通常由地址符 G 和其后两位数字组成,目前,不同数控系统的 G 指令并非完全一致,因此,编程人员必须对所用机床的数控系统有深入的了解(一般 G 指令在机床说明书中给出)。

G 指令分为模态指令(又称续效指令)和非模态指令(又称非续效指令)两类。模态指令一经程序段中指定,便一直有效,直到以后程序段中出现同组另一指令或被其他指令取消时才失效,编写程序时,与上段相同的模态指令可省略不写。非模态指令只有在被指定的程序段中才有意义。

同一条程序段中,出现相同指令(相同地址符)或同一组指令时,后出现的起作用。具体指令可参考有关手册。

2. M 指令

M 指令也称辅助功能指令。这类指令的作用是控制机床或系统的辅助功能动作,例如,冷却泵的开、关,主轴的正、反转,程序结束等。M 指令通常由地址符 M 和其后两位数字组成。

1) 程序停止指令 M00

M00 指令实际上是一个暂停指令。功能是执行此指令后,机床停止一切操作,即主轴停转、切削液关闭、进给停止。但模态信息全部被保存,在按下控制面板上的启动按钮后,机床重新启动,继续执行后面的程序。

该指令主要用于工件在加工过程中需停机检查、测量零件、手工换刀或操作人员交接班等。

2）**选择性暂停指令** M01

M 01 指令的功能与 M00 相似，不同的是，M01 只有在预先按下控制面板上“选择停止开关”按钮的情况下，程序才会停止。如果不按下“选择停止开关”按钮，程序执行到 M01 时不会停止，而是继续执行下面的程序。M01 停止之后，按启动按钮可以继续执行后面的程序。

该指令主要用于加工工件抽样检查、清理切屑等。

3）**程序结束指令** M02

M02 指令的功能是程序全部结束。此时主轴停转、切削液关闭，数控装置和机床复位。该指令写在程序的最后一段。

4）**主轴正转、反转、停止指令** M03、M04、M05

M03 表示主轴正转，M04 表示主轴反转。所谓主轴正转，是从主轴向 Z 轴正向看，主轴顺时针转动，反之则为反转。M05 表示主轴停止转动。M03、M04、M05 均为模态指令。要说明的是，有些系统（如配置华中数控系统的 CJK6032 数控车床）不允许 M03 和 M05 程序段之间写入 M04，否则在执行到 M04 时，主轴立即反转，进给停止，此时按“主轴停”按钮也不能使主轴停止。

5）**换刀指令** M06

M06 为手动或自动换刀指令。当执行 M06 指令时，进给停止，但主轴、切削液不停。M06 指令不包括刀具选择功能，常用于加工中心等换刀前的准备工作。

6）**冷却液开关指令** M07、M08、M09

M07、M08、M09 指令用于冷却装置的启动和关闭，属于模态指令。

M07 表示 2 号冷却液或雾状冷却液开。

M08 表示 1 号冷却液或液状冷却液开。

M09 表示关闭冷却液开关，并注销 M07、M08、M50 及 M51（M50、M51 为 3 号、4 号冷却液开）。

7）**程序结束指令** M30

M30 指令与 M02 指令的功能基本相同，不同的是，M30 能自动返回程序起始位置，为加工下一个工件做好准备。

8）**子程序调用与返回指令** M98、M99

M98 为调用子程序指令，M99 为子程序结束并返回到主程序的指令。

这里特别提出的是，要注意 M00、M01、M02 和 M30 指令的区别。

M00 为程序暂停指令。程序执行到此进给停止，主轴停转。重新按启动按钮后，再继续执行后面的程序段。主要用于编程者想在加工中使机床暂停（检验工件、调整、排屑等）。

M01 为程序选择性暂停指令。程序执行时，控制面板上“选择停止”键处于“ON”状态时此功能才有效,否则该指令无效。执行后的效果与 M00 相同,常用于关键尺寸的检验或临时暂停。

M02 为主程序结束指令。执行到此指令,进给停止,主轴停止,冷却液关闭。但程序光标停在程序末尾。

M30 为主程序结束指令,功能同 M02。不同之处是,光标返回程序头位置,不管 M30 后是否还有其他程序段。

3. T 功能指令

T 功能也称为刀具功能指令,用于选择刀具和刀补号。一般具有自动换刀的数控机床上都有此功能。

刀具功能指令的编程格式因数控装置不同而不同,主要有以下两种格式。

1) T 指令编程

刀具功能用地址符 T 加四位数字表示,前两位是刀具号,后两位是刀补号。刀补号即刀具参数补偿号,一把刀具可以有多个刀补号。如果后两位数为 00,则表示刀具补偿取消。例如:

程序	说明
N01 G92 X140.0 Z300.0;	建立工件坐标系
N02 G00 S2000 M03;	主轴以 2 000 r/min 正转
N03 T0304;	3 号刀具,4 号刀补
N04 X40.0 Z120.0;	快速点定位
N05 G01 Z50.0 F20;	直线插补
N06 G00 X140.0 Z300.0;	快速点定位
N07 T0300;	3 号刀具,补偿取消

2) T、D 指令编程

T 后接两位数字,表示刀号,选择刀具;D 后面也是接两位数字,表示刀补号。

定义这两个参数时,其编程的顺序为 T、D。T 和 D 可以编写在一起,也可以单独编写,例如,T5D8 表示选择 5 号刀,采用刀具偏置表 8 号的偏置尺寸;如果在前面程序段中写 T5,后面程序段中写入 D8,则仍然表示选择 5 号刀,采用刀具偏置表 8 号的偏置尺寸。如果选用了 D0,则表示取消刀具补偿。

4. F 功能指令

F 功能也称进给功能指令,表示进给速度,属于模态代码。在 G01、G02、G03 和循环指令程序段中,必须要有 F 指令,或者在这些程序段之前已经写入了 F 指令。如果没有 F 指令,不同的数控装置处理的方法不一样,有的数控装置显示出错,有的数控装置自动取轴参数中各轴“最高允许速度”的最小设置值。快速点定位 G00 指令的快速移动速度与 F 指令无关。

根据数控装置的不同，F功能的表示方法也不一定相同。进给功能用地址符F和其后一位到五位数字表示，通常用F后跟三位数字(F×××)表示。进给功能的单位一般为mm/min，当进给速度与主轴转速有关时(如车削螺纹)，单位为mm/r。

(1) 切向进给速度的恒定控制。F指令设定的是各轴进给速度的合成速度，目的在于使切削过程的切向进给速度始终与指令速度一样。系统自动根据F指令的切向进给速度控制各轴的进给速度。

(2) 进给量设定。一般用G94表示进给速度，单位是mm/min，用G95表示进给量，单位是mm/r。G94和G95都是模态代码，G94为缺省值。在华中数控系统中，用G98、G99指令设定F指令的进给量，单位分别为每分钟进给量(mm/min)和主轴每转进给量(mm/r)。G98和G99都是模态代码，G98为缺省值。

(3) 进给速度的调整。F指令给定的进给速度可通过“进给修调”旋钮来调整。注意，“进给修调”在螺纹加工时无效。

(4) 快速移动速度。各轴的快速移动速度是在轴参数中设定的“最高允许速度”，可用“进给修调”旋钮来调整，与F指令的进给速度无关。

5. S功能指令

S功能也称主轴转速功能指令，主要表示主轴转速或速度，属于模态代码。主轴转速功能用地址符S加二到四位数字表示。用G97和G96指令单位分别为r/min或m/min，通常使用G97(r/min)。例如：

程序	说明
G96　S300；	主轴转速为300 m/min
G97　S1500；	主轴转速为1500 r/min

注意，在车床系统里，G97表示主轴恒转速，G96表示恒切削速度。

2.2.3　数控机床的坐标系统

1. 标准坐标系

在数控机床上进行加工，通常使用直角坐标系来描述刀具与工件的相对运动，描述应符合JB/T 3051—1999的规定。

(1) 刀具相对于工件运动的原则。由于机床的结构不同，有的是刀具运动，工件固定，有的是刀具固定，工件运动等。为编程方便，一律规定为工件固定，刀具运动。

(2) 数控机床的标准坐标系是一个右手笛卡儿直角坐标系，用右手螺旋法则判定。如图2-6所示，右手的拇指、食指、中指互相垂直，分别代表X轴、Y轴和Z轴，指尖指向各坐标轴的正方向，即增大刀具和工件距离的方向。同时规定了分别平行于X轴、Y轴、Z轴的第一组附加轴为U、V、W，第二组附加轴为P、Q、R。

(3) 若有旋转轴时，规定绕X轴、Y轴、Z轴的旋转轴为A轴、B轴、C轴，其方向为右旋螺纹方向,如图 2-6 所示。旋转轴的原点一般定在水平面上。若还有附加的旋转轴时用 D、E 定义,其与直线轴没有固定关系。

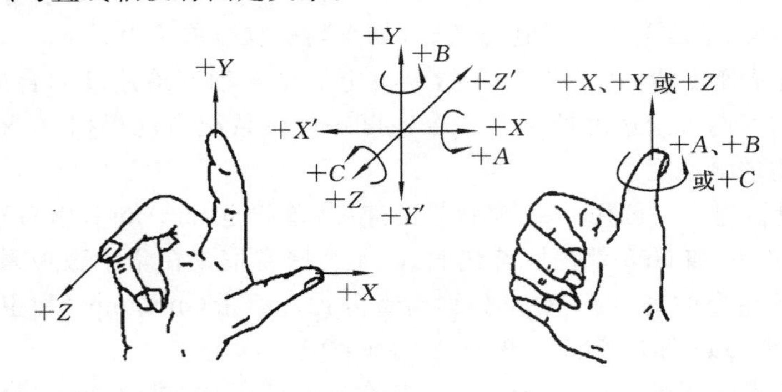

图 2-6　右手笛卡儿直角坐标系

2. 坐标轴的规定

在确定机床坐标轴时,一般先确定 Z 轴,然后确定 X 轴和 Y 轴,最后确定其他轴。JB/T 3051—1999 标准中规定,机床运动的正方向,是指增大工件和刀具之间距离的方向。

(1) Z 轴。Z 轴的方向是由传递切削力的主轴确定的,与主轴轴线平行的坐标轴即为 Z 轴,如图 2-7 所示。如果机床没有主轴,则 Z 轴垂直于工件装卡面,同时规定,刀具远离工件的方向作为 Z 轴的正方向。例如,在钻镗加工中,钻入和镗入工件的方向为 Z 轴的负方向,而退出为正方向。

(2) X 轴。X 轴是水平的,平行于工件的装卡面,且垂直于 Z 轴,这是在刀具或工件定位平面内运动的主要坐标。对于工件旋转的机床(如车床、磨床等),X 坐标的方向是在工件的径向上,且平行于横滑座,刀具离开工件旋转中心的方向为 X 轴正方向。对于刀具旋转的机床(铣床、镗床、钻床等),如果 Z 轴是垂直的,当从刀具主轴向立柱看时,X 运动的正方向指向右,如果 Z 轴是水平的,当从主轴向工件方向看时,主轴的正方向指向右。对于无主轴的机床(如刨床),X 轴正方向平行于切削方向。

(3) Y 轴。Y 轴垂直于 X 轴、Z 轴,Y 轴的正方向根据 X 轴和 Z 轴的正方向,按照右手直角笛卡儿坐标系来判断。

图 2-7 所示为几种典型机床的坐标系。

3. 机床坐标系

以机床原点为坐标原点建立起来的 X 轴、Y 轴、Z 轴直角坐标系,称为机床坐标系。机床原点为机床上的一个固定点,也称机床零点或机械原点。机床零点是通过机床参考点间接确定的,机床参考点也是机床上的一个固定点,通常设置在机床各轴靠近正向极限的位置,通过减速行程开关粗定位,由零位点脉冲精确定位,其与机床零点间有一确定的相对位置。在机床每次通电之后,工作之前,必须进行回机床零操作,使刀具运动到机床

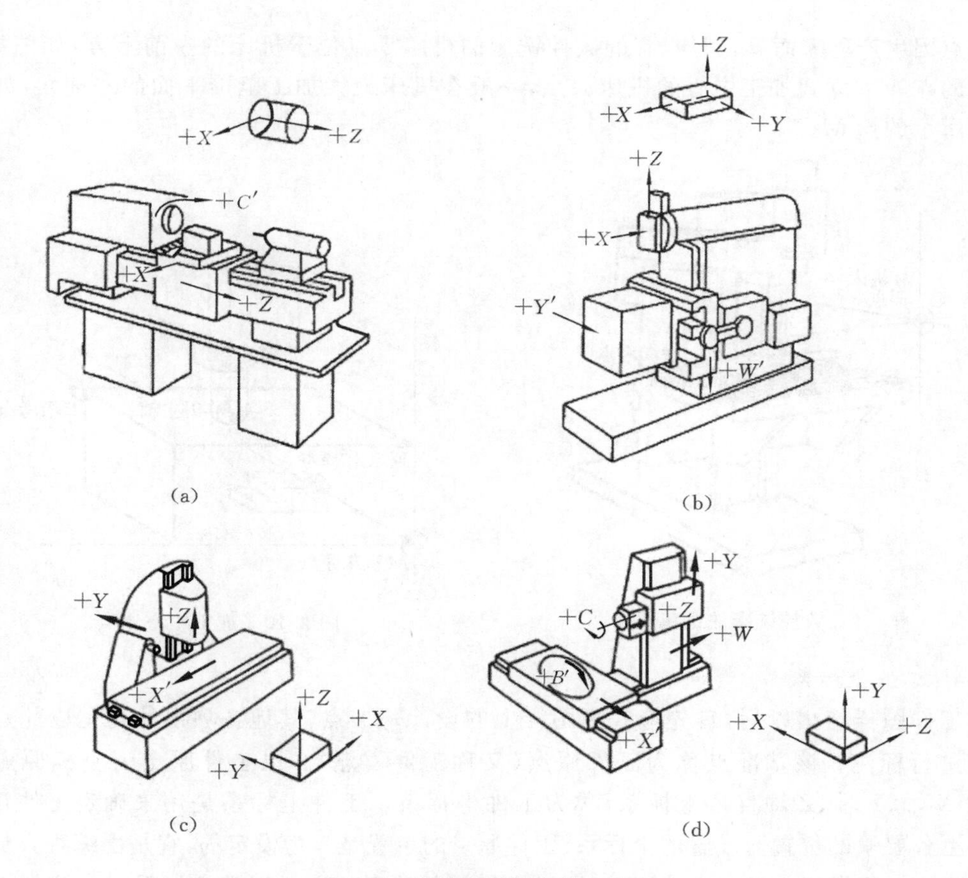

图 2-7　几种典型机床的坐标系

(a) 卧式车床；(b) 牛头刨床；(c) 立式数控铣床；(d) 卧式数控铣床

参考点。这样，通过机床回零操作，确定了机床零点，从而准确地建立机床坐标系，即相当于数控系统内部建立一个以机床零点为坐标原点的机床坐标系。机床坐标系是机床固有的坐标系，一般情况下，机床坐标系在机床出厂前已经调整好，不允许用户随意变动。

在数控加工程序中，可用相关指令使刀具经过一个中间点自动返回参考点。机床参考点已由机床制造厂测定后输入数控系统，并且记录在机床说明书中，用户不得更改。但有些数控机床的机床原点与机床参考点重合。

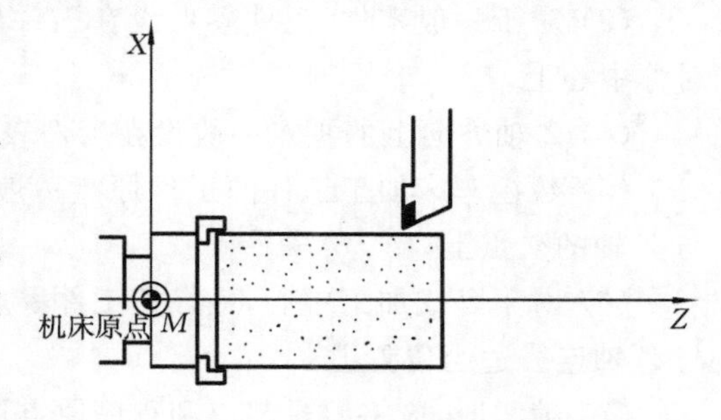

图 2-8　数控车床原点

数控车床的机床零点在主轴前端面的中心上，如图 2-8 所示的点 M。数控铣床的机床零点因生产厂家而异，例如，有的数控铣床的机床零点位于机床的左前上方，如图 2-9 所示的点 M。立式加工中心的机床原点，一般在机床最大加工范围平面的左前角，如图 2-10所示的点 M。

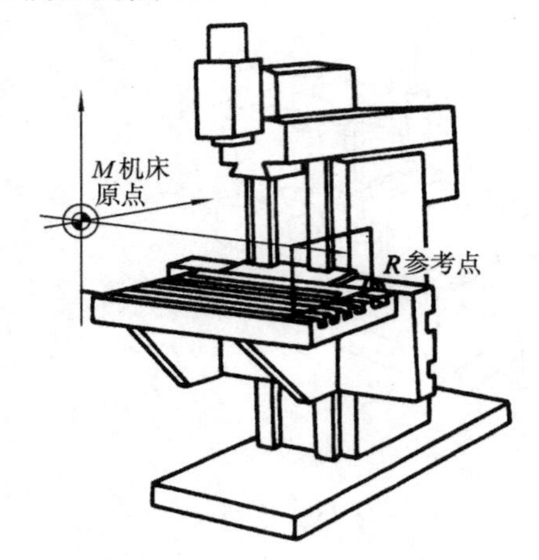

图 2-9　数控铣床的机床原点

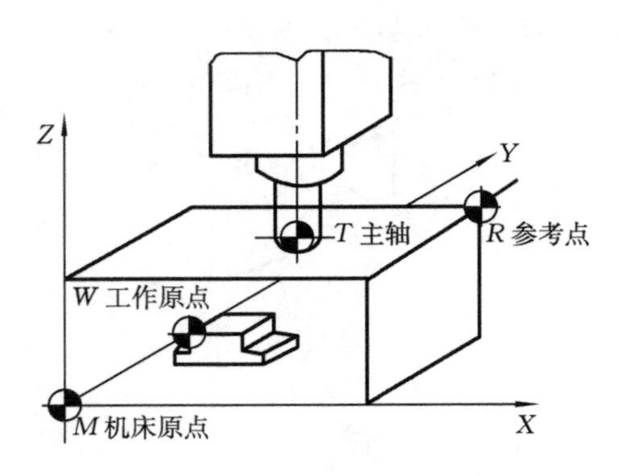

图 2-10　加工中心原点

4. 工件坐标系

工件图样给出以后，首先应找出图样上的设计基准点，其他各项尺寸均是以此点为基准进行标注。该基准点称为工件原点（又称工件零点）。以工件原点为坐标原点建立的 X 轴、Y 轴、Z 轴直角坐标系，称为工件坐标系。工件坐标系是用来确定工件几何形体上各要素的位置而设置的坐标系，工件原点的位置是人为设定的，它是由编程人员在编制程序时根据工件的特点选定的，所以也称编程原点。选择工件坐标系时应注意以下几个方面。

（1）工件零点应选在零件的尺寸基准上，这样便于坐标值的计算，并减少错误。

（2）工件零点应尽量选在精度较高的工件表面，以提高被加工零件的加工精度。

（3）对于一般零件，工件零点设在工件轮廓某一角上，对于对称零件，工件零点设在对称中心上。

（4）Z 轴方向上的零点一般设在工件表面。

（5）数控车床加工工件的工件原点一般选择在工件右端面、左端面或卡爪的前端面与 Z 轴的交点上。

（6）对于卧式加工中心，最好把工件零点设在回转中心上，即设置在工作台回转中心与 Z 轴连线适当位置上。

（7）编程时，应将刀具起点和程序原点设在同一处，这样可以简化程序，便于计算。

对同一工件，由于工件原点变了，程序段中的坐标尺寸也随之改变。因此，数控编程时,应该首先确定编程原点,确定工件坐标系。编程原点是在工件装夹完毕后,通过对刀来确定的。

2.2.4 常用准备指令功能及用法

1. 与坐标和坐标系有关的指令

1) 绝对值与增量值指令 G90/G91

G90 为绝对值编程指令,G91 为增量值编程指令。在 G90 方式下,程序段中的轨迹坐标都是相对于某一固定编程原点所给定的绝对值。在 G91 方式下,程序段中的轨迹坐标都是相对于前一位置坐标的增量值。如图 2-11 所示。

用绝对值编程的程序为

```
N01  G90;
N02  G01  X10  Y20  F120;
N03  X30  Y30;
N04  X40  Y60;
N05  X80  Y30;
N06  M02;
```

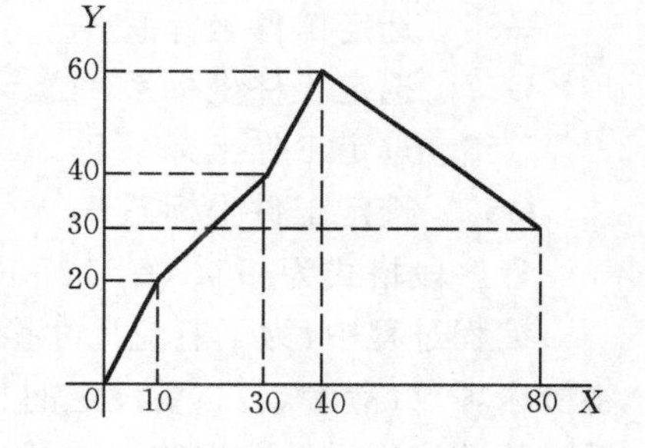

图 2-11 G90 与 G91 应用

用增量值编程的程序为

```
N01  G91;
N02  G01  X10  Y20  F120;
N03  X20  Y20;
N04  X10  Y20;
N05  X40  Y－30;
N06  M02;
```

如果在程序段开始不注明是 G90 还是 G91 方式,则数控装置按 G90 方式运行。

2) 工件坐标系设定指令 G92

G92 指令用来设定刀具在工件坐标系中的坐标值。用绝对值编程时必须设定工件坐标系,必须先将刀具的起刀点坐标及工件坐标系的绝对坐标原点(也称编程原点)告诉数控系统。当工件安装后须确定工件零点在机床坐标系中的位置,G92 指令用于实现此功能。

程序段格式为 G92　X __ Y __ Z __;

其中:X __、Y __、Z __为刀位点在工件坐标系中的初始说明位置。例如:

程序	说明
G92　X25.0　Z350.0;	设定工件坐标系为 $X_1O_1Z_1$
G92　X25.0　Z10.0;	设定工件坐标系为 $X_2O_2Z_2$

以上两程序段所设定的工件坐标系如图 2-12 所示。工件坐标系建立以后,程序内所

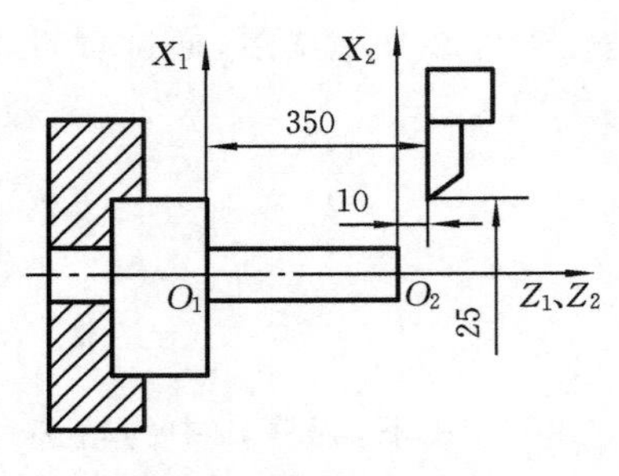

图 2-12　工件坐标系的设定

有用绝对值指定的坐标值,均为这个坐标系中的坐标值。

必须注意的是,数控机床在执行 G92 指令时并不动作,只是显示器上的坐标值发生了变化。

3) **工件坐标系选择指令** G54、G55、G56、G57、G58、G59

指令与所选坐标系对应的关系为

G54　选定工件坐标系 1;

G55　选定工件坐标系 2;

G56　选定工件坐标系 3;

G57　选定工件坐标系 4;

G58　选定工件坐标系 5;

G59　选定工件坐标系 6。

程序段格式为 G54 (G55、G56、G57、G58、G59)　X__ Y__ Z__;

编程过程中,为了避免尺寸换算,需多次把工件坐标系平移。使用这些指令的方法是将机床零点(参考点)与要设定的工件零点间的偏置坐标值,即工件坐标原点在机床坐标系中的数值用手动数据输入方式输入,事先存储在数控装置的存储器内,然后用 G54～G59 任一指令调用。这些坐标系的原点在机床重开机时仍然存在。用此方法可以将工件坐标系原点平移至工件基准处,如图 2-13 所示。

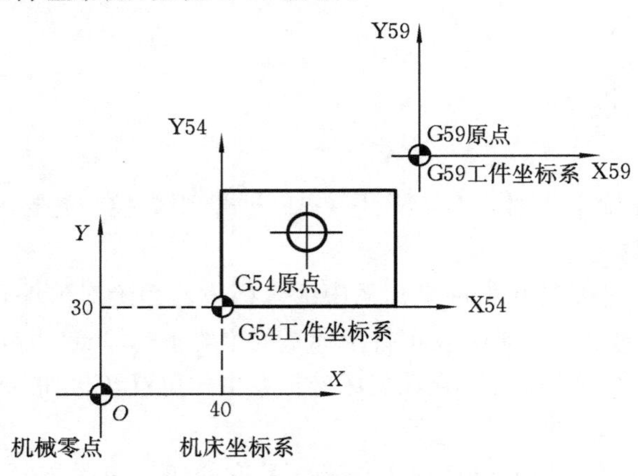

图 2-13　工件坐标系的设定

一旦指定了 G54～G59 其中之一,则该工件坐标系原点即为当前程序原点,后续程序段中的工件绝对坐标均为相对此程序原点的值,例如:

程序

N01 G54 G00 G90 X30 Y20；

N02 G55；

N03 G00 X40 Y30；

执行 N01 句时，数控装置会选定 G54 坐标系作为当前工件坐标系，然后再执行 G00 移动到该坐标系中的点 A（见图 2-14）；执行 N02 句时，系统又会选择 G55 坐标系作为当前工件坐标系；执行 N03 句时，机床就会移动到刚指定的 G55 坐标系中的点 B（见图2-14）。

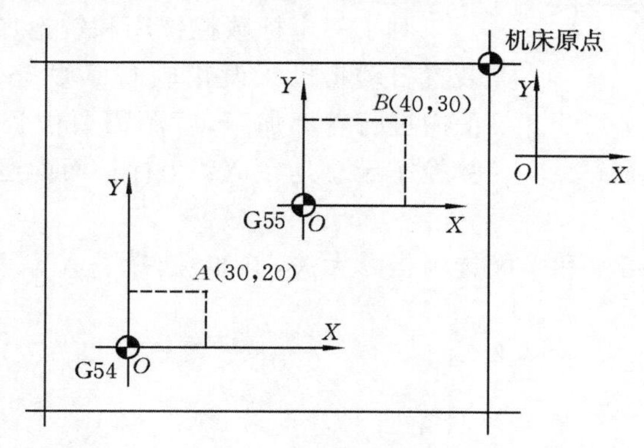

图 2-14　工件坐标系的使用

G54～G59 指令与 G92 指令的使用方法不同。使用 G54～G59 建立工件坐标系时，该指令可单独指定（见上面程序 N02 句），也可与其他程序指令同段指定（见上面程序 N01 句），如果该程序段中有位置指令就会产生运动。可使用定位指令自动定位到加工起始点。

若在工作台上同时加工多个相同零件时，可以设定不同的程序零点（见图 2-13），共可建立 G54～G59 六个加工坐标系。其坐标原点（程序零点）可设在便于编程的某一固定点上，这样，只需按选择的坐标系编程。对于多程序原点偏移，采用 G54～G59 原点偏置寄存器存储所有程序原点与机床参考点的偏移量，然后在程序中直接调用 G54～G59 进行原点偏移是很方便的。采用程序原点偏移的方法还可实现零件的空运行试切加工，即在实际应用时，将程序原点向刀轴（Z 轴）方向偏移，使刀具在加工过程中抬起一个安全高度即可。

G92 指令与 G54～G59 指令都是用于设定工件坐标系的，但它们在使用中是有区别的：G92 指令是通过程序来设定工件坐标系的，G92 所设定的加工坐标原点是与当前刀具所在位置有关的，这一加工原点在机床坐标系中的位置是随当前刀具位置的不同而改变的；G54～G59 指令是通过 MDI 在设置参数方式下设定工件坐标系的，一经设定，加工坐标原点在机床坐标系中的位置是不变的，它与刀具的当前位置无关，除非再通过 MDI 方式更改。G92 指令程序段只是设定工件坐标系，而不产生任何动作；G54～G59 指令程序段则可以和G00、G01指令组合,在选定的工件坐标系中进行位移。

注意:这类指令只在绝对坐标(G90)下有意义,在G91下无效。

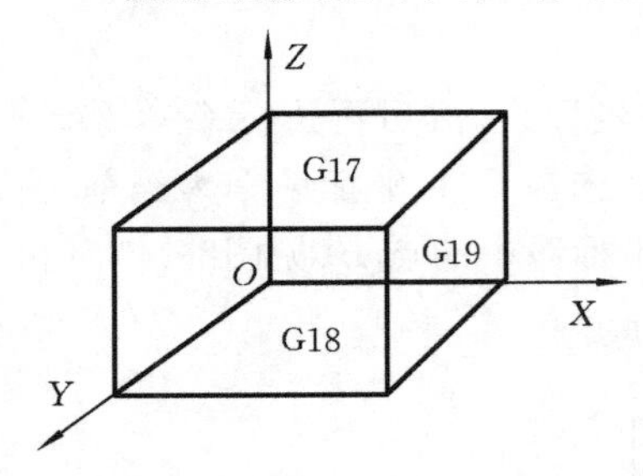

图2-15 坐标平面选择指令

4) 坐标平面选择指令 G17、G18、G19

G17、G18、G19分别指定空间坐标系中的XY平面、ZX平面和YZ平面,如图2-15所示,其作用是让机床在指定坐标平面上进行插补加工和加工补偿。

对于三坐标数控铣床和铣镗加工中心,开机后数控装置自动将机床设置成G17状态,如果在XY坐标平面内进行轮廓加工,就不需要由程序设定G17。同样,数控车床总是在XZ坐标平面内运动,在程序中也不需要用G18指令指定。

要说明的是,移动指令和平面选择指令无关,例如,选择了XY平面之后,Z轴仍旧可以移动。

2. 与控制方式有关的指令

1) 快速定位指令 G00

程序段格式为G00 X__ Y__ Z__ ;

G00指令的功能是指令刀具从当前点,以数控系统预先调定的快进速度,快速移动到程序段所指令的下一个定位点上。

注意:G00的运动轨迹不一定是直线,若不注意则容易干涉。

2) 直线插补指令 G01

程序段格式为G01 X__ Y__ Z__ F__ ;

其中:X__、Y__、Z__分别为G01的终点坐标;F__为指定进给速度(mm/min)。

G01指令的功能是指令多坐标(2、3坐标)以联动的方式,按程序段中规定的合成进给速度,使刀具相对于工件按直线方式,由当前位置移动到程序段中规定的位置。当前位置是直线的起点,为已知点,而程序段中指定的坐标值即为终点坐标。

3) 圆弧插补指令 G02、G03

G02为顺时针圆弧插补,G03为逆时针圆弧插补。

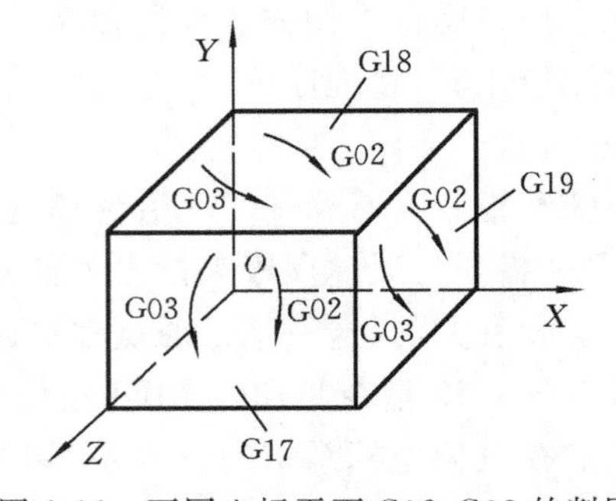

图2-16 不同坐标平面G02、G03的判别

G02、G03指令的功能是使机床在给定的坐标平面内进行圆弧插补运动。顺圆弧和逆圆弧在各坐标平面内的判别方法如图2-16所示,即在圆弧插补中沿垂直于要加工圆弧所在平面的坐标轴由正方向向负方向看,刀具相对于工件的转动方向是顺时针方向为G02,逆时针方向为

G03。

程序段格式为

XY 平面：G02　(G03)　G17 X __ Y __ I __ J __(R __)F __；

ZX 平面：G02　(G03)　G18 X __ Z __ I __ K __(R __)F __；

YZ 平面：G02　(G03)　G19 Y __ Z __ J __ K __(R __)F __；

其中：X __、Y __、Z __为圆弧终点坐标值，在绝对值编程(G90)方式下，圆弧终点坐标是绝对坐标，在增量值编程(G91)方式下，圆弧终点坐标是相对于圆弧起点的增量值；I __、J __、K __表示圆弧圆心相对于圆弧起点在 *X*、*Y*、*Z* 方向上的增量坐标，与 G90 和 G91 方式无关；I __、J __、K __也可用 R __指定，R __为圆弧半径，当两者同时被指定时，R 指令优先，I、J、K 指令无效，在圆弧切削时注意，当圆弧的圆心角 $\alpha \leqslant 180°$时，R 值为正；当圆弧的圆心角 $\alpha > 180°$时，R 值为负，R 不能做整圆切削，整圆切削只能用 I、J、K 编程，因为经过同一点，半径相同的圆有无数个；F __为刀具沿圆弧切向的进给速度。

由图 2-17 所示可知 *A*、*B* 两点的坐标为 *A*(−40，−30)，*B*(40，−30)。

圆弧段 1 程序为

G90　G02　X40　Y−30　R50　F100；

或 G91　G02　X80　Y0　R50　F100；

圆弧段 2 程序为

G90　G02　X40　Y−30　R−50　F100；

或 G91　G02　X80　Y0　R−50　F100；

图 2-18 所示为一封闭圆，现设起刀点在坐标原点 *O*。

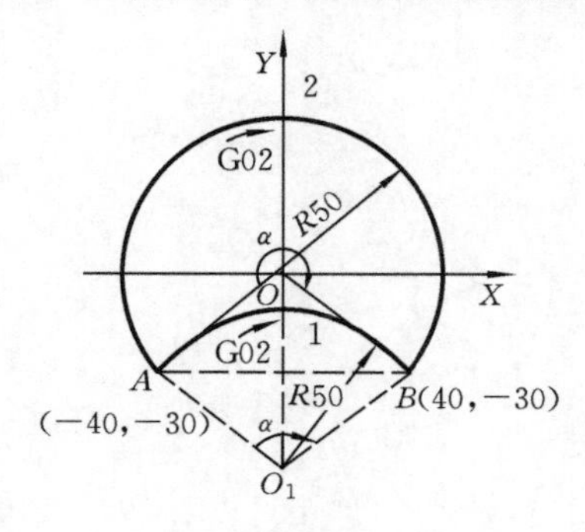

图 2-17　圆弧用 R 编程

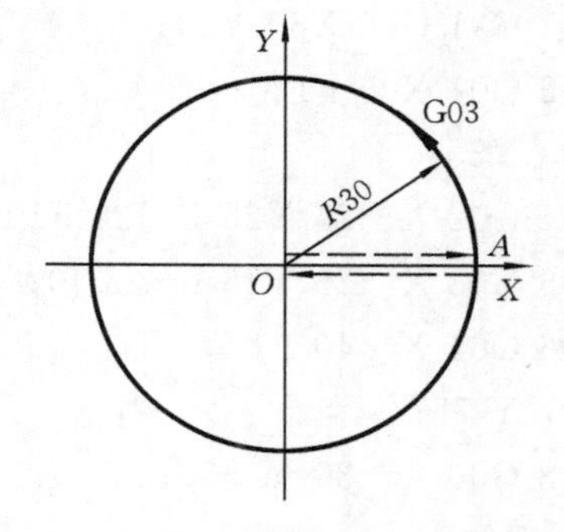

图 2-18　整圆编程

从点 *O* 快速移动至点 *A* 逆时针加工整圆，用绝对值编程的程序为

N10　G92　X0　Y0　Z0；

N20　G90　G00　X30　Y0；

N30　G03　I−30　J0　F100；

N40　G00　X0　Y0；

用增量值编程的程序为

N20　G91　G00　X30　Y0；

N30　G03　I－30　J0　F100；

N40　G00　X－30　Y0；

下面以图 2-19 所示为例，说明 G01、G02、G03 的编程方法。

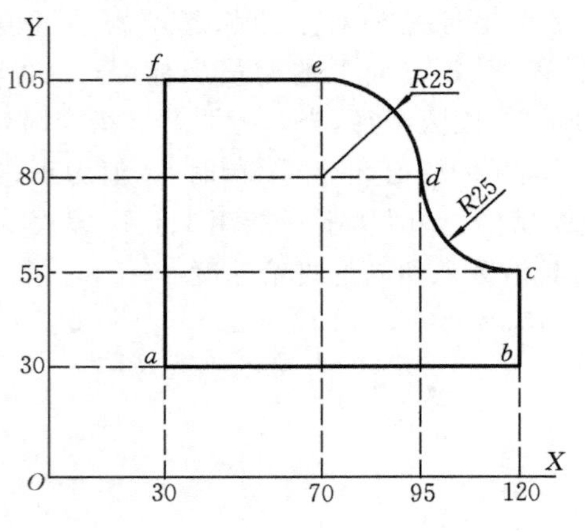

图 2-19　G01、G02、G03 编程

设刀具由坐标原点 O 快进至点 a，从点 a 开始沿 a、b、c、d、e、f、a 切削，最终回到原点 O。

用绝对值编程程序为

N01 G92 X0 Y0；

N02 G90 G00 X30 Y30；

N03 G01 X120 F120；

N04 Y55；

N05 G02 X95 Y80 I0 J25 F100；

N06 G03 X70 Y105 I－25 J0；

N07 G01 X30 Y105 F120；

N08 Y30；

N09 G00 X0 Y0；

G10 M02；

用增量值编程程序为

N01 G91 G00 X30 Y30；

N02 G01 X90 F120；

N03 Y25；

N04 G02 X－25 Y25 I0 J25 F100；

N05 G03 X－25 Y25 I－25 J0；

N06 G01 X－40 F120；

N07 Y-75；

N08 G00 X－30 Y－30；

N09 M02；

（注：为讨论方便，上述圆弧加工程序中都没有考虑刀具半径对编程轨迹的影响，编程时假定刀具中心与工件轮廓轨迹重合；实际加工时，应考虑刀具中心与工件轮廓轨迹之间永远相差一个刀具半径值 r，这要用到刀具半径补偿功能；刀具补偿将在后面加以介绍。）

3. 与刀具补偿有关的指令

1) 刀具半径补偿指令 G40、G41/G42

G41 为刀具半径左补偿，表示沿着刀具前进方向看，刀具偏在工件轮廓的左边，相当于顺铣；G42 为刀具半径右补偿，表示沿着刀具前进方向看，刀具偏在工件轮廓的右边，相当于逆铣；如图 2-20 所示。对刀具寿命、加工精度、表面粗糙度而言，顺铣效果较好，因此 G41 使用较多。G40 表示取消刀具半径补偿指令。G41、G42 指令需要与 G00～G03 等指令共同构成程序段。G40、G41、G42 为模态指令。

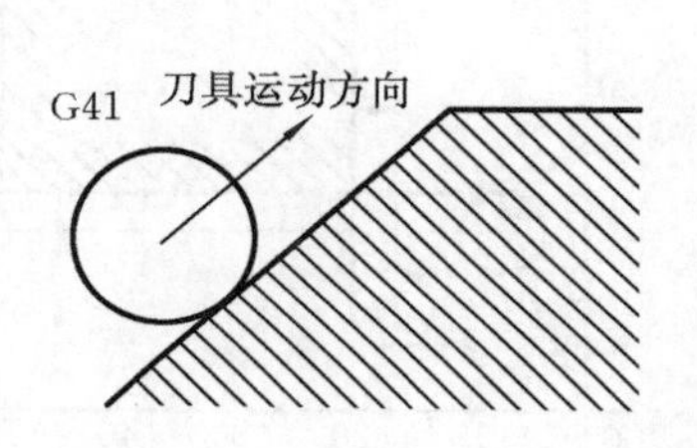

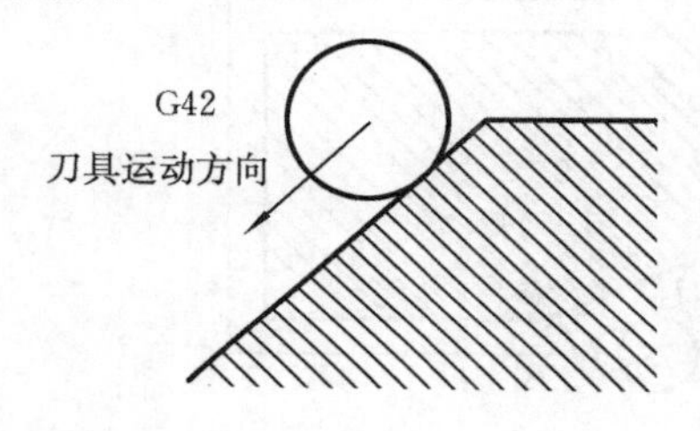

图 2-20　G41/G42 指令

程序段格式(假设在 *XY* 平面)为

G00(G01) G41(G42)X __ Y __ D __ F __；

G02(G03)G41(G42)X __ Y __ I __ J __ D __ F __；或 G02(G03)G41(G42)X __ Y __ R __ D __ F __；

G00(G01)G40 X __ Y __ F __；

其中：X __、Y __为刀具半径补偿起始点的坐标；D __为刀具半径补偿寄存器代号，一般补偿号为两位数(D00～D99)，补偿值预先寄存到刀补寄存器中；F __为进给速度(用 G00 编程时 F 省略)。

注意：G40 必须和 G41 或 G42 成对使用。

(1) 刀具补偿的功能。

在平面轮廓铣削加工时，由于圆柱铣刀半径 R 的存在，使得刀具中心轨迹和工件轮廓轨迹不重合，始终相差一个刀具半径值 R。数控机床具备了刀具半径补偿功能，就可利用这一功能，编程时将刀具半径值预先储存在数控系统中，不论刀具半径值的大小，只需按照工件轮廓轨迹进行编程。执行程序时，系统将根据储存的刀具半径值自动计算出刀具中心的轨迹，然后按照刀具中心轨迹运行程序，从而加工出要求的工件形状。在刀具磨损、刃磨后刀具半径减小，或重新换刀后的刀具半径值与编程时设定的刀具半径不同时，可以仅改变刀具半径补偿值，无须重新编写程序。

另外，对工件的粗、精加工，可以用同一个程序，而不必另外编写。如图 2-21 所示，当按零件轮廓编程以后，在粗加工零件时可以把偏置量设为 D，$D=R+\Delta$，其中 R 为铣刀半径，Δ 为精加工前的加工余量，那么，零件被加工完成以后将得到一个比零件轮廓

$ABCDEF$各边都大Δ 的零件$A'B'C'D'E'F'$。在精加工零件时，设偏置量 $D=R$，这样，零件被加工完后，将得到零件的实际轮廓 $ABCDEF$。

(2) 刀具补偿的动作过程。

刀具补偿的动作过程分为三步，即刀补建立、刀补执行和取消刀补，如图 2-22 所示。

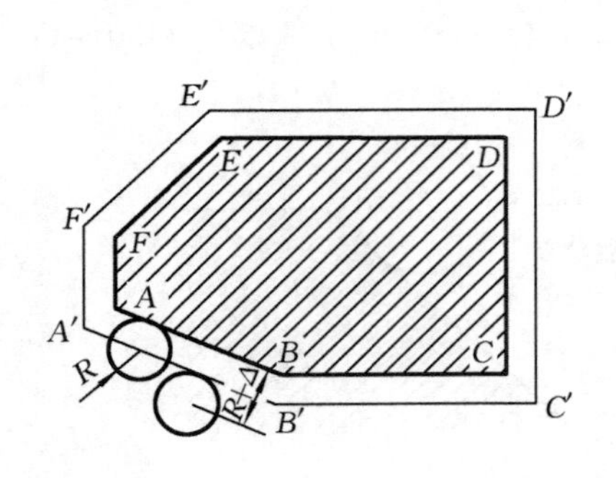

图 2-21　刀补功能的利用

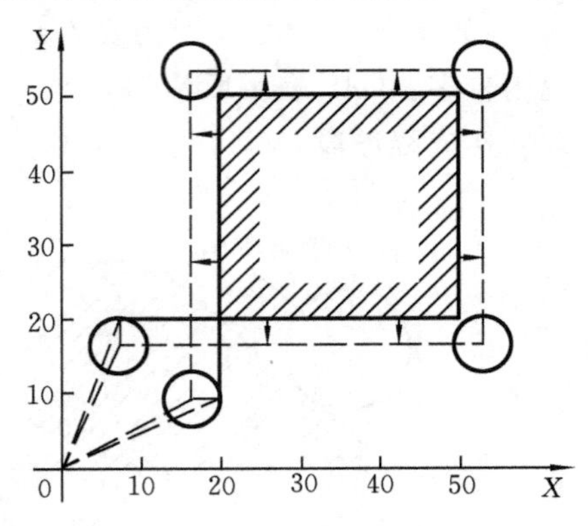

图 2-22　刀补的动作过程

按增量方式编程程序为

O0001;	
N10 G54 G91 G17 G00 M03;	G17 指定刀补平面（XY 平面）
N20 G41 X20.0 Y10.0 D01;	建立刀补（刀补号为 01）
N30 G01 Y40.0 F200;	刀补执行开始
N40 X30.0;	
N50 Y－30.0;	
N60 X－40.0;	刀补执行结束
N70 G00 G40 X－10.0 Y－20.0 M05;	取消刀补
N80 M02;	

按绝对值方式编程程序为

O0002;	
N10 G54 G90 G17 G00 M03;	G17 指定刀补平面（XY 平面）
N20 G41 X20.0 Y10.0 D01;	建立刀补（刀补号为 01）
N30 G01 Y50.0 F200;	刀补执行开始
N40 X50.0;	
N50 Y20.0;	
N60 X10.0;	刀补执行结束
N70 G00 G40 X0 Y0 M05;	取消刀补

N80 M02；

注意：在启动阶段开始后的刀补状态中，如果存在有两段以上的没有移动指令或存在非指定平面轴的移动指令段，则可能产生进刀不足或进刀超差，其原因是进入刀具状态后，只能读出连续的两段，这两段都没有进给，也就不能产生矢量，确定不了前进的方向。

2）刀具长度补偿（偏置）指令 G40、G43/G44

G43 为刀具正补偿（偏置）指令，用于刀具的实际位置正向偏离编程位置时的补偿（或称刀具伸长补偿），它的作用是将刀具编程终点坐标值减去一个刀具偏差量 e 的运算，也就是使编程终点坐标向负方向移动一个偏差量 e。

G44 为刀具负补偿（偏置）指令，用于刀具的实际位置负向偏离编程位置时的补偿（或称刀具缩短补偿），它的作用是将刀具编程终点坐标值加上一个刀具长度偏差量 e 的运算，也就是使编程终点坐标向正方向移动一个偏差量 e。

G40 是撤销刀具长度补偿（偏置）的指令，指令刀具移回原来的实际位置，即进行与前面长度补偿指令相反的运算。不管刀具实际长度比编程时的刀具长度短（即刀具短于编程时的长度）还是长，e 都取正值。

程序段格式为 G43(G44)　Z __(X __/ Y __) H __(D __)；

其中：Z __(X __/Y __)为补偿轴的编程坐标，刀具长度补偿指令一般用于刀具轴向（Z 向）的补偿；H __(D __)为刀具长度补偿代号，其中 H00 或 D00 也为取消长度补偿偏置。

刀具长度补偿（偏置）指令的主要作用是，在编程时不必考虑刀具的实际长度及各把刀具不同的长度，当刀具在长度方向的尺寸发生变化时（刀具磨损或重新换刀），可以在不改变程序的情况下，通过改变偏置量，加工出所要求的零件尺寸。图 2-23 所示的加工情况中，如刀具正偏置，即刀具短于编程时的长度时，要用 G43 指令进行伸长补偿，$e=3$，存储地址为 D01，即 D01＝3，按相对坐标编程的加工程序为

N01 G91 G00 X70 Y35 S100 M03；

N02 G43 D01 Z－22；

N03 G01 Z－18 F500；

N04 G04 X20；

N05 G00 Z18；

N06 X30 Y－20；

N07 G01 Z－33 F500；

N08 G00 D00 Z55；

N09 X－11 Y－15；

N10 M02；

如实际使用的刀具长度长于编程时的刀具长度，e 仍取 3，这时程序段 N02 应当为"N02 G44 D01 Z－22；"。程序指令刀具移到编程终点坐标正方向移动一个 e(为 3)值的

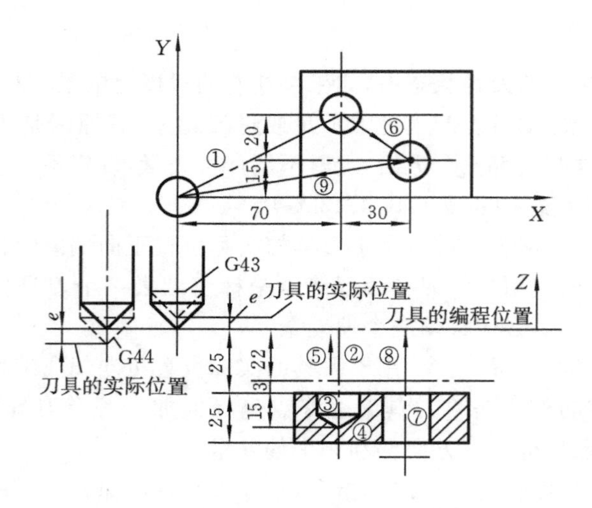

图 2-23　刀具长度补偿

位置,即使刀具的位移减少 3 个单位,以达到补偿刀具长度长于编程时长度的目的。另外,使用该程序加工首批、首件零件时,如发现加工零件的尺寸有误差(如深 15 的孔深有误差),而且是因为刀具的安装偏离编程位置所引起的,则可以将偏置值置于寄存器 D 中,无须调整刀具的安装位置便可以消除工件的这一尺寸误差。

4. 暂停指令 G04

G04 指令可使刀具短时间(如几秒钟)的暂停(延迟),进行无进给的光整加工,用于车槽、镗平面、镗孔、锪孔等场合,以获得圆整而光滑的表面。

程序段格式为 G04　X__;

或　G04　P__;

其中:X 或 P 为地址符,后面紧跟的数字一般表示停留时间,视具体机床数控系统而定。有时,规定 X 后面的数字为带小数点的数,单位为 s;P 后面的数字为整数,单位为 ms。G04 为非模态指令,仅在本程序段有效。G04 的程序段里不能有其他指令。

例如:暂停 1.8s 的程序为

G04 X1.8;

或 G04 P1800;

2.2.5　手工编程时的数学处理

手工编程时的数学处理(又称数值计算),主要是按照已确定的加工路线和允许的编程误差,计算工件加工轨迹的尺寸,也就是要计算出数控机床所需的输入数据。数值计算主要包括计算工件轮廓的基点和节点的坐标。

1. 基点的计算

一般数控机床具有直线和圆弧插补功能。对于由直线和圆弧组成的平面轮廓,除了计算出轮廓几何要素的起点、终点、圆弧的圆心坐标外,还要计算几何要素之间的基点坐标。所谓"基点"是指各几何要素之间的连接点,如两直线的交点,直线与圆弧的交点或切点,圆弧与圆弧之间的交点或切点等。一般基点的计算可根据图样给定的条件,用几何法、解析几何法、三角函数法计算获取,或用AutoCAD、CAD/CAM等绘图软件画图,然后利用标注功能,从图中获取基点坐标。

2. 节点的计算

对于平面轮廓是直线和圆以外的非圆曲线,如渐开线、阿基米德螺线等,可采用直线或圆弧逼近它们,即将这些非圆曲线按等间距或等弧长分割成许多小段,用直线或圆弧逼近这些小段,从而取代非圆曲线。逼近直线或圆弧小段与曲线的交点或切点称为节点。这些节点的计算非常复杂,用手工编程的方法计算时,有时很烦琐,通常采用自动编程的方法,借助计算机进行计算。另外,对于一些空间曲面和列表曲面,数学计算更为复杂,也需要借助计算机,使用专门的自动编程软件进行计算。

本章重点、难点和知识拓展

本章重点:数控加工的工艺处理,数控编程的基础知识。

本章难点:加工路线确定,数控机床的坐标系统。

知识拓展:本章介绍的知识是从事数控加工的基础,是学习后面各章节的前提。

当前,数控加工技术在世界各国得到迅速发展,对现代机械制造加工技术的发展起到重大的推动作用。数控加工技术不仅涉及数控加工设备本身,还涉及数控加工工艺、工装等,因此,要想成为一名合格的数控编程人员,首先应懂得加工工艺知识,要了解数控机床加工与普通机床加工的联系与区别,同时还要掌握各种数控加工设备的工艺特点,各种常用数控系统的编程方法。

思考题与习题

2-1　数控加工的特点是什么?与普通机床加工有何区别?

2-2　数控编程都有哪些基本步骤?每一个步骤中的主要内容是什么?

2-3　数控编程工艺处理的内容是什么？

2-4　简述在数控机床上如何确定 X 轴、Y 轴、Z 轴及其方向？

2-5　机床坐标系和工件坐标系的区别是什么？

2-6　G 指令和 M 指令的基本功能是什么？

2-7　刀具长度和半径补偿的作用是什么？

2-8　什么是基点和节点？

第3章 数控编程技术

在普通机床上加工零件时，一般是由工艺人员按照设计图样事先制订好零件的加工工艺规程，在工艺规程中制订出零件的加工工序、切削用量、机床的规格及刀具、夹具等内容，操作人员按工艺规程的各个步骤操作机床，加工出图样给定的零件。也就是说零件的加工过程是由人来完成的。例如，启动、停止、改变主轴转速、改变进给速度和方向、切削液开关等都是由操作人员手工操作的。

数控机床和普通机床不一样，它是按照事先编制好的加工程序，自动地对被加工零件进行加工。我们把零件的加工工艺路线、工艺参数、刀具的运动轨迹、位移量、切削参数（如主轴转速、进给量、吃刀量等）以及辅助功能（如换刀，主轴正转、反转，切削液开、关等），按照数控机床规定的指令代码及程序格式编写成加工程序单，再把程序单中的内容记录在控制介质上（如穿孔纸带、磁带、磁盘、磁泡存储器等），然后输入到数控机床的数控装置中，从而指挥机床加工零件。这种从零件分析到形成数控加工程序的全部过程称为数控编程。

要实现数控加工，编程是关键，要学好编程，灵活运用各种指令是关键。现在市场上所使用的数控系统很多，数控机床根据功能和性能要求的不同，可以配置不同的数控系统。系统不同，其指令代码也有差异，因此，在编程时应按所使用的数控系统代码的编程规则进行编程。常用数控机床的编程指令如何，有哪些功能？当面对一张零件图样时，如何以最优的编程方案完成程序的设计？本章将针对常见的数控加工编程方法进行介绍。

3.1 数控车床编程

数控车床是目前使用最广泛的数控机床之一，主要用来加工回转体零件，能对轴类和盘类零件自动地进行内外圆柱面、圆锥面、球面、圆柱螺纹、圆锥螺纹等工序的切削加工，并能进行切槽、钻、扩、铰孔等工序的加工。车削中心可在一次装夹中完成更多的加工工序，提高加工精度和生产效率，特别适合于复杂形状回转类零件的加工。

3.1.1 数控车床的分类及编程特点

1. 数控车床的分类

数控车床品种、规格繁多，按照不同的分类标准，有不同的分类方法。

1) 按数控车床主轴的配置形式分类

(1) 卧式数控车床:主轴轴线处于水平位置的数控车床。

(2) 立式数控车床:主轴轴线处于竖直位置的数控车床。

2) 按数控系统控制的轴数分类

(1) 两轴控制的数控车床:机床上只有一个回转刀架,可实现两坐标轴控制。

(2) 四轴控制的数控车床:机床上有两个独立的回转刀架,可实现四轴控制。

3) 按加工零件的基本类型分类

(1) 卡盘式数控车床:数控车床未设置尾座,适合于车削盘类零件。

(2) 顶尖式数控车床:数控车床设置有普通尾座或数控尾座,适合于车削较长的轴类零件及直径不太大的盘、轴类零件。

4) 按数控系统的功能分类

(1) 普通数控车床:根据车削加工要求在结构上进行专门设计并配备通用数控系统的数控车床,数控系统功能强,自动化程度和加工精度也比较高,适用于一般回转类零件的车削加工。这种数控车床可同时控制两个坐标轴,即 X 轴和 Z 轴。

(2) 经济型数控车床:采用步进电动机和单片机对普通车床的进给系统进行改造后形成的简易型数控车床,成本较低,但自动化程度和功能都比较差,车削加工精度也不高,适用于要求不高的回转类零件的车削加工。

(3) 车削加工中心:在普通数控车床的基础上,增加了 C 轴和动力头,还可以配置刀库,可控制 X、Z 和 C 三个坐标轴,联动控制轴可以是 X、Z 轴,X、C 轴或 Z、C 轴。由于增加了 C 轴和铣削动力头,这种数控车床的加工功能大大增强,除可以进行一般车削外,还可以进行径向和轴向铣削、曲面铣削,中心线不在零件回转中心的孔和径向孔的钻削等加工。

2. 数控车床及车削中心的编程特点

(1) 数控车床上的工件毛坯大多为圆棒料,加工余量较大,一个表面往往需要进行多次反复的加工,如果对每个加工循环都编写若干个程序段,就会增加编程的工作量。为了简化加工程序,一般情况下,数控车床的数控装置中都有车外圆、车端面和车螺纹等不同形式的循环功能。

(2) 数控车床的数控装置中都有刀具补偿功能。在加工过程中,对刀具位置的变化、刀具几何形状的变化及刀尖的圆弧半径的变化,都无须更改加工程序,只要将变化的尺寸或圆弧半径输入存储器中,刀具便能自动进行补偿。

(3) 数控车床的编程有直径、半径两种方法。所谓直径编程是指 X 轴上的有关尺寸为直径值,半径编程是指 X 轴上的有关尺寸为半径值。数控车床出厂时一般设定为直径编程。如果需用半径编程,则要改变数控装置中的相关参数,使数控装置处于半径编程状态。本章以后,若非特殊说明,各例均为直径编程,如采用 FANUC 数控装置的数控车床采用的是直径编程。

(4) 在一个程序段中，根据零件图上标注的尺寸，可以采用绝对值编程，增量值编程或两者混合编程。大多数数控车床用 X、Z 表示绝对坐标，用 U、W 表示增量坐标，而不用 G90 或 G91 表示。

3. 数控车床的坐标系

在编制零件的加工程序时，必须把零件放在一个坐标系中，只有这样才能描述零件的轨迹，编制出合格的程序。数控车床的编程坐标系如图 3-1 所示，由于数控车床是回转类工件的加工机床，故一般只有两个坐标轴，X_P 轴和 Z_P 轴，其中纵向为 Z_P 轴方向，正方向是刀架远离卡盘而指向尾座的方向，径向为 X_P 轴方向，与 Z_P 轴相垂直，正方向亦为刀架远离主轴轴线的方向。编程原点 O_P 一般取在工件端面与中心线的交点处。

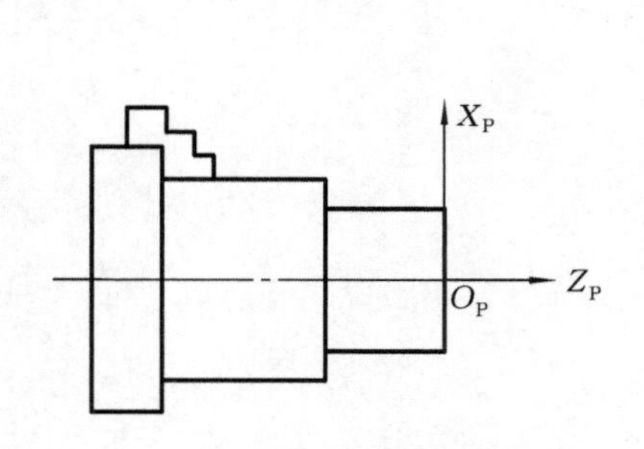

图 3-1 数控车床编程坐标系

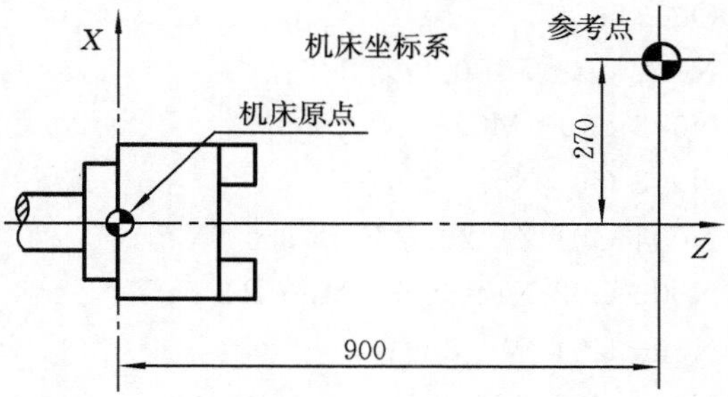

X
机床坐标系
参考点
机床原点
270
Z
900

图 3-2 数控车床的参考点

4. 数控车床参考点和换刀点的确定

数控车床的机床原点处于主轴旋转中心与卡盘后端面的交点。因此，数控车床的机床原点和机床参考点是不重合的，通常数控车床上机床参考点是在离机床原点最远的极限点附近，位置由 Z 向和 X 向的机械挡块或者电气装置来限定。通常所说的"回零"，也就是回参考点的操作，如图 3-2 所示。

数控车床的换刀点是指刀架转位换刀时的位置，可以是在数控车床上任意的一点。为了防止在换(转)刀时碰撞到被加工零件，换刀点应设置在被加工零件的外面，以刀架转位时不碰工件及其他部件为准，并留有一定的安全区，其设定值可用实际测量方法或计算确定。

3.1.2 数控车床的常用编程指令

目前数控装置的种类较多，数控车床可配置不同的数控装置。虽然不同的数控装置功能和具体指令会有所不同，但编程的基本原理和方法是相同的。下面以 FANUC 系列数控装置为例，介绍一些数控车床的特色指令。

1. 主轴转速功能设定指令 G50、G96、G97

主轴转速功能有恒线速度控制和恒转速控制两种指令方式，并可限制主轴最高转速。

1) 最高转速限制指令 G50

指令格式为

G50 S __

S后面的数字表示的是最高转速，单位为 r/min。该指令可防止因主轴转速过高，离心力太大，产生危险及影响机床寿命。

例如：G50 S2000；表示最高转速限制为 2 000 r/min。

另外，G50 还可用于加工坐标系的设置，指令格式为

G50 X __ Z __

其使用方法与 G92 类似。图 3-3 所示为一车削阶梯轴外表面的加工实例，程序为

```
O0031；
N001 G50 X100.0 Z52.7；
N002 S800 M03；
N003 G00 X6.0 Z2.0；
N004 G01 Z－20.0 F1.3；
N005 G02 X14.0 Z－24.0 R4.0；
N006 G01 W－8.0；
N007 G03 X20.0 W－3.0 R3.0；
N008 G01 W－37.0；
N009 G02 U20.0 W－10.0 R10.0；
N010 G01 W－20.0；
N011 G03 X52.0 W－6.0 R6.0；
N012 G02 U10.0 W－5.0 R5.0；
N013 G00 X100.0 Z52.7；
N014 M05；
```

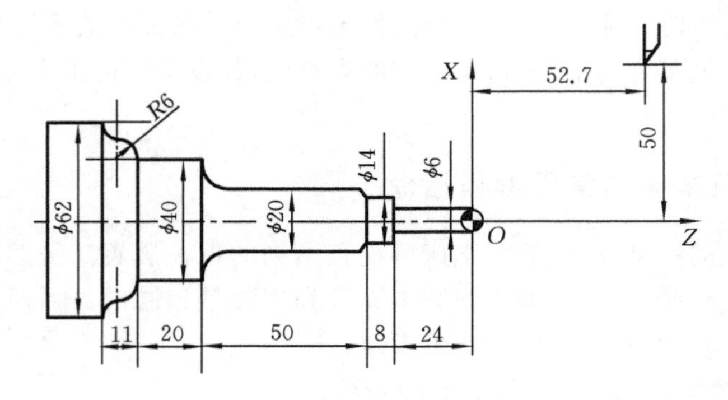

图 3-3　车削加工实例

N015 M02;

2）恒线速度控制指令 G96

指令格式为

G96 S__

S后面的数字表示的是恒定的线速度，单位为 m/min。该指令用于车削端面或工件直径变化较大的场合。采用此功能，可保证当工件直径变化时，主轴的线速度不变，从而保证切削速度不变，提高了加工质量。

例如：G96 S180 表示切削点线速度控制在 180 m/min。

3）主轴转速设定指令 G97

指令格式为

G97 S__

S后面的数字表示的是转速，单位为 r/min。该指令用于车削螺纹或工件直径变化较小的场合。采用此功能，可设定主轴转速并取消恒线速度控制。

例如：G97 S3000 表示恒线速度控制取消后主轴转速 3000 r/min。

2. T 功能指令

T功能指令用于选择加工所用刀具。

指令格式为

T__

T后面通常有两位数字表示所选择的刀具号码。但也有T后面用四位数字，前两位是刀具号，后两位是刀具长度补偿号，又是刀尖圆弧半径补偿号。

例如：T0303 表示选用3号刀及3号刀具长度补偿值和刀尖圆弧半径补偿值。刀具号和刀具补偿号不必相同，但为了方便通常使它们一致。

T0300 表示取消刀具补偿。

3. 常用数控车床的一些固定循环指令

1）简单固定循环指令

（1）内径、外径车削循环指令 G90。适用于在零件的内、外圆柱面（圆锥面）上毛坯余量较大，或直接由棒料车削零件时进行精车前的粗车，以去除大部分毛坯余量。

① 直线车削循环。

指令格式为

G90 X(U)__ Z(W)__ F__

其轨迹如图 3-4 所示，由 4 个步骤组成。刀具从定位点 *A* 开始沿 *ABCDA* 的方向运动，其中

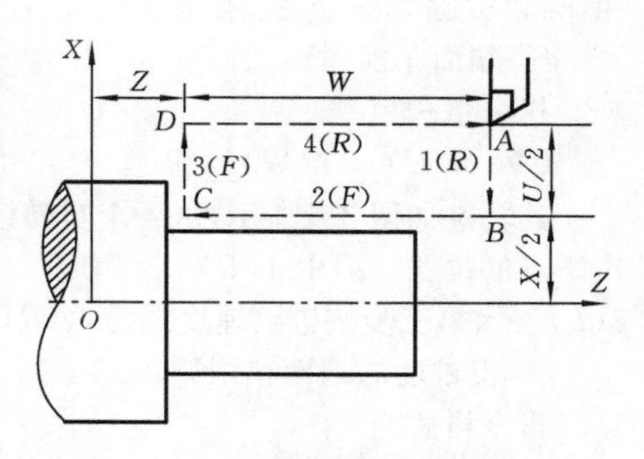

图 3-4　G90 直线切削的固定循环

X(U)、Z(W)给出点 C 的位置。图中 1(R)表示第一步是快速运动,2(F)表示第二步按进给速度切削,3(F)表示第三步按进给速度退刀,4(R)表示第四步是以快速运动复位。用一个循环,以一段程序指令完成四段动作,使程序简单化。

② 锥体车削循环。

指令格式为

G90 X(U)__ Z(W)__ I(R)__ F __

$$\mathrm{I(R)} = \frac{D_1 - D_2}{2}$$

式中:D_1为圆锥起点直径;D_2为圆锥终点直径;I(R)为锥体两端的半径之差(I(R)=0 时为直线车削)。

其轨迹如图 3-5 所示,刀具从定位点 A 开始沿 $ABCDA$ 的方向运动,其中 X(U)、Z(W)给出点 C 的位置,I(R)值的正负由点 B 和点 C 的 X 坐标值之间的关系确定,图中点 B 的 X 坐标值比点 C 的 X 坐标值小,所以 I(R)应取负值。

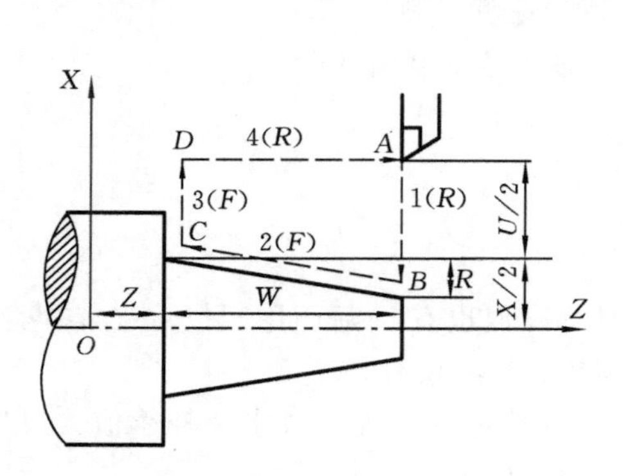

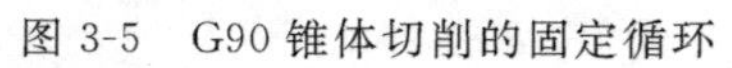
图 3-5　G90 锥体切削的固定循环

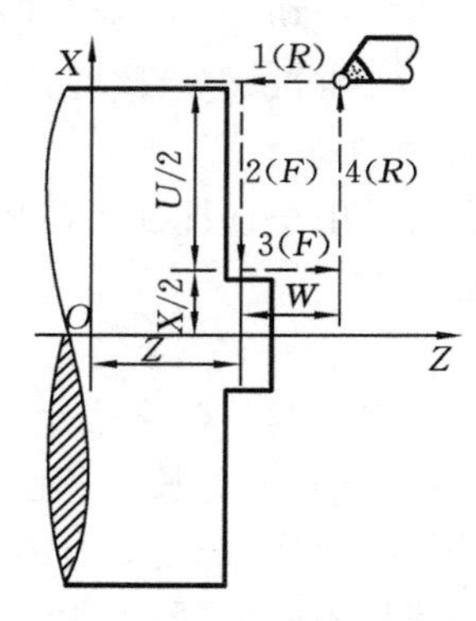

图 3-6　G94 端面车削循环

(2) 端面车削循环指令 G94。适用于在零件的端面上毛坯余量较大时进行精车前的粗车,以去除大部分毛坯余量。

① 端面车削循环。

指令格式为

G94 X(U)__ Z(W)__ F __

其轨迹如图 3-6 所示,由 4 个步骤组成。刀具从循环起点开始,其中 X(U)、Z(W)给出终点的位置。图中 1(R)表示第一步是快速运动,2(F)表示第二步按进给速度切削,3(F)表示第三步按进给速度退刀,4(R)表示第四步是以快速运动复位。

② 带锥度的端面车削循环。

指令格式为

G94 X(U)__ Z(W)__ I(R)__ F __

其轨迹如图 3-7 所示，刀具从循环起点开始，其中 X(U)、Z(W)给出终点的位置，I(R)值的正负由点 B 和点 C 的 X 坐标值之间的关系确定，图中点 B 的 X 坐标值比点 C 的 X 坐标值小，所以 I(R)应取负值。

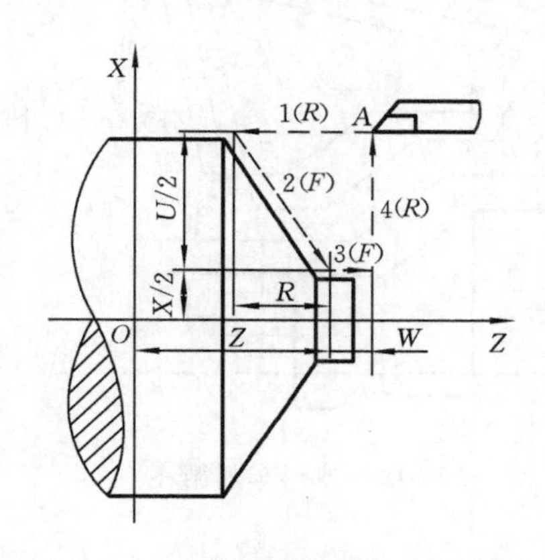

图 3-7　G94 带锥度的端面车削循环

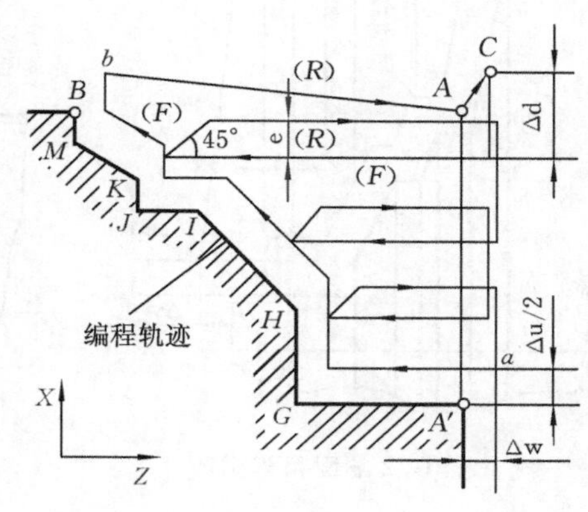

图 3-8　G71 粗车循环

2) **复合固定循环指令**

(1) 外径、内径粗车循环指令 G71。该指令只需指定精加工路线，系统会自动给出粗加工路线，适于工件形状复杂、车削量较大、毛坯为圆棒料的零件，如图 3-8 所示。

指令格式为

G71 U(Δd) R(e)

G71 P(ns) Q(nf) U(Δu) W(Δw) F(f) S(s) T(t)

其中：Δd 为吃刀量(半径值，无正负符号)；e 为每次切削退刀量；ns 为开始切削循环之单节号码；nf 为最后切削循环之单节号码；Δu 为 X 方向之精切预留量(直径值)；Δw 为 Z 方向之精切预留量；f 为进给速度；s 为主轴转速；t 为刀具号码。

F、S、T 功能写在 ns 和 nf 之间的程序段均无效，只有写在 G71 指令中才有效。G71 指令中最后的加工是以包含的指令单元减去预留量而依序切削。

(2) 端面粗车循环指令 G72。该指令的执行过程除了其切削进程平行于 X 轴之外，其他与 G71 相同，如图 3-9 所示。

指令格式为

G72 W(Δd) R(e)

G72 P(ns) Q(nf) U(Δu) W(Δw) F(f) S(s) T(t)

(3) 成形车削循环 G73。该指令只需指定精加工路线，系统会自动给出粗加工路线，适于车削已由铸造、锻造等方式加工成形的工件，如图 3-10 所示。

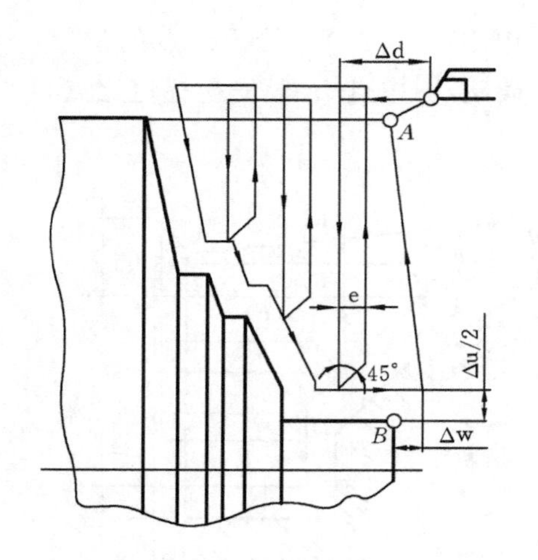

图 3-9　G72 端面粗车循环

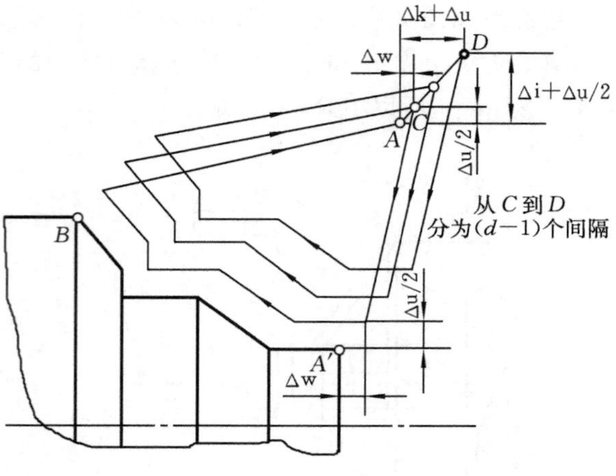

图 3-10　G73 成形车削循环

指令格式为

G73 U(Δi) W(Δk) R (d)

G73 P(ns) Q(nf) U(Δu) W(Δw) F(f) S(s) T(t)

其中：Δi 为 *X* 方向总退刀量，半径值；Δk 为 *Z* 方向总退刀量；d 为循环次数；ns 为指定精加工路线的第一个程序段的段号；nf 为指定精加工路线的最后一个程序段的段号；Δu 为 *X* 方向上的精加工余量，直径值；Δw 为 *Z* 方向上的精加工余量。

粗车过程中在程序段号 ns～nf 之间的任何 F、S、T 功能均被忽略，只有 G73 指令中指定的 F、S、T 功能才有效。

(4) 外径、内径精车循环指令 G70。

指令格式为

G70 P(ns) Q(nf)

其中：ns 为精车程序第一个程序段的顺序号；nf 为精车程序最后一个程序段的顺序号。

在 G71、G72、G73 切削循环之后必须使用 G70 指令执行精车削，以达到所需要的尺寸。F、S、T 功能写在 ns 和 nf 之间的程序段在 G70 指令中有效。G70 指令执行后，刀具会回到 G71、G72、G73 开始的切削点。

使用 G70、G71 指令编程的加工实例如图 3-11 所示，程序为

O0032；　　程序名

N010 G50 X200 Z220；　　坐标系设定

N020 M04 S800 T0300；　　主轴旋转

N030 G00 X160 Z180 M08；　　快速到达点(160,180)

N040 G71 P050 Q110 U4 W2 D7 F0.2 S500；粗车循环，从程序段 N050 到 N110，

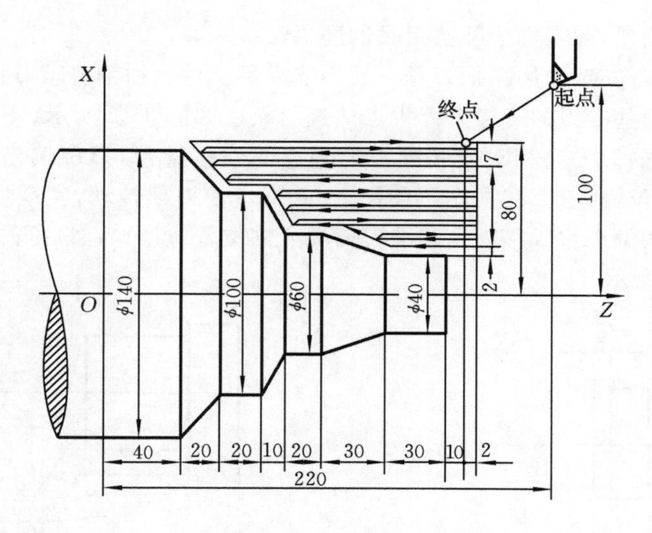

图 3-11　粗、精车削实例

N050 G00 X40 S800；　　　　　　　　吃刀量为 7mm
N060 G01 W－40 F0.1；
N070 X60 W－30；
N080 W－20；
N090 X100 W－10；
N100 W－20；
N110 X140 W－20；
N120 G70 P050 Q110；　　　　　　　　精车循环
N130 G00 X200 Z220 M09；
N140 M30；

3.1.3　数控车床的刀具补偿

全功能的数控车床基本上都具有刀具补偿功能。刀具补偿又分为刀具位置补偿和刀尖半径补偿。刀具功能指令(T××××)中后两位数字所表示的刀具补偿号从 01 开始，00 表示取消刀补，编程时一般习惯于设定刀具号和刀具补偿号相同。

1. 刀具位置补偿

在机床坐标系中，显示器上显示的 X、Z 坐标值是刀架左侧中心相对机床原点的距离；在工件坐标系中，X、Z 坐标值是车刀刀尖(刀位点)相对工件原点的距离，而且机床在运行加工程序时，数控系统控制刀尖的运动轨迹。这就需要进行刀具位置补偿。

刀具位置补偿包括刀具几何尺寸补偿和刀具磨损补偿，前者用于补偿刀具形状或刀具附件位置上的偏差,后者用于补偿刀具的磨损。

在实际加工工件时,使用一把刀具一般不能满足工件的加工要求,通常要使用多把刀具进行加工。作为基准刀的1号刀刀尖点的进给轨迹如图3-12所示(图中各刀具无刀位偏差)。其他刀具的刀尖点相对于基准刀刀尖点的偏移量(即刀位偏差)如图3-13所示(图中各刀具有刀位偏差)。在程序里使用M06指令使刀架转动,实现换刀,T指令则使非基准刀刀尖点从偏离位置移动到基准刀刀尖点的位置(点A),然后再按编程轨迹进给,如图3-13的实线所示。

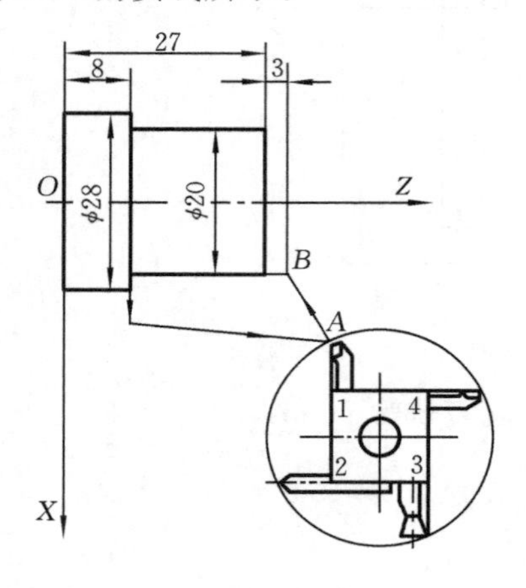

图3-12 基准刀

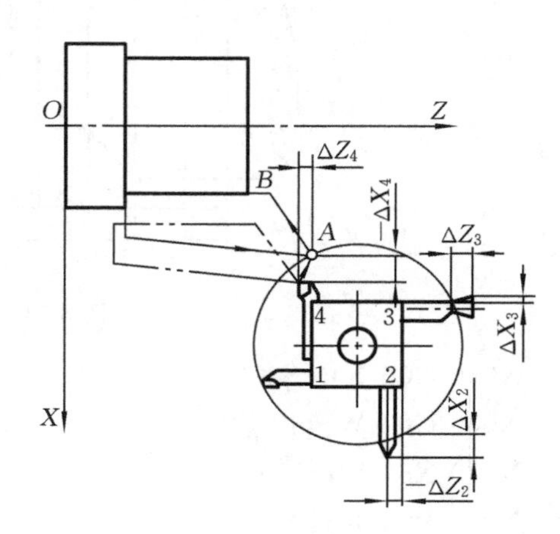

图3-13 刀具位置补偿

刀具在加工过程中出现的磨损也要进行位置补偿。

2. 刀尖半径补偿

数控车床编程时可以将车刀刀尖看做一个点,按照工件的实际轮廓编制加工程序。但实际上,为保证刀尖有足够的强度和提高刀具寿命,车刀的刀尖均为半径不大的圆弧。一般粗加工所使用车刀的圆弧半径R为0.8 mm;精加工所使用车刀的圆弧半径R为0.4 mm或0.2 mm。以假想刀尖点P来编程时,数控系统控制点P的运动轨迹如图3-14所示。而切削时,实际起作用的切削刃是刀尖圆弧的各切点。切削工件右端面时,车刀圆弧的切点A与假想刀尖点P的Z坐标值相同;车削外圆柱面时,车刀圆弧的切点B与点P的X坐标值相同,因此,切削出的工件轮廓没有形状误差和尺寸误差。

当切削圆锥面和圆弧面时,刀具运动过程中与工件接触的各切点轨迹为图3-14所示的无刀具补偿时的轨迹。该轨迹与工件的编程轨迹之间存在着阴影部分的切削误差,直接影响工件的加工精度,而且刀尖圆弧半径越大,切削误差则越大。可见,对刀尖圆弧半径进行补偿是十分必要的。当程序中采用刀尖半径补偿时,切削出的工件轮廓与编程轨迹是一致的。

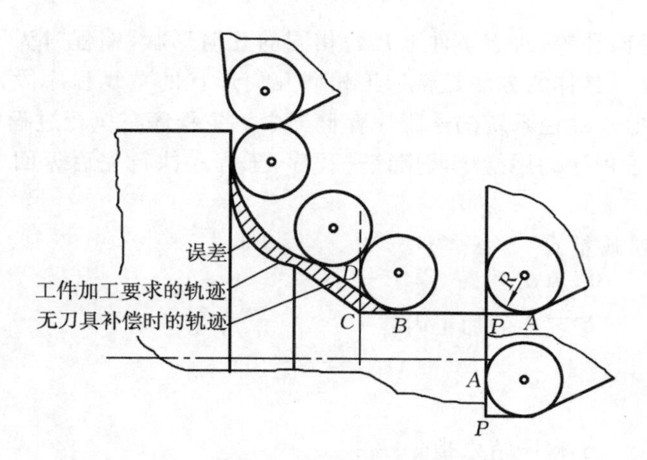

图 3-14 刀尖圆弧半径切削时的轨迹

对于采用刀尖半径补偿的加工程序，在工件加工之前，要把刀尖半径补偿的有关数据输入到刀补存储器中，以便执行加工程序时，数控系统对刀尖圆弧半径所引起的误差自动进行补偿。

为使系统能正确计算出刀具中心的实际运动轨迹，除要给出刀尖圆弧半径 R 以外，还要给出刀具的理想刀尖位置。数控车削使用的刀具有很多种，不同类型的车刀其刀尖圆弧所处的位置不同，如图 3-15 所示。点 A 为假想的刀尖点，刀尖方位参数共有 8 个(1～8)，当使用刀尖圆弧中心编程时，可以选用 0 或 9。图 3-15(a)为刀架前置的数控车床假想刀尖的位置，图 3-15(b)为刀架后置的数控车床假想刀尖的位置。

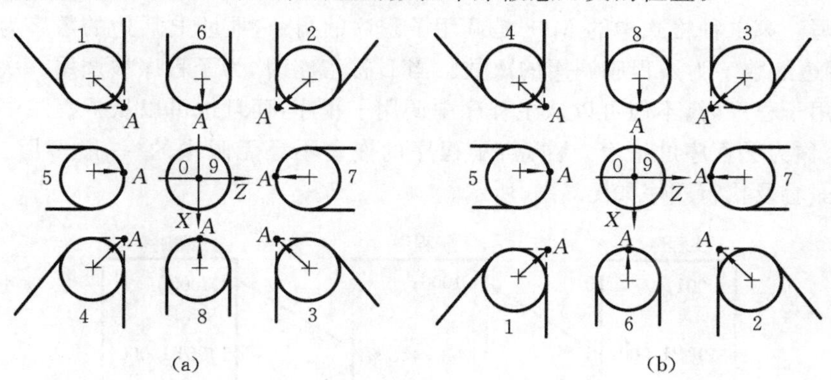

图 3-15 车刀的形状和位置与刀尖方位参数的关系

(a) 刀架前置；(b) 刀架后置

3. 子程序的应用

在编制车削中心的加工程序时，经常会遇到需要在加工端面上均分的孔和圆弧槽或是圆周上均分的径向孔等,对于零件上几处相同的几何形状,编程时为了简化加工程序,通常要使用子程序。具体的方法是将加工相同几何形状的重复程序段,按规定的格式编写成子程序,并存储在数控系统的子程序存储器中。主程序在执行过程中,如果需要某一子程序,可以通过子程序调用指令调用该子程序,子程序执行完后返回主程序,继续执行后面的程序段。

1) 子程序的组成格式

O××××;　　子程序号

N_ …;　　子程序的加工内容

…

N_ …;

N_ M99;　　子程序结束指令

说明:

① 子程序必须在主程序结束指令后建立;

② 子程序的作用如同一个固定循环,供主程序调用。

2) 子程序的调用

子程序是从主程序或上一级的子程序中调出并执行的。调用子程序的格式为

M98 P×××××;

或　M98　P_ L_ ;

第一种格式中的M98是调用子程序的指令,地址P后面的第一位数字表示重复调用子程序的次数,后四位数字为子程序号。如果只调用一次子程序,P后面的第一位数字可以省略不写。第二种格式中的M98是调用子程序的指令,地址P后边的数字为子程序的号码,L后边的数字为子程序调用的次数。当L被省略时,为子程序被调用一次。

在使用子程序时,不但可以从主程序中调用子程序,而且也可以从子程序中调用其他子程序,这称为子程序的嵌套。注意:子程序的嵌套不是无限次的,一般多用二重嵌套。子程序的嵌套及执行顺序如图3-16所示。

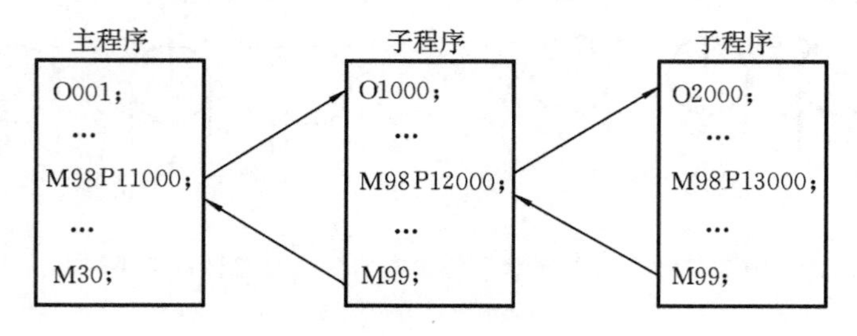

图3-16　子程序的嵌套

3）子程序使用时的注意事项

(1) 主程序中的模态G代码可被子程序中同一组的其他G代码所更改。如主程序中的G90被子程序中同一组的G91更改，从子程序返回时主程序也变为G91状态了。

(2) 最好不要在刀具补偿状态下的主程序中调用子程序，否则很容易出现过切等错误。

(3) 子程序与主程序编程时的区别是子程序结束时的代码用“M99”，主程序结束时的代码用“M30”或“M02”。子程序不能单独运行。

使用子程序编程的加工实例如图3-17所示。

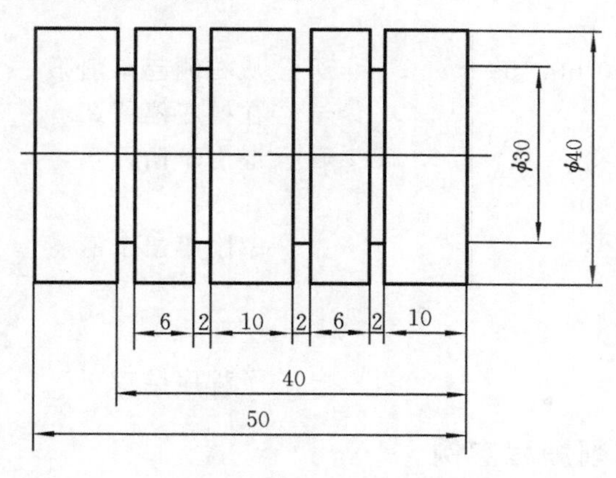

图3-17　子程序编程的加工实例

图示零件的毛坯直径为φ42 mm，长度为77 mm，01号刀为外圆车刀（刀尖圆弧半径为0.8 mm），03号刀为车槽刀（刀尖圆弧半径为0.2 mm），其宽度为2mm。工件加工到所要求尺寸后切断。

加工程序为

```
O0033;
N02 G50 X150.0 Z100.0;            设定工件坐标系
N04 S800 M03 T0101;               主轴正转，转速800 r/min，调01号刀
N06 G00 X45.0 Z0 M08;             快进至车端面的起始点，切削液开
N08 G01 X-1.6 F0.2;               车削右端面，进给速度0.2 mm/r
N10 G00 Z2.0;                     Z向退刀
N12 X40.0;                        X向退刀
N16 G01 X-55.0;                   车φ40外圆
N18 G00 X150.0 Z100.0 T0100;      返回换刀点
N20 T0303;                        调03号刀
```

```
N22 G00 X42.0 Z0;
N24 M98 P22501;                         调用程序号为 2501 的子程序两次，切 4
                                        处 φ30×2 槽
N26 G00 W－12.0;
N28 G01 X－0.4;                         车断工件(刀尖圆弧半径为 0.2 mm)
N30 G00 X150. 0 Z100. 0 T0300 M09;      返回换刀点，切削液关
N32 M05;                                主轴停转
N34 M30;                                程序结束
O2501;                                  子程序号
N10 G00 W－12.0;
N11 G01 U－12.0 F0.15;                  从右侧起车削第一个槽
N12 G04 X2.0;                           在槽底停留 2s
N13 G00 U12.0;                          退出车槽刀
N14 W－8.0;
N15 G01 U－12.0;                        车削第二个槽
N16 G04 X2.0;
N17 G00 U12.0;
N18 M99;                                子程序结束
```

3.1.4 数控车削编程实例

1. 实例 1

如图 3-18 所示轴类零件，毛坯为 φ25mm×100 mm 棒材，材料为 45 钢，完成数控车削。

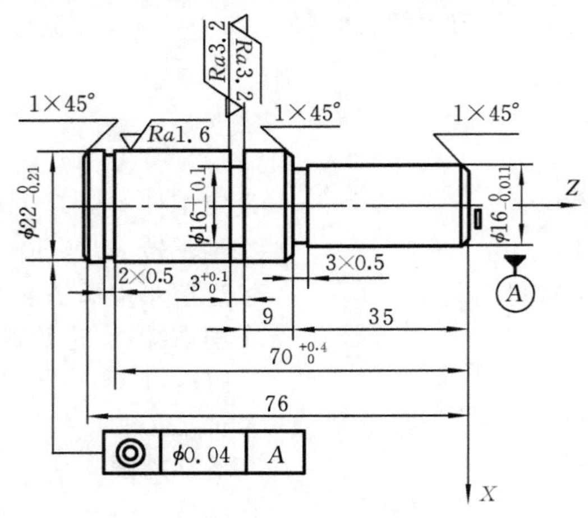

图 3-18 轴类零件

1）确定工艺方案及加工路线

根据零件图样要求、毛坯情况，确定工艺方案及加工路线。

(1) 对细长轴类零件，轴心线为工艺基准，用三爪自定心卡盘夹持 ϕ25 mm 外圆一头，使工件伸出卡盘 85 mm，用顶尖顶持另一头，一次装夹完成粗、精加工。

(2) 工步顺序。

① 手动粗车端面。

② 手动钻中心孔。

③ 自动加工粗车 ϕ16 mm、ϕ22 mm 外圆，留精车余量 1 mm。

④ 自右向左精车各外圆面：倒角→车削 ϕ16 mm 外圆，长 35 mm→车 ϕ22 mm 右端面→倒角→车 ϕ22 mm 外圆，长 45 mm。

⑤ 粗车 2 mm×0.5 mm 槽、3 mm×ϕ16 mm 槽。

⑥ 精车 3 mm×ϕ16 mm 槽，切槽 3 mm×0.5 mm，切断。

2）选择机床设备

根据零件图样要求，选用经济型数控车床即可达到要求。故选用 CK0630 型数控卧式车床。

3）选择刀具

根据加工要求，选用五把刀具，T01 为粗加工刀，选 90°外圆车刀，T02 为中心钻，T03 为精加工刀，选 90°外圆车刀，T05 为切槽刀，刀宽为 2 mm，T07 为切断刀，刀宽为 3 mm（刀具补偿设置在左刀尖处）。同时把五把刀在自动换刀刀架上安装好，且都对好刀，把它们的刀偏值输入相应的刀具参数中。

4）确定切削用量

切削用量的具体数值应根据该机床的性能、相关的手册并结合实际经验确定，详见加工程序。

5）确定工件坐标系、对刀点和换刀点

确定以工件右端面与轴心线的交点 *O* 为工件原点，建立 *XOZ* 工件坐标系，如图 3-18 所示。

采用手动试切对刀方法（操作与前面介绍的数控车床对刀方法基本相同）把点 *O* 作为对刀点。换刀点设置在工件坐标系下 X35、Z30 处。

6）编写程序（以 CK0630 型车床为例）

按该机床规定的指令代码和程序段格式，把加工零件的全部工艺过程编写成程序清单。该工件的加工程序为

```
O0034;
N0010 G59 X0 Z105;
N0020 G90;
```

```
N0030 G92 X35 Z30;
N0040 M03 S700;
N0050 M06 T01;
N0060 G00 X20 Z1;
N0070 G01 X20 Z-34.8 F80;
N0080 G00 X20 Z1;
N0090 G00 X17 Z1;
N0100 G01 X17 Z-34.8 F80;
N0110 G00 X23 Z-34.8;
N0120 G01 X23 Z-80 F80;
N0130 G28;
N0140 G29;
N0150 M06 T03;
N0160 M03 S1100;
N0170 G00 X14 Z1;
N0171 G01 X14 Z0;
N0180 G01 X16 Z-1 F60;
N0190 G01 X16 Z-35 F60;
N0200 G01 X20 Z-35 F60;
N0210 G01 X22 Z-36 F60;
N0220 G01 X22 Z-80 F60;
N0230 G28;
N0240 G29;
N0250 M06 T05;
N0260 M03 S600;
N0270 G00 X23 Z-72.5;
N0280 G01 X21 Z-72.5 F40;
N0290 G04 P2;
N0300 G00 X23 Z-46.5;
N0310 G01 X16.5 Z-46.5 F40;
N0320 G28;
N0330 G29;
N0340 M06 T07;
N0350 G00 X23 Z-47;
```

N0360 G01 X16 Z—47 F40；

N0370 G04 P2；

N0380 G00 X23 Z—35；

N0390 G01 X15 Z—35 F40；

N0400 G00 X23 Z—79；

N0410 G01 X20 Z—79 F40；

N0420 G00 X22 Z—78；

N0430 G01 X20 Z—79 F40；

N0440 G01 X0 Z—79 F40；

N0450 G28；

N0460 G29；

N0470 M05；

N0480 M02；

2. 实例 2

加工如图 3-19 所示的套类零件，毛坯直径为 ϕ150 mm、长为 40 mm，材料为 HT200，未注倒角为 1×45°。

加工过程如下。

(1) 夹 ϕ120 mm 外圆，找正，加工 ϕ145 mm 外圆及 ϕ112 mm、ϕ98 mm 内孔。所用刀具有外圆加工正偏刀(T01)、内孔车刀(T02)。加工工艺路线为：粗加工 ϕ98 mm 的内孔→粗加工 ϕ112 mm 的内孔→精加工 ϕ98 mm、ϕ112 mm 的内孔及孔底平面→加工 ϕ145 mm 的外圆。

(2) 夹 ϕ112 mm 内孔，加工 ϕ120 mm 的外圆及端面。所用刀具有 45°端面刀(T01)、外圆加工正偏刀(T02)。加工工艺路线为：加工端面→加工 ϕ120 mm 的外圆→加工 R2 的圆弧及平面。

图 3-19 套类零件

该零件的加工程序如下。

① 加工 ϕ145 mm 外圆及 ϕ112 mm、ϕ98 mm 内孔的程序。

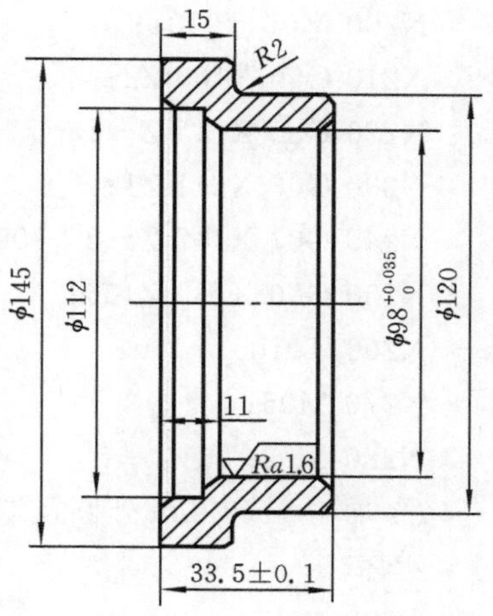

程序	说明
O0035；	程序名
N10 G92 X160 Z100；	设置工件坐标系
N20 M03 S300；	主轴正转，转速 300 r/min
N30 M06 T0202；	换内孔镗刀

N40 G90 G00 X95 Z5；	快速定位到 ϕ95 mm 直径，距端面 5 mm 处
N50 G81 X150 Z0 F100；	加工端面
N60 G80 X97.5 Z－35 F100；	粗加工 ϕ98 mm 内孔，留径向余量 0.5 mm
N70 G00 X97；	刀尖定位至 ϕ97 mm 直径处
N80 G80 X105 Z－10.5 F100；	精加工 ϕ112 mm
N90 G80 X111.5 Z－10.5 F100；	粗加工 ϕ112 mm 内孔，留径向余量 0.5 mm
N100 G00 X116 Z1；	快速定位到 ϕ116 mm 直径，距端面 1 mm 处
N110 G01 X112 Z－1；	倒角 1×45°
N120 Z－10；	精加工 ϕ112 mm 内孔
N130 X100；	精加工孔底平面
N140 X98 Z－11；	倒角 1×45°
N150 Z－34；	精加工 ϕ98 mm 内孔
N160 G00 X95；	快速退刀到 ϕ95 mm 直径处
N170 Z100；	
N180 X160；	
N190 T0200；	清除刀偏
N200 M06 T0101；	换加工外圆的正刀偏
N210 G00 X150 Z2；	刀尖快速定位到 ϕ150 mm 直径，距端面 2 mm 处
N220 G80 X145 Z－15.5 F100；	加工 ϕ145 mm 外圆
N230 G00 X141 Z1；	
N240 G01 X147 Z－2 F100；	倒角 1×45°
N250 G00 X160 Z100；	刀尖快速定位到 ϕ160 mm 直径，距端面 100 mm 处
N260 T0100；	清除刀偏
N270 M05；	主轴停
N280 M02；	程序结束

② 加工 ϕ120 mm 外圆及端面的程序。

程序	说明
O0036；	程序名
N10 G92 X160 Z100；	设置工件坐标系
N20 M03 S500；	主轴正转，转速 500 r/min
N30 M06 T0101；	45°端面车刀
N40 G90 G00 X95 Z5；	快速定位到 ϕ95 mm 直径，距端面 5 mm 处
N50 G81 X130 Z0.5 F50；	粗加工端面
N60 G00 X96 Z－2；	快速定位到 ϕ96 mm 直径，距端面 2 mm 处

```
N70 G01 X100 Z0 F50;            倒角1×45°
N80 X130;                       精修端面
N90 G00 X160 Z100;              刀尖快速定位到φ160 mm直径,距端面100 mm处
N100 T0100;                     清除刀偏
N110 M06 T0202;                 换加工外圆的正刀偏
N120 G00 X130 Z2;               刀尖快速定位到φ130 mm直径,距端面2 mm处
N130 G80 X120.5 Z-18.5 F100;    粗加工φ120 mm外圆,留径向余量0.5 mm
N140 G00 X116 Z1;
N150 G01 X120 Z-1 F100;         倒角1×45°
N160 Z-16.5;                    粗加工φ120 mm外圆
N170 G02 X124 Z-18.5 R2;        加工R2圆弧
N180 G01 X143;                  精修轴肩面
N190 X147 Z20.5;                倒角1×45°
N200 G00 X160 Z100;             刀尖快速定位到φ160 mm直径,距端面100 mm处
N210 T0200;                     清除刀偏
N220 M05;                       主轴停
N230 M02;                       程序结束
```

3.2 数控铣床和加工中心编程

数控铣床和加工中心在结构、工艺和编程等方面有许多相似之处。特别是全功能型数控铣床与加工中心相比,区别主要在于数控铣床没有自动刀具交换装置及刀库,只能用手动方式换刀,而加工中心因具备自动刀具交换装置及刀库,故可将使用的刀具预先安排存放于刀库内,需要时再通过换刀指令,由自动刀具交换装置自动换刀。数控铣床和加工中心都能够进行铣削、钻削、镗削及攻螺纹等加工。加工中心的编程除增加了自动换刀的功能指令外,其他和数控铣床编程基本相同。

3.2.1 数控铣床和加工中心的分类及编程特点

1. 数控铣床的分类

数控铣床主要用于加工平面和曲面轮廓的零件,还可以加工复杂型面的零件,如凸轮、样板、模具、螺旋槽等;同时也可以对零件进行钻、扩、铰、锪和镗孔加工。

数控铣床的类型主要有以下几种。

(1) 数控立式铣床。这类数控铣床一般用于加工盘、套、板类零件,工件一次装夹后,可对其上表面进行铣、钻、扩、镗、锪、攻螺纹等以及侧面的轮廓加工。

(2) 数控卧式铣床。这类数控铣床一般都带有回转工作台，工件一次装夹后可完成除安装面和顶面以外的其余四个面的各种工序加工，适宜于箱体类零件加工。

(3) 万能数控铣床。这类数控铣床主轴可以旋转90°或工作台带着工件旋转90°，一次装夹后，可以完成对工件五个表面的加工。

(4) 龙门式数控铣床。这类数控铣床主轴可以在龙门架的横向与竖直方向溜板上运动，而龙门架则沿床身作纵向运动，适用于大型零件的加工。

2. 加工中心的分类

1) 按主轴加工时的空间位置分类

(1) 卧式加工中心。它是指主轴轴线水平设置的加工中心。卧式加工中心一般具有3～5个运动坐标轴，常见的是三个直线运动坐标轴和一个回转运动坐标轴（回转工作台）。它能在工件一次装夹后，完成除安装面和顶面以外的其余四个面的加工，最适合加工箱体类零件。它与立式加工中心相比，结构复杂，占地面积大，质量大，价格高。

(2) 立式加工中心。立式加工中心主轴的轴线为竖直设置，其结构多为固定立柱式，工作台为十字滑台，适合加工盘类零件，一般具有三个直线运动坐标轴，并可在工作台上安置一个水平轴的数控转台（第四轴）来加工螺旋类零件。立式加工中心结构简单，占地面积小，价格低，配备各种附件后，可进行大部分零件的加工。

(3) 大型龙门式加工中心。这种加工中心主轴多为竖直设置，主要用于大型或形状复杂的工件的加工，像航空、航天工业及大型汽轮机上的某些零件的加工都需要用这类多坐标龙门式加工中心。

(4) 五面体加工中心。这种加工中心具有立式和卧式加工中心的功能，在工件一次装夹后，能完成除安装面外的所有五个面的加工，这种加工方式可以使工件的形状误差降到最低，省去二次装夹工作，从而提高生产效率，降低加工成本。

2) 按工艺用途分类

(1) 镗铣加工中心。它分为立式镗铣加工中心、卧式镗铣加工中心和龙门镗铣加工中心。其加工工艺以镗铣为主，用于箱体，壳体以及各种复杂零件特殊曲线和曲面轮廓的多工序加工，适合多品种小批量生产。

(2) 复合加工中心。它主要指五面复合加工，主轴头可自动回转，进行立、卧式加工。

3) 按特殊功能分类

(1) 单工作台、双工作台加工中心。

(2) 单轴、双轴、三轴及可换主轴箱的加工中心。

(3) 立式转塔加工中心和卧式转塔加工中心。

(4) 刀库加主轴换刀加工中心。

(5) 刀库机械手加主轴换刀加工中心。

(6) 刀库加机械手加双主轴转塔加工中心。

3. 数控铣床和加工中心的编程特点

(1) 使用固定循环指令,可进行钻孔、扩孔、锪孔、铰孔和镗孔等加工,提高编程工作效率。

(2) 使用刀具半径补偿指令,可按零件的实际轮廓编程,简化编程和数值计算。通过改变刀具半径补偿值,可用同一程序实现对工件的粗、精加工。

(3) 使用刀具长度补偿指令,可补偿由于刀具磨损、更换新刀或刀具安装误差引起的刀具长度方向的尺寸变化,而不必重新编程。

(4) 使用用户宏程序,可加工一些形状相似的系列零件或非圆曲线。

(5) 增加数控回转工作台,能实现四轴以上的联动加工,加工出形状较为复杂的工件。

(6) 使用子程序,可在工件上加工多个形状相同的结构。

(7) 使用简化编程指令,可实现镜像、缩放、旋转的功能。

3.2.2 数控铣床和加工中心的常用编程指令

同数控车床一样,数控铣床和加工中心的编程指令也随控制系统的不同而不同,但一些常用的指令,如某些准备功能、辅助功能,还是符合 ISO 标准的。本节通过对一些特色编程指令的介绍,使大家不但了解这些指令的规定、用法,而且对利用这些指令进行实际编程有所认识。

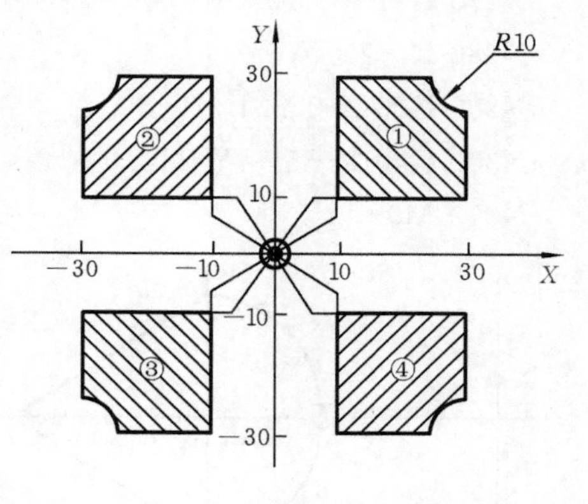

图 3-20 镜像功能

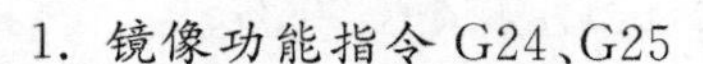

1. 镜像功能指令 G24、G25

指令格式为

G24 X__ Y__ Z__

M98 P__

G25 X__ Y__ Z__

图 3-20 所示的镜像功能程序为

O0037;	主程序
N10 G91 G17 M03;	
N20 M98 P100;	加工①
N30 G24 X0;	*Y* 轴镜像,镜像位置为 X=0
N40 M98 P100;	加工②
N50 G24 X0 Y0;	*X* 轴、*Y* 轴镜像,镜像位置为(0,0)
N60 M98 P100;	加工③
N70 G25 X0;	取消 *Y* 轴镜像

```
N80 G24 Y0;                          X 轴镜像
N90 M98 P1000;                       加工④
N100 G25 Y0;                         取消镜像
N110 M05;
N120 M30;
                                     子程序(①的加工程序)
O1000;
N200 G41 G00 X10.0 Y4.0 D01;
N210 Y1.0;
N220 Z-98.0;
N230 G01 Z-7.0 F100;
N240 Y25.0;
N250 X10.0;
N260 G03 X10.0 Y-10.0 I10.0;
N270 G01 Y-10.0;
N280 X-25.0;
N290 G00 Z105.0;
N300 G40 X-5.0 Y-10.0;
N310 M99;
```

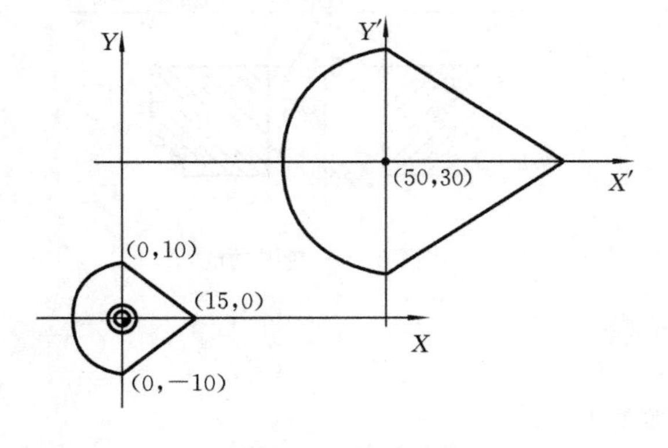

图 3-21 缩放功能

2. 缩放功能指令 G50、G51

指令格式为

G51 X _ Y _ Z _ P _

M98 P _

G50

该指令以给定点(X,Y,Z)为缩放中心,将图形放大到原始图形的 P 倍;如省略(X,Y,Z),则以程序原点为缩放中心。

图 3-21 所示的镜像功能程序为(如图所示,起刀点为 X10 Y—10)

```
O0038;                               主程序
N100  G92 X—50 Y—40;
N110  G51 P2;                        以程序原点为缩放中心,将图放大一倍
N120  M98 P0100;
```

N130　G50;　　　　　　　　　　　　取消缩放
N140　M30;
O0100;　　　　　　　　　　　　　　子程序
N10　G00 G90 X0 Y－10 F100;
N20　G02 X0 Y10 I10 J10;
N30　G01 X15 Y0;
N40　G01 X0 Y－10;
N50　M99;　　　　　　　　　　　　子程序返回

3. 图形旋转指令 G68、G69

指令格式为

G68 X__ Y__ P__
G69

该指令以给定点(X,Y)为旋转中心,将图形旋转一个角度 P,单位为"°";如果省略(X,Y),则以程序原点为旋转中心。

图 3-22 所示的旋转变换功能程序为(如图所示,起刀点为 X0 Y0)

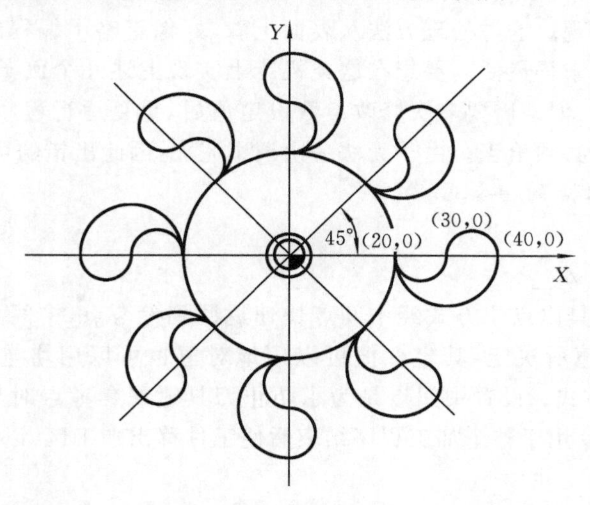

图 3-22　旋转变换功能

O0039;　　　　　　　　　　主程序
N100 G90 G00 X0 Y0;
N110 G68 P45;
N120 M98 P0200;
……　　　　　　　　　　　旋转加工八次

```
N250 G68 P45;
N260 M98 P0200;
N270 G69;
N280 M30;
O0200;                  子程序
N10  G91 G17;
N20  G01 X20 Y0 F250;
N30  G03 X20 Y0 R10;
N40  G02 X-10 Y0 R5;
N50  G02 X-10 Y0 R5;
N60  G00 X-20 Y0;
N70 M99;
```

在有刀具补偿的情况下,应先进行坐标旋转,然后再进行刀具半径补偿、刀具长度补偿。在有缩放功能的情况下,应先缩放,再旋转。

在有些数控机床中,缩放、镜像和旋转功能的是通过参数设定来实现的,不需要在程序中用指令代码来实现。这种处理方法从表面上看,好像省略了编程的麻烦,事实上,它远不如程序指令实现来得灵活。要想在这类机床上实现上述几个例子的加工效果,虽然可以不用编写子程序,但却需要多次修改参数设定值后,重复运行程序,并且程序编写时在起点位置的安排上必须恰当。由于无法一次调试完成,因此出错的可能性较大。

4. 自动返回参考点的指令 G28

指令格式为

G28 X__ Y__ Z__

(1) 该指令使刀具以点位方式经中间点快速返回到参考点,中间点的位置由该指令后面的 X、Y、Z 坐标值所决定,其坐标值可以用绝对值也可以用增量值,这要取决于是 G90 方式还是 G91 方式。设置中间点是为了防止刀具返回参考点时与工件或夹具发生干涉。一般地,该指令用于整个加工程序结束后使工件移出加工区,以便卸下加工完毕的零件和装夹待加工的工件。

(2) 为了安全起见,原则上应在执行该指令前取消各种刀具补偿。

(3) 在 G28 程序段中不仅记忆移动指令坐标值,而且记忆了中间点的坐标值。换句话说,对于在使用 G28 的程序段中没有被指令的轴,以前 G28 中的坐标值就作为那个轴的中间点坐标值。例如:

程序	说明
N10 X20.0 Y54.0;	
N20 G28 X40.0 Y25.0;	中间点坐标值(40.0,25.0)

N30 G28 Z35.0; 中间点坐标值(40.0,25.0,35.0)

5. 从参考点自动返回指令 G29

指令格式为

G29 X__ Y__ Z__

(1) 执行这条指令,可以使刀具从参考点出发,经过一个中间点到达由这个指令后面X、Y、Z坐标值所指令的位置。中间点的坐标由 G28 或 G30 指令确定。一般地,该指令用在 G28 或 G30 之后,被指令轴位于参考点或第二参考点的时候。

指令中 X、Y、Z 是到达点的坐标,由 G90/G91 状态决定是绝对值还是增量值,若为增量值时,则是指到达点相对于 G28 中间点的增量值。

(2) 在选择 G28 或 G30 之后,这条指令不是必须的,使用 G00 定位有时可能更为方便。

例如,图 3-23 所示,加工后刀具已定位到点 A,取点 B 为中间点,点 C 为执行 G29 时应到达的点,则程序为

N040 G91 G28 X100 Y100;

N050 M06;

N060 G29 X300 Y—170;

此程序执行时,刀具首先从点 A 出发,以快速点定位的方式由点 B 到达参考点,换刀后执行 G29 指令,刀具从参考点先运动到点 B 再到达点 C,点 B 至点 C 的增量坐标为"X300. Y—170."。

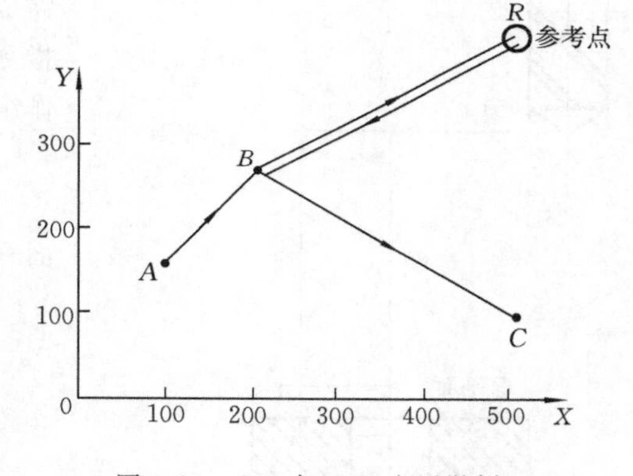

图 3-23 G28 与 G29 应用举例

6. 返回第二参考点指令 G30

指令格式为

G30 X__ Y__ Z__

该指令的使用和执行都和 G28 非常相似,唯一不同的就是 G28 使指令轴返回机床参考点,而 G30 使指令轴返回第二参考点。执行 G30 指令后,和 G28 指令相似,可以使用 G29 指令使指令轴从第二参考点自动返回。

第二参考点也是机床上的固定点,它和机床参考点之间的距离由参数给定,第二参考点指令一般在机床中主要用于刀具交换,因为机床的 Z 轴换刀点为 Z 轴的第二参考点,也就是说,刀具交换之前必须先执行 G30 指令。

7. 参考点返回检查指令 G27

指令格式为

G27 X__ Y__ Z__

该指令可以检验刀具是否能够定位到参考点上,指令中X、Y、Z分别代表参考点在工件坐标系中的坐标值。执行该指令后,如果刀具可以定位到参考点上,则相应轴的参考点指示灯就点亮。在刀具补偿方式中使用该指令,刀具到达的位置将是加上补偿量的位置,此时刀具将不能到达参考点因而指示灯也不亮,因此执行该指令前,应先取消刀具补偿。

8. 固定循环功能

在数控车削加工编程中,已经介绍了采用固定循环编程的方便之处。同样,在数控铣床和加工中心上,当需要钻、镗多个孔时,每一个孔的加工都至少需要几段程序,程序量相当大。尽管可用子程序调用技术,但其功能也受到限制,特别是当孔深不同时,子程序处理起来难度也很大,而用固定循环就可以很方便地处理钻、镗加工编程问题。

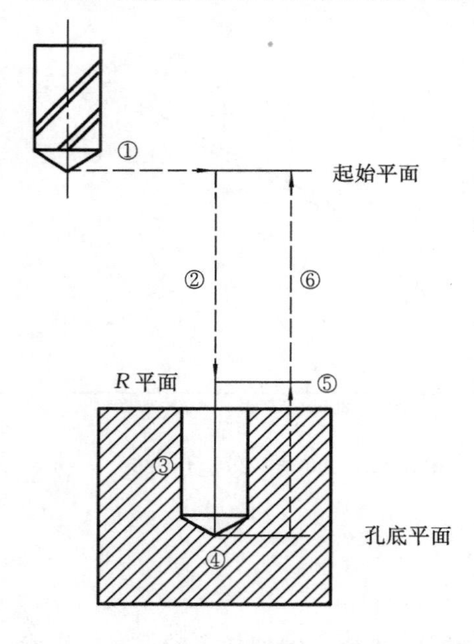

图3-24 标准循环指令

数控铣床和加工中心常用的固定循环指令能完成的工作有:钻孔、攻螺纹和镗孔等。这类循环指令的动作基本都是相同的,归纳起来由六个动作组成,如图3-24所示。

① 刀具在XOY平面孔的加工位置定位。

② 快速进给至R平面,刀具工作进给由R平面开始。

③ 孔加工操作,以进给速度进行孔的加工。

④ 在孔底位置暂停,光整孔底表面。

⑤ 快速返回R平面。

⑥ 快速返回至起始平面。

图中虚线表示刀具快速运动,实线表示进给运动。

刀具在第④个动作完成后是返回至R平面,还是直接由孔底返回至起始平面,要视具体情况而定。有的数控装置用G98、G99来定义刀具返回的平面位置:G98指令定义刀具返回至起始平面;G99指令定义刀具返回至R平面。在用G99指令定义刀具返回至R平面时应注意,如果在台阶面上继续加工其他的孔,当从低面向高面加工时会产生碰撞现象,这时,应使刀具返回至起始平面后再继续其他孔的加工。

标准循环指令中,刀具沿Z轴方向运动时,各坐标点的指定由G90或G91的选择方式决定。在图3-25(a)和(b)中分别表示了G90和G91方式下R和Z值的确定方法。在G90方式下,R和Z值按Z轴坐标原点设定;在G91方式下,R值是由起始平面至R平面的距离,Z值是自R平面至孔底平面的距离。

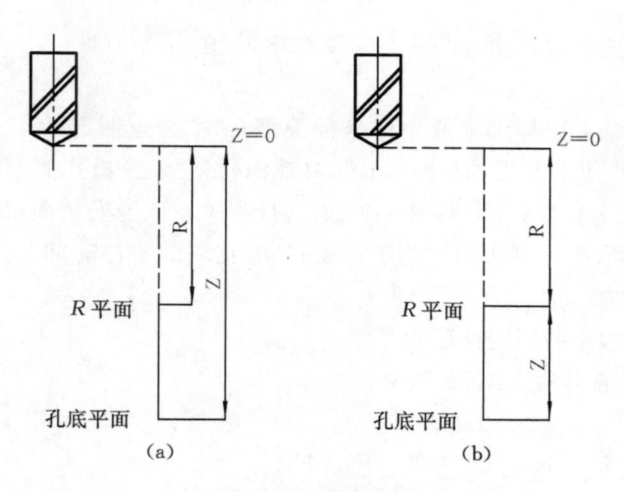

图 3-25 R和Z值的确定

(a) G90方式;(b) G91方式

常用的固定循环有高速深孔钻循环、螺纹切削循环、精镗循环等。表3-1列出了常用固定循环的指令及功能。

表3-1 固定循环指令及功能

G代码	加工运动(Z轴负向)	孔底动作	返回运动(Z轴正向)	功能
G73	分次,切削进给	—	快速定位进给	高速深孔钻削
G74	切削进给	暂停-主轴正转	切削进给	左螺纹攻丝
G76	切削进给	主轴定向,让刀	快速定位进给	精镗循环
G80	—	—	—	取消固定循环
G81	切削进给	—	快速定位进给	普通钻削循环
G82	切削进给	暂停	快速定位进给	钻削或粗镗削
G83	分次,切削进给	—	快速定位进给	深孔钻削循环
G84	切削进给	暂停-主轴反转	切削进给	右螺纹攻丝
G85	切削进给	—	切削进给	镗削循环
G86	切削进给	主轴停	快速定位进给	镗削循环
G87	切削进给	主轴正转	快速定位进给	反镗削循环
G88	切削进给	暂停-主轴停	手动	镗削循环
G89	切削进给	暂停	切削进给	镗削循环

程序中常见到这样的顺序,即 G90/G91、G98/G99、G73～G89 X__ Y__ Z__ R__ Q__ P__ F__ K__;

其中:G90 /G91 为绝对坐标编程或增量坐标编程;G98 为返回起始点;G99 为返回 *R* 平面。G73～G89 为孔加工方式,如钻孔加工、高速深孔钻加工、镗孔加工等;X、Y 为孔的位置坐标值;Z 为孔底坐标值(与 G90 或 G91 的选择有关);R 为安全面(*R* 面)的坐标值(与 G90 或 G91 的选择有关);Q 为每次切削深度;P 为孔底的暂停时间(s);F 为切削进给速度;K 为重复加工次数。

下面列举几个常用的固定循环指令。

1) 高速深孔钻循环指令 G73

指令格式为

G73 X__ Y__ Z__ R__ Q__ P__ F__ K__

该指令用于深孔钻削,在钻孔时采取间断进给,有利于断屑和排屑,适合深孔加工。图 3-26 所示为高速深孔钻加工的工作过程。其中,q 为增量值,指定每次切削深度;d 为排屑退刀量,由系统参数设定。

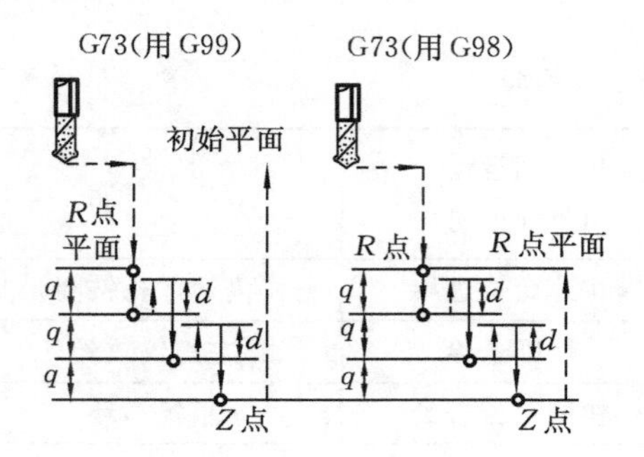

图 3-26 G73 高速深孔钻循环

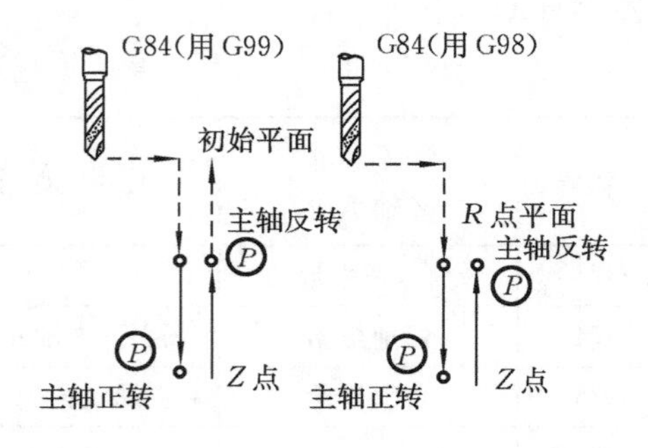

图 3-27 G84 右旋螺纹加工循环

2) 右旋螺纹加工循环指令 G84

指令格式为

G84 X__ Y__ Z__ R__ P__ F__ K__

该指令用于切削右旋螺纹孔。向下切削时主轴正转,孔底动作是变正转为反转,再退出。F 表示导程,在 G84 切削螺纹期间速率修正无效,移动将不会中途停顿,直到循环结束。图 3-27 所示为右旋螺纹加工循环的工作过程。

3) 左旋螺纹加工循环指令 G74

指令格式为

G74 X__ Y__ Z__ R__ P__ F__ K__

该指令用于切削左旋螺纹孔。主轴反转进刀，正转退刀，正好与G84指令中的主轴转向相反，其他运动均与G84指令相同。

·刚性攻丝方式。

当执行右旋螺纹加工循环G84或左旋螺纹加工循环G74的前一程序段指令M29 S××××时，则机床进入刚性攻丝模态。数控系统执行到该指令时，主轴停止，然后主轴正转指示灯亮，表示进入刚性攻丝模态，其后的G74或G84循环被称为刚性攻丝循环。在刚性攻丝循环中，主轴转速和Z轴的进给严格成比例同步，因此可以使用刚性夹持的丝锥进行螺纹孔的加工，并且还可以提高螺纹孔的加工速度，提高加工效率。G74或G84中指令的F值与M29程序段中指令的S值的比值(F/S)即为螺纹孔的螺距值。

4) **定点钻孔循环** G81

指令格式为

G81 X__ Y__ Z__ R__ F__ K__

该指令用于钻一般的通孔或螺纹孔等。图3-28所示为定点钻孔循环的工作过程。

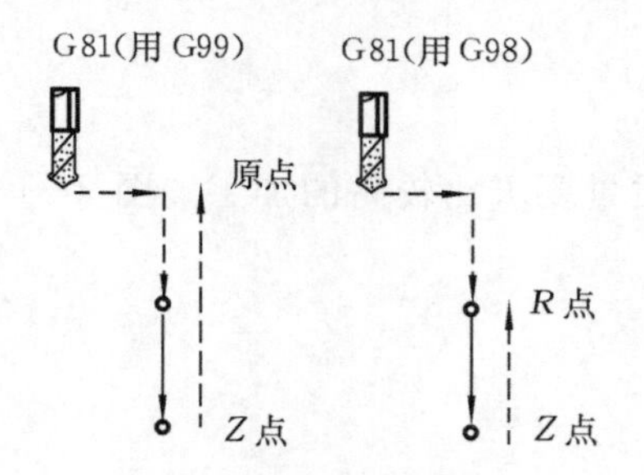

图3-28　G81定点钻孔循环

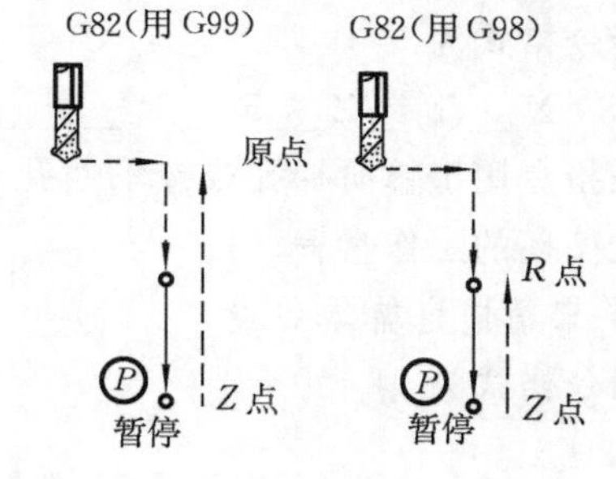

图3-29　G82钻孔循环

5) **钻孔循环** G82

指令格式为

G82 X__ Y__ Z__ R__ P__ F__ K__

该指令与G81的不同之处仅在于在钻削到孔底位置时暂停一段时间。主要用于钻不通孔时，孔底表面质量要求比较高的光整加工，也可用于锪孔、反镗孔的循环。图3-29所示为钻孔循环的工作过程。

6) **排屑钻孔循环** G83

指令格式为

G83 X__ Y__ Z__ R__ Q__ F__ K__

该指令用于深孔加工时的往复排屑钻孔。与G73略有不同的是每次刀具间歇进给

后回退至 R 点平面。此处的"d"表示刀具间断进给每次下降时由快进转为工进的那一点至前一次切削进给下降的点之间的距离。距离由参数来设定。图 3-30 所示为排屑钻孔循环的工作过程。

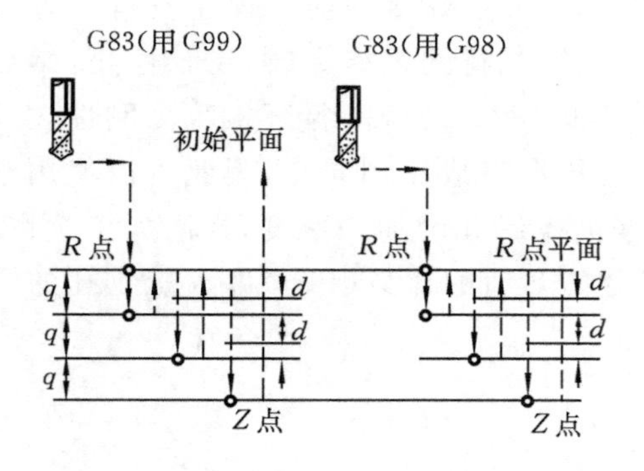

图 3-30　G83 排屑钻孔循环

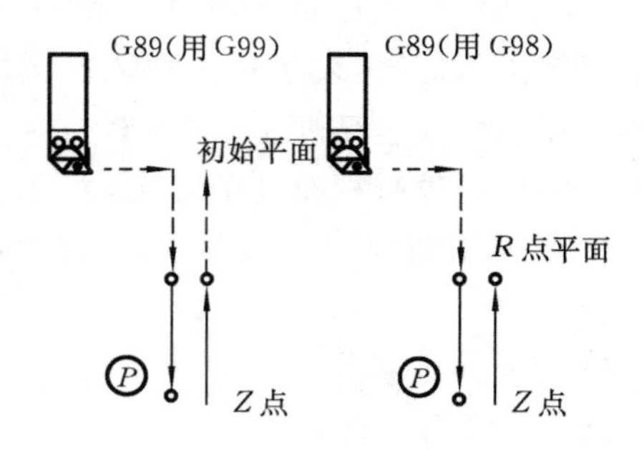

图 3-31　G89 镗孔循环

7）镗孔循环 G89

指令格式为

G89 X__ Y__ Z__ R__ P__ F__ K__

该指令用于镗阶梯孔或镗不通孔时孔底表面质量要求比较高的加工。图 3-31 所示为镗孔循环的工作过程。

8）取消固定循环 G80

指令格式为

G80

该指令用于取消固定循环方式，机床回到执行正常操作状态。孔的加工数据，包括 R 点、Z 点等，都被取消，但是移动速率命令会继续有效。

取消孔加工固定循环方式除用 G80 外，如果中间出现了 G00 或 G01 组的 G 代码，则孔加工的循环方式也会自动取消。G00 等取消固定循环其效果与用 G80 是完全一样的。

9）固定循环举例

如图 3-32(a)所示零件，共有 13 个孔，需要使用三把直径不同的刀具，其刀具号、刀具直径和刀杆长度如图 3-32(b)所示，分别按 H11＝200，H15＝190，H31＝150 设置刀具长度补偿。全部都是钻、镗点位加工，不需要使用刀径补偿，均采用钻镗固定循环编程。

加工程序为

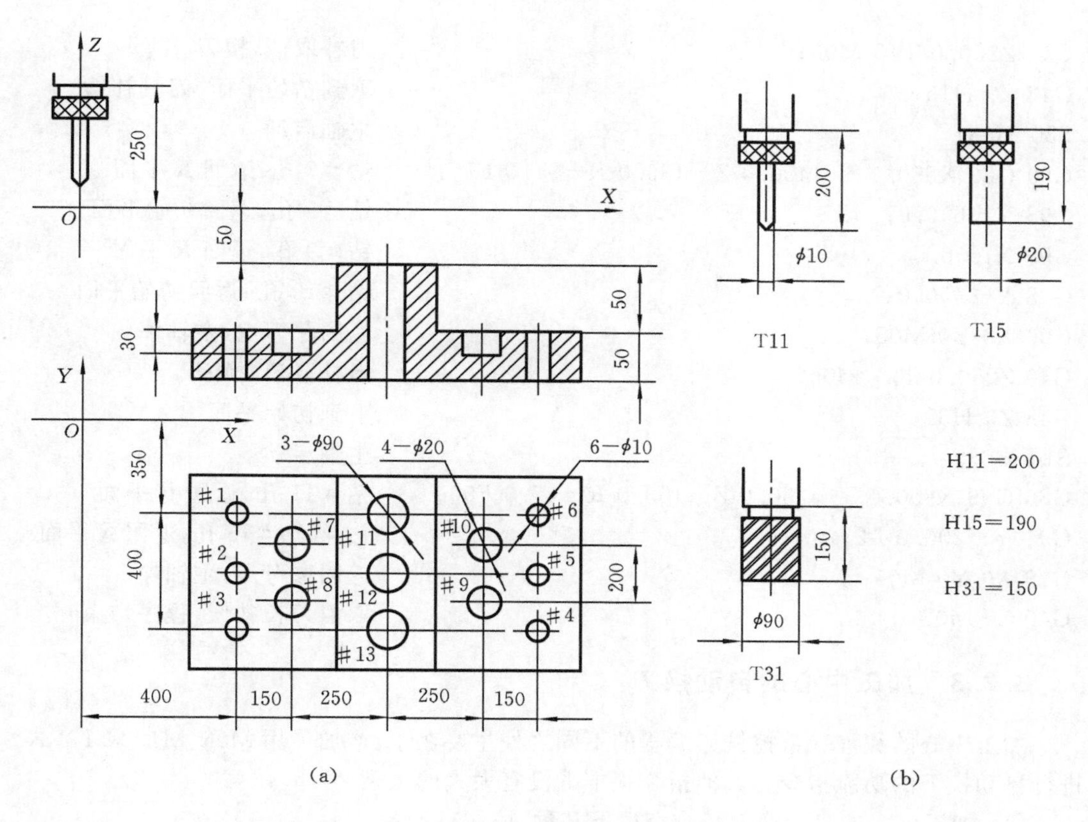

图 3-32 固定循环加工

程序	说明
G92 X0 Y0 Z0;	设定工件坐标系
G90 G00 Z250.0 T11 M06;	换刀
G43 Z0 H11;	到初始平面,刀具补偿
S30 M03;	主轴正转
G99 G81 X400.0 Y－350.0 Z－153.0 R－97.0 F120;	钻#1孔,返回 *R* 平面
Y－550.0;	钻#2孔,返回 *R* 平面
G98 Y－750.0;	钻#3孔,返回初始平面
G99 X1200.0;	钻#4孔,返回 *R* 平面
Y－550.0;	钻#5孔,返回 *R* 平面
G98 Y－350.0;	钻#6孔,返回初始平面
G00 X0 Y0 M05;	回起刀点,主轴停

G40 Z250.0 T15 M06;	刀补取消,换刀
G43 Z0 H15;	下到初始平面,刀具补偿
S20 M03;	主轴启动
G99 G82 X550.0 Y－450.0 Z－130.0 R－97.0 F70;	钻#7孔,返回 R 平面
G98 Y－650.0;	钻#8孔,返回初始平面
G99 X1050.0;	钻#9孔,返回 R 平面
G98 Y－450.0;	钻#10孔,返回初始平面
G00 X0 Y0 M05;	返回起刀点,主轴停
G40 Z250.0 T31 M06;	刀补取消,换刀
G43 Z0 H31;	下到初始平面
S10 M03;	主轴启动
G85 G99 X800.0 Y－350.0 Z－153.0 R－47.0 F50;	钻#11孔,返回 R 平面
G91 Y－200.0 L2;	钻#12、#13孔,返回 R 平面
G28 X0 Y0 M05;	返回参考点,主轴停
G40 Z0 M02;	取消刀长补偿,程序结束

3.2.3 加工中心的自动换刀

加工中心的编程和数控铣床编程的不同之处主要在于:增加了用M06、M19和T××进行自动换刀的功能指令。其他指令基本上没有太大的区别。

(1) 加工中心的自动换刀指令有以下几种。

自动换刀指令 M06。本指令将驱动机械手进行换刀动作,但并不包括刀库转动的选刀动作。

主轴准停指令 M19。本指令将使主轴定向停止,确保主轴停止的方位和装刀标记方位一致。

选刀指令 T××。本指令驱动刀库电动机带动刀库转动,实施选刀动作。T 指令后跟的两位数字,是将要更换的刀具地址号,本功能是数控铣床所不具备的。

对于不采用机械手换刀的立、卧式加工中心而言,它们在进行换刀动作时,是先取下主轴上的刀具,再进行刀库转位的选刀动作,然后,再换上新的刀具。其选刀动作和换刀动作无法分开进行,故编程上一般用"T×× M06"的形式。

对于采用机械手换刀的加工中心来说,合理地安排选刀和换刀的指令,是其加工编程的要点。不同的加工中心,其换刀程序是不同的,通常选刀和换刀分开进行。换刀完毕启动主轴后,方可执行后面的程序段。选刀时间可与机床加工时间重合起来,即利用切削时间进行选刀。多数加工中心都规定了换刀点位置。主轴只有运动到这个位置,机械手或刀库才能执行换刀动作。一般立式加工中心规定的换刀点位置在机床 Z 轴零点处,卧式加工中心规定的换刀点位置在机床 Y 轴零点处。

(2) 两种换刀方法的区别。

① T01　M06

该条指令是先执行选刀指令 T01,再执行换刀指令 M06。它先指令刀库转动,将 T01 号刀具送到换刀位置上后,再由机械手实施换刀动作。换刀以后,主轴上装夹的就是 T01 号刀具,而刀库中目前换刀位置上安放的则是刚换下的旧刀具。执行完"T01 M06"后,刀库即保持当前刀具安放位置不动。

② M06　T01

该条指令是先执行换刀指令 M06,再执行选刀指令 T01。它是先指令机械手实施换刀动作,将主轴上原有的刀具和目前刀库中当前换刀位置上已有的刀具(上一次选刀 T××指令所选好的刀具)进行互换,然后,再由刀库转动将 T01 号刀具送到换刀位置上,为下一次换刀作准备。换刀前后,主轴上装夹的都不是 T01 号刀具。执行完"M06 T01"后,刀库中目前换刀位置上安放的则是 T01 号刀具,它是为下一个 M06 换刀指令预先选好的刀具。

(3) 加工中心换刀动作编程安排时的注意事项。

① 换刀动作必须在主轴停转的条件下进行,且必须实现主轴准停即定向停止(用 M19 指令)。

② 换刀点的位置应根据所用机床的要求安排,有的机床要求必须将换刀位置安排在参考点处,或至少应让 Z 轴返回参考点,这时就要使用 G28 指令。有的机床则允许用参数设定第二参考点作为换刀位置,这时可在换刀程序前安排 G30 指令。无论如何,换刀点的位置应远离工件及夹具,保证有足够的换刀空间。

③ 为了节省自动换刀时间,提高加工效率,应将选刀动作与机床加工动作在时间上重合起来。比如,可将选刀动作指令安排在换刀前的回参考点移动过程中,如果返回参考点所用的时间小于选刀动作时间,则应将选刀动作安排在换刀前的耗时较长的加工程序段中。

④ 若换刀位置在参考点处,换刀完成后,可使用 G29 指令返回到下一道工序的加工起始位置。

⑤ 换刀完毕后,不要忘记安排重新启动主轴的指令,否则加工将无法继续进行。

3.2.4　数控铣床和加工中心编程实例

加工中心的编程方法与数控铣床的编程方法基本相同,加工坐标系的设置方法也一样。本节用几个实例来说明数控铣床和加工中心的编程方法。

1. 实例一

槽加工工件,如图 3-33 所示。试利用子程序编写加工程序。刀具为 $\phi 8$ 的键槽铣刀,使用刀具半径补偿的左补偿功能(注:刀具已安装好)。

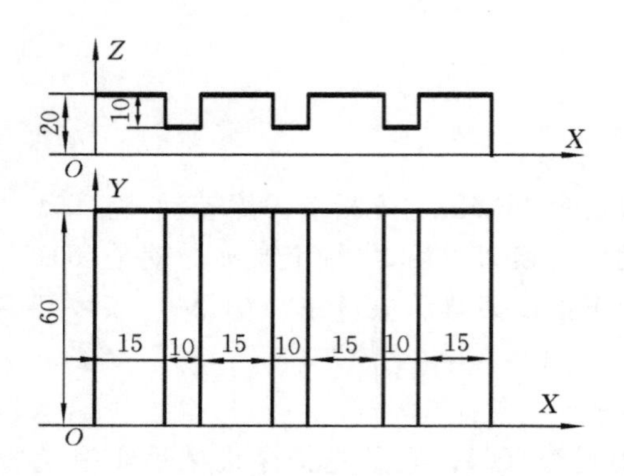

图 3-33 槽加工工件

```
G91  G00  Z-2.5;
M98  P1002  L3;
G00  X-75.0  M99;
O1002;
G91  G00  X25.0;
G41  D21  X5.0;
G01  Y80.0  F100;
X-10.0;
Y-80.0;
G40  G00  X5.0;
M99;
```

```
O0310;
G00  X0  Y0  Z40.0;
G97  S800  M03;
G90  X-5.0  Y-10.0  M08;
     Z20.0;
M98  P1001  L4;
G90  G00  Z40.0  M05;
X0  Y0  M09;
M02;
O1001;
```

2. 实例二

编写加工如图 3-34 所示工件的程序。板料厚度 12 mm,图中各孔为 ϕ8 mm,使用刀具为 T01——ϕ16 mm 的立铣刀,T02——中心钻,T03——钻头(ϕ8 mm)。用立铣刀铣削工件的外轮廓。工件上表面为工件坐标系 Z 的零点。

程序	说明
O0327;	
T0101;	立铣刀转到待换刀位置
M98 P1001;	将立铣刀换装在主轴上
G00 G97 S800 T02 M03;	中心钻转到待换刀位置
G90 G00 X0 Y-73.0;	起刀点
Z5.0;	
G01 Z-14.0 F150;	
G00 G41 X28.0 D01;	D01 中存入的值为 8

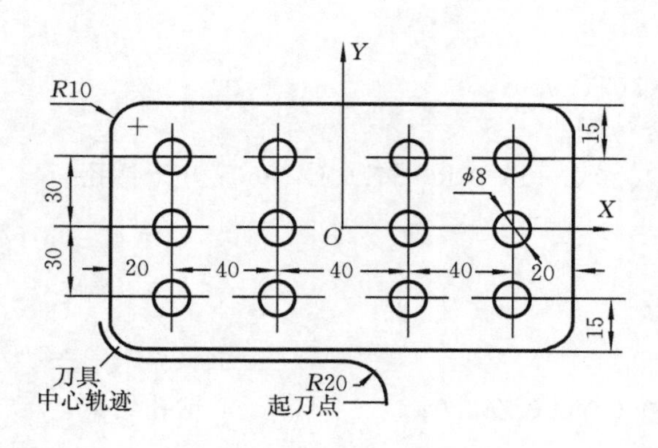

图 3-34 换刀子程序加工的工件

```
G03 X0.0 Y-45.0 R28.0;                          切向切入
G01 X-70.0;
G02 X-80.0 Y-35.0 R10.0;
G01 Y35.0 ;
G02 X-70.0 Y45.0 R10.0;                         铣四边形
G01 X70.0;
G02 X80.0 Y35.0 R10.0;
G01 Y-35.0;
G02 X70.0 Y-45.0 R10.0;
G01 X0;
G03 X-28.0 Y-73.0 R28.0;                        切向切出
G00 G40 X0;
M98 P1001;                                      将中心钻装在主轴上
G97 S1000 M03 T03;                              钻头转到待换刀位置
G90 G00 X-100.0 Y30.0;
G43 H02 Z20.0;
G91 G99 G81 X40.0 Z-8.0 R-17.0 L4 F40;          开始加工中心孔
Y-30.0;
X-40.0 L3;
Y-30.0;
X40.0 L3;
G00 G80 X0.0 Y0.0 Z60.0;                        中心孔加工结束
M98 P1001;                                      将钻头装在主轴上
```

```
G97 S800 M03;
G90 G00 X-100.0 Y30.0;
G43 H03 Z20.0;
G91 G99 G81 X40.0 Z-19.0 R-17.0 L4 F60;开始钻孔
Y-30.0;
X-40.0 L3;
Y-30.0;
X40.0 L3;
G00 G80 G49 X0.0 Y0.0 Z60.0;                钻孔结束
G91 G28 Z0 M05;
M02;                                        主程序结束
O1001;                                      换刀子程序
M09;
G91 G28 Z0 M05;
G49 M06;
M99;                                        子程序结束
```

3. 实例三

如图 3-35 所示零件,分别用 $\phi40$ 的端面铣刀铣上表面,用 $\phi20$ 的立铣刀铣四侧面和 A、B 面,用 $\phi6$ 的钻头钻 6 个小孔,$\phi12$ 的钻头钻中间的两个大孔。以毛坯中心离上表面 -15 mm 处为 G54 的原点,各刀具长度和刀具直径分别设定在 H01～H04、D01～D04 之间。

程序	说明
O0311;	程序号
T01 M06;	换上 T1
G90 G54 G00 X60.0 Y15.0 S1000 M03;	移刀到毛坯右侧外部,并启动主轴
G43 Z20.0 H01 M08;	Z 向下刀到一定距离处,开切削液
G01 Z15.0 F100;	工进下刀到欲加工上表面高度处
X-60.0;	加工到左侧
Y-15.0;	移到 Y=-15 上
X60.0 T2;	往回加工到右侧,同时刀库预先选刀 T2
Z20.0 M09;	上表面加工完成,抬刀,关切削液
M05;	主轴停
G91 G28 Z0.0;	Z 轴返回参考点
G28 X0 Y0 M06;	X、Y 轴返回参考点,换刀

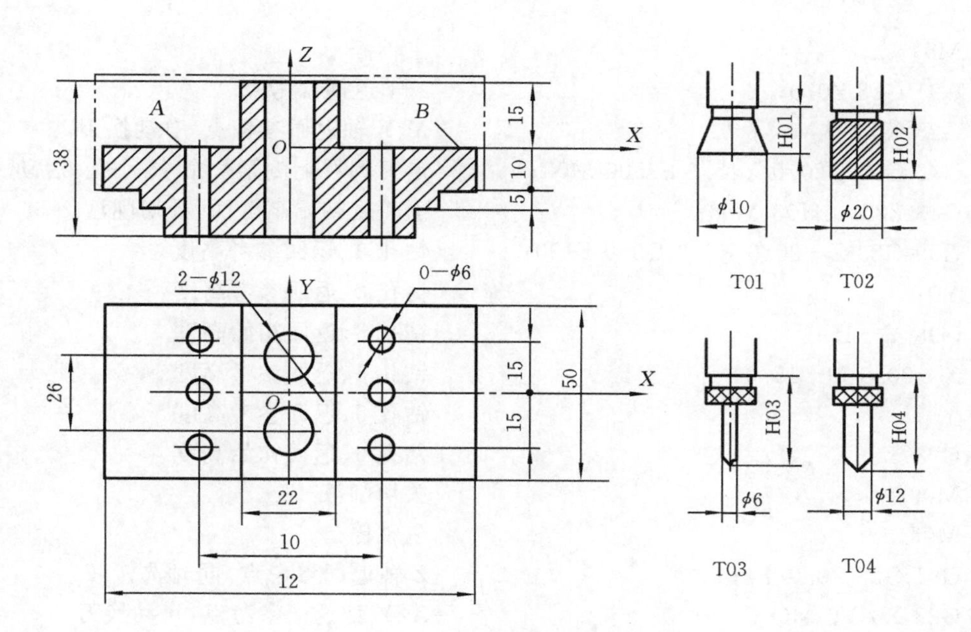

图 3-35　换刀编程图例

G90 G54 X60.0 Y25.0 S1200 M03；	走刀到右上角的起刀位置，启动主轴
G43 Z—12.0 H02 M08；	下刀到 Z＝—12 高度处，开切削液
G01 G42 X36.0 D02 F80；	引入刀径补偿，开始铣四个侧面
X—36.0 T3；	铣后侧面，同时选刀 T3
Y—25.0；	铣左侧面
X36.0；	铣前侧面
Y30.0；	铣右侧面
G00 G40 Y40.0；	刀补取消，将刀引出
Z0；	抬刀至 A、B 面高度
G01 Y—40.0 F80；	工进铣削 B 面开始
X21.0；	……
Y40.0；	……
X—21.0；	移到左侧
Y—40.0；	铣削 A 面开始
X—36.0；	……
Y40.0；	……
Z20.0 M09；	A 面铣削完成，抬刀，关切削液

```
M5;                                    主轴停
G91 G28 Z0.0;                          Z轴返回参考点
G28 X0 Y0 M06;                         X、Y轴返回参考点,自动换刀
G90 G54 X20.0 Y15.0 S2500 M03;         走刀到右上侧第一个φ6小孔,启动主轴
G43 Z25.0 H03 M08;                     下刀到初始高度面,开切削液
G99 G83 Z-25.0 R3.0 Q3.0 F100;         钻孔1、返回参考高度
Y0;                                    钻孔2、返回参考高度
G98 Y-15;                              钻孔3、返回初始高度
X-20.0 Y-15.0;                         钻孔4、返回参考高度
Y0;                                    钻孔5、返回参考高度
G98 Y15;                               钻孔6、返回初始高度
M09;                                   关切削液
M05;                                   主轴停
G91 G28 Z0.0 T4;                       Z轴返回参考点,同时选刀T4
G28 X0 Y0 M06;                         X、Y轴返回参考点,自动换刀
G90 G54 X0 Y8.0 S800 M03;              走刀到中间上方第一个φ12,启动主轴
G43 Z25.0 H04 M08;                     下刀到离上表面10的高度,开切削液
G99 G83 Z-28.0 R18 Q10 F80;            钻孔7、返回参考高度
Y-8.0;                                 钻孔8、返回参考高度
M09;                                   关切削液
M05;                                   主轴停
G91 G28 Z0.0;                          Z轴返回参考点
G28 X0 Y0;                             X、Y轴返回参考点
M30;                                   程序结束并复位
```

3.3 数控自动编程技术

3.3.1 CAD/CAM 技术

CAD/CAM(计算机辅助设计及制造)与PDM(产品数据管理)是一个现代化制造型企业计算机应用的主干,它们代表着一个企业的设计、制造水平,并与产品的质量、成本及生产周期息息相关。人工设计、单件生产这种传统的设计与制造方式已不能适应工业发展的要求。CAD/CAM技术已成为整个制造行业当前和将来技术发展的重点。

CAD技术是为产品设计和生产对象提供方便、高效的数字化表示和表现的工具。数

字化表示是指用数字形式为计算机所创建的设计对象生成内部描述，如二维图、三维线框、曲面、实体和特征模型；数字化表现是指在计算机屏幕上生成真实感图形，创建虚拟现实环境进行漫游，多通道人机交互，多媒体技术等。

二维 CAD 技术的应用，使工程技术人员甩掉了图板设计，实现了“无纸化”设计；三维 CAD 技术的出现，使得 CAD/CAM“一体化”成为可能，从而奠定了“无纸化”制造的技术基础。

用 CAD 进行产品开发设计，可从一定程度上帮助工程技术人员从繁杂的查手册、计算中解脱出来，极大地提高了设计效率和准确性，从而缩短了产品开发周期，提高了产品质量，降低了生产成本，增强了企业的竞争能力。

CAM 与 CAD 密不可分，甚至比 CAD 显得更为重要。几乎每一个现代制造企业都离不开大量的数控设备。随着对产品质量要求的不断提高，要高效地制造高精度的产品，CAM 技术不可或缺。一方面，CAD 系统只有配合数控加工才能充分显示其巨大的优越性，另一方面，数控技术只有依靠 CAD 系统产生的模型才能充分地发挥其效率。所以，在实际应用中，二者很自然地紧密结合在一起，形成 CAD/CAM 系统，在这个系统中，设计和制造的各个阶段可利用公共数据库中的数据，即通过公共数据库将设计和制造过程紧密地联系为一个整体。数控自动编程系统利用设计的结果和产生的模型，形成数控加工机床所需的信息。CAD/CAM 大大缩短了产品的制造周期，显著地提高了产品质量，产生了巨大的经济效益。

1. CAD/CAM 软件的技术特点

针对企业从设计到制造整个过程的 CAD/CAM 软件解决方案，一般都具备以下技术特点。

(1) 产品设计、制造一揽子解决。一个完全集成的计算机辅助制造系统，包含着从设计到成品全过程的一揽子解决方案，即 CAD/CAE/CAM 软件的高度集成。它能从概念设计到功能工程分析到制造产品的整个开发过程上辅助工程师，如图 3-36 所示。

(2) 相关性。通过应用主模型，使从设计到制造的所有应用环节相关联，如图 3-37 所示。

(3) 并行协作。通过使用主模型，产品数据管理 PDM，产品可视化 PV，以及运用 Internet技术，支持扩展企业范围的并行协作，如图 3-38 所示。

2. CAD/CAM 软件分类

CAD/CAM 技术经过几十年的发展，先后走过大型机、小型机、工作站、微机时代，每个时代都有当时流行的 CAD/CAM 软件。现在，工作站和微机平台的 CAD/CAM 软件已经占据主导地位，并且出现了一批比较优秀、比较流行的商品化软件。

按照三维 CAD/CAM 软件的集成度、功能，可将目前流行的 CAD/CAM 软件划分为三类。

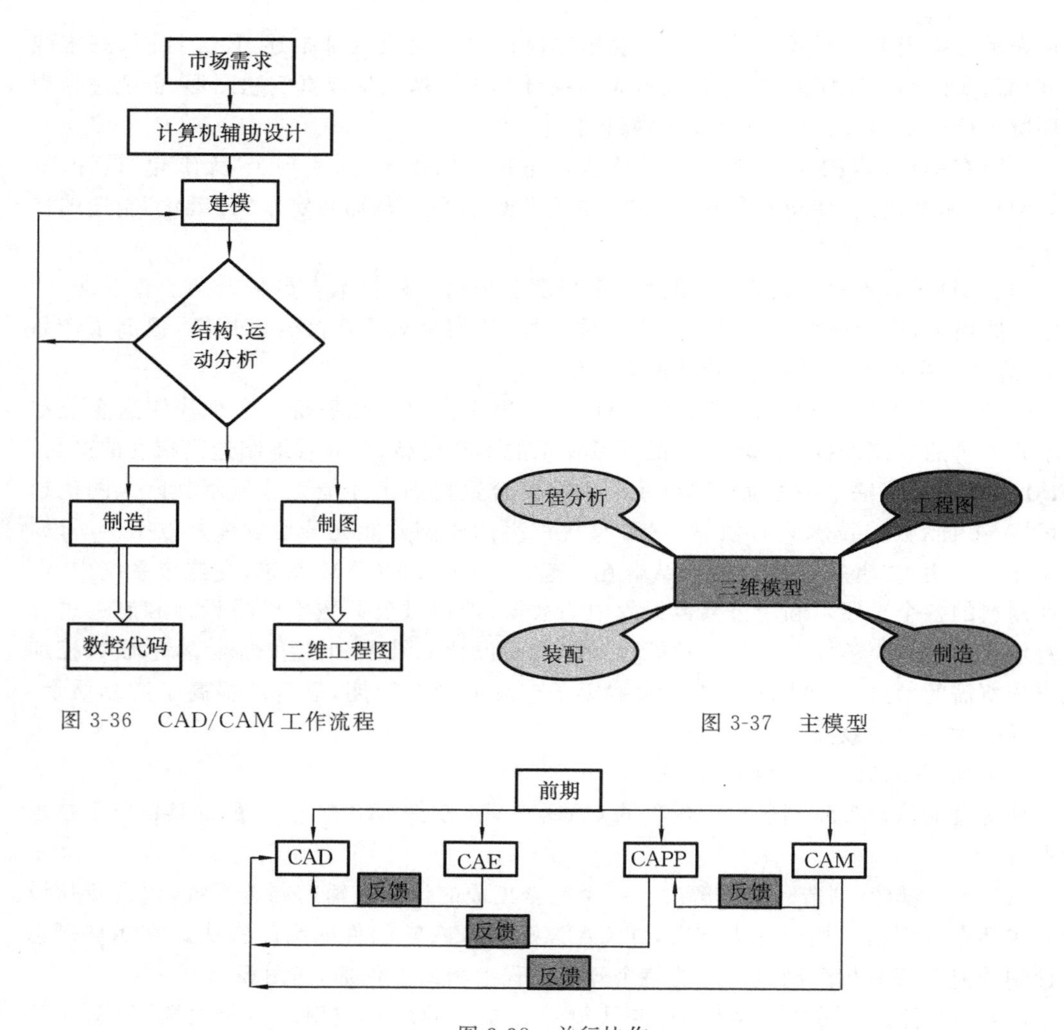

图 3-36　CAD/CAM 工作流程

图 3-37　主模型

图 3-38　并行协作

(1) 高档 CAD/CAM 软件。这个档次的软件能提供机械制造全过程的一揽子解决方案,具有高度集成的 CAD/CAE/CAM 和部分 PDM 功能集成。高档 CAD/CAM 软件的代表有 Unigraphics、Pro/ENGINEER、CATIA、I-DEAS 等。这类软件的特点是:具有优越的参数化设计、变量化设计,将特征造型技术与传统的实体和曲面造型功能结合在一起;加工方式完备,计算准确,实用性强,可以从简单的两轴加工到以五轴联动方式来加工极为复杂的工件表面;可以对数控加工过程进行自动控制和优化;同时提供了二次开发工具,允许用户扩展其功能。它们是大、中型企业的首选 CAD/CAM 软件。

(2) 中档 CAD/CAM 软件。这类软件提供 CAD/CAE/CAM 和 PDM 的部分功能。

CIMATRON是中档CAD/CAM软件的代表，其他还有MasterCAM、SurfCAM、SolidWork、SolidEdge、CAXA等。这类软件实用性强，提供了比较灵活的用户界面，优良的三维造型及工程绘图，全面的数控加工，各种通用、专用数据接口以及集成化的产品数据管理。主要应用在中、小型企业的模具行业。

(3) 低档CAD软件。这类软件仅有二维工程图设计能力，无法提供与数控机床的一体化应用。这类软件主要有AutoCAD等。

3. CAD/CAM技术的发展趋势

(1) 集成化。集成化是CAD/CAM技术发展的一个最为显著的趋势。它是指把CAD、CAE、CAPP、CAM甚至PPC(生产计划与控制)等各种功能不同的软件有机地结合起来，用统一的执行控制程序来组织各种信息的提取、交换、共享和处理，保证系统内部信息流的畅通并协调各个系统有效地运行。经验表明，CAD系统的效益往往不是通过其本身，而是通过CAM和PPC系统体现出来的；反过来，CAM系统如果没有CAD系统的支持，花巨资引进的设备往往很难得到有效利用；PPC系统如果没有CAD和CAM的支持，则得不到完整、及时和准确的数据作为计划的依据，订出的计划也较难贯彻执行，生产计划和控制将得不到实际效益。因此，人们着手将CAD、CAE、CAPP、CAM和PPC等系统有机地、统一地集成在一起，从而消除“自动化孤岛”，以期取得最佳的效益。

(2) 网络化。21世纪是网络化的世纪，网络正在走向全球化，制造业也将全球化。从获取需求信息，到产品分析设计、原辅材料和零部件选购、加工制造，直至营销，整个过程也将全球化。CAD/CAM系统的网络化，需要能使设计人员对产品方案在费用、流动时间和功能上进行并行处理的并行化产品设计应用系统；能提供产品、进程和整个企业性能仿真、建模和分析技术的虚拟制造系统；能产生和优化工作计划和车间级控制，支持敏捷制造的制造计划和控制应用系统；能对生产过程中物流进行管理的物料管理应用系统等。

(3) 智能化。人工智能在CAD中的应用主要集中在引入知识工程，发展专家系统。专家系统具有逻辑推理和决策判断能力，它将许多实例和有关专业范围内的经验、准则结合在一起，为设计者提供更全面，更可靠的指导。设计者应用这些实例和准则，根据设计的目标不断缩小搜索的范围，可使问题得到迅速解决。

3.3.2 常见自动编程软件简介

自动编程是指编程的大部分或全部工作量都是由计算机自动完成的一种编程方法。采用自动编程的初衷是为了解决由于手工编程计算烦琐，甚至无法实现编程的问题。

自动编程技术源于20世纪50年代初期。1952年，美国麻省理工学院伺服机构实验室研制出第一台数控铣床。为了充分发挥数控铣床的加工能力，解决复杂工件的加工问题，1953年，在美国空军的资助下，该机构着手研究数控自动编程问题，并于1955年公布研究成果,即 APT(automatically programmed tools)自动编程系统,从而奠定了 APT 语言自动编程的基础。1958 年又开发出用于平面曲线加工的自动编程系统 APTⅡ,1962 年研究成功用于 2～5 坐标立体曲面的自动编程系统 APTⅢ,1970 年进一步发展到可用于自由曲面加工的自动编程系统 APTⅣ。除了 APT 这种大而全的系统外,美国还开发了多种用于小型计算机的自动编程系统,如 ADAPT、AUTOSTOP 等。

在继承美国 APT 设计思想的基础上,世界其他先进国家也相继开发和研究出自己的自动编程系统和语言。例如,英国开发的用于点位和连续控制的 2CL,德国研究开发的 EXAPT-Ⅰ(用于点位加工)、EXAPT-Ⅱ(用于车削加工)和 EXAPT-Ⅲ(用于铣削加工)。此外,还有法国的 IFAPT,日本的 FAPT、HAPT 等。

为了促进数控加工技术的发展,我国在 20 世纪 70 年代相继开发出几个实用的自动编程系统,如 SKC、ZCX 等,在生产中得到了一定范围的应用。

以上介绍的自动编程系统都是用数控语言进行编程的。这种编程方法直观性差,编程过程比较复杂。之所以早期必须用语言的形式来描述几何图形信息及加工过程,然后再由计算机处理成加工程序,这主要是由于当时的计算机的图形处理能力不强。

近年来,随着计算机技术的迅猛发展,计算机的图形处理功能有了很大的提高。因此,一种可以直接将工件的几何图形信息自动转化为数控加工程序的全新的计算机自动编程技术——图形交互式自动编程方式,应运而生,这使得自动编程更直观、更简便易学,其功能也更丰富。具有代表性的自动编程软件有美国 CNC Software 公司的MasterCAM 自动编程软件,美国 Parametric Technology Corporation 公司的 Pro/ENGINEER 软件及我国北航海尔软件公司的机械制造工程师等自动编程软件。

这些以自动编程语言为基础的自动编程方法和以计算机绘图为基础的图形交互式自动编程方法,将随着计算机技术的进一步发展,功能进一步完善和丰富。自动编程技术将会以更新的姿态展现在世人面前。具有发展前途的新的自动编程技术将会向以下几个方面发展。

(1) 具有完善的工艺处理功能的自动编程系统。目前的自动编程系统主要解决了几何参数计算问题,从而替代了大量复杂而烦琐的手工计算,但绝大多数不具备工艺处理能力。实际上工艺处理是数控加工中非常重要的一个方面,现在多由操作者的经验确定,结果往往达不到最佳切削状态,这直接影响加工效率和加工质量。因此,发展具有完善的工艺处理能力的自动编程系统是十分必要的。

(2) 实物模型自动编程系统。由无尺寸的图形或实物模型给出工件形状时,采用测量机将图形或实物模型的尺寸测量出来,并自动生成计算机能处理的信息,经后置处理,形成加工程序,控制数控机床加工出与图形或实物模型相同的工件。

(3) 语音式自动编程系统。使用语音识别系统,编程人员既不用编写程序也不用输入图形,只需根据被加工工件的几何特征,按计算机能够识别的词汇,用话筒输入指令,经计算机识别翻译并经后置处理输出加工程序。

3.3.3 Pro/ENGINEER 自动编程方法及应用

本节通过一个实例介绍用 Pro/NC 加工一个零件的全过程，包括加工方法选择、工艺路线安排、加工参数设定以及刀具轨迹规划等内容。

1. 零件工艺分析

要加工的零件设计模型如图 3-39 所示，它包含有凸台、凹坑、孔、曲面等特征。由于 Pro/NC 的加工是基于特征和几何要素进行的。因此，该零件可以采用“体积块”、“轮廓”、“曲面”、“孔加工”、“表面(平面)”和“陷入”等 NC 序列进行加工。

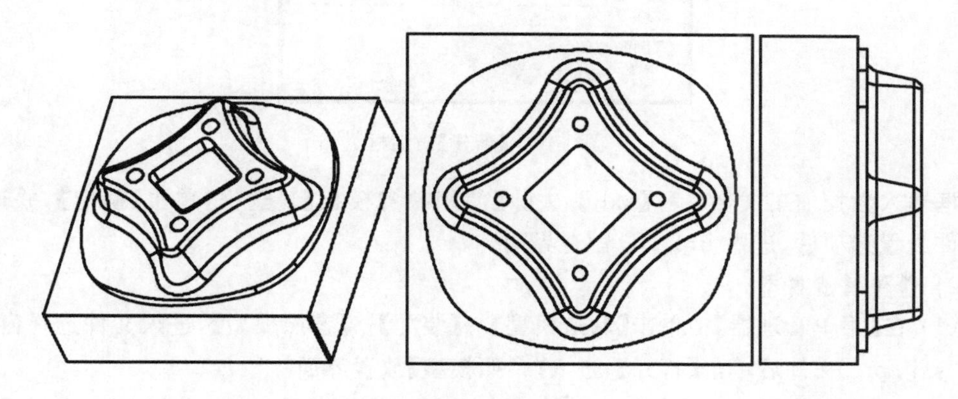

图 3-39　零件模型

“体积块”加工，主要用于切除大量余量的粗加工，当然也可用于“轮廓”、“平面”的粗加工和精加工，可以看出，它几乎可以用于零件所有面的粗、精加工，因此也可称为“万能加工”。“轮廓”是指倾斜面、竖直(侧壁)面和平面边界，“曲面”是指倾斜面，“表面”是指平面，因此“轮廓”、“曲面”和“平面”主要用于这些面的精加工。

综上所述，考虑到机械加工的主要问题是保证精度和提高生产率，兼顾 Pro/NC 的加工特点，该零件的加工工艺路线可以安排为：采用“体积块”加工切除大部分余量，采用“曲面”加工上部四角凸台的侧曲面，采用“体积块”加工除孔和曲面外的其他所有表面，采用“孔加工”钻四个孔。

2. 创建制造模型并进行制造设置

1) 创建数控加工文件

(1) 启动 Pro/ENGINEER Wildfire 软件进入主界面，单击 按钮，系统弹出如图 3-40所示的【新建】对话框。

(2) 在【类型】选项组点选【制造】，在【子类型】选项组点选【NC 组件】，然后在【名称】

图 3-40 【新建】对话框

文本框输入数控加工文件名称【sxlj】，去除【使用缺省模板】复选框，单击【确定】，并选择新文件配置选项后，进入 Pro/NC 制造界面。

2）创建制造模型

（1）在【菜单管理器】中单击【制造模型】→【装配】→【参照模型】，进入文件选择窗口，选择“sxlj. prt”文件后单击【打开】，进入【参照模型】放置界面。

（2）在【参照模型】放置界面，分别点选“参照模型”坐标系和 Pro/NC 环境坐标系，将“参照模型”进行完全约束，如图 3-41 所示。单击按钮。

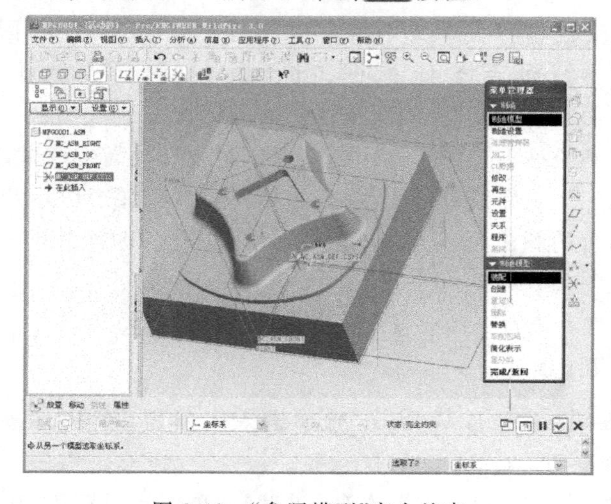

图 3-41 “参照模型”完全约束

(3) 单击"铣削体积块刀具"工具按钮，在参照模型上建立工件模型(铣削体积)，并进行"裁剪"处理，获得制造模型，如图 3-42 所示。

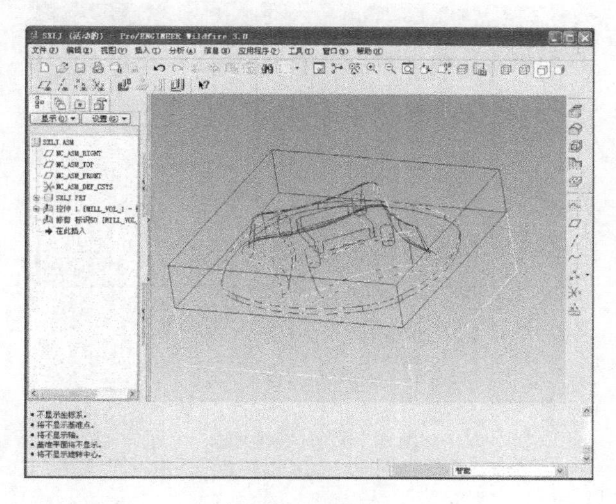

图 3-42　制造模型

3) 建立制造坐标系

(1) 单击坐标系建立工具按钮，进入【坐标系】设定窗口，选择制造模型的两个对称平面和上顶面为参照平面，如图 3-43 所示。

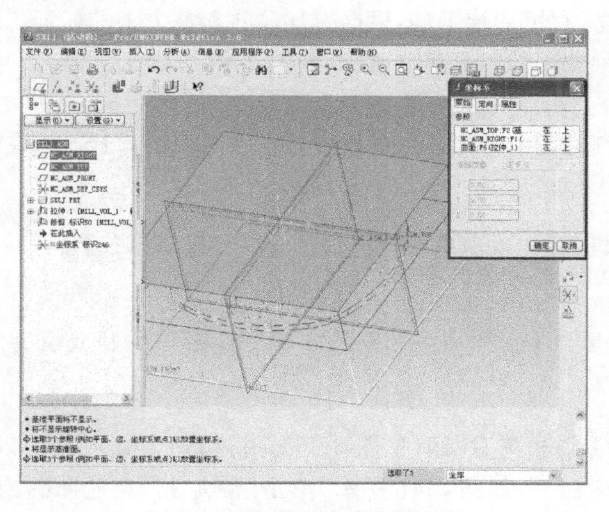

图 3-43　选择坐标系参照平面

(2) 在【坐标系】设定窗口的【定向】中，根据工件与机床的实际相互位置，设定坐标轴方向，如图 3-44 所示。

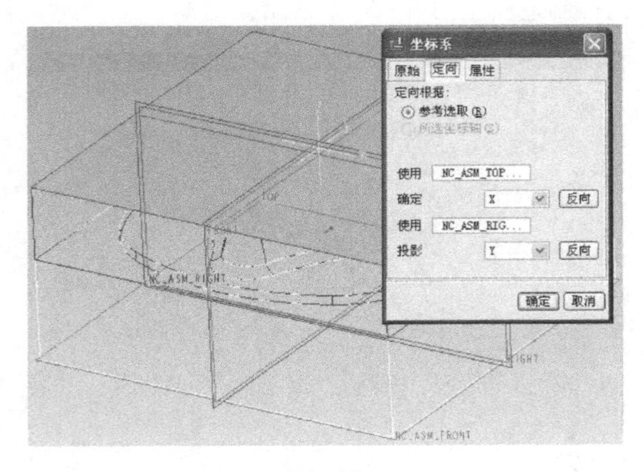

图 3-44　坐标轴定向

4) **创建铣削窗口**

(1) 单击【铣削窗口刀具】按钮后，选定制造模型顶面为草绘平面，在窗口下方单击【草绘窗口类型】按钮，然后单击草绘工具按钮，进入【草绘放置】窗口，单击【草绘】进入草绘界面。

(2) 设定参照物，利用草绘工具，根据刀具尺寸和整个工件加工工艺需要绘制矩形线框作为以后 NC 序列加工的刀具运动范围，如图 3-45 所示。

5) **操作设置**

(1) 在【菜单管理器】中，单击【制造设置】进入【操作设置】窗口，在【操作名称】文本框输入“sxlj”，如图 3-46 所示。

(2) 单击【NC 机床】文本框后的按钮，进入【机床设置】窗口，一般选择缺省值，单击【确定】即可。

(3) 单击【加工零点】后的按钮，在 Pro/NC 窗口的制造模型上选择前面建立的“制造坐标系”即可。

(4) 单击【曲面】后的按钮(见图 3-46)，进入【退刀选取】窗口，单击【沿 Z 轴】，然后输入退刀平面高度“10”，如图 3-47 所示，单击【确定】后又返回【操作设置】窗口，如图 3-46所示，单击【确定】，完成操作设置。此时，可对文件进行保存，以备以后调用，该文件扩展名为“. mfg”。

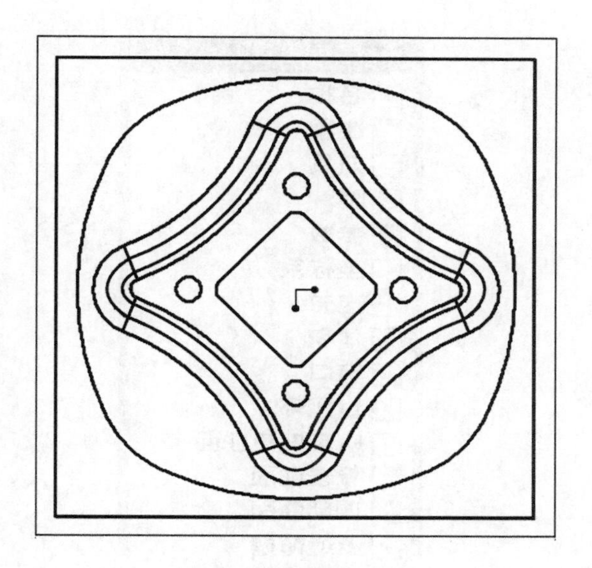

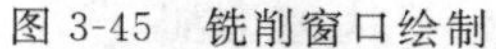
图 3-45 铣削窗口绘制

图 3-46 【操作设置】窗口设置

3. NC 序列创建

不同的 NC 序列创建，均涉及众多的加工参数，由于受篇幅的限制，下列创建的 NC 序列，只对主要的步骤和必要参数进行设置，参数的详细含义不再赘述。

1) 创建“体积块”铣削序列

(1) 由【菜单管理器】→【制造】→【加工】→【NC 序列】→【体积块】→【完成】，可进入【序列设置】菜单，如图 3-48 所示，单击【完成】。

(2) 在【输入 NC 序列名】文本框输入“tjx”，单击 按钮，进入【刀具设定】窗口，刀具设置完成后，单击【确定】，如图 3-49 所示。

(3) 由【菜单管理器】→【制造】→【加工】→【NC 序列】→【序列设置】→【制造参数】→【设置】，进入【参数树】对话框，按图 3-50 所示进行设置，保存后退出。

(4) 由【菜单管理器】→【制造】→【加工】→【NC 序列】→【序列设置】→【制造参数】→【完成】，进入【定义窗口】→【选取窗口】菜单，在模型窗口中点选前面建立的“铣削窗口(紫色线框)”，如图 3-51 所示，单击【完成】。

(5) 由【菜单管理器】→【制造】→【加工】→【NC 序列】→【演示轨迹】→【屏幕演示】进入【播放路径】窗口，单击 按钮，可见如图 3-51 所示的刀具运动轨迹演示。

如果对刀具轨迹不太满意，可以回到【序列设置】重新设置，或进行渲染模拟显示。

(6) 单击【NC 检测】→【运行】，系统可以对模型进行渲染，并模拟加工过程，如图 3-52 所示，单击【保存】，系统可将模拟结果以“图片”形式保存，在后续 NC 序列操作中，再进行

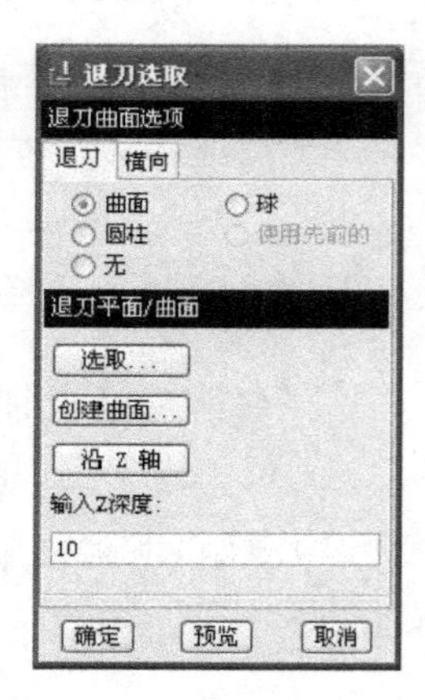

图 3-47　退刀平面设置窗口

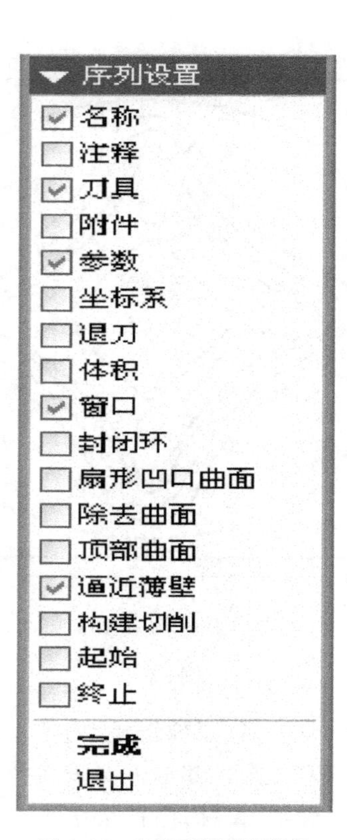

图 3-48　【序列设置】菜单

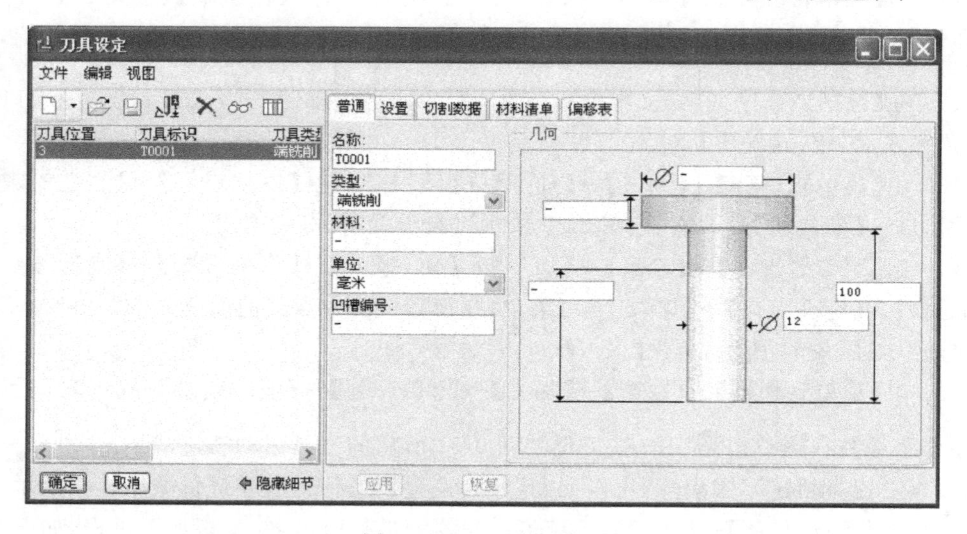

图 3-49　刀具设定窗口

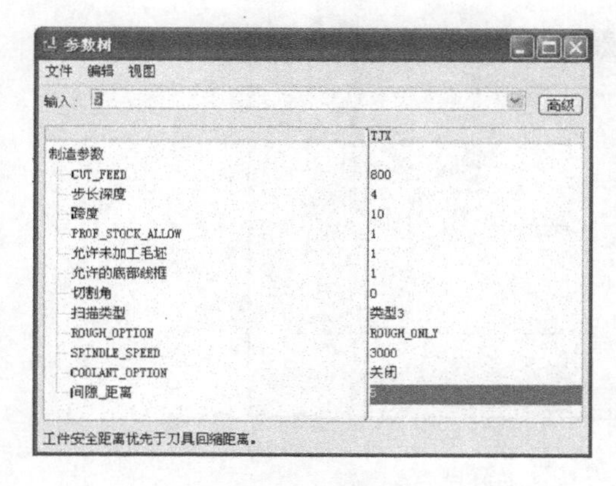

图 3-50 “体积铣”参数设置

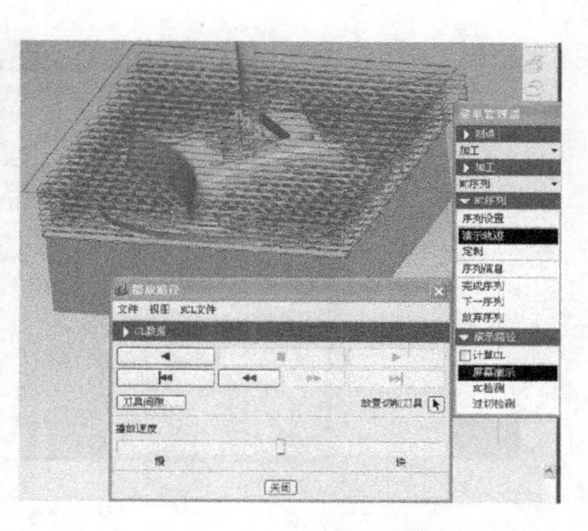

图 3-51 刀具轨迹演示

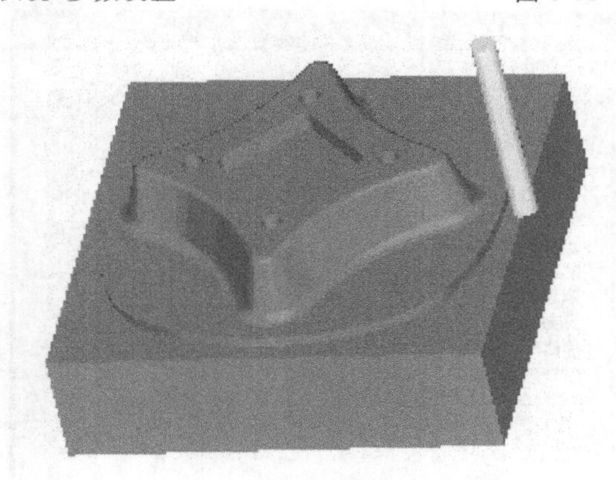

图 3-52 NC 检测

NC 检测时可以调用此“图片”，并在此次模拟显示的基础上进行 NC 检测。

如果满意，关闭演示窗口，单击【完成序列】，就可以开始下一个序列的创建。

2）创建“曲面”铣削序列

(1) 由【菜单管理器】→【制造】→【加工】→【NC 序列】→【新序列】→【曲面铣削】→【完成】，可进入【序列设置】菜单，一般勾选【名称】和【刀具】即可，其他选择缺省，序列设置完成后，单击【完成】。

(2) 输入序列加工名称“sxlj_qm”，进入【刀具设定】窗口，如图 3-53 所示。刀具设定完成后，单击【确定】。

(3) 由【菜单管理器】→【制造】→【加工】→【NC 序列】→【序列设置】→【制造参数】→【设置】，进入【参数树】对话框，按图 3-54 所示进行设置，保存后退出。

(4) 由【菜单管理器】→【制造】→【加工】→【NC 序列】→【序列设置】→【制造参数】→【完成】，进入【曲面拾取】菜单，选择【模型】，在模型窗口的模型上选择要加工的曲面，如图

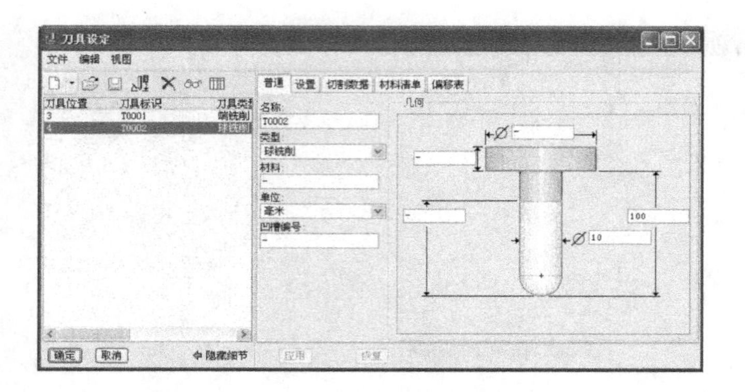

图 3-53　曲面铣刀具设定窗口

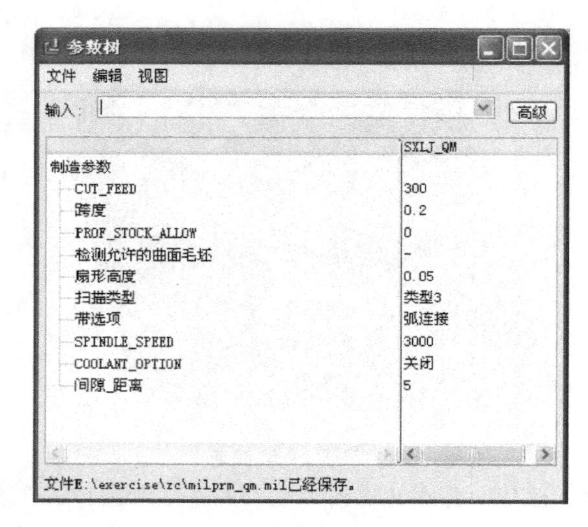

图 3-54　曲面加工参数树

3-55 所示，单击【完成】→【完成/返回】。

（5）“曲面拾取”完成后，弹出【切削定义】窗口。按图 3-56 设置后，单击 按钮，弹出“切削线”定义窗口。按图 3-57 所示选择切削线后，单击【菜单管理器】→【完成】和【增加/重定义切削线】→【确定】。“切削线”定义完成的情况如图 3-58 所示。

（6）在【切削定义】窗口，单击“切削方向”按钮，选择需要的切削方向后单击【正向】→【确定】。其操作界面情况如图 3-59 所示。

（7）对生成的刀具轨迹进行屏幕轨迹演示，检查轨迹是否正确。轨迹演示结果如图 3-60 所示。

（8）NC 检测。首先调出上一 NC 序列的最终模拟显示结果，单击【NC 检测】→【恢

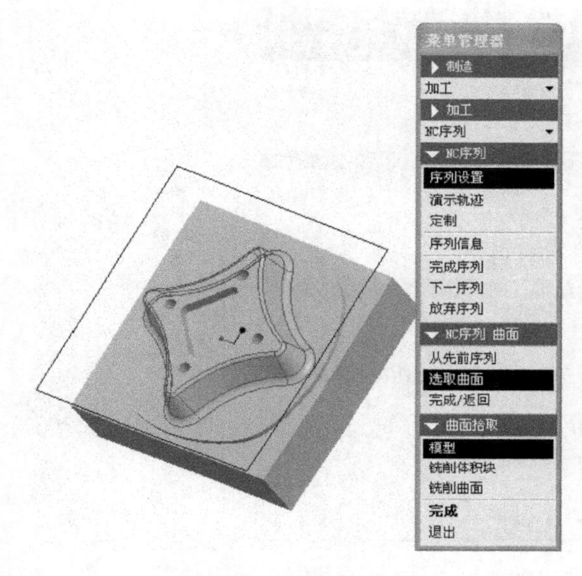

图 3-55 加工曲面选择

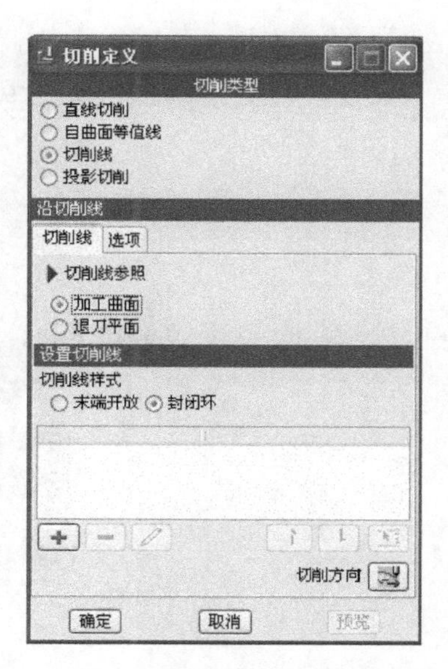

图 3-56 【切削定义】设置

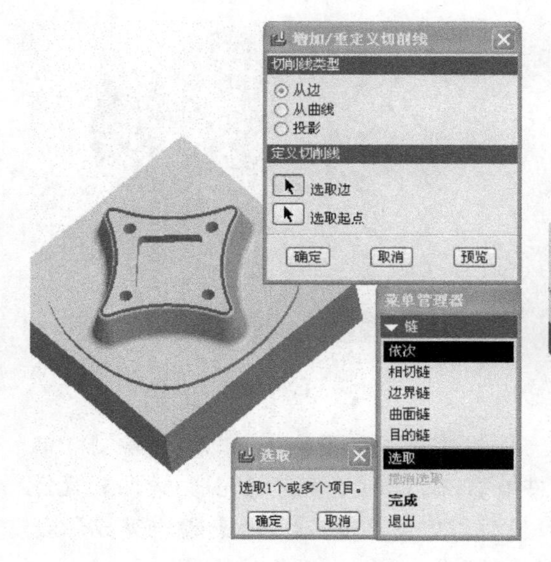

图 3-57 切削线选择定义情况

图 3-58 “切削线”定义完成情况

复】,在弹出的【打开】对话框中选择上次加工的模拟显示结果 sxlj_tjx. nck,单击【打开】按钮。再单击【显示】→【运行】,系统将在上次模拟显示结果的基础上模拟显示本次加工过程。结果如图 3-61 所示。保存该模拟显示结果文件为“sxlj_qm”。

图 3-59 “切削方向”定义

图 3-60 轨迹演示结果

图 3-61 【NC 检测】结果

(9) 由于曲面较为复杂,易产生过切加工。因此,对曲面加工应进行“过切”检测。单击【过切检测】→【零件】,在模型窗口中单击零件模型,在单击【确定】→【完成/返回】→【公差】,输入合适的公差值(如:0.05),以避免计算机运行太慢。单击【运行】,检查完成后会看到检查结果是否过切。检查无误后,单击【完成序列】。

3) 创建“体积块”铣削表面序列

(1) 由【菜单管理器】→【制造】→【加工】→【NC 序列】→【新序列】→【体积块】→【完成】,可进入【序列设置】菜单,一般勾选【名称】和【刀具】即可,其他选择缺省,序列设置完成后,单击【完成】。

(2) 在【输入 NC 序列名】文本框输入“sxlj_tjxbm”，单击按钮，进入【刀具设定】窗口，刀具设定完成后，单击【确定】。

(3) 由【菜单管理器】→【制造】→【加工】→【NC 序列】→【序列设置】→【制造参数】→【设置】，进入【参数树】对话框，按图 3-62 所示进行设置，并保存。单击【完成】，并选择铣削窗口。

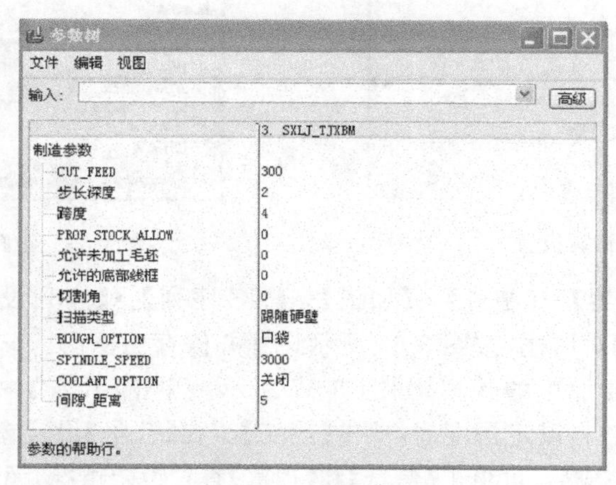

图 3-62　“体积铣”铣表面参数设置

(4) 单击【演示轨迹】→【屏幕演示】，进入屏幕演示窗口进行演示。演示结果如图 3-63所示。

(5) NC 检测。由【NC 检测】→【恢复】→【打开(上次)】→【显示】→【运行】可得检测结果，如图 3-64 所示。

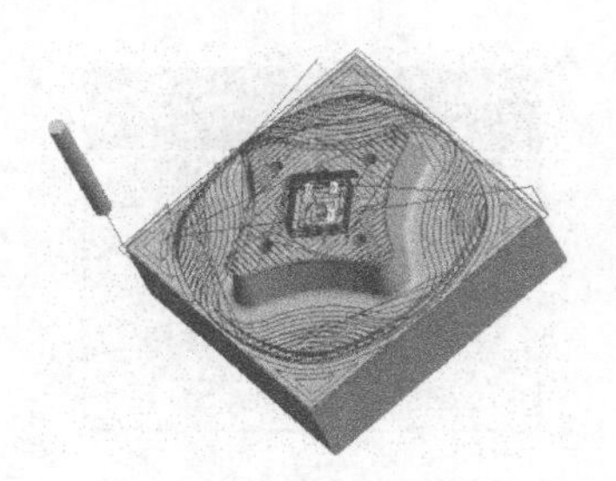

图 3-63　铣表面演示结果

图 3-64　铣表面 NC 检测结果

4) 创建“孔加工”序列

(1) 由【菜单管理器】→【制造】→【加工】→【NC 序列】→【新序列】→【孔加工】→【完成】，选择孔加工种类后单击【完成】，进入【序列设置】菜单设置后，勾选【名称】和【刀具】选项，其余选择缺省，单击【完成】。

（2）在【输入 NC 序列名】文本框输入“sxlj_zk”，单击按钮，进入【刀具设定】窗口，按图 3-65 所示进行设定并保存，单击【确定】。

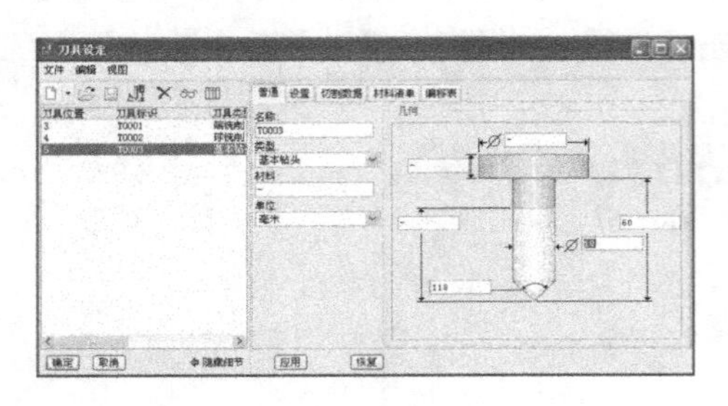

图 3-65　钻头设置

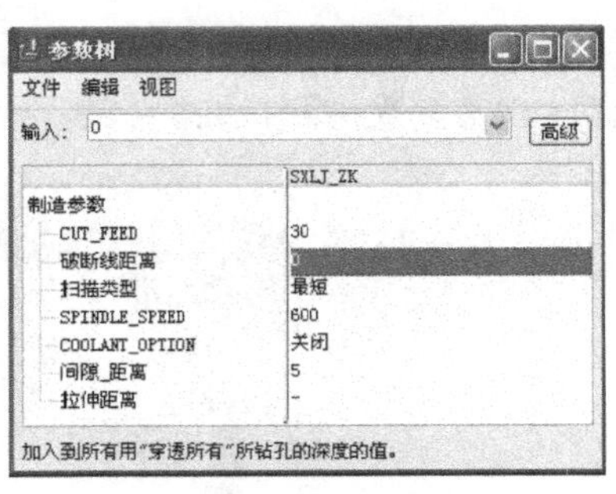

图 3-66　钻孔参数设置

（3）由【菜单管理器】→【制造】→【加工】→【NC 序列】→【序列设置】→【制造参数】→【设置】，进入【参数树】对话框，按图 3-66 所示设置并保存后退出。

（4）按直径选择要加工的孔集，如图 3-67 所示。单击【孔集】中的【深度】，弹出如图 3-68所示【孔集深度】窗口，设定深度后，单击【确定】。在【孔集】设定窗口中，单击【选取】确定扫描起始孔。设定完成后，可单击【信息】和【预览】查看设定情况，无误后单击【确定】。

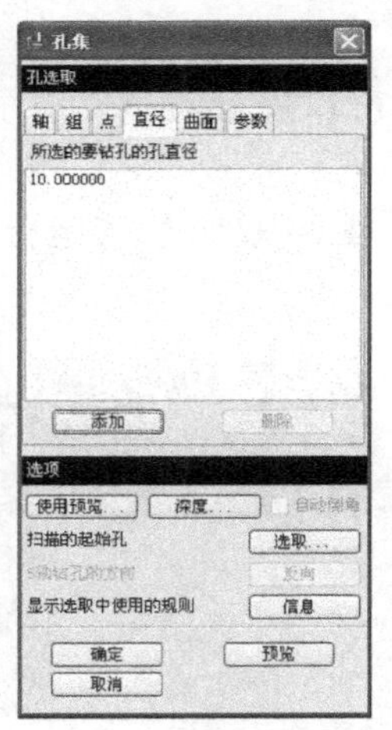

图 3-67　加工孔集选择

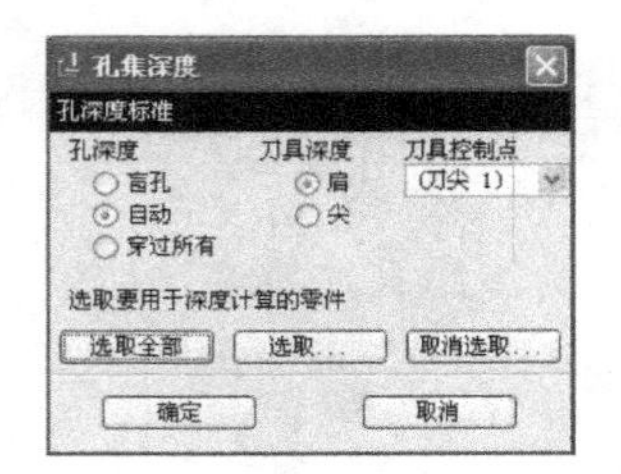

图 3-68　孔集深度确定

（5）单击【完成/返回】→【演示轨迹】→【屏幕演示】进入演示窗口。演示结果如图3-69所示。

（6）由【NC 检测】→【恢复】→【打开(上次)】→【显示】→【运行】可查看钻孔 NC 检测结果，如图 3-70 所示。

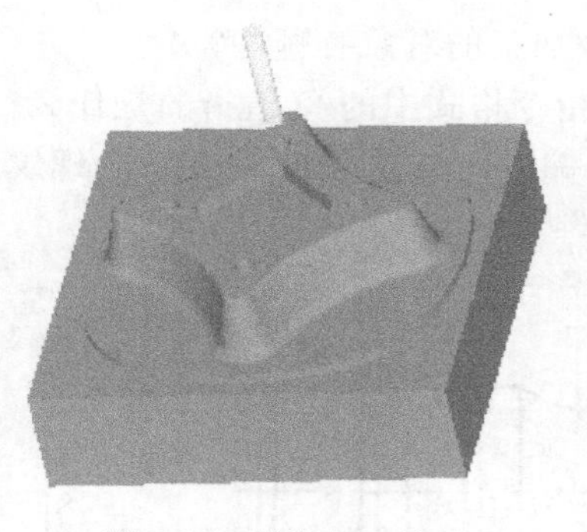

图 3-69　钻孔加工演示

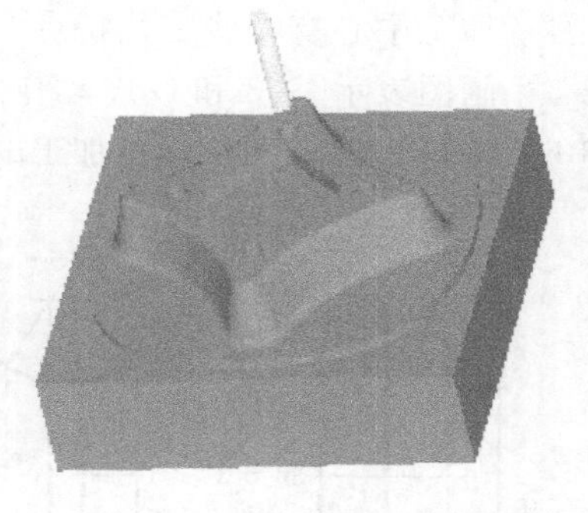

图 3-70　钻孔 NC 检测结果

到此，零件的 Pro/NC 加工序列就已经全部完成，由于工艺的多样性，同一零件的 NC 序列具有多样性，在此提供的 NC 序列只能作为抛砖引玉之用。关于后续 NC 序列的成组打包和通过后置处理生成数控加工代码在此不再赘述。

本章重点、难点和知识拓展

本章重点：数控车床、铣床和加工中心的基本手工编程方法和 Pro/ENGINEER 自动编程。

本章难点：各种数控机床的固定循环功能、子程序功能及自动编程技术的应用。

知识拓展：数控加工因其高精度、高效率等一系列优点而得到迅速发展并普及，数控机床与普通车床相比，一个显著的优点是：对零件变化的适应性强，更换零件只需改变相应的程序，对刀具进行简单的调整即可加工出合格的零件。但是，要充分发挥数控机床的作用，必须根据不同种类零件的特点，编制合理、高效的加工程序。在本章学习后，应将编程的理论知识与实际加工紧密结合起来，对不同的数控设备编程格式与编程方法进行总结，结合典型的编程实例，掌握数控手工编程和自动编程的方法和技巧。

思考题与习题

3-1　数控车床的编程特点有哪些？

3-2　加工中心的编程与数控铣床的编程主要有何区别？

3-3　加工中心可分为哪几类？其主要特点有哪些？

3-4　加工中心有哪些工艺特点?适合加工中心加工的对象有哪些?

3-5　画图表示 G73 和 G83 动作之间的区别。指令格式中的 Q 值指的是什么?

3-6　编写如图 3-71 所示精加工的程序。T01 为偏刀,T02 为切槽刀,T03 为螺纹车刀。

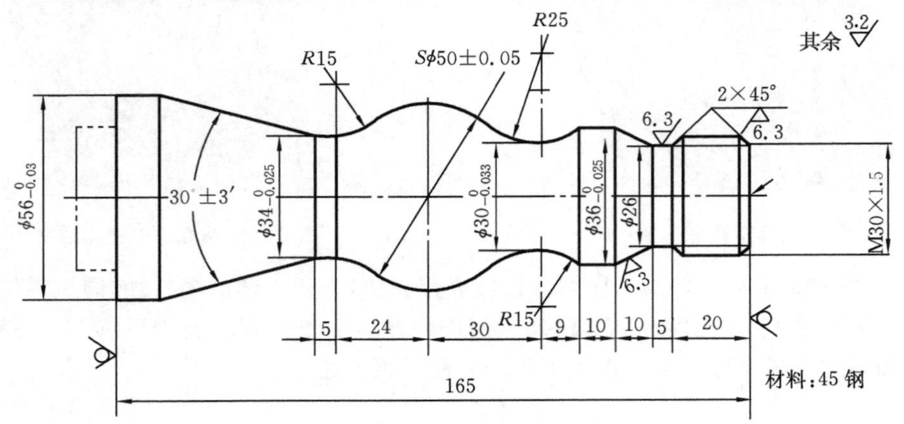

图 3-71　题 3-6 图

3-7　用孔加工固定循环指令分别编写如图 3-72 所示零件的数控加工程序。

3-8　用 Pro/ENGINEER 软件系统自动编程。首先进行零件几何造型,生成零件的几何模型,如图 3-73 所示,然后用 CAM 软件生成 NC 程序。

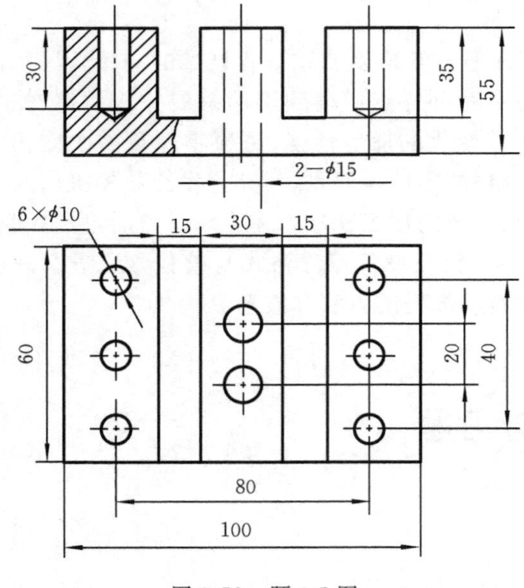

图 3-72　题 3-7 图

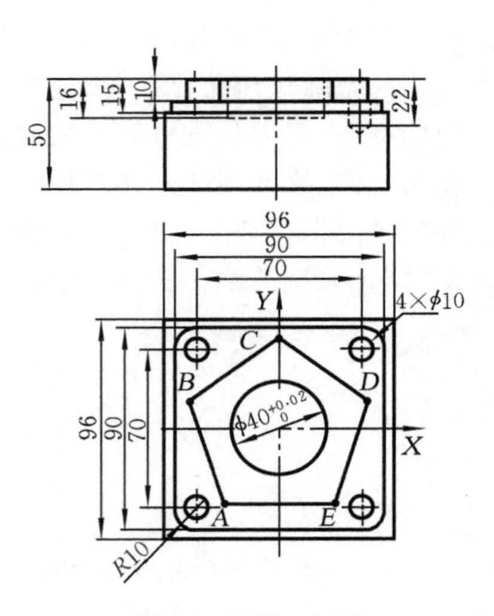

图 3-73　题 3-8 图

第4章 计算机数控装置

从第1章知道了数控装置是机床数控系统的核心,并大概了解了其在系统中的主要作用。计算机数控装置可以看成是人的大脑,人的所有的活动都是在大脑的指挥协调下进行的。在数控系统中,这个“大脑”是如何构成,如何工作的?本章将对其进行较详细的讨论。

4.1 概　述

计算机数控系统,简称CNC(computer numerical control)系统,EIA(美国电子工业协会)所属的数控标准化委员会将其定义为“CNC是一个用于存储程序的计算机,按照存储在计算机内的读写存储器中的控制程序去执行数控装置的部分或全部功能,在计算机之外的唯一装置是接口”。

CNC系统是由数控程序、I/O设备、数控装置(CNC装置)、可编程控制器(PLC)、主轴驱动装置、进给伺服系统共同组成的一个完整的系统,其核心是数控装置。其中,操作面板是操作人员与数控装置进行信息交流的工具,主要由按钮站、状态灯、按键阵列(功能与计算机键盘一样)和显示器组成,它是数控机床的特有部件。如图4-1所示。

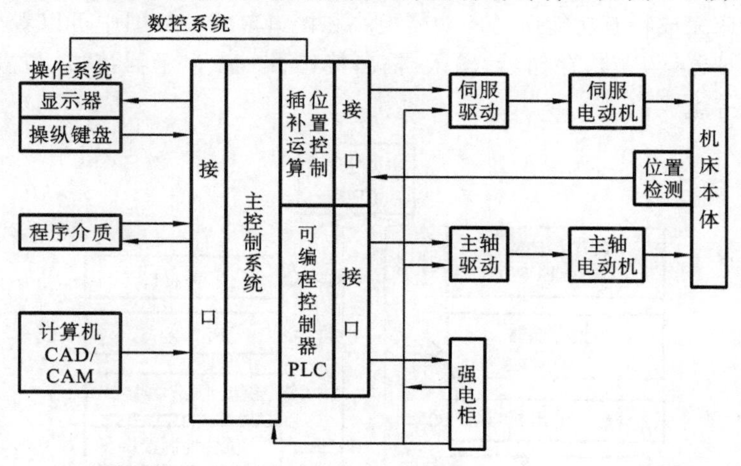

图4-1　CNC系统组成

从自动控制的角度来看,CNC系统是一种位置(轨迹)、速度(还包括电流)控制系统,其本质上是以多执行部件(各运动轴)的位移量、速度为控制对象,并使其协调运动的自动控制系统,是一种配有专用操作系统的计算机控制系统。

CNC系统是在NC(numerical control)的基础上发展起来的,其部分或全部功能通过软件来实现。只要更改控制程序,无须更改硬件电路,就可以改变控制功能。因此,相对于NC系统而言,CNC在通用性、灵活性、使用范围诸方面具有更大的优越性。目前在计算机数控系统中所用的计算机已不再是小型计算机了,而是微型计算机。用微机控制的数控系统称为MNC系统,也归为CNC系统。

CNC系统的核心是完成数字信息运算、处理和控制的计算机,即CNC装置。CNC装置是CNC系统的指挥中心,其主要功能是正确识别和解释数控加工程序,进行各种零件轮廓几何信息和命令信息的处理,并将处理结果分发给相应的单元。CNC装置将处理的结果按两种控制量分别输出:一类是连续控制量,送往驱动控制装置;另一类是离散的开关控制量,送往机床电器逻辑控制装置。两类信息组合在一起,控制机床各组成部分,实现各种数控功能。

4.1.1 CNC装置的组成

从外部特征看,CNC装置是由硬件(通用硬件和专用硬件)和软件(专用)两大部分组成的。通过软件和硬件的配合,合理地组合、管理数控系统的程序输入、数据处理、插补运算和信息输出,控制执行部件,使数控机床按照操作人员的要求,有条不紊地工作。

1. CNC装置硬件的基本组成

如图4-2所示为CNC装置硬件的基本组成。它既具有一般微型计算机的基本结构,又具有数控机床完成特有功能所需的功能模块和接口单元。从图中可以看出,CNC装置主要由中央处理器(CPU)、存储器、输入/输出接口、键盘/显示器接口、位置控制接口及其他接口电路等组成。

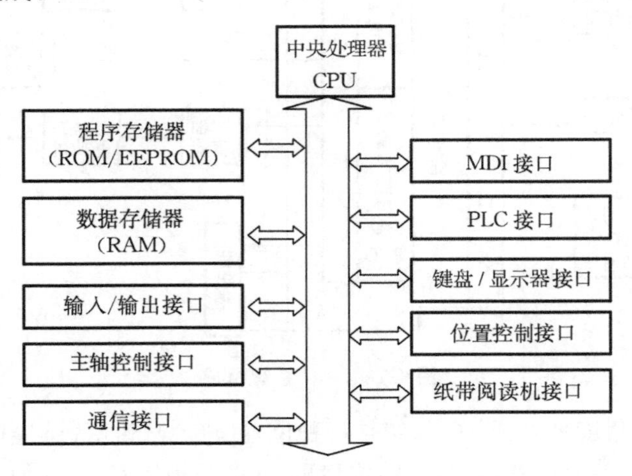

图4-2 CNC装置硬件的基本组成

中央处理器实施对数控装置的运算和管理；存储器用于存储系统软件（控制软件）和零件加工程序，并存储运算的中间结果以及处理后的结果，它一般包括存放系统程序的ROM或EEPROM和存放用户程序、中间数据的RAM两部分；输入/输出接口用来在数控装置和外部对象之间交换信息；键盘/显示器接口完成手动数据输入和将信息显示在显示器上；位置控制接口是CNC装置的一个重要组成部分，它包括对主轴驱动的控制和对进给坐标轴的控制，用于完成速度控制和位置控制。

2. CNC装置软件的基本功能

在上述硬件基础上，必须为CNC装置编写相应的系统软件，用于指挥和协调硬件的工作。从本质特征来看，CNC装置系统软件是具有实时性和多任务性的专用操作系统；从功能特征来看，该操作系统由CNC管理软件和CNC控制软件两部分组成，如图4-3所示。管理软件主要为某个系统建立一个软件环境，协调各软件模块之间的关系，并处理一些实时性不太强的事件，如I/O处理程序、显示程序和诊断程序等。控制软件主要完成系统中一些实时性要求较高的关键控制功能，包括译码程序、刀具补偿计算程序、速度控制程序、插补运算程序、位置控制程序和主轴控制程序等。

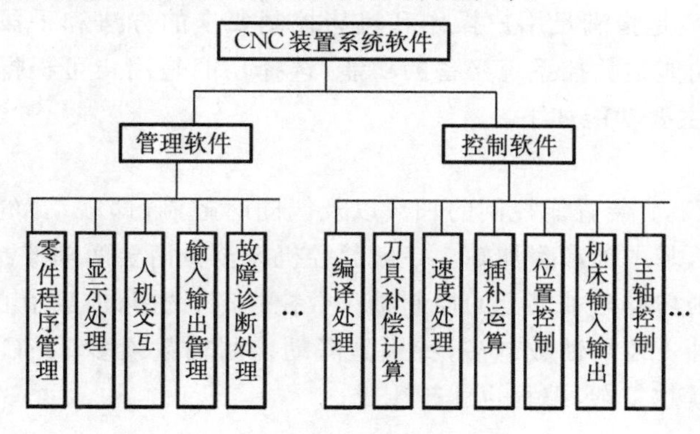

图4-3　CNC装置系统软件的组成

3. CNC装置硬件、软件的相互关系

CNC装置的系统软件在系统硬件的支持下，合理地组织、管理整个系统的各项工作，实现各种数控功能，使数控机床按照操作人员的要求，有条不紊地进行加工。

CNC装置的硬件和软件构成了CNC装置的系统平台，如图4-4所示。

该平台有以下两方面的作用：

① 该平台提供CNC装置的必备功能；

② 在该平台上可以根据用户的要求进行功能设计和开发。

CNC装置系统平台的构筑方式就是CNC装置的体系结构。体系结构为系统的分析、设计和建造提供框架。

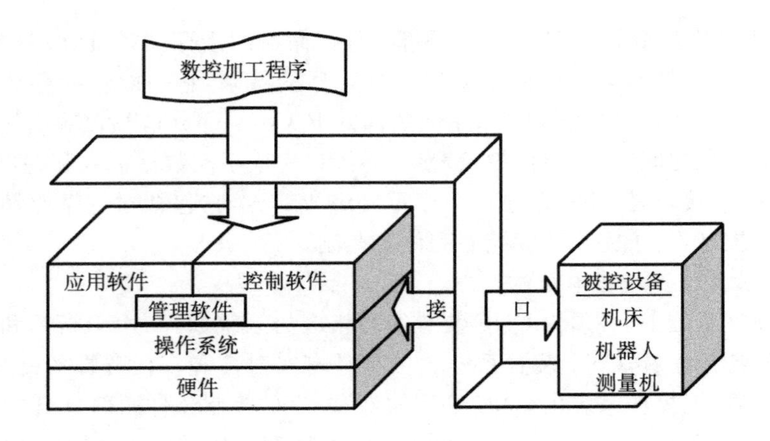

图 4-4　CNC 装置的系统平台

4.1.2　CNC 装置的功能

CNC 装置的功能是指满足用户操作和机床控制要求的方法和手段。包括基本功能和选择功能。基本功能是数控系统必备的功能，选择功能是用户可根据实际要求选择的功能。CNC 装置的主要功能如下。

1. 控制功能

控制功能是指 CNC 装置能控制的轴数以及能同时控制（即联动）的轴数。控制轴包括：移动轴和回转轴，基本轴和附加轴。一般数控机床至少需要两轴控制、两轴联动，在具有多刀架的机床上则需要两轴以上的控制轴。数控镗床、铣床、加工中心等需要三轴或三轴以上的联动控制轴。控制轴数越多，特别是联动控制轴数越多，CNC 装置的功能也越强，同时 CNC 装置就越复杂，编程也就越困难。

2. 准备功能

准备功能亦称 G 代码功能，其作用是控制机床的动作方式。G 代码的功能有：基本移动、程序暂停、平面选择、坐标设定、刀具补偿、基准点返回、米-英制转换、子程序调用等。

3. 固定循环功能

在数控加工过程中，有些加工工序，如钻孔、攻螺纹、镗孔、钻削深孔和切螺纹等，所需完成的循环动作十分典型，而且多次重复进行。CNC 装置事先将这些典型的固定循环用 G 代码进行定义，在加工时可直接使用这类 G 代码便可完成这些典型的动作循环，可大大简化编程工作。

4. 插补功能

所谓插补功能是 CNC 装置实现零件轮廓（平面或空间）加工的轨迹运算功能。一般

CNC 装置仅具有直线和圆弧插补，而现在较为高档的 CNC 装置还具有抛物线、椭圆、极坐标、正弦线、螺旋线以及样条曲线插补等功能。

5. 进给功能

进给功能是指 CNC 装置对进给速度的控制功能，用 F 代码直接指定各轴的进给速度。

(1) 切削进给速度是指刀具相对工件的运动速度，一般进给量为 0.001～24 m/min。在选用数控系统时，该指标应该和坐标轴移动的分辨率结合起来考虑，如 24 m/min 的速度是在分辨率为 1 μm 时达到的。

(2) 同步进给速度是指主轴转速与进给轴的进给量之间的关系，单位为 mm/r。只有主轴上装有编码器的机床才有同步进给速度控制功能。

(3) 进给倍率(进给修调率)是指 CNC 装置具有人工实时修调进给速度的功能，即通过面板的倍率波段开关，在 0～200%之间对预先设定的进给速度进行实时调整。使用倍率开关不用修改程序就可以改变进给速度。

6. 主轴功能

主轴功能是指 CNC 装置对主轴的控制功能，主要有以下几种。

(1) 切削转速控制功能是指对主轴转速控制的功能，单位为 r/min。

(2) 恒线速度控制功能是指刀具切削点的切削速度为恒速的控制功能，如端面车削的恒速控制。

(3) 主轴定向控制功能是指主轴在径向(周向)的某一位置准确停止的控制功能，常用于自动换刀。

(4) 转速倍率(主轴修调率)控制功能是指实现人工实时修调主轴转速的功能，即通过面板的倍率波段开关，在 0～200%之间对预先设定的主轴转速进行实时修调。

7. 辅助功能

辅助功能是指指令机床辅助操作的功能，即 M 指令功能，如规定主轴的启、停、转向，冷却泵的接通和断开，刀库的启、停等。

8. 刀具管理功能

刀具管理功能是指实现对刀具几何尺寸、刀具寿命和刀具号管理的功能，加工中心都应具有此功能。刀具几何尺寸是指刀具的半径和长度，这些参数供刀具补偿功能使用；刀具寿命一般是指刀具使用周期，当某刀具的寿命到期时，CNC 装置将提示用户更换刀具；刀具号管理功能是 CNC 装置都具有的 T 功能，用于标识刀库中的刀具和自动选择加工刀具。

9. 补偿功能

(1) 刀具半径和长度补偿功能是指 CNC 装置按零件轮廓编制的程序去控制刀具中心的轨迹，在刀具磨损或更换时(刀具半径和长度变化)，对刀具半径或长度作相应的补偿。该功能由 G 指令实现。

(2) 传动链误差补偿功能包括螺距误差补偿和反向间隙误差补偿功能,该功能能事先测量出螺距误差和反向间隙误差,并按要求输入到 CNC 装置对应的存储单元内,在坐标轴正向运行时,对螺距误差进行补偿,在坐标轴反向运行时,对反向间隙误差进行补偿。

(3) 智能补偿功能是指对诸如机床几何误差造成的综合加工误差、热变形引起的误差、静态弹性变形误差以及由刀具磨损所带来的加工误差等,采用现代先进的人工智能、专家系统等技术建立模型,利用模型实施在线智能补偿的功能,这是数控补偿技术发展的方向。

10. 人机对话功能

在 CNC 装置中配有单色或彩色显示器,通过软件可实现字符和图形的显示,以方便用户的操作和使用。显示的内容有:菜单结构的操作界面,零件加工程序的编辑环境,系统和机床的参数、状态、故障、查询或修改画面等。

11. 自诊断功能

一般的 CNC 装置或多或少地都具有自诊断功能,尤其是现代的 CNC 装置,这些自诊断功能主要是用软件来实现的。具有此功能的 CNC 装置可以在故障出现后,迅速查明故障的类型及部位,便于及时排除故障,减少故障停机时间。

不同的 CNC 装置的诊断程序也不同,诊断程序可以包含在系统程序之中,在系统运行过程中进行自检,也可以作为服务程序,在系统运行前或故障停机后进行诊断、查找故障的部位,有的 CNC 装置可以进行远程通信诊断。

12. 通信功能

通信功能是指 CNC 装置与外界具备信息和数据交换的功能。通常 CNC 装置都具有 RS-232C 接口,可以与上级计算机进行通信,传送零件加工程序。有的还备有 DNC 接口,可以实现直接数控。更高档的系统还可与 MAP(制造自动化协议)相连,可以适应 FMS、CIMS、IMS 等大型制造系统的要求。

总之,CNC 装置的功能多种多样,而且随着技术的发展,功能越来越丰富。其中,控制功能、插补功能、准备功能、主轴功能、进给功能、刀具功能、辅助功能、自诊断功能、人机对话功能等属于基本功能,而补偿功能、固定循环功能、通信功能等则属于选择功能。

4.2 CNC 系统的操作面板

不同的数控系统和不同生产厂家的数控机床,其机床的功能和操作都有所不同,但其操作又有相似之处。下面分别对 FANUC 和 SIEMENS 数控系统的功能和操作进行简要介绍。

4.2.1　CNC 系统操作面板及功能

1. 操作面板

图 4-5 所示为数控车床的操作面板。

该操作面板分三个区域:上半部分左边为输出显示区,右边为 MDI 操作区,如图 4-6 所示,下半部分为控制操作区,如图 4-7 所示。

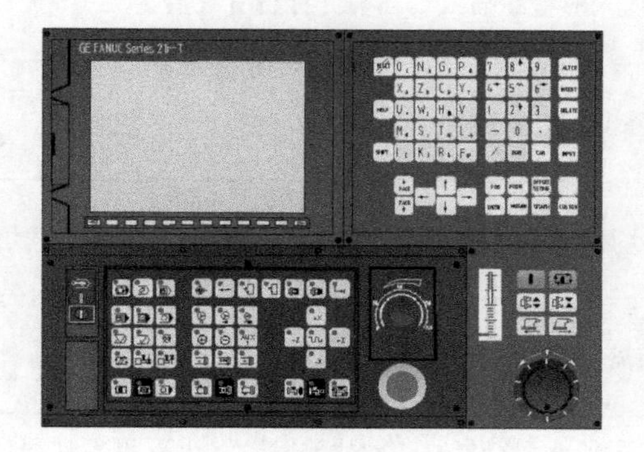

图 4-5　数控车床操作面板

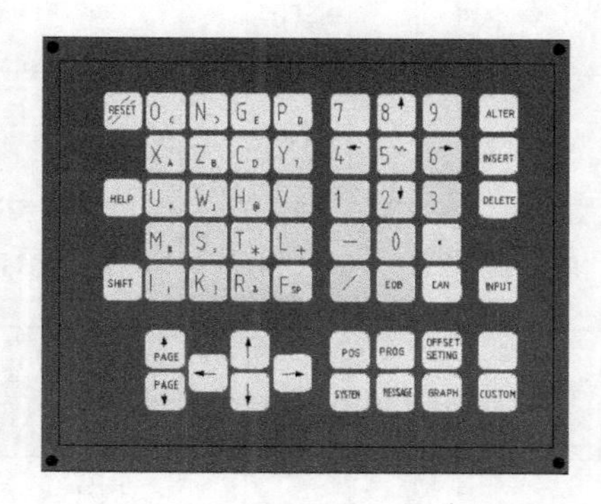

图 4-6　MDI 编程输入区操作面板

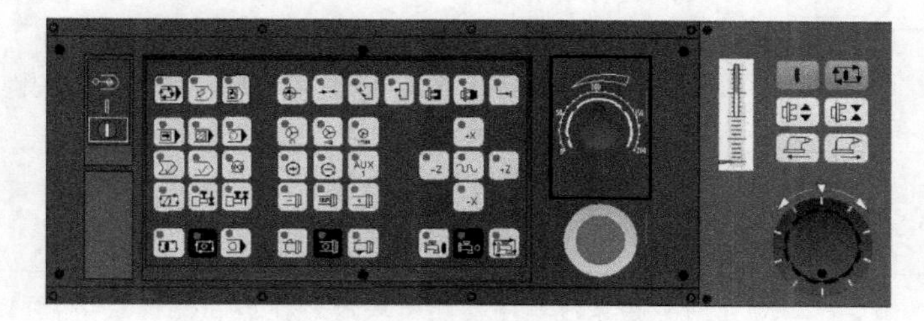

图 4-7　控制操作面板

2. 操作面板按键功能简介

1) 程序操作区功能和按键介绍

程序操作区主要用于对程序的操作,可以实现数控系统程序的模块选择及工件加工程序的输入建立和编辑。

该区域大部分按键与计算机键盘按键相同,在此不再赘述,其他主要按键的功能介绍如表 4-1 所示。

表 4-1　输入区主要按键介绍

按键名称	按键图标	功 能 说 明
复位键	RESET	用于数控加工程序的复位。按此键,程序将停止运行,并将程序运行指针指向程序的头部

续表

按键名称	按键图标	功能说明
修改替换键	ALTER	用于已输入的错误程序的修改、替换。当输入错误程序时，先将光标移动到错误程序上，再输入正确的程序，按此键，就可将错误程序替换为正确程序
程序输入键	INSERT	按此键，可以将输入的程序插入到当前光标位置之后
删除键	DELETE	按此键，可以删除光标处的程序
取消键	CAN	按此键，可以每次删除正在输入程序的一个字符
符号键	EOB	在每行程序结束处，需要按此键输入结束符“;”
符号键	/	用于非运行程序段的标记符号，配合“块删除”键，也可以实现程序段的运行或跳转
输入键	INPUT	该键不是程序输入键，而是系统偏置参数的输入键
位置键	POS	数控系统程序功能模块键。按此键，用于输出显示程序加工中的各种坐标位置
程序键	PROG	数控系统程序功能模块键。在该功能模块下，可以进行程序的输入建立、编辑、仿真、运行等操作
偏置设置键	OFFSET SETING	数控系统程序功能模块键。该功能模块主要用于工件坐标系和刀具偏置的设置
系统键	SYSTEM	数控系统程序功能模块键。该功能模块主要用于数控系统参数的设置
信息键	MESSAGE	数控系统程序功能模块键。该功能模块主要用于显示正常、报警等信息
图形键	GRAPH	数控系统程序功能模块键。该功能模块主要用于数控加工程序的图形仿真操作

2）控制操作区功能和按键介绍

通过控制操作区，可以实现对机床各种运动的控制。通过对按键的操作，主要可以实现数控程序的运行，控制加工过程。该区主要按键的功能介绍如表4-2所示。

表4-2 机床控制按键介绍

按键名称	按键图标	功能说明
存储器操作键		选择这种模式可以运行寄存在程序存储器中的一个零件程序
编辑模式键		选择这种模式可以编辑寄存在程序存储器中的一个零件程序
MDI操作键		选择这种模式能创建一个最多由10个程序块组成的程序，并且能从MDI缓冲器中运行这个程序
循环启动键		此按键可使激活的NC程序开始运行，但要满足下列要求： ①所有的轴已经校准； ②转刀架已调整，机床校准键上的LED亮； ③没有NC或机床错误显示； ④已经选择AUTO或MDI模式； ⑤操作门关闭
循环停止键		循环停止键可以让所有的进给电动机停止并且暂停NC循环程序。循环停止键被按下时，LED亮。当按下循环启动键重新运行NC程序时，LED熄灭
程序停止键		在NC零件程序执行期间，按下此键，可使正在运行的程序循环保持在当前块程序的末尾。当继续运行零件程序时，需重新按下此键；当一个程序停止时，允许主轴停转，直到主轴被重新启动后，NC循环才能被恢复
主轴停止键		如果机床正在运转，按此键可使主轴立即停止并且一直有效。在自动循环中断期间，如果主轴停止，此按键的LED亮，可以作为循环恢复前，主轴必须被重新启动的一个提醒信号
主轴顺时针旋转键		在自动循环中断期间，一旦主轴旋转停止，用此按键可以重新启动主轴旋转。在C-Axis Mode OFF模式下，且当没有程序运行、操作门关闭时，此按键也可以使主轴顺时针方向低速旋转
主轴逆时针旋转键		一旦主轴在自动循环中断期间停止，用此按键可以重新启动主轴。在C-Axis Mode OFF(M50有效)模式下，用此按键也可以使主轴沿逆时针方向低速旋转

续表

按键名称	按键图标	功能说明
主轴100%旋转键	100%	用此按键可以把目前的主轴转速调整到程序设定的100%全速值。并且任何凭借主轴转速增加和减小按键设定的过高的主轴转速无效。当主轴转速处于100%转速时,此按键的LED显示一直亮着
主轴转速增加键	+	此按键被用来替换程序设定的主轴转速。每按一下此按键,目前的主轴转速会增加10%,最大值可达到程序设定值的120%,或者一直这样按下去直到主轴达到最大转速。一旦转速超过设定值的120%,此按键的LED亮
主轴转速减小键	-	此按键被用来替换程序设定的主轴转速。每按一下此按键,目前的主轴转速会减小10%,最小值可降到程序设定值的50%或一直这样按下去直到主轴达到最低转速。一旦转速降到设定值的50%,此按键的LED亮
机床定位对中键		此按键被用来向控制系统查询机床轴和转刀架的参考坐标
MPG模式键——0.001 mm	×1	此按键可选择MPG模式,手轮每转动一次,轴可以移动0.001 mm
MPG模式键——0.010 mm	×10	此按键可选择MPG模式,手轮每转动一次,轴可以移动0.010 mm
MPG模式键——0.100 mm	×100	此按键可选择MPG模式,手轮每转动一次,轴可以移动0.100 mm
慢进给模式键		此按键加“轴和方向”选择按键,可以让“连续移动”的轴慢进给
单块运行键		此按键允许一个激活的零件程序在某一时刻运行,当此功能有效时,每一程序块必须用循环开始按键启动。单块运行按键可以在AUTO和MDI模式下使用。当单块程序运行时,其LED亮
块删除键		此按键仅在AUTO和MDI模式中使用。当块删除有效时,其LED亮

续表

按键名称	按键图标	功能说明
选择停止键		当选择停止键被按下,NC循环程序遇到M01代码时,程序将停止运行,并且只能通过按下循环开始键后才能重新启动。所有存在的模态程序信息不受此键功能的影响。此键仅在AUTO和MDI模式下有效
干运行键		当干运行有效时,冷却液禁止流出,并且NC程序所指定的进给速率被忽略。替换选择开关被用来调整干运行时的进给速率,可以从0.1 m/min调到10 m/min。在干运行进给速率控制下,可以产生快速移动,但是替换选择按键可以替换它而不受其影响
程序检测键		当程序检测功能启动时,所有的T和S指令以及除了M00,M01,M02,M30,M98,M99外所有的M指令都不能运行。此按键可以运行在AUTO和MDI模式下。当程序检测运行时,其LED亮。程序检测功能被用在程序检查过程中,并且也可以和轴禁止运转键配合使用。当干运行有效时,不能使用程序检测键
轴禁止移动键		轴禁止移动命令禁止所有的轴移动。然而显示器显示被更新,好像轴的移动没有被抑制一样。当机床没有运转时,此按键仅能运行在AUTO和MDI模式
X+轴键	+X	此按键可使机床持续地沿*X*轴正方向慢进给。也可应用在MPG模式,在X+和X−按键亮时,可用手轮选择*X*轴方向进给
X−轴键	-X	此按键可使机床持续地沿*X*轴负方向慢进给。也可应用在MPG模式,在X+和X−按键亮时,可用手轮选择*X*轴方向进给
Z+轴键	+Z	此按键可使机床持续地沿*Z*轴正方向慢进给。也可应用在MPG模式,在Z+和Z−按键亮时,可用手轮选择*Z*轴方向进给
Z−轴键	-Z	此按键可使机床持续地沿*Z*轴负方向慢进给。也可应用在MPG模式,在Z+和Z−按键亮时,可用手轮选择*Z*轴方向进给
快速移动键		此按键可以和任何机动进给同时使用,只要操作门关闭,该按键可以产生快速的轴向进给运动
转塔刀架缓慢上升键		此按键能使转塔刀架沿顺时针方向缓慢上升(顺时针方向为从主轴向转塔刀架方向看去)

续表

按键名称	按键图标	功能说明
转塔刀架缓慢降低键		此按键能使转塔刀架沿逆时针方向缓慢降低(逆时针方向为从主轴向转塔刀架方向看去)
卡盘-ID(内径)夹紧键		此按键可使 ID 卡盘夹紧。仅在机床没有运转且主轴静止时有效
卡盘-OD(外径)夹紧键		此按键可使 OD 卡盘夹紧。仅在机床没有运转且主轴静止时有效
偏移量设置键		此按键用来设置机床的偏移量。此按键的详细说明,参考 FANUC 手册。仅当机床没有运转且主轴静止时有效
程序重启键		此按键用于程序的循环重启动,通常不使用

4.2.2 数控机床的操作模式

数控机床一般有三种操作模式:手动操作模式,MDI 操作模式,自动加工模式。其作用和操作特点简述如下。

1. 数控机床的手动操作模式

手动操作有两种操作模式:点动(JOG)操作模式和手轮(HANDLE)操作模式。点动操作,可以实现点动进给,主轴低速旋转,刀架转塔旋转换刀和工件夹紧与松开;手轮操作主要用于进给操作。手动操作主要用于机床的调整,点动模式和手轮模式的联合操作可以进行刀具的精确对刀。

2. MDI 操作模式

MDI(manual data input),其字面意思就是手动数据输入模式。有的数控系统称之为 MDA(manual data automatic),即手动数据自动执行模式,其意思可能更为确切。在该模式下,允许手动输入程序指令,并可自动运行和加工。但该模式下,输入的程序长度有限,一般不能超过一屏,且程序不能永久保存,会随着内存的清零而丢失,同时,程序不能进行仿真演示。因此,该模式主要用于机床的调试和初学者的培训和训练。

3. 数控机床的自动加工模式

数控机床自动运行加工程序前,需要通过按键切换到存储器操作模式,并且要保证所有的轴已经校准,转塔刀架已调整,机床校准键亮,没有 NC 或机床错误显示,操作门关闭。

1）程序的选择和运行

选择程序自动运行加工时，需要按下自动程序模式键，并按下加工模式键，激活加工模式；按程序键，进行程序选择，选择程序完成后，按运行这一程序键，就进入了所选择程序的自动加工运行状态，此时，按下手持控制器上的循环启动键，就开始了程序的自动运行加工。

2）停止和取消运行的程序

程序运行中，需要中途暂停时，有两种操作方式可以实现：第一种方式，通过按下暂停键暂停循环，这时需要现行程序中有暂停指令 M1，继续运行加工程序时，只需再次按下循环启动键即可；第二种方式，按下暂停进给键，可以暂时中止所有的轴线进给运动，当需要打开机床防护门时，还需要按下停止主轴键。

当需要完全停止加工程序运行时，可先暂停程序运行，再按下数据复位键，使数控系统进行复位即可；在紧急情况下，也可以直接按下紧急停止按钮，完全取消程序的运行。

3）中断后的重定位

程序运行过程中，由于需要进行工件测量、刀具磨损校正或刀具破损处理等操作，需要暂停程序的运行。这时可采用手动方式从工件加工轮廓中退出刀具，记下中断点的坐标值，当处理完上述事件后，需要将坐标轴返回到中断点位置，再次启动自动循环即可。

4）覆盖存储

程序在自动方式下运行时，可采用覆盖存储功能，实现人工干预操作，即在程序自动执行的过程中，可以临时插入一段程序，并加以运行。

按下单段运行键，程序将自动停在程序段结束处，此时可以输入想要执行的程序，然后按下循环启动键，即可运行新输入的程序，并接着自动运行新输入程序后的其他程序。

5）程序控制

自动运行方式下，可根据需要对程序运行进行下列控制。

（1）循环启动。通过按下循环启动键，可以进行程序的自动循环运行和加工。

（2）循环停止。通过按下循环停止键或其他类似的键，可以暂时中断运行中的程序。再次按下循环启动键，可恢复程序的运行和加工。

（3）单块运行。在新程序调试时，为加工安全起见，可在程序自动循环时，选择执行单块运行功能，对程序进行逐块运行。

（4）空运行（干运行）。在新程序调试时，可执行机床的空运行功能，以检查程序的正确性。

在空运行时，程序可循环运行，但轴进给和冷却液功能被禁止，换刀循环保持激活。因此，可用来快速检查一个数控程序的各轴线位置。

4.3 CNC装置的硬件结构

CNC装置的硬件结构一般分为单机结构和多机结构。单机结构用在经济型和一般的CNC装置中,而多机结构则用在高级的CNC装置中。

4.3.1 单机或主从结构模块的功能

1. 单机结构

单机结构是指整个CNC装置只有一个CPU,它集中控制和管理整个系统资源,通过分时处理的方式来实现各种数控功能。其优点在于投资小、结构简单、易于实现,但系统功能受到CPU字长、数据宽度、寻址能力和运算速度等因素的限制。现在这种结构已被多机系统的主从结构所取代。

2. 主从结构

主从结构系统是指整个CNC装置中有两个或两个以上的CPU,但在该系统中只有一个CPU(通常称为主CPU)对系统的资源有控制和使用权,而其他带有CPU的功能部件(通常称为从CPU),则无权控制和使用系统资源,它只能接受主CPU的控制命令或数据,或向主CPU发出请求信息以获得所需的数据。只有一个CPU处于主导地位,其他CPU处于从属地位的结构称为主从结构。

从硬件的体系结构来看,单机结构与主从结构极其相似,因为主从结构的从CPU模块与单机结构中相应模块在功能上是等价的,只是从CPU模块的能力更强而已。

3. 单机或主从结构模块的功能

图4-8所示为单机或主从结构的CNC装置硬件结构框图。这类CNC装置的硬件是由若干功能不同的模块组成,这些模块既是系统的组成部分,又有相对的独立性,即所谓的模块化结构,实现这种结构的方法称为模块化设计的方法。模块化设计方法就是将控制系统按功能划分成若干种具有独立功能的单元模块,每个模块配上相应的驱动软件,按功能的要求选择不同的功能模块,并将其插入控制单元母板上,组成一个完整的控制系统。其中单元母板一般为总线结构的无源母板,它提供模块间互连的信号通路。

下面从功能方面来讨论图4-8所示的CNC装置中各硬件模块的作用。

1) 计算机主板和系统总线

(1) 计算机主板。它是CNC装置的核心,目前CNC装置普遍采用了基于PC机的系统体系结构,即CNC装置的计算机系统在功能上与标准的PC机完全一样,各硬件模块也均与PC机总线标准兼容。但CNC装置的计算机系统与普通的商用PC机在结构上略有不同。从系统的可靠性出发,它的主板与系统总线(母板)是分离的,系统总线是单独的无源母板,主板则做成插卡形式,集成度更高,即所谓的ALL-IN-ONE主板。各功能模块

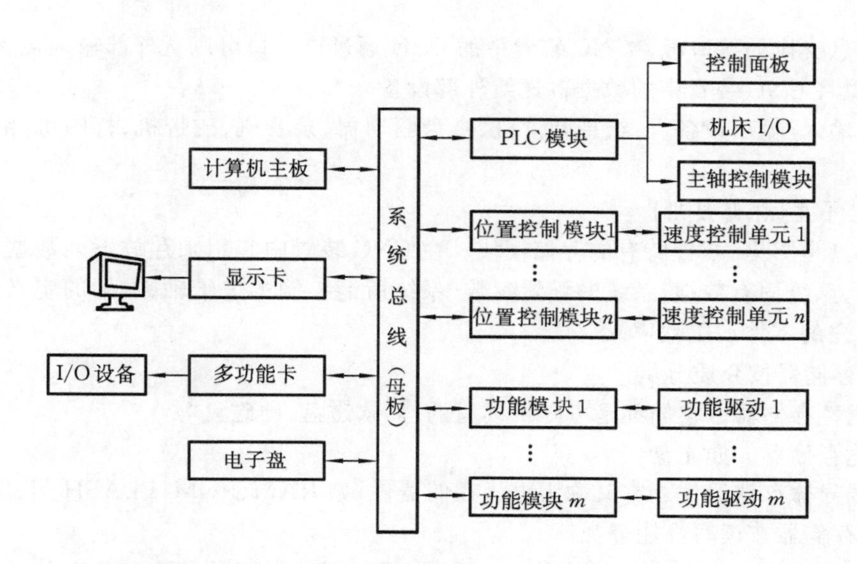

图 4-8　单机或主从结构的 CNC 装置硬件结构框图

的组成原理与普通微型计算机的原理一样。

计算机主板的主要作用是对输入到 CNC 装置中的各种数据、信息（零件加工程序、各种 I/O 信息等）进行相应的算术和逻辑运算，并根据处理结果，向其他功能模块发出控制指令，传输数据，使用户的指令得以执行。

（2）系统总线（母板）。它是由一组传送数字信息的物理导线组成的，是 CNC 装置内部进行数据或信息交换的通道，从功能上，它可分为三组：

① 数据总线，它是模块间数据交换的通道，线的根数与数据宽度相等，它是双向总线；

② 地址总线，它是传送数据存放地址的总线，与数据总线结合，可以确定数据总线上数据的来源或目的地，它是单向总线；

③ 控制总线，它是一组传送管理或控制信号的总线（如数据的读、写、控制、中断、复位、I/O 读写及各种确认信号等），它是单向总线。

2）显示模块（显示卡）

在 CNC 装置中，显示器显示是一个非常重要的功能，它是人机交流的重要媒介，它给用户提供了一个直观的操作环境，可以使用户快速地熟悉和适应操作过程。

显示卡的主要作用是接收来自 CPU 的控制命令和显示用的数据，经与显示器的扫描信号调制后，产生显示器所需要的画面。

3）输入/输出模块（多功能卡）

该模块也是标准的 PC 机模块，一般不需要用户自己开发，是 CNC 装置与外界进行数据和信息交换的接口板。CNC 装置中的 CPU 通过该接口可以从外部输入设备获取数据，也可以将 CNC 装置中的数据输送给外部设备。

一般输入/输出设备有：纸带阅读机、磁盘驱动器、录音机、磁带机、打印机、纸带穿孔机等。

4）**电子盘（存储模块）**

电子盘是 CNC 装置特有的存储模块。在 CNC 装置中它用来存放下列数据和参数：系统软件、系统固有数据，系统的配置参数（系统所能控制的进给轴数、轴的定义、系统增益等），用户的零件加工程序。

(1) 存储器按介质分类。

① 磁性存储器。它们都是可随机读写的，如软磁盘、硬磁盘等。

② 光存储器。如光盘。

③ 半导体存储器件。它又称为电子存储器件，如 RAM、ROM、FLASH 等。

(2) 存储器按读写性能分类。

① 只读存储元件（ROM、PROM 和 EPROM）。特点是只能读出其中存放的数据，而不能随时修改。用于固化调试通过了的软件和系统固有的参数。

② 易失性随机读写存储元件（RAM）。特点是可以随时对其进行读写操作，一旦掉电，其中的信息将会全部丢失。它又有动态和静态之分。动态存储器价格低、速度慢，主要用做计算机系统的内存；静态存储器价格高、速度快，主要用于计算机系统的缓存器。

③ 非易失性读写存储元件。特点是可以随时对其进行读写操作，即使掉电，信息也不会丢失。它用于存放系统的配置参数、零件加工程序。一般读的速度要快于写的速度。这类存储器件有 EEPROM、FLASH、带后备电池的 CMOS RAM。

5）**PLC 模块**

CNC 装置对设备的控制分为两类：一类是对各坐标轴的速度和位置进行控制的“轨迹控制”；另一类是对设备动作进行控制的“顺序控制”。对数控机床而言，“顺序控制”是指在数控机床运行过程中，以 CNC 内部和机床各行程开关、传感器、按钮、继电器等开关量信号状态为条件，并按预先规定的逻辑顺序对诸如主轴的启、停、换向，刀具的更换，工件的夹紧、松开，液压、冷却、润滑系统的运行等进行控制。

在 CNC 装置中实现顺序控制的模块是 PLC 模块。由图 4-8 所示可看出，PLC 模块主要接收来自操作面板和机床上的各行程开关、传感器、按钮、强电柜里的继电器以及主轴控制、刀库控制的有关信号，经处理后输出以控制相应器件的运行。

通过对以上信号进行分析可知，CNC 装置与被控设备之间要交换的信息有三类：开关量信号、模拟量信号和脉冲量信号。然而上述信号一般不能直接输入 CNC 装置，需要经过 PLC 接口对这些信号进行变换处理，其主要作用如下。

(1) 对上述信号进行相应的转换，以满足 CNC 装置输入和输出的要求。输入时，必须将与被控设备有关的状态信息转换成数字形式，以满足计算机对输入和输出信号的要求。输出时，应满足有关执行元件的输入要求。信号转换主要包括电平转换、数字量与模拟量的相互转换、数字量与脉冲量的相互转换以及功率匹配等。

(2) 阻断外部的干扰信号进入计算机，在电气上将CNC装置与外部信号进行隔离，提高CNC装置运行的可靠性。

由此可知，PLC接口的功能必须能完成上述两个任务：即电平的转换和功率放大、电气隔离。

这类信号处理接口除PLC接口外，还可以采用简单I/O接口板，如图4-9所示。在该接口电路中，光电隔离器件起电气隔离和电平转换作用，调理电路对输入信号进行整形、滤波等处理。信号间的互锁、连锁、延时控制，则由后续的继电器逻辑来实现，其柔性较差，体积庞大。

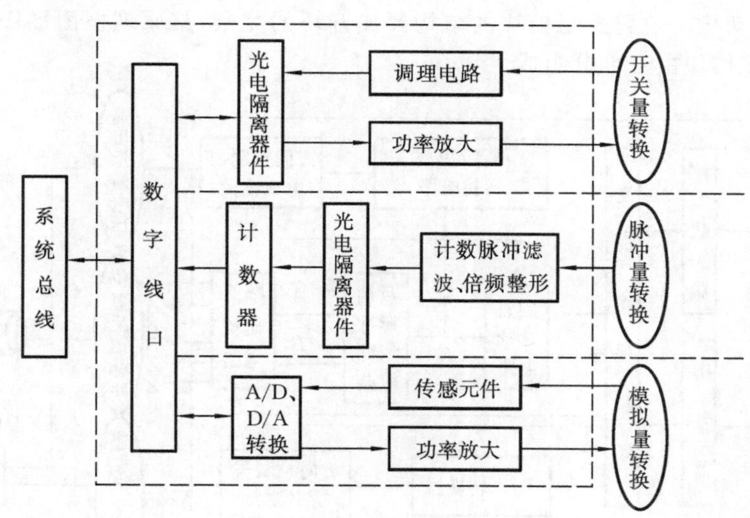

图4-9 设备辅助控制接口的硬件逻辑

PLC控制是目前CNC装置用得最广泛的方式。CNC装置所用的PLC一般分为两类：一类是CNC系统的生产厂家为实现数控机床的顺序控制，将CNC和PLC综合起来设计的PLC，称为内装型PLC；另一类是在输入/输出接口技术规范、输入/输出点数、程序存储容量以及运算和控制功能上均能满足数控机床控制要求的独立型PLC。

6) 位置控制模块

(1) 开环位置控制模块。开环控制系统的驱动电动机是步进电动机，该控制模块的硬件结构如图4-10所示。

数字/脉冲变换的功能是将CPU送来的进给指令(数字量)变换成相应频率(与进给速度相适应)的指令脉冲量，该功能可用具有计数器功能的芯片来实现，如8253等；脉冲

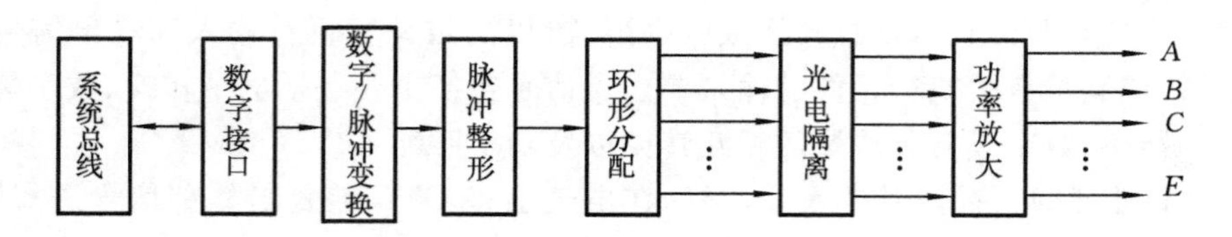

图 4-10　步进电动机控制接口的原理框图

整形的功能是调整输出脉冲的占空比,提高脉冲波形的质量,该功能一般由 D 触发器和相应的门电路组成;环行分配器的功能是将指令脉冲,按步进电动机要求的通电方式(如四相八拍、五相十拍等)进行分配,使之按规定的方式通电和断电,从而控制步进电动机旋转;光电隔离器件的功能如前所述。

(2) 闭环位置控制模块。闭环控制系统所使用的驱动电动机通常是直流伺服电动机或交流伺服电动机。位置控制模块的结构要比开环的复杂,其原理框图如图 4-11 所示。由图中看出,该模块由三部分组成。

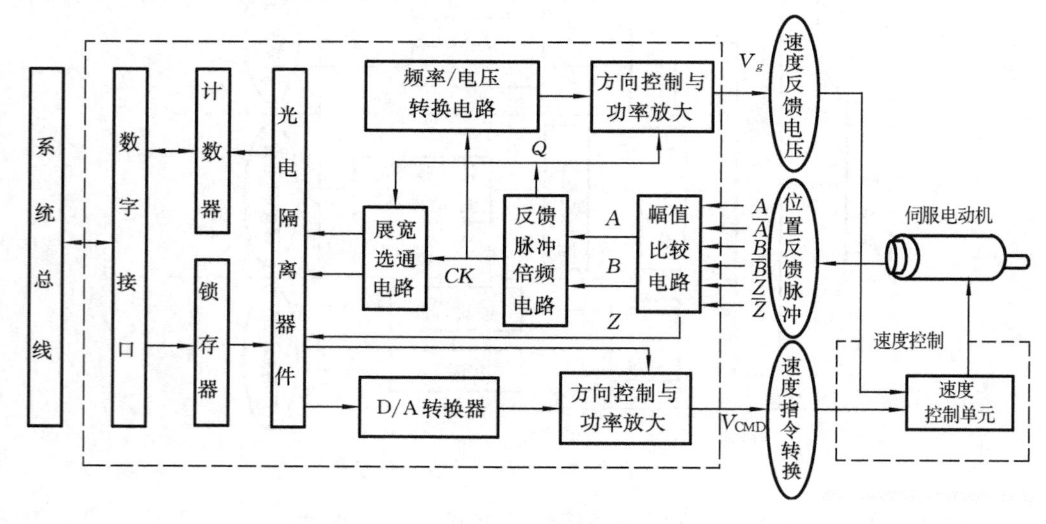

图 4-11　闭环位置控制模块原理框图

① 速度指令转换部分。它由锁存器、光电隔离器、D/A 转换器和方向控制与功率放大组成。锁存器接受 CPU 计算出的速度指令值并进行锁存,为 D/A 转换器提供数据,该数据经光电隔离器进行电气隔离,D/A 转换器将速度指令值(数字量)转换成模拟量,经功率放大后得到速度控制电压,由它控制进给速度的大小。进给方向的控制则由方向控制电路实现。

② 位置反馈脉冲部分。它由幅值比较电路、倍频电路、展宽选通电路、光电隔离器和计数器组成。幅值比较器接受来自光电脉冲编码盘的三组脉冲信号(A、$\overline{A}$、B、$\overline{B}$、Z、$\overline{Z}$),

输出 A、B、Z 三相脉冲。幅值比较器的作用是改善脉冲波形的前沿并滤掉由长线传输而引入的干扰信号。A、B 两相经四倍频器后，从 CK 端输出的波形频率是 A 或 B 的四倍，Q 端输出电动机旋转方向的信号，当 A 超前 B，电动机正向旋转时，$Q=0$，反之，$Q=1$，此信号用作方向选通信号；CK 端输出的脉冲经展宽电路后，送入选通电路，该电路根据 Q 的极性分别将反馈脉冲送入正向计数器或负向计数器，经光电隔离器后，计数器对反馈脉冲进行计数；CPU 则定时从计数器读取计数值，经运算处理即可得到电动机的实际位移值。

③ 速度反馈电压转换部分。进给伺服系统的速度控制单元需要一个速度反馈电压，以形成速度闭环，如图 4-11 的右上部分所示。由四倍频器 CK 端输出的脉冲频率正比于电动机的转速，利用线性的频率/电压转换电路可将该脉冲信号转换成正比于电动机转速的电压信号，经后面的方向控制和功率放大电路变换，即可获得带极性的速度反馈电压信号 V_g。

图 4-11 所示的闭环位置控制模块是不带 CPU 的，因此，位置环的调节运算是由 CNC 装置的 CPU 进行的，由于时间的限制，调节运算只能采用较简单的算法，以满足 CNC 系统实时性的要求，一般采用比例调节。现在也有些位置控制模块自带 CPU，调节运算就在模块内进行，因而具有较大的灵活性，它可利用 CPU 的处理能力，采用一些调节效果好的算法，如加前馈算法、变结构算法、模糊控制算法等，提高进给伺服系统的性能。

7) 功能接口模块

该模块是实现用户特定功能要求的接口板，所有增加的功能，必须在 CNC 装置中增加相应的接口板才能实现。

4.3.2 多主结构的 CNC 装置硬件

1. 多主结构

多主结构是指整个 CNC 装置中有两个或两个以上的 CPU，也就是系统中的某些功能模块自身也带有 CPU，并且在系统中，有两个或两个以上带 CPU 的功能部件对系统资源有控制或使用权。功能部件之间采用紧耦合(即均挂在系统总线上，集中在一个机箱内)，有集中的操作系统，通过总线仲裁器来解决总线争用问题，通过公共存储器来进行信息交换。

2. 多主结构 CNC 装置的结构形式

1) 多主结构 CNC 装置的基本结构

图 4-12 所示为多主结构 CNC 装置的组成框图，该结构多为模块化结构，一般由基本模块组成，通过增加功能模块，可实现某些特殊功能。其基本功能模块的功能与单机或主从结构的基本模块的功能相似，这里就不再赘述。

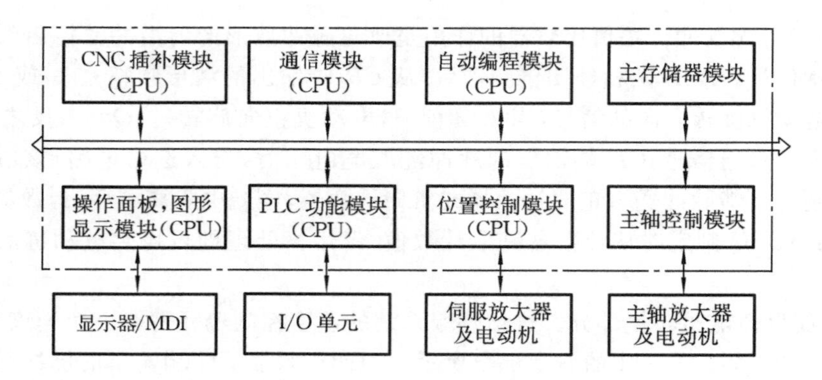

图 4-12　多主结构 CNC 装置的组成框图

2) 多主结构 CNC 装置的典型结构

多主结构的 CNC 装置通常采用共享总线和共享存储器这两种典型结构实现模块间的互连与通信。

(1) 共享总线结构。这种结构以系统总线为中心，把 CNC 装置内各功能模块划分成带有 CPU 或 DMA 器件（直接数据存取控制器）的各种主模块和不带 CPU 或 DMA 器件的从模块（RAM/ROM、I/O 模块）两大类。所有的主、从模块都插在配有总线插座的机柜内，共享系统总线。系统总线的作用是把各个模块有效地连接在一起，按照协议交换各种数据和控制信息，构成完整的系统，实现各种规定的功能。图 4-13 所示为共享总线多主结构图。

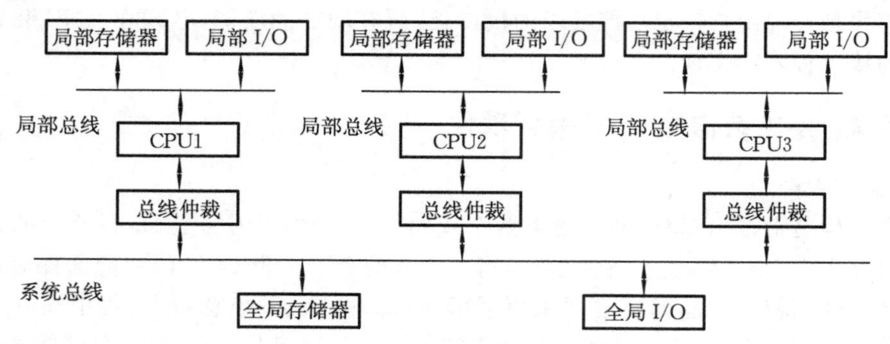

图 4-13　共享总线多主结构图

共享总线结构具有结构简单、系统组配灵活、成本相对较低、可靠性高等优点。其缺点是：由于总线是系统的瓶颈，一旦系统总线出现故障，将使整个系统受到影响，而且使用总线要经仲裁，使信息传输效率降低。

(2) 共享存储器结构。这种结构是面向公共存储器来设计的，即采用多端口存储器来实现各主模块之间的互连和通信。这种存储器在每个端口都配有一套数据、地址、控制线，以供端口访问，由专门的多端口控制逻辑电路解决访问之间的冲突。但这种方式由于同一时刻只能有一个 CPU 对多端口存储器读/写，所以多端口控制逻辑电路功能复杂。当要求访问的 CPU 数量增多时，会因争用共享存储器而造成信息传输的阻塞，降低系统效率，因此功能扩展受到限制。图 4-14 所示为共享存储器结构 CPU 典型系统框图，功能模块之间通过公用存储器耦合在一起。

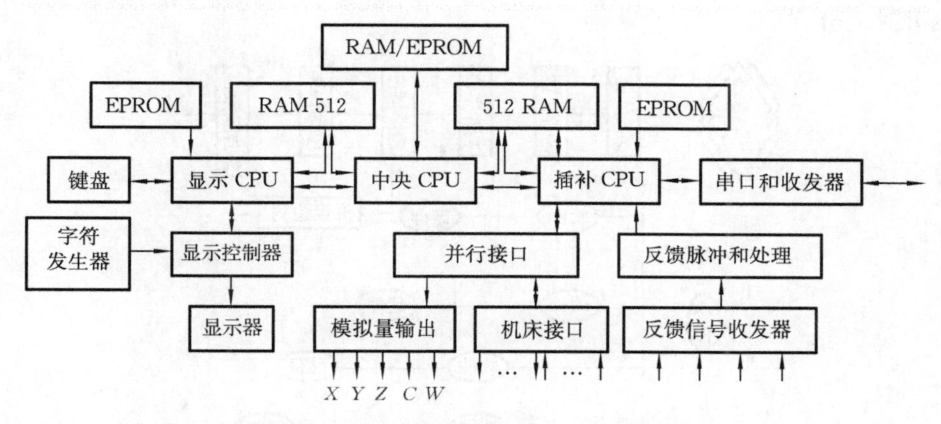

图 4-14　共享存储器结构 CPU 典型系统框图

该系统共有 3 个 CPU，中央 CPU 的任务是进行程序的编制、译码，刀具和机床参数的输入。此外，作为中央处理器，它还控制显示 CPU 和插补 CPU，并与之交换信息。显示 CPU 的任务是根据中央 CPU 的指令和待显示数据，在显示缓冲区中组成画面数据，通过显示控制器和字符发生器，将显示数据送到视频电路。此外，它还定时扫描键盘状态，将键盘状态送中央 CPU 进行处理。插补 CPU 完成的工作是插补运算、位置控制、机床输入/输出接口和串行口控制。插补 CPU 根据中央 CPU 的命令及预处理结果，进行直线和圆弧插补，它定时接收各个运动轴的实际位置信号，并根据插补运算结果，计算各个轴的跟随误差，以得到速度指令值，经 D/A 转换为模拟电压输出到各伺服单元。

4.4　CNC 装置的软件结构

CNC 装置的软件结构取决于 CNC 装置中软件和硬件的分工，也取决于软件本身所应完成的工作内容。下面将介绍 CNC 装置中软件结构的特点。

4.4.1　CNC 装置软件和硬件的功能界面

CNC 装置是由软件和硬件组成的，硬件为软件的运行提供支持环境。在信息处理方面，软件与硬件在逻辑上是等价的，即硬件能完成的功能从理论上讲，也可以用软件来完成。但硬件和软件在实现这些功能时各有不同的特点:硬件处理速度快,但灵活性差,很难实现复杂控制的功能;软件设计灵活,适应性强,但处理速度相对较慢。

因此,哪些功能应由硬件来实现,哪些功能应由软件来实现,即如何合理划分软件、硬件的功能是 CNC 装置结构设计的重要任务。这就是所谓的软件和硬件的功能界面划分的概念。通常功能界面划分的准则是系统的性能价格比。图 4-15 所示为数控系统功能界面的几种划分方法。

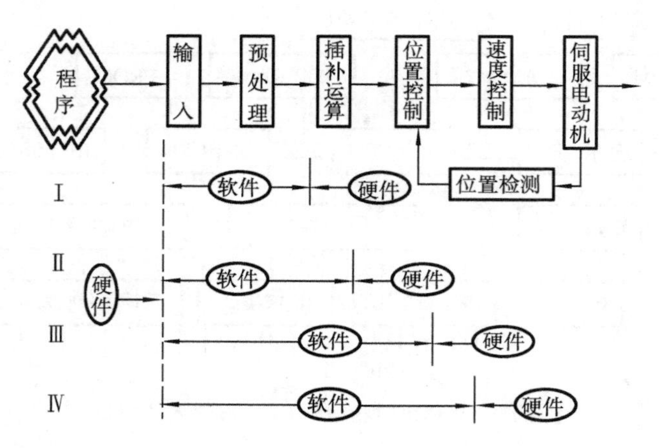

图 4-15 数控系统功能界面的几种划分方法

这四种功能界面是 CNC 装置在不同时期不同产品的划分。其中Ⅲ、Ⅳ两种是现在的 CNC 系统常用的两种方案。由图可知,划分方案从Ⅰ至Ⅳ,软件所承担的任务越来越多,硬件所承担的任务越来越少。一方面,由于计算机技术在数控领域的应用越来越广泛,并且随着计算机技术的发展,计算机的运算处理能力不断增强,使软件的运行效率大大提高,为用软件实现数控功能提供了技术上的支持;另一方面,随着数控技术的发展,人们对数控功能的要求也越来越高,若用硬件来实现这些功能,不仅结构复杂,而且柔性差,有时甚至不可能完成,用软件实现则具有较大的灵活性。目前,用相对较少且标准化程度高的硬件,配以功能丰富的软件模块构成 CNC 系统是数控技术发展的趋势。

4.4.2 CNC 装置的软件系统特点

CNC 装置是一个专用的实时多任务系统,通常作为一个独立的过程控制单元用于控制各种对象,它的系统软件必须完成管理和控制两大任务。多任务并行处理和多重实时中断是 CNC 装置软件结构的两大特点。

1. 多任务并行处理

1) CNC 装置的多任务性

数控机床加工时,在很多情况下,为了保证控制的连续性和各个任务执行的时序配合要求，CNC 装置管理和控制的某些工作必须同时进行，而不能逐一处理。这就体现出“多任务性”。例如，机床进行切削加工时，为了使操作人员能及时了解 CNC 系统的工作状态，管理软件中的显示模块必须与控制软件同时运行。当插补加工程序运行时，管理软件中的零件程序输入必须与控制软件同时运行；当控制软件运行时，其本身的一些处理程序也必须同时运行，如为了保证加工过程的连续性，即刀具在各程序段之间不停刀，译码、刀具补偿和速度处理程序必须与插补程序同时运行，而插补程序又必须与位置控制程序同时运行。

2）多任务并行处理

并行处理是指软件系统在同一时刻或同一时间间隔内完成两个或两个以上任务的方法。采用并行处理技术的目的是为了提高 CNC 装置的资源利用率和系统的处理速度。

并行处理的实现方式和 CNC 装置的硬件结构密切相关。在 CNC 装置中常采用的并行处理方法有以下两种。

(1) 资源分时共享并行处理。对单 CPU 装置，采用分时来实现多任务的并行处理，其方法是：在一定的时间片内，根据系统各任务的实时性要求程度，规定它们占用 CPU 的时间，使它们按规定顺序和规则分时共享系统的资源。因此，在采用资源分时共享并行处理技术的 CNC 装置中，首先要解决各任务占用 CPU 时间（资源）的分配原则。该原则解决如下两个问题：一是各任务何时占用 CPU，即任务的优先级分配问题；二是各任务占用 CPU 的时间长度，即时间片的分配问题。一般地，在单 CPU 的 CNC 装置中，通常采用循环调度和优先抢占调度相结合的方法来解决上述问题，图 4-16(a)所示为 CNC 装置多任务分时共享 CPU 时间分配图。

为了简单起见，假定某 CNC 装置软件功能仅分为三个任务：位置控制、插补运算和背景程序。这三个任务的优先级从上到下逐步下降，即位置控制的最高，插补运算的其次，背景程序（主要包括实时性要求相对不高的一些子任务）的最低。系统规定：位置控制任务每4 ms执行一次，插补运算每8 ms执行一次，两个任务都由定时中断激活，当位置控制和插补运算都不执行时便执行背景程序。系统的运行顺序是：在完成初始化后，自动进入背景程序，在背景程序中采用循环调度的方式，轮流反复地执行各个子任务，优先级高的任务（如位置控制或插补运算任务）可以随时中断背景程序的运行，位置控制也可中断插补运算的运行。

各个任务在运行中占用 CPU 时间示意图如图 4-16(b)所示。在图中，粗实线表示任务对 CPU 的中断请求，两粗实线之间的长度表示该任务的执行时间，阴影部分表示各个任务占用 CPU 的时间长度。由图可以看出：

① 在任何一个时刻只有一个任务占用 CPU；

② 从一个时间片（如 8 ms 或 16 ms）来看，CPU 并行地执行了三个任务。

因此，资源分时共享的并行处理只具有宏观上的意义，即从微观上来看，各个任务还

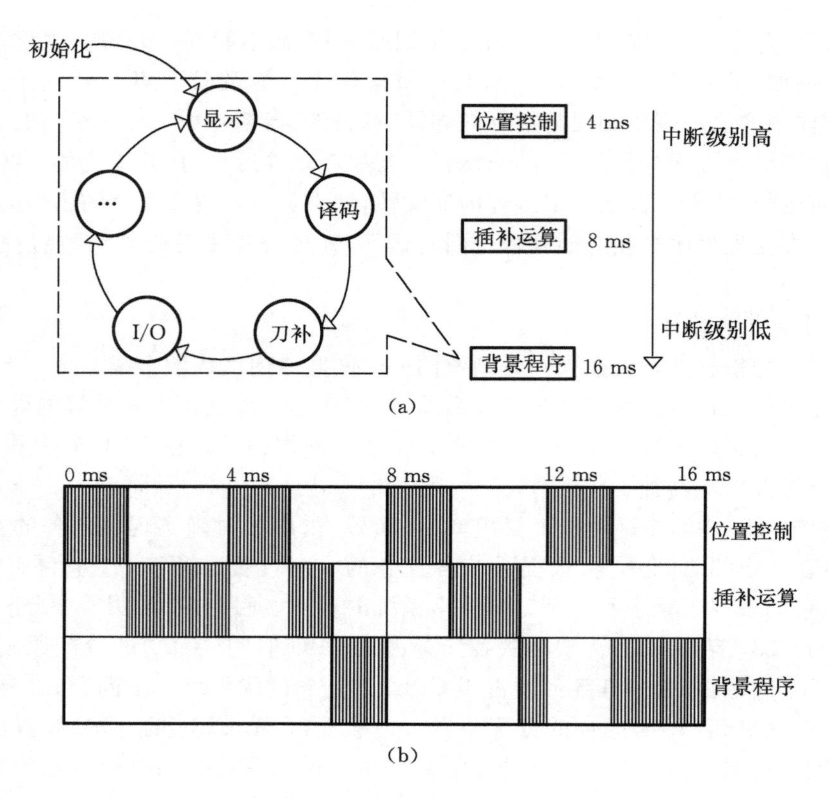

图 4-16　资源分时共享并行处理图

(a) CPU 分时共享图；(b) 各任务占用 CPU 时间示意图

是顺序执行的。图 4-16 所示清楚地说明了资源分时共享的意义和内涵。

(2) 并发处理和流水处理。在多 CPU 结构的 CNC 装置中，根据各个任务之间的关联程度，可采用以下两种策略来提高系统处理速度。

① 如果任务之间的关联程度不高，则可将这些任务分别各安排一个 CPU，让其同时执行，即所谓的并发处理。

② 如果各个任务之间的关联程度较高，即一个任务的输出是另一个任务的输入，则可采取流水处理的方法来实现并行处理。

流水处理技术是利用重复的资源(CPU)，将一个大的任务分成若干个子任务，这些子任务是彼此关联的，然后按一定的顺序安排每个资源执行一个任务，就像在一条生产线上分不同工序加工零件的流水作业一样。例如，插补准备是由译码、刀补处理、速度预处理三个任务组成的，如果每个任务的处理时间分别为 Δt_1、Δt_2、Δt_3，以顺序方式处理每个程序段，那么一个程序段的数据转换时间将是 $\Delta t_1+\Delta t_2+\Delta t_3$，其时间-空间关系如图 4-17(a)所示，从图中可以看出，两个程序段的输出之间将有一个时间长度为 t 的时间间隔，这个时间间隔越长，CNC的控制性能就越差，因此应尽量缩短这个时间间隔。采用流水处理方式是解决上述问题的有效方法，流水处理方式的时间-空间关系如图4-17(b)所示，采用流水处理方式时，两个程序段输出之间的时间间隔仅为Δt_1，大大缩短了输出时的时间间隔。另外，从图中还可看出，在任何一个时刻(除开始和结束外)均有两个或两个以上的任务在并发执行。

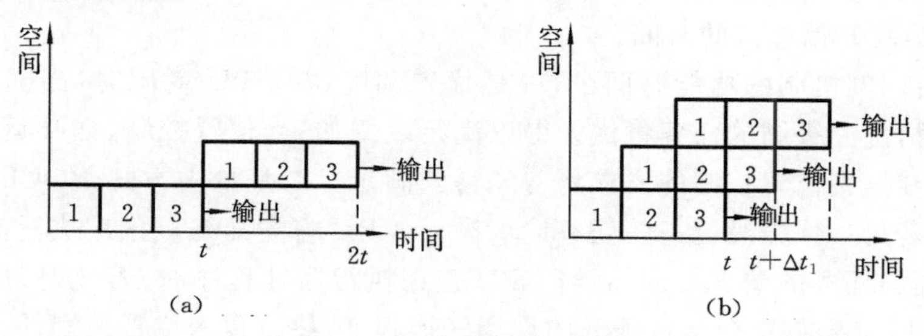

图4-17　流水处理方式示意图

(a) 顺序处理；(b) 并行处理

综上所述，流水处理的关键是时间重叠，是以资源重复的代价换得时间上的重叠，或者说是以空间复杂性的代价换得时间上的快速性。

2. 实时性和优先抢占调度机制

实时性是指某个任务的执行有严格的时间要求，即必须在系统的规定时间内完成，否则将导致执行结果错误和系统故障。

1) 实时性任务的分类

CNC装置是一个专用的实时计算机系统，该系统的各个任务都具有实时性要求。从各个任务对实时性的要求来看，可分为强实时性任务和弱实时性任务，强实时性任务又可分为实时突发性任务和实时周期性任务。

(1) 实时突发性任务是指任务的发生具有随机性和突发性，是一种异步中断事件，有很高的实时性要求。这类任务主要包括故障中断(急停、机械限位、硬件故障等)、机床PLC中断、硬件(按键)操作中断等。

(2) 实时周期性任务是指任务精确地按一定时间间隔发生，包括插补运算、位置控制等任务。这类任务处理的实时性是保证加工精度和加工过程连续性的关键，在任务的执行过程中，除系统故障外，不允许被其他任何任务中断。

(3) 弱实时性任务的实时性要求相对较低，只需要保证任务在某一段时间内得以运行即可。这类任务在设计时，或被安排在背景程序中，或根据它们的重要性将其设置成级别较低的优先级，再由系统调度程序对它们进行合理的调度。这类任务主要包括显示、零件程序的编辑、加工状态的动态显示、加工轨迹的静态模拟仿真及动态显示等。

2）优先抢占调度机制

为了满足 CNC 装置对实时任务的要求，系统的调度机制必须具有能根据外界的实时信息以足够快的速度进行任务调度的能力。优先抢占调度机制就是能满足上述要求的调度技术，它是一种基于实时中断技术的任务调度机制。众所周知，中断技术是计算机系统响应外部事件的一种处理技术，特点是能按任务的重要程度、轻重缓急来及时响应，而 CPU 也不必为其开销过多的时间。

优先抢占调度机制的功能有两个，一是优先调度，在 CPU 空闲时，当同时有多个任务请求执行时，优先级高的任务将优先得以满足。例如，当位置控制、插补运算两个任务同时请求执行时，则位置控制的要求将首先得到满足。二是抢占方式，在 CPU 正在执行某个任务时，若另一优先级更高的任务请求执行，CPU 将立即终止正在执行的任务，转而响应优先级高的任务的请求。例如，当 CPU 正在执行插补程序时，若此时位置控制任务请求执行，CPU 首先将正在执行任务的现场保护起来，然后转入位置控制任务的执行，执行完毕后再恢复到中断前的断点处，继续执行插补任务。

优先抢占调度机制是由硬件和软件共同实现的，硬件主要提供支持中断功能的芯片和电路，如中断管理芯片，定时器计数器等。软件主要完成对硬件芯片的初始化、任务优先级方式定义、任务切换处理等。

在 CNC 系统中任务的调度机制除优先抢占调度外，往往还同时采用时间片轮换调度和非优先抢占调度。

4.4.3 CNC 装置的软件结构模式

所谓软件结构模式是指系统软件的组织管理方式，即系统任务的划分方式、任务调度机制、任务间的信息交换机制以及系统集成方法等。软件结构模式要解决的问题是如何组织和协调各个任务的执行，使之满足一定的时序配合要求和逻辑关系，以满足 CNC 装置的各种控制要求。目前，CNC 装置软件结构模式主要有以下几种。

1. 前、后台型结构模式

该模式将 CNC 系统软件划分成前台程序和后台程序两部分。前台程序主要完成插补运算、位置控制、故障处理等实时性很强的任务，它是一个实时中断服务程序。后台程序，又称背景程序，主要完成显示、零件加工程序的编辑管理、系统的输入/输出、译码、刀补处理、速度预处理等弱实时性的任务，是一个循环运行的程序。后台程序在运行过程中，不断地被前台实时中断程序打断。这种结构模式的缺点是实时性较差，前、后台程序的运行关系如图 4-18 所示。

这种结构模式采用的任务调度机制是优先抢占调度和顺序调度。前台程序的调度是优先抢占式的，前台和后台程序内部各子任务采用的是顺序调度，前台和后台程序之间以及内部各子任务之间的信息交换是通过缓冲区实现的。在前台和后台程序内无优先级等级，也无抢占机制，因而，实时性差。例如，当系统出现故障时，最坏的情况可能要延迟整整一个循环周期才能做出反应。因此该结构仅适用于控制功能较简单的系统。

2. 中断型结构模式

这种结构模式是将除了初始化程序之外的整个系统软件的各个任务模块分别安排在不同级别的中断服务程序中，然后由中断管理系统对各级中断服务程序实施调度管理，整个软件就是一个大的中断管理系统。该模式的软件系统结构如图 4-19 所示，该结构中任务的调度采用的是优先抢占调度，各级中断服务程序之间的信息交换是通过缓冲区进行的。

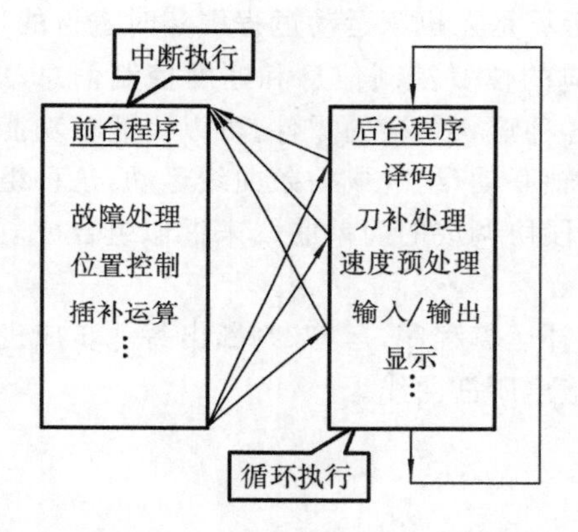

图 4-18　前、后台程序运行关系图

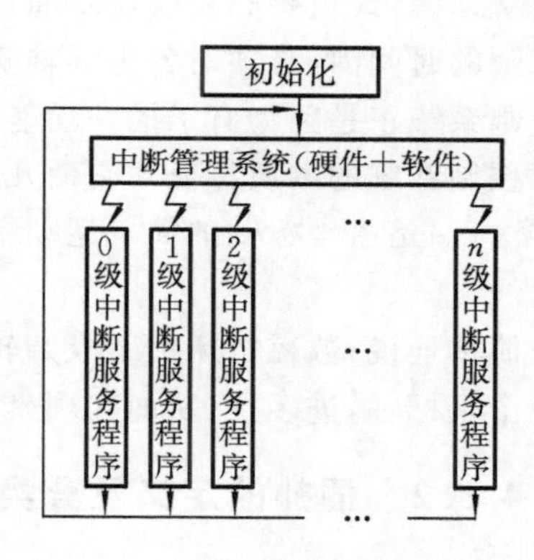

图 4-19　中断型软件系统结构图

由于系统的中断级别较多，最多可达 8 级，可将实时性强的任务安排在优先级较高的中断服务程序中，因此这类系统的实时性好，但模块的关系复杂，耦合度大，不利于对系统的维护和扩充。20 世纪 80 年代至 90 年代初的 CNC 装置大多采用的是这种结构。

3. 基于实时操作系统的结构模式

实时操作系统(PTOS)是操作系统的一个重要分支，除了具有通用操作系统的功能外，还具有任务管理、多种实时任务调度机制(如优先级抢占调度、时间片轮转调度等)、任务间的通信机制(如邮箱、消息队列、信号灯等)等功能。CNC 装置软件完全可以在实时操作系统的基础上进行开发。

目前，采用该模式的开发方法有以下两种。

① 在商品化的实时操作系统下开发 CNC 装置软件，国外有些著名厂家采用了这种方式。

② 将通用 PC 机操作系统(DOS、WINDOWS)扩展成实时操作系统，然后在此基础上开发 CNC 装置软件。目前国内有些生产厂家采用的就是这种方法，采用这种方法的优点在于 DOS、WINDOWS 是得到普遍应用的 PC 操作系统，扩展相对较容易。

4.5 CNC装置的插补原理

4.5.1 数控多轴联动的实现方法

数控机床最突出的优点，即它主要的功能是：可以通过编程来控制多轴联动，加工出较为复杂的曲线，如圆、抛物线等。为什么数控机床能加工出这些曲线？怎样实现多轴联动，把单个的坐标轴运动组合成理想曲线呢？这就是插补所要解决的问题。对于轮廓控制系统来说，最重要的功能便是插补功能。插补运算是在机床运动过程中实时进行的，即在有限的时间内，必须对各坐标轴实时地分配相应的位置控制信息和速度控制信息。轮廓控制系统正是因为有了插补功能，才能加工出各种形状复杂的零件，可以说插补功能是轮廓控制系统的本质特征。它使几个独立的坐标轴联动，组合成一条曲线运动，这种组合的方法，一是由坐标轴的简单运动组合，二是由分段协调成的简单曲线来近似组合成复杂的曲线。

简单地说，数控机床加工复杂轮廓时，通过插补运算程序，运算、判断出每一步应进给哪一个坐标轴，进多少，从而实现坐标轴联动，加工出所需曲线。

4.5.2 插补的定义及分类

在实际加工中，被加工工件的轮廓形状千差万别，严格说来，为了满足几何尺寸精度的要求，刀具中心轨迹应该准确地依照零件的轮廓形状来生成。对于简单的曲线，数控系统比较容易实现，但对于较复杂的形状，若直接生成，则会使算法变得很复杂，计算机的工作量也相应地大大增加。因此，实际应用中，常用一小段直线或圆弧进行拟合来满足精度要求，这种拟合方法就是插补，实质上，插补就是数据密化的过程。

1. 插补的定义

我们知道，零件的轮廓形状是由各种线型，如直线、圆弧、螺旋线、抛物线、自由曲线等构成的，其中最主要的是直线和圆弧。用户在零件加工程序中，一般仅提供描述该线型所必需的相关参数，例如：对直线，提供其起点和终点；对圆弧，提供起点、终点、顺圆或逆圆以及圆心相对于起点的位置。因此，为了实现轨迹控制，必须在运动过程中实时计算出满足线型和进给速度要求的若干中间点，这就是数控技术中插补（interpolation）的概念。据此，可对插补定义如下：所谓插补就是根据给定进给速度和给定轮廓线型的要求，在轮廓的已知点之间，确定一些中间点的方法，这种方法称为插补方法或插补原理。而对于每种方法或原理又可以用不同的计算方法来实现，这种具体的计算方法称为插补算法。

插补的任务是根据进给速度的要求，在轮廓起点和终点之间计算出若干个中间点的坐标值，每个中间点计算所需的时间直接影响系统的控制速度，而插补中间点坐标值的计算精度又影响到数控系统的控制精度，因此，插补算法是整个数控系统控制的核心。

2. 插补的分类

插补算法经过几十年的发展，不断成熟，种类很多。目前常用的插补算法大致分为两类。

1）**脉冲增量插补**

脉冲增量插补(又称行程标量插补)算法的特点是：

① 每次插补的结果仅产生一个单位的行程增量，即一个脉冲当量，以一个个脉冲的方式输出给步进电动机，其基本思想是用折线来逼近曲线，包括直线；

② 插补速度与进给速度密切相关，而且还受到步进电动机最高运行频率的限制。当脉冲当量为 10 μm 时，采用该插补算法所能获得的最高进给速度是 4～5 m/min；

③ 脉冲增量插补的实现方法简单，通常仅用加法和移位运算方法就可完成插补，比较容易用硬件来实现，而且，用硬件实现这类运算的速度很快。

脉冲增量算法有：逐点比较法、最小偏差法、数字积分法、目标点跟踪法、单步追踪法等。它们主要用在采用步进电动机驱动的数控系统中。

2）**数字增量插补**

数字增量插补(又称时间标量插补)算法的特点是：

① 插补程序以一定的插补周期定时运行，在每个周期内根据进给速度计算出各坐标轴在下一插补周期内的位移增量，其基本思想是用直线段来逼近曲线，包括直线；

② 插补运算速度与进给速度无严格的关系，因而采用这类插补算法时，可达到较高的进给速度；

③ 数字增量插补的实现算法较脉冲增量插补算法复杂，它对计算机的运算速度有一定的要求，不过现在的计算机均能满足它的要求。

数字增量插补算法有：数字积分法(DDA)、二阶近似插补法、双 DDA 插补法、角度逼近插补法、时间分割法等。

这类插补算法主要用于以交、直流伺服电动机为伺服驱动系统的闭环、半闭环数控系统，也可用于以步进电动机为伺服驱动系统的开环数控系统，而且，目前所使用的 CNC 装置中，大多数都采用这类插补方法。

4.5.3　脉冲增量插补算法

逐点比较法是这类算法中最典型的代表，它是一种最早的插补算法，因此，本小节以逐点比较法为例，说明脉冲增量插补算法的原理和特点。

逐点比较法是以折线来逼近直线或圆弧曲线的。它与规定的直线或圆弧之间的最大误差不超过一个脉冲当量，因此，只要将脉冲当量(每走一步的距离)取得足够小，就可达到加工精度的要求。

1. 直线插补

1) 偏差函数的构造

直线插补时,根据给出直线的起点和终点,建立一个平面直角坐标系。

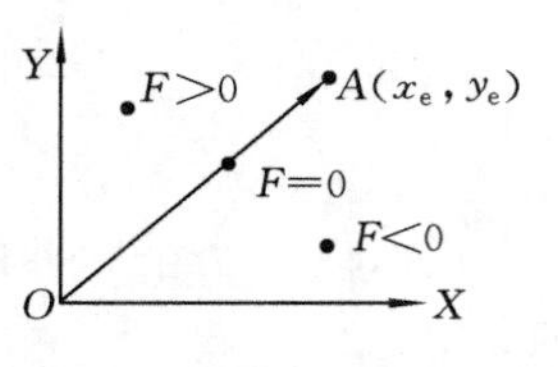

图 4-20 逐点比较法第一象限直线插补

以第一象限为例,如果以直线 OA 的起点为坐标原点,终点坐标为 $A(x_e,y_e)$,插补点 P(动点)坐标为(x,y),如图 4-20 所示,则以下关系成立:

若点 $P(x,y)$在直线上,则 $x_e y-y_e x=0$;

若点 $P(x,y)$位于直线上方,则 $x_e y-y_e x>0$;

若点 $P(x,y)$位于直线下方,则 $x_e y-y_e x<0$。

定义偏差判别式为 $F=x_e y-y_e x$

根据偏差 F 的符号可以判别出当前动点与规定直线轨迹的相对位置,从而确定出动点下一步的进给方向。当 $F>0$ 时,应使动点沿 $+X$ 方向进给一步;当 $F<0$ 时,应使动点沿 $+Y$ 方向进给一步;当 $F=0$ 时,为使插补继续下去,可将 $F=0$ 归入 $F>0$ 的情况,使动点沿 $+X$ 方向进给一步。这样从原点出发,每走一步,计算判别一次偏差 F,再走一步。如此进行下去,直至终点 $A(x_e,y_e)$。

2) 偏差函数的递推计算

设点 $P(x_i,y_i)$为动点当前所在位置,$F_i=x_e y_i-y_e x_i$。

若沿 $+X$ 方向走一步,则

$$x_{i+1}=x_i+1,\quad y_{i+1}=y_i$$

$$F_{i+1}=x_e y_{i+1}-y_e x_{i+1}=x_e y_i-y_e(x_i+1)=F_i-y_e$$

若沿 $+Y$ 方向走一步,则

$$x_{i+1}=x_i,\quad y_{i+1}=y_i+1$$

$$F_{i+1}=x_e y_{i+1}-y_e x_{i+1}=x_e(y_i+1)-y_e x_i=F_i+x_e$$

3) 终点判别方法

直线插补的终点判别可采用三种方法。

(1) 分别判断各坐标轴的进给步数。设置 Σ_x 和 Σ_y 两个减法计数器,其中分别存入终点坐标值(脉冲当量总数)x_e 和 y_e。当 X 或 Y 方向进给一步时,就在相应的计数器中减 1,直到两个计数器的数都减为零时,则到达终点,停止插补。

(2) 判断插补或进给的总步数。设置一个减法计数器 Σ,其中存入 X 和 Y 两坐标总进给步数之和,即 $\Sigma=x_e+y_e$。当 X 或 Y 方向进给一步时,均在减法计数器 Σ 中减 1,直到减为零时,则到达终点,停止插补。

(3) 仅判断进给步数较多的坐标轴的进给步数。减法计数器 Σ 的初值取为 $\Sigma=\max(x_e,y_e)$,只有在终点坐标较大的坐标方向进给一步时,计数器才减 1,直到减为零时,停止插补。

4）插补计算过程

插补计算时，每走一步，都要进行以下四个步骤（又称四个节拍）的逻辑运算和算术运算，即偏差判别、坐标计算和进给、偏差计算、终点判别。

5）不同象限的直线插补计算

对第一象限直线插补方法进行适当处理后推广到其他象限。为了使四个象限的直线插补都能用同样的公式计算偏差，可以规定：无论在哪个象限的直线，计算偏差时，其终点坐标都用绝对值代入公式。由此可得各象限偏差符号相应的进给方向。表4-3列出了四个象限的直线插补时的偏差公式和进给脉冲方向。

表中 L_1、L_2、L_3 和 L_4 分别表示第一、二、三和四象限的直线，m 表示当前点，$m+1$ 表示下一点。

表 4-3　四个象限的直线插补时的偏差公式和进给脉冲方向

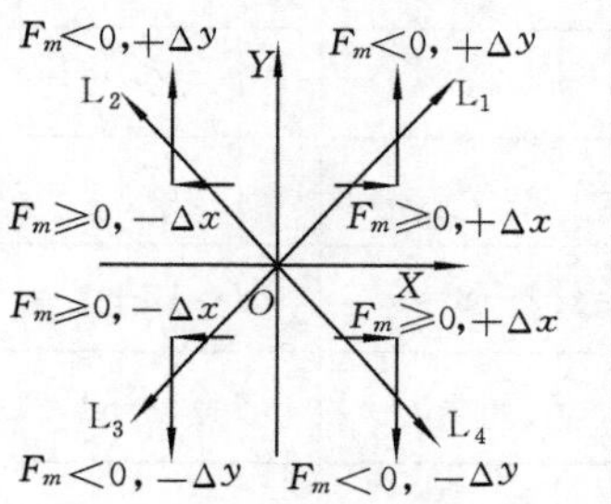

线型	$F_m\geqslant0$ 时，进给方向	$F_m<0$ 时，进给方向	偏差计算公式
L_1	$+\Delta x$	$+\Delta y$	$F_m\geqslant0$ 时：
L_2	$-\Delta x$	$+\Delta y$	$F_{m+1}=F_m-y_e$
L_3	$-\Delta x$	$-\Delta y$	$F_m<0$ 时：
L_4	$+\Delta x$	$-\Delta y$	$F_{m+1}=F_m+x_e$

例 1　第一象限直线段 OA，起点为坐标原点 $O(0,0)$，终点为 $A(8,6)$。试用逐点比较法写出该直线的插补运算过程，并画出插补轨迹图。

解　由 $\Sigma=X_e+Y_e$ 可知，插补完这段直线，刀具沿 X，Y 轴应走的总步数为

$$\Sigma=X_e+Y_e=8+6=14$$

插补运算过程见表 4-4，插补轨迹如图 4-21 所示。

表 4-4　逐点比较法直线插补运算过程

偏差判断	进给方向	偏差计算	终点判别
		$F_0=0$	$I=0$
$F_0=0$	$+X$	$F_1=F_0-Y_a=0-6=-6$	$I=0+1=1<N$
$F_1=-6<0$	$+Y$	$F_2=F_1+X_a=-6+8=2$	$I=1+1=2<N$
$F_2=2>0$	$+X$	$F_3=F_2-Y_a=2-6=-4$	$I=2+1=3<N$

续表

偏差判断	进给方向	偏差计算	终点判别
$F_3=-4<0$	$+Y$	$F_4=F_3+X_a=-4+8=4$	$I=3+1=4<N$
$F_4=4>0$	$+X$	$F_5=F_4-Y_a=4-6=-2$	$I=4+1=5<N$
$F_5=-2>0$	$+Y$	$F_6=F_5+X_a=-2+8=6$	$I=5+1=6<N$
$F_6=6>0$	$+X$	$F_7=F_6-Y_a=6-6=0$	$I=6+1=7<N$
$F_7=0$	$+X$	$F_8=F_7-Y_a=0-6=-6$	$I=7+1=8<N$
$F_8=-6<0$	$+Y$	$F_9=F_8+X_a=-6+8=2$	$I=8+1=9<N$
$F_9=2>0$	$+X$	$F_{10}=F_9-Y_a=2-6=-4$	$I=9+1=10<N$
$F_{10}=-4<0$	$+Y$	$F_{11}=F_{10}+X_a=-4+8=4$	$I=10+1=11<N$
$F_{11}=4>0$	$+X$	$F_{12}=F_{11}-Y_a=4-6=-2$	$I=11+1=12<N$
$F_{12}=-2<0$	$+Y$	$F_{13}=F_{12}+X_a=-2+8=6$	$I=12+1=13<N$
$F_{13}=6>0$	$+X$	$F_{14}=F_{13}-Y_a=6-6=0$	$I=13+1=14=N$

2. 圆弧插补

1) 偏差计算公式

圆弧插补时，根据用户编程给出的加工圆弧的起点和终点，建立一个平面坐标系。下面以第一象限逆圆为例讨论偏差计算公式。如图 4-22 所示，设所需加工圆弧为 AB，圆弧的圆心为坐标原点，已知圆弧的起点为 $A(x_0,y_0)$，终点为 $B(x_e,y_e)$，圆弧半径为 R。令瞬时加工点为 $M(x_m,y_m)$，它与圆心的距离为 R_m。

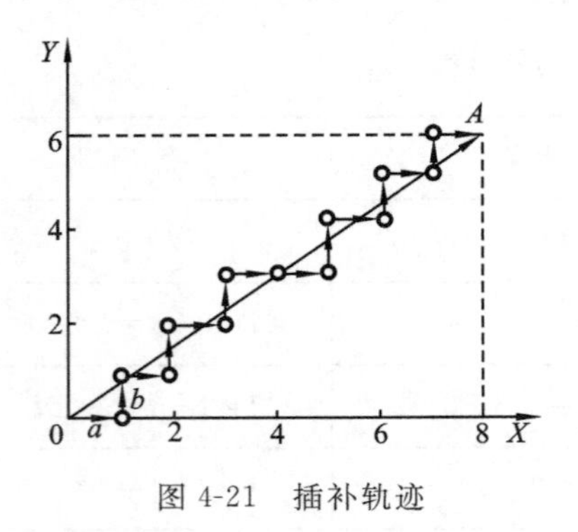

图 4-21　插补轨迹

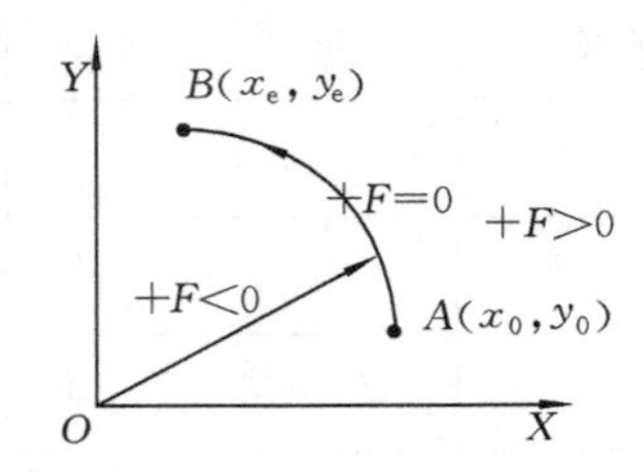

图 4-22　逐点比较法第一象限逆圆弧插补

比较 R_m 和 R，可得加工偏差为

$$R_m^2 = x_m^2 + y_m^2, \quad R^2 = x_0^2 + y_0^2$$

$$R_m^2 - R^2 = x_m^2 + y_m^2 - R^2$$

若 $x_m^2 + y_m^2 - R^2 = 0$，表明加工点 M 在圆弧上；

若 $x_m^2 + y_m^2 - R^2 > 0$，表明加工点 M 在圆弧外；

若 $x_m^2 + y_m^2 - R_2 < 0$，表明加工点 M 在圆弧内。

定义圆弧偏差判别式为 $F_m = R_m^2 - R^2 = x_m^2 + y_m^2 - R^2$

设加工点处于点 $M(x_m, y_m)$，若 $F_m \geqslant 0$，对于第一象限的逆圆，为了逼近圆弧，应沿 $-X$ 方向进给一步；若 $F_m < 0$，应沿 $+Y$ 方向进给一步。

2) **偏差函数的递推计算**

加工点沿 $-X$ 方向进给一步，到点 (x_{m+1}, y_{m+1})，其坐标值为

$$x_{m+1} = x_m - 1, \quad y_{m+1} = y_m$$

则新加工点的偏差为

$$F_{m+1} = x_{m+1}^2 + y_{m+1}^2 - R^2 = F_m - 2x_m + 1$$

加工点沿 $+Y$ 方向进给一步，到点 (x_{m+1}, y_{m+1})，其坐标值为

$$x_{m+1} = x_m, \quad y_{m+1} = y_m + 1$$

新加工点的偏差为

$$F_{m+1} = x_{m+1}^2 + y_{m+1}^2 - R^2 = F_m + 2y_m + 1$$

因为加工是从圆弧的起点开始的，起点的偏差为零，所以新加工点的偏差总可以根据前一点的数据计算出来。

3) **终点判别法**

圆弧插补的终点判断方法和直线插补相同。可将从起点到达终点的 X、Y 轴进给步数的总和 Σ 存入一个计数器，每走一步，从 Σ 中减去 1，当 $\Sigma = 0$ 时发出终点到达信号。也可以选择一个坐标的进给步数作为终点判断，注意此时应选择终点坐标中坐标值小的那一个坐标。

4) **插补计算过程**

圆弧插补的计算过程和直线插补的计算过程基本相同，但由于偏差公式中含有动点坐标，故在偏差计算的同时还要进行坐标计算，以便为下一点的偏差计算做好准备。

5) **四个象限圆弧计算公式**

圆弧所在象限不同、顺逆不同，则插补计算公式和进给方向也不同。归纳起来共有八种情况，这八种情况的进给脉冲方向和偏差计算公式，如表 4-5 所示。其中，与直线插补相似，偏差和坐标都以坐标绝对值代入，SR 表示顺圆弧，NR 表示逆圆弧。

表 4-5　四个象限的圆弧插补时的偏差公式和进给脉冲方向

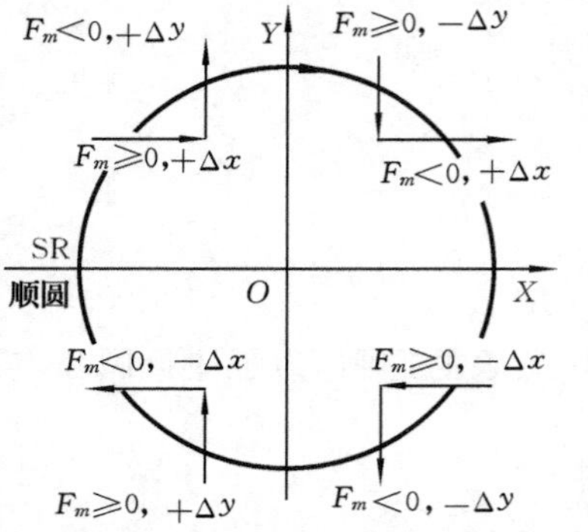

<table>
<tr><td rowspan="5">$F_m<0,+\Delta y$　Y　$F_m\geqslant0,-\Delta y$
$F_m\geqslant0,+\Delta x$　$F_m<0,+\Delta x$
SR 顺圆　O　X
$F_m<0,-\Delta x$　$F_m\geqslant0,-\Delta x$
$F_m\geqslant0,+\Delta y$　$F_m<0,-\Delta y$</td><td>线型</td><td>$F_m\geqslant0$ 时，进给方向</td><td>$F_m<0$ 时，进给方向</td><td>偏差计算公式</td></tr>
<tr><td>SR_1</td><td>$-\Delta y$</td><td>$+\Delta x$</td><td rowspan="4">$F_m\geqslant0$ 时：
$F_{m+1}=F_m-2y_m+1$
$y_{m+1}=y_m-1$
$F_m<0$ 时：
$F_{m+1}=F_m+2x_m+1$
$x_{m+1}=x_m+1$</td></tr>
<tr><td>SR_3</td><td>$+\Delta y$</td><td>$-\Delta x$</td></tr>
<tr><td>NR_2</td><td>$-\Delta y$</td><td>$-\Delta x$</td></tr>
<tr><td>NR_4</td><td>$+\Delta y$</td><td>$+\Delta x$</td></tr>
<tr><td rowspan="5">$F_m\geqslant0,-\Delta y$　Y　$F_m<0,+\Delta y$
$F_m<0,-\Delta x$　$F_m\geqslant0,-\Delta x$
NR 逆圆　O　X
$F_m\geqslant0,+\Delta x$　$F_m<0,+\Delta x$
$F_m<0,-\Delta y$　$F_m\geqslant0,+\Delta y$</td><td>线型</td><td>$F_m\geqslant0$ 时，进给方向</td><td>$F_m<0$ 时，进给方向</td><td>偏差计算公式</td></tr>
<tr><td>SR_2</td><td>$+\Delta x$</td><td>$+\Delta y$</td><td rowspan="4">$F_m\geqslant0$ 时：
$F_{m+1}=F_m-2x_m+1$
$x_{m+1}=x_m-1$
$F_m<0$ 时：
$F_{m+1}=F_m+2y_m+1$
$y_{m+1}=y_m+1$</td></tr>
<tr><td>SR_4</td><td>$-\Delta x$</td><td>$-\Delta y$</td></tr>
<tr><td>NR_1</td><td>$-\Delta x$</td><td>$+\Delta y$</td></tr>
<tr><td>NR_3</td><td>$+\Delta x$</td><td>$-\Delta y$</td></tr>
</table>

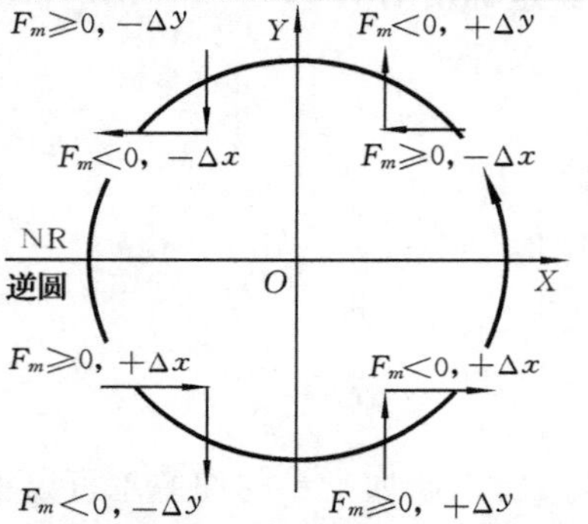

例 2　第一象限顺时针圆弧 AB，起点为 $A(0,6)$ 终点为 $B(6,0)$。试用逐点比较法写出该段圆弧的插补运算过程，并画出插补轨迹图。

解　由 $\Sigma=|X_B-X_A|+|Y_B-Y_A|$ 可知，加工完这段圆弧，刀具走的总步数为

$$\Sigma=|6-0|+|0-6|=12$$

插补运算过程计算见表 4-6，插补轨迹如图 4-23 所示。

表 4-6　逐点比较法顺时针圆弧插补运算过程

偏差判别	坐标进给	偏差计算	坐标计算	终点判别
		$F_0=0$	$X_0=X_A=0, Y_0=Y_A=6$	$i=0$
$F_0=0$	$-Y$	$F_1=F_0-2Y_0+1=0-12+1=-11$	$X_1=0, Y_1=6-1=5$	$i=0+1=1<N$
$F_1=-11<0$	$+X$	$F_2=F_1+2X_1+1=-11+0+1=-10$	$X_2=0+1=1, Y_2=5$	$i=1+1=2<N$
$F_2=-10<0$	$+X$	$F_3=F_2+2X_2+1=-10+2+1=-7$	$X_3=1+1=2, Y_3=5$	$i=2+1=3<N$
$F_3=-7<0$	$+X$	$F_4=F_3+2X_3+1=-7+4+1=-2$	$X_4=2+1=3, Y_4=5$	$i=3+1=4<N$

续表

偏差判别	坐标进给	偏差计算	坐标计算	终点判别
$F_4=-2<0$	$+X$	$F_5=F_4+2X_4+1=-2+6+1=5$	$X_5=3+1=4, Y_5=5$	$i=4+1=5<N$
$F_5=5>0$	$-Y$	$F_6=F_5-2Y_5+1=5-10+1=-4$	$X_6=4, Y_6=5-1=4$	$i=5+1=6<N$
$F_6=-4<0$	$+X$	$F_7=F_6+2X_6+1=-4+8+1=5$	$X_7=4+1=5, Y_7=4$	$i=6+1=7<N$
$F_7=5>0$	$-Y$	$F_8=F_7-2Y_7+1=5-8+1=-2$	$X_8=5, Y_8=4-1=3$	$i=7+1=8<N$
$F_8=-2<0$	$+X$	$F_9=F_8+2X_8+1=-2+10+1=9$	$X_9=5+1=6, Y_9=3$	$i=8+1=9<N$
$F_9=9>0$	$-Y$	$F_{10}=F_9-2Y_9+1=9-6+1=4$	$X_{10}=6, Y_{10}=3-1=2$	$i=9+1=10<N$
$F_{10}=4>0$	$-Y$	$F_{11}=F_{10}-2Y_{10}+1=4-4+1=1$	$X_{11}=6, Y_{11}=2-1=1$	$i=10+1=11<N$
$F_{11}=1>0$	$-Y$	$F_{12}=F_{11}-2Y_{11}+1=1-2+1=0$	$X_{12}=6, Y_{12}=1-1=0$	$i=11+1=12=N$

例 3　第一象限逆时针圆弧 AB，起点为 $A(6,0)$，终点为 $B(0,6)$。试用逐点比较法写出该段圆弧的插补运算过程，并画出插补轨迹图。

解　由 $\Sigma=|X_B-X_A|+|Y_B-Y_A|$ 可知，加工完这段圆弧，刀具走的总步数为

$$\Sigma=|0-6|+|6-0|=12$$

插补运算过程计算见表 4-7，插补轨迹如图 4-24 所示。

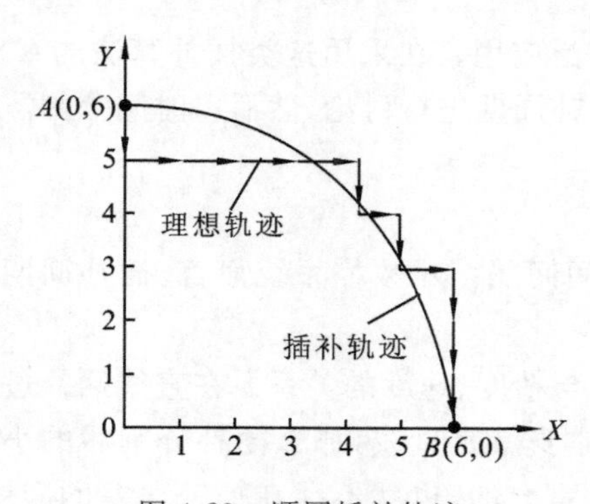

图 4-23　顺圆插补轨迹

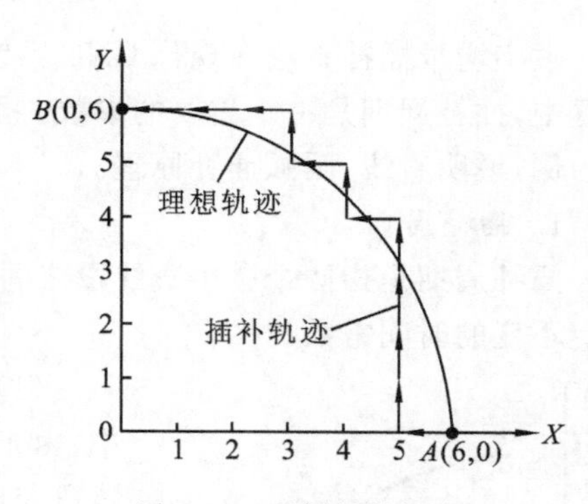

图 4-24　逆圆插补轨迹

表 4-7　逐点比较法逆时针圆弧插补运算过程

偏差判别	坐标进给	偏差计算	坐标计算	终点判别
		$F_0=0$	$X_0=X_A=6, Y_0=Y_A=0$	$i=0$
$F_0=0$	$-X$	$F_1=F_0-2X_0+1=0-12+1=-11$	$X_1=6-1=5, Y_1=0$	$i=0+1=1<N$

续表

偏差判别	坐标进给	偏差计算	坐标计算	终点判别
$F_1=-11<0$	$+Y$	$F_2=F_1+2Y_1+1=-11+0+1=-10$	$X_2=5, Y_2=0+1=1$	$i=1+1=2<N$
$F_2=-10<0$	$+Y$	$F_3=F_2+2Y_2+1=-10+2+1=-7$	$X_3=5, Y_3=1+1=2$	$i=2+1=3<N$
$F_3=-7<0$	$+Y$	$F_4=F_3+2Y_3+1=-7+4+1=-2$	$X_4=5, Y_4=2+1=3$	$i=3+1=4<N$
$F_4=-2<0$	$+Y$	$F_5=F_4+2Y_4+1=-2+6+1=5$	$X_5=5, Y_5=3+1=4$	$i=4+1=5<N$
$F_5=5>0$	$-X$	$F_6=F_5-2X_5+1=5-10+1=-4$	$X_6=5-1=4, Y_6=4$	$i=5+1=6<N$
$F_6=-4<0$	$+Y$	$F_7=F_6+2Y_6+1=-4+8+1=5$	$X_7=4, Y_7=4+1=5$	$i=6+1=7<N$
$F_7=5>0$	$-X$	$F_8=F_7-2X_7+1=5-8+1=-2$	$X_8=4-1=3, Y_8=5$	$i=7+1=8<N$
$F_8=-2<0$	$+Y$	$F_9=F_8+2Y_8+1=-2+10+1=9$	$X_9=3, Y_9=5+1=6$	$i=8+1=9<N$
$F_9=9>0$	$-X$	$F_{10}=F_9-2X_9+1=9-6+1=4$	$X_{10}=3-1=2, Y_{10}=6$	$i=9+1=10<N$
$F_{10}=4>0$	$-X$	$F_{11}=F_{10}-2X_{10}+1=4-4+1=1$	$X_{11}=2-1=1, Y_{11}=6$	$i=10+1=11<N$
$F_{11}=1>0$	$-X$	$F_{12}=F_{11}-2X_{11}+1=1-2+1=0$	$X_{12}=1-1=0, Y_{12}=6$	$i=11+1=12=N$

4.5.4 数字增量插补算法

数字增量插补算法在现代 CNC 系统中得到广泛应用。在采用这类插补算法的 CNC 装置中,插补周期是一个重要的参数。下面先就插补周期进行讨论,然后以时间分割法插补为例,说明直线、圆弧插补原理。

1. 插补周期

插补周期是指两个微小直线段之间的插补时间间隔。对数控系统而言,插补周期是固定不变的时间常数。

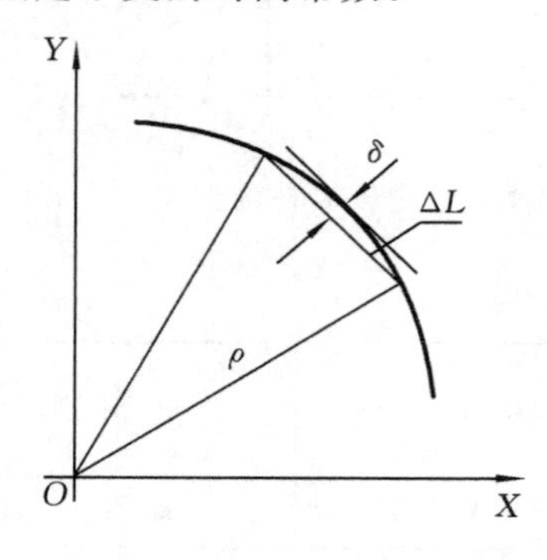

图 4-25 曲线插补的逼近误差

(1) 插补周期与精度、速度的关系。在直线插补过程中,由于给定轮廓本身就是直线,那么插补分割后的小直线段与给定直线是重合的,也就不存在插补误差的问题。但在圆弧插补过程中,一般采用切线、内接弦线和内外均差弦线来逼近圆弧,显然,这些微小直线段不可能完全与圆弧相重合,从而造成了轮廓插补误差,如图 4-25 所示。

圆弧插补时的逼近误差 δ 与插补周期 T、进给速度 F 以及该曲线在逼近处的曲率半径 ρ 的关系为

$$\delta=\rho-\sqrt{\rho^2-\left(\frac{\Delta L}{2}\right)^2}$$

因为 $\Delta L=FT$，所以 $\delta=\rho-\sqrt{\rho^2-\left(\frac{FT}{2}\right)^2}\approx\frac{(FT)^2}{8\rho}$。

可见，在圆弧插补过程中，若 T 越长，或 F 越大，或 ρ 越小，则插补误差就越大。但对于给定的某段圆弧轮廓来讲，如果将 T 选得尽量小，则可获得尽可能高的进给速度 F，提高了加工效率。在实际的系统中，通过对 F 进行限制来保证 δ 在允许的范围内。

(2) 插补周期与插补运算时间的关系。单从减少插补误差角度考虑，插补周期 T 应尽量选得小一些。但另一方面，T 也不能太小，由于 CNC 装置在进行轮廓插补计算时，其中 CPU 不仅要完成插补运算，还必须处理一些其他任务，如位置误差计算、显示、监控、I/O处理等，因此，插补周期 T 必须大于插补运算时间和完成其他相关任务所需时间之和。在采用分时共享的 CNC 系统中，插补周期一般应为最长插补运算时间的两倍以上。

(3) 插补周期与位置控制周期的关系。位置控制周期是数控系统中伺服位置环的采样控制周期。对于设计完成的数控系统而言，它也是固定不变的时间常数。由于插补运算的输出是位置控制的输入，因此，插补周期要么与位置控制周期相等，要么是位置控制周期的整数倍，只有这样才能使整个系统协调工作。例如，日本 FANUC 7M 系统的插补周期是 8 ms，而位置控制周期是 4 ms。

2. 时间分割直线插补算法

在设计直线插补算法程序时，为了简化程序的设计，通常将插补计算坐标系的原点选在被插补直线的起点，如图 4-26 所示，设有一条直线 OP，原点 $O(0,0)$为起点，点 $P(x_e,y_e)$为终点，设指令进给速度为 F(mm/min)，沿 OP 进给，系统的插补周期为 T(ms)，则在 T 内的合成进给量 $\Delta L(\mu\text{m})$为

$$\Delta L = FT/60$$

若 $T=8$ ms，则

$$\Delta L = 2F/15$$

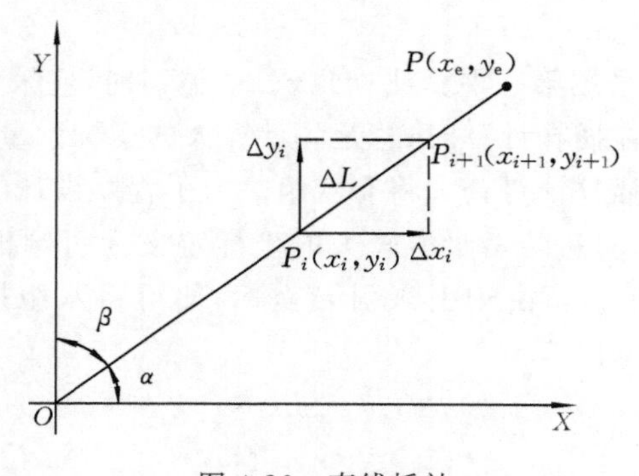

图 4-26　直线插补

设 $P_i(x_i,y_i)$ 为某一插补点，$P_{i+1}(x_{i+1},y_{i+1})$ 为下一插补点，则

$$\Delta x_i = \Delta L\cos\alpha$$
$$x_{i+1} = x_i + \Delta x_i$$
$$y_{i+1} = x_{i+1}\tan\alpha$$
$$\Delta y_i = y_{i+1} - y_i$$

式中：$\tan\alpha=\dfrac{y_e}{x_e}$；$\cos\alpha=\dfrac{x_e}{\sqrt{x_e^2+y_e^2}}$。

上述算法是先计算 Δx_i，后计算 Δy_i；同样还可以先计算 Δy_i，后计算 Δx_i，即

$$\Delta y_i = \Delta L\cos\beta$$
$$y_{i+1} = y_i + \Delta y_i$$
$$x_{i+1} = y_{i+1}\tan\beta$$
$$\Delta x_i = x_{i+1} - x_i$$

式中：$\tan\beta=\dfrac{x_e}{y_e}$；$\cos\beta=\dfrac{y_e}{\sqrt{x_e^2+y_e^2}}$。

上述两种算法究竟哪种较优，可对它们进行如下分析。

由上述两种算法分别可得

$$\Delta y_i = (x_i + \Delta x_i)\tan\alpha - y_i$$
$$\Delta x_i = (y_i + \Delta y_i)\tan\beta - x_i$$

对其分别微分并取绝对值，可得

$$|\mathrm{d}(\Delta y_i)| = |\tan\alpha||\mathrm{d}(\Delta x_i)| = |y_e/x_e||\mathrm{d}(\Delta x_i)|$$
$$|\mathrm{d}(\Delta x_i)| = |\tan\beta||\mathrm{d}(\Delta y_i)| = |x_e/y_e||\mathrm{d}(\Delta y_i)|$$

由此可得，当 $|x_e|>|y_e|$ 时：

对第一种算法有 $|\mathrm{d}(\Delta y_i)|<|\mathrm{d}(\Delta x_i)|$，该算法对误差有收敛作用；

对第二种算法有 $|\mathrm{d}(\Delta x_i)|>|\mathrm{d}(\Delta y_i)|$，该算法对误差有放大作用。

因此，可得出如下结论：

当 $|x_e|>|y_e|$ 时，应采用第一种算法；当 $|x_e|<|y_e|$ 时，应采用第二种算法。

该结论的实质就是：在插补计算时，总是先计算大的坐标增量，后计算小的坐标增量。若再考虑不同的象限，则插补计算公式将有八组。为了程序设计的方便，可引入引导坐标的概念，即在采样周期内，将进给增量值较大的坐标定义为引导坐标 G，进给增量值较小的坐标定义为非引导坐标 N。由于引入引导坐标，便可将八组插补计算公式归结为一组。

$$\Delta G_i = \Delta L\cos\alpha$$
$$G_{i+1} = G_i + \Delta G_i$$
$$N_{i+1} = G_{i+1}\tan\alpha$$

$$\Delta N_i = N_{i+1} - N_i$$

式中：$\tan\alpha = \dfrac{N_e}{G_e}$；$\cos\alpha = \dfrac{G_e}{\sqrt{G_e^2 + N_e^2}}$。

在程序设计时，可将上述公式设计成子程序，并在其输入、输出部分进行引导坐标与实际坐标的相互转换，这样可大大简化程序的设计。

3. 时间分割圆弧插补算法

采用时间分割圆弧插补算法进行圆弧插补的基本方法是用内接弦线逼近圆弧。只要在插补过程中，根据半径合理地选用进给速度 F，就可使逼近精度满足要求。

同直线插补一样，在设计圆弧插补程序时，为了简化程序设计，通常将插补计算坐标系的原点选在被插补圆弧的圆心上，如图 4-27 所示，以第一象限顺圆(G02)插补为例来讨论圆弧插补原理。图中 $P_i(x_i, y_i)$ 为圆上某一插补点 A，$P_{i+1}(x_{i+1}, y_{i+1})$ 为下一插补点 C，直线段 AC 为本次的合成进给量，D 为 AC 的中点。

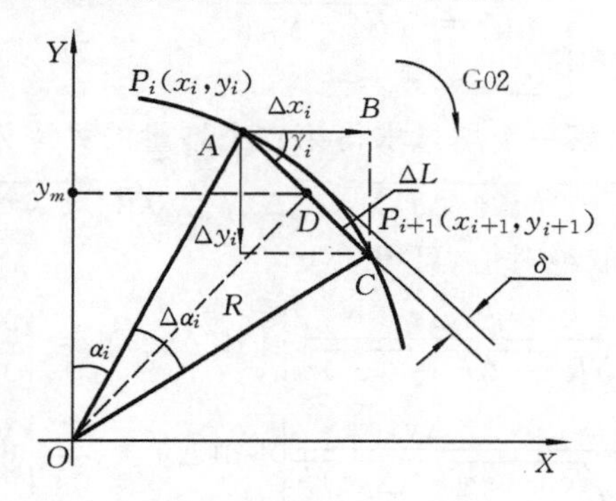

图 4-27　时间分割法圆弧插补示意图

由图 4-27 所示的几何关系可得

$$\triangle ABC \backsim \triangle ODy_m$$

则
$$\gamma_i = \alpha_i + \frac{\Delta\alpha_i}{2}$$

$$\cos\gamma_i = \cos\left(\alpha_i + \frac{\Delta\alpha_i}{2}\right) = \frac{y_m}{(R-\delta)} = \frac{\left(y_i - \dfrac{\Delta y_i}{2}\right)}{(R-\delta)}$$

由于 Δy_i、δ 都为未知数，故对上式需进行如下近似处理。

由于 ΔL 很小，可用 Δy_{i-1} 取代 Δy_i；由于 $R \gg \delta$，可用 R 取代 $R-\delta$。

因此有
$$\cos\gamma_i \approx (y_i - \Delta y_{i-1}/2)/R$$

式中：Δy_{i-1} 为上一次插补运算中自动生成的合成进给量在 Y 轴上的分量。最初的 Δx_0 和 Δy_0 可采用 DAA 法求得

$$\Delta x_0 = \Delta L y_0 / R, \quad \Delta y_0 = \Delta L x_0 / R$$

式中:x_0、y_0为插补圆弧的起点。则

$$\Delta x_i = \Delta L \cos\gamma_i = \Delta L (y_i - \Delta y_{i-1}/2)/R$$

$$\Delta y_i = y_i - \sqrt{R^2 - (x_i + \Delta x_i)^2}$$

综合后得

$$\begin{cases} \Delta x_i = \Delta L (y_i - \Delta y_{i-1}/2)/R \\ x_{i+1} = x_i + \Delta x_i \\ y_{i+1} = \sqrt{R^2 - x_{i+1}^2} \\ \Delta y_i = y_i - y_{i+1} \end{cases}$$

同直线插补一样,除上述算法外,同样还可以用下面的算法,即

$$\begin{cases} \Delta y_i = \Delta L (x_i + \Delta x_{i-1}/2)/R \\ y_{i+1} = y_i - \Delta y_i \\ x_{i+1} = \sqrt{R^2 - y_{i+1}^2} \\ \Delta x_i = x_{i+1} - x_i \end{cases}$$

在以上两种算法中,由第一个增量求得第二个增量的算法为

$$\Delta y_i = y_i - \sqrt{R^2 - (x_i + \Delta x_i)^2}, \quad \Delta x_i = \sqrt{R^2 - (x_i - \Delta x_i)^2} - x_i$$

分别对两式的两边微分并取绝对值,可得

$$|\mathrm{d}(\Delta y_i)| = \left| \frac{x_i + \Delta x_i}{\sqrt{R^2 - (x_i + \Delta x_i)^2}} \right| |\mathrm{d}(\Delta x_i)| = \left| \frac{x_{i+1}}{y_{i+1}} \right| |\mathrm{d}(\Delta x_i)|$$

$$|\mathrm{d}(\Delta x_i)| = \left| \frac{y_i - \Delta y_i}{\sqrt{R^2 - (y_i - \Delta y_i)^2}} \right| |\mathrm{d}(\Delta y_i)| = \left| \frac{y_{i+1}}{x_{i+1}} \right| |\mathrm{d}(\Delta y_i)|$$

由此可知,当$|y_{i+1}| > |x_{i+1}|$时:

对第一种算法有$|\mathrm{d}(\Delta y_i)| < |\mathrm{d}(\Delta x_i)|$,则该算法对误差有收敛作用;

对第二种算法有$|\mathrm{d}(\Delta x_i)| > |\mathrm{d}(\Delta y_i)|$,则该算法对误差有放大作用。

通过上面的分析,可得出如下结论:

当$|x_i| \leqslant |y_i|$时,应采用第一种算法;当$|x_i| > |y_i|$时,应采用第二种算法。

该结论在插补计算时总是先计算大的坐标增量,后计算小的坐标增量。

若再考虑不同的象限和不同的插补方向(G02/G03),则该算法的圆弧插补计算公式将有十六组。为了程序设计的方便,同样在引入引导坐标后,可将十六组插补计算公式归结为两组:

$$A\begin{cases} \Delta G_i = \Delta L (N_i - \Delta N_{i-1}/2)/R \\ \Delta G_{i+1} = G_i + \Delta G_i \\ N_{i+1} = \sqrt{R^2 - G_{i+1}^2} \\ \Delta N_i = N_i - N_{i+1} \end{cases} \tag{4-1}$$

$$B\begin{cases}\Delta G_i = \Delta L(N_i + \Delta N_{i-1}/2)/R \\ \Delta G_{i+1} = G_i - \Delta G_i \\ N_{i+1} = \sqrt{R^2 - G_{i+1}^2} \\ \Delta N_i = N_{i+1} - N_i\end{cases} \tag{4-2}$$

顺圆插补(G02)和逆圆插补(G03)在各象限采用的公式如图 4-28 所示。

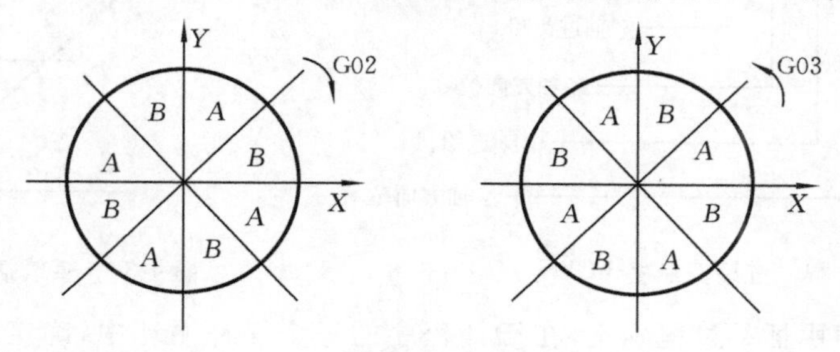

图 4-28　圆弧插补公式选用示意图

在圆弧插补公式的推导中,采用了近似计算,$\cos\gamma_i$必然产生偏差,但所求出的插补点坐标(x_{i+1},y_{i+1})总可保证在圆上,因此对算法的稳定性和轨迹精度没有影响。

$\cos\gamma_i$的误差将直接导致实际合成进给量 ΔL 的波动,表现为进给速度不均匀。但是由这种误差导致的进给速度的波动是很小的,可以证明其不均匀性系数最大为 $\lambda_{max} < 0.35\%$,这在机械加工中是允许的。

显然,ΔL 的波动对逼近误差也是有影响的,尤其是当实际的 γ'_i小于准确的 γ_i时,其逼近误差比事先确定的要大一些,但从 $\lambda_{max} < 0.35\%$来看,这个影响也是很小的。

4.5.5　控制信号的产生

1. 控制字 FCW

如前所述,控制一个坐标轴的伺服系统需要两个信号:一个是电平信号,用来控制电动机的转向,从而控制了动点的进给方向,即刀具沿坐标轴正向还是负向移动;另一个是脉冲信号,用来控制转过的脉冲角,从而控制动点进给的脉冲当量数,即刀具沿坐标轴进给的步数。而插补只确定了动点应该怎样进给,而没有把这个要求转换成相应的控制信号。

为确定数控机床的进给方向和进给量,在软件插补器中设置了进给控制字 FCW ,其作用是保存插补过程中产生的进给信号。FCW 是一个二进制变量,它的长度可取为微处理机的一个字节。一个坐标需要两个进给信号,所以两坐标数控机床需要四个信号,故 FCW 的有效位是四位,每两位控制一个坐标轴、一个方向位、一个进给量位。对于方向位和进给量位作如下规定。

方向位:0——刀具沿坐标轴正向进给;1——刀具沿坐标轴负向进给。

进给量位:0——刀具不进给; 1——刀具走一步。

在一个字节中 FCW 仅用低四位,并作如下规定(见图 4-29)。

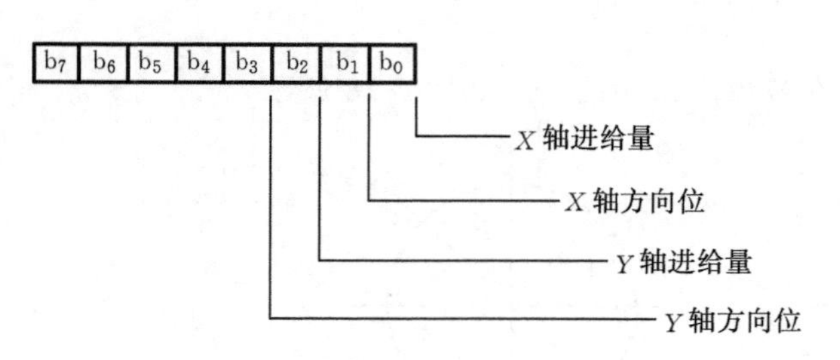

图 4-29　进给控制字 FCW

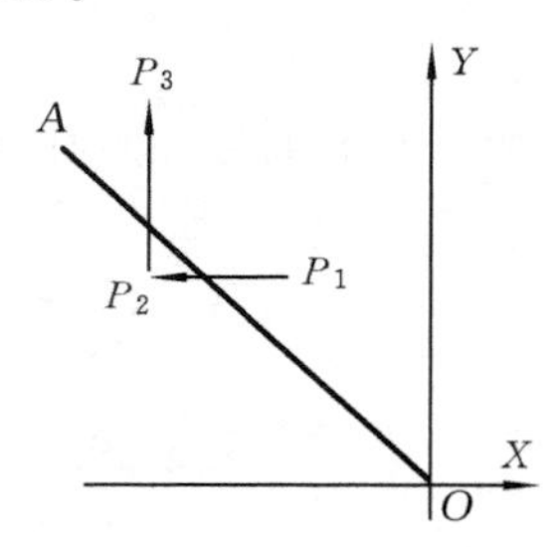

图 4-30　直线插补 FCW 示意图

FCW 的数值由插补过程确定,在插补程序的每个插补循环中,确定好 FCW 的各位数值,然后由输出程序从端口输出以控制伺服机构进给。例如,插补如图 4-30 所示第二象限的直线 OA。当加工点在 P_1时,需向 $-X$ 方向进给一步,FCW 为 0011B,控制字表示刀具沿 Y 轴方向不进给,沿 $-X$ 方向进给一步;刀具在 P_2点,向 $+Y$ 方向进给一步,FCW 为 0100B,控制字表示刀具向 $+Y$ 方向进给一步,沿 X 轴方向不进给。

2. 控制字 FCW 的转换

把 FCW 控制字转换成伺服机构所需要的信号的任务是由程序来完成的,程序框图如图 4-31(a)所示。程序执行完后由输出口输出的信号如图 4-31(b)所示。设有一个控制字是 1001B,则这个子程序执行顺序为

(1) 把 FCW 由输出口输出,各位数值如图 4-31(b)中时刻 t_1 所示,b_0 到 b_3 位的值分别是 1、0、0、1;

(2) 延时 T_1 秒,输出口各位数值保持不变;

(3) 把 FCW 中各轴步子位清 0,再输出,这时输出口的 b_0、b_2 位均为 0,而 b_1、b_3 位保持不变(见图 4-31(b)中时刻 t_2);

(4) 延时 T_2 秒,延时期间输出口保持各位不变;

(5) 返回。

在程序执行后,由输出口的 b_0 位输出了一个脉冲,b_1、b_2 位输出的是低电平,b_3 输出的是高电平。如果把输出口的 b_0、b_1 位接到 X 轴伺服电动机的两根控制线上,则动点沿 X 轴正向走一步;把 b_2、b_3 位分别接到 Y 轴伺服电动机的两个控制线上,由于 b_2 位无脉冲输出,因而动点不沿 Y 轴进给,可见这个程序能够产 FCW 规定的控制信号。

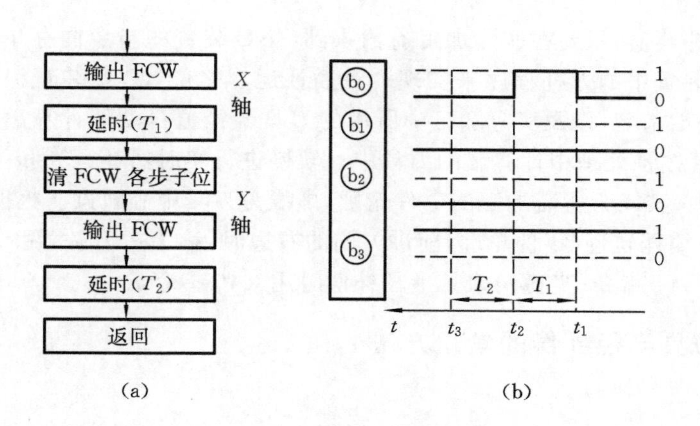

图 4-31　控制信号的输出

4.6　刀具半径补偿原理

4.6.1　刀具半径补偿的概念

使用一定半径的刀具(如圆锥铣刀、球头铣刀、线切割丝等)进行轮廓加工时,刀具中心的轨迹并不等于编程轨迹(即所需加工的零件轮廓)。无论进行内轮廓加工,还是外轮廓加工,刀具中心轨迹总是相对于零件轮廓偏移一个刀具半径值。刀具半径补偿(简称刀补)的作用就是根据零件轮廓和刀具半径值计算出刀具中心的运动轨迹,作为插补计算的依据。这个偏移量称为刀具半径补偿量,如图 4-32 所示。

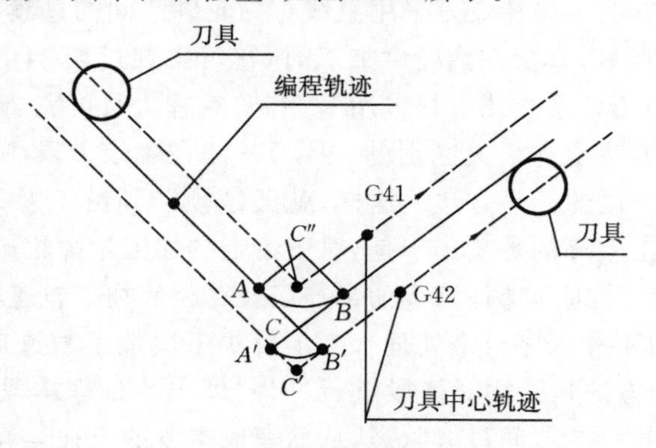

图 4-32　刀具半径补偿示意图

为了编程和加工的方便,编程人员只需按零件的轮廓进行编程,并在程序中指明何处进行何种形式的刀补以及何处撤销这种刀补,而不用考虑刀具的半径值。刀具的半径补偿量(刀具半径补偿值)只要在实际加工前输入到 CNC 装置的指定内存单元即可。刀补的功能由 CNC 装置中的刀补程序来实现。在插补运算之前,CNC 装置根据零件轮廓尺寸和刀具半径补偿指令,以及实际加工中所用的刀具半径值自动地计算出实际刀具中心轨迹。CNC 装置按预处理中计算出的刀具中心轨迹进行实时插补运算和位置控制。

在图 4-32 中,实线为所需加工的零件轮廓,虚线为刀具中心轨迹。根据 ISO 标准,当刀具中心轨迹在编程轨迹(零件轮廓)前进方向的右边时,称为右刀补,用 G42 指令;反之称为左刀补,用 G41 指令;当撤销刀具半径补偿时用 G40 指令。

4.6.2 刀具半径补偿的常用方法

1. B 刀补

B 刀补的特点是刀具中心轨迹的段间连接都是以圆弧进行的,算法简单,容易实现,但由于段间过渡采用圆弧,这就产生了一些无法避免的缺点。首先,当加工外圆时,由于刀具中心通过连接圆弧轮廓尖角处始终处于切削状态,要求的尖角往往被加工成小圆角;其次,在内轮廓加工时,要由编程人员人为地编进一个辅助加工的过渡圆弧 AB,如图4-32 所示,并且还要求这个过渡圆弧的半径必须大于刀具的半径,这就给编程工作带来了麻烦,一旦疏忽,使过渡圆弧的半径小于刀具半径时,就会因刀具干涉而产生过切现象,使加工零件报废。这些缺点限制了该方法在一些复杂的、要求较高的数控装置中的应用。

2. C 刀补

C 刀补的特点是相邻两段轮廓的刀具中心轨迹之间用直线进行连接,由数控装置根据零件轮廓的编程轨迹和刀具偏移量直接算出刀具中心轨迹的转接点 C' 和 C'',如图 4-32 所示,然后再对原来的编程轨迹作伸长、插入或缩短修正,从而自动处理两个程序段间刀具中心轨迹的转接。它的主要特点是采用直线作为轮廓之间的过渡,因此,该刀补法的尖角工艺性较 B 刀补的要好,其次在内轮廓加工时,它可实现过切(干涉)自动预报,从而避免过切的产生。现代 CNC 系统几乎都采用 C 刀补,编程人员可完全按零件轮廓编程。

两种刀补的处理方法是有很大区别的。B 刀补法在确定刀具中心轨迹时,采用的是读一段,算一段,再走一段的处理方法。这样,就无法预计到由于刀具半径所造成的下一段加工轨迹对本段加工轨迹的影响。于是,对于给定的加工轮廓轨迹来说,当加工内轮廓时,为了避免刀具干涉,合理地选择刀具的半径以及在相邻加工轨迹转接处选用恰当的过渡圆弧等问题,就不得不靠程序员来处理。为了解决下段加工轨迹对本段加工轨迹的影响问题,C 刀补采用的方法是一次对两段进行处理,即先预处理本段,然后根据下一段的方向来确定刀具中心轨迹的段间过渡状态,从而完成本段的刀补运算处理,然后再从程序段缓冲器读一段,用于计算第二段的刀补轨迹,以后按照这种方法进行下去,直至程序结束为止。

4.6.3 C刀补的转接形式和转接方式

1. 转接形式

由于C刀补采用直线过渡，因而在实际加工过程中，随着前后两段编程轨迹线形的不同，相应的刀具中心轨迹也会有不同的转接形式，在CNC装置中，都有圆弧插补和直线插补两种功能，对由这两种线形组成的编程轨迹有以下四种转接形式：

(1) 直线与直线转接；

(2) 直线与圆弧转接；

(3) 圆弧与直线转接；

(4) 圆弧与圆弧转接。

2. 转接方式

为了讨论C刀补的转接方式，有必要先说明矢量夹角的含义。矢量夹角 α 是指两编程轨迹在交点处非加工侧的夹角，如图4-33所示。

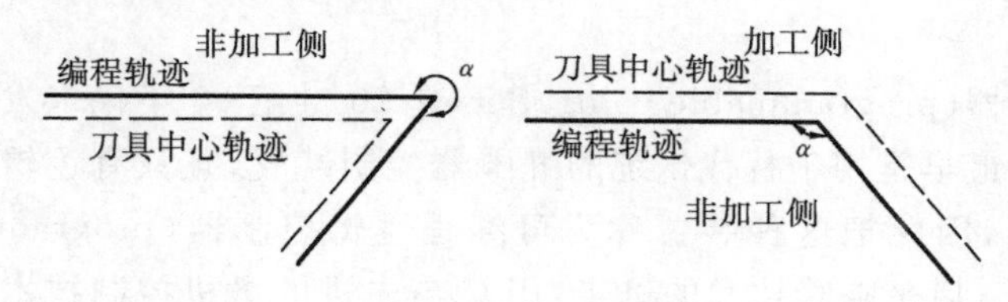

图4-33 矢量夹角的定义

根据两段编程轨迹的矢量夹角和刀补方向的不同，刀具中心轨迹从一编程段到另一个编程段的段间连接方式，即转接方式有以下几种：缩短型、伸长型和插入型。图4-34所示为刀具中心轨迹的三种转接方式。图中，$\boldsymbol{AB}$、$\boldsymbol{AD}$ 为刀具半径矢量，OA、AF 为编程轨迹。

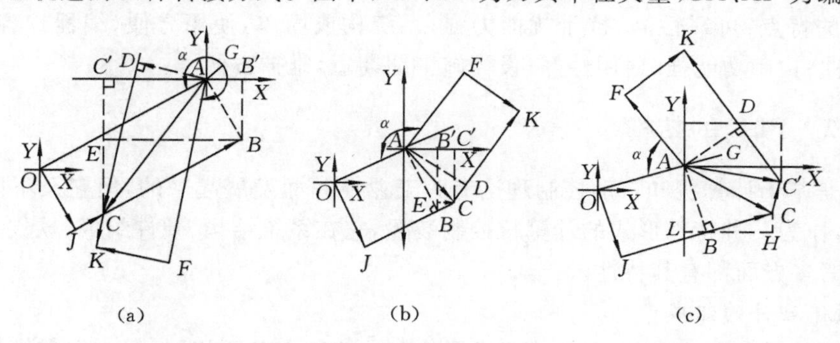

图4-34 刀具中心轨迹的转接方式

(a) 缩短型；(b) 伸长型；(c) 插入型

如图4-34(a)所示，刀具中心轨迹 JB 与 DK 将在点 C 相交。这样，刀具实际运行轨

迹相对于 OA 和 AF 而言，将缩短一个 CB 与 DC 的长度。这种转接称为缩短型转接，$180° \leqslant \alpha < 360°$。

如图 4-34(b)所示，刀具中心轨迹 JB 与 DK 的延长线在点 C 相交，刀具实际运行轨迹相对于 OA 和 AF 而言，将伸长一个 BC 与 CD 的长度。这种转接称为伸长型转接，$90° \leqslant \alpha < 180°$。

如图 4-34(c)所示，若仍采用伸长型转接，势必要增加刀具非切削的空行程时间。为了解决这个问题，令 BC 等于 $C'D$ 且等于刀具半径矢量的长度 AB 和 AD，同时，在中间人为地插入过渡直线 CC'，相当于中间插入一个程序段。这种转接方式称为插入型转接，$0° < \alpha < 90°$。

4.7 数控装置中的可编程序控制器

4.7.1 概述

可编程序控制器(programmable controller)是 20 世纪 60 年代末发展起来的一种新型自动化控制器。最早是用于替代传统的继电器控制装置，且只有逻辑运算、定时、计数及顺序控制等功能，因此把这种装置称为可编程逻辑控制器(programmable logic controller)，简称 PLC。后来随着技术的进步，PLC 与先进的微机控制技术相结合而发展成为一种崭新的工业控制器，其控制功能已远远超出了逻辑控制的范畴，人们对其正式命名为可编程序控制器(programmable controller)，简称 PC。但随着它的应用范围不断扩大，为了突出其作为工业控制装置的特点，也为了与个人计算机"PC"或脉冲编码器"PC"等术语相区别，在数控领域上，人们仍习惯称其为 PLC。

PLC 的特点：可靠性高，抗干扰能力强；系统构成简单，使用方便，编程较容易，具有很好的柔性；控制功能强，通用性好；设计施工周期短，维护方便。

4.7.2 PLC 的结构

PLC 是基于计算机和自动控制理论专为工业控制而发展起来的，但它又不同于普通的计算机，作为一种特殊形式的计算机控制装置，它在系统结构、硬件组成、软件结构及用户界面等诸多方面都有其特性。

1. PLC 硬件的组成

虽然各公司生产的 PLC 产品的组成形式和功能特点各不相同，但它们在结构和组成上基本是相同的，即由 CPU、存储器、输入/输出接口和其他可选部件四大部分组成。PLC 在运行过程中，一般由 CPU、存储器、输入/输出接口三个部分加上供电电源即可完成预定的各种基本控制任务，因此可将这三部分称为 PLC 的基本组成部分。其他可选部件包括编程器、外存储器、通信接口、人机界面以及测试设备等，它们是PLC的辅助组成部分。

PLC的硬件结构如图4-35所示。它的硬件是通用的，用户只要按自己的需要选择模块，并相应改变存储器内的程序，就可以用于控制各种类型的数控机床。它的各部分是通过总线连接的。

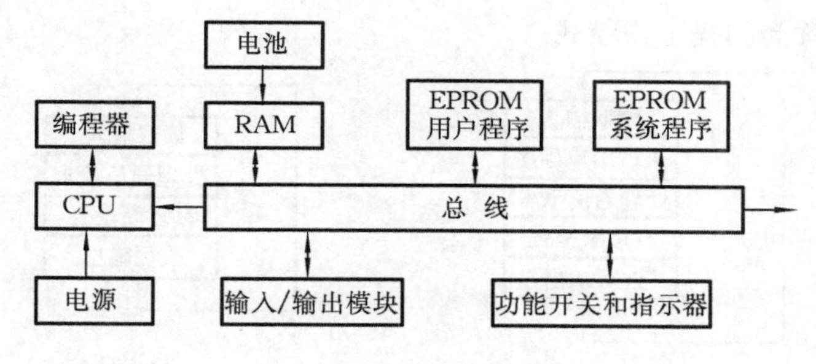

图4-35 PLC的硬件结构

1) **中央处理单元**CPU

可编程序控制器的CPU与通用微机的CPU一样，是它的核心部分，它按照系统软件赋予的功能，接收并存储从编程器键入或编程软件下载的用户程序和数据，用扫描方式查询现场输入装置的各种信号状态或数据，并存入输入过程状态寄存器或数据寄存器中，然后从存储器中逐条读取用户程序，按指令规定的任务产生相应的控制信号，去启闭有关的控制电器。

2) **存储器**

存储器主要用于存放系统程序、用户程序和工作数据。PLC所用存储器基本上有EPROM和RAM两种，而存储器总容量随PLC类别或规模的不同而改变。

3) **输入/输出(I/O)模块**

输入/输出模块是PLC与被控设备或控制开关相连接的接口部件。控制中所用的按钮、开关及一些传感器输出的信号均要通过输入部分转换成PLC可接收的信号，而CPU处理后的信号需通过输出部分转换成控制现场需要的信号，用以驱动电磁阀、接触器、电磁离合器等被控设备的控制和执行元件。

2. PLC软件的组成

PLC在上述硬件环境下，还必须要有相应的执行软件配合工作。PLC基本软件包括系统软件和用户软件。系统软件一般包括操作系统、语言编译系统和各种功能软件等。其中操作系统管理PLC的各种资源，协调系统各部分之间、系统与用户之间的关系，为用户应用软件提供了一系列管理手段，以使用户应用程序能正确地进入系统，正常工作。用户应用软件是面向用户或面向生产过程的应用程序，也称PC程序。

4.7.3 PLC 的工作原理

PLC 通电后，需要对硬件和软件进行初始化。PLC 的输出应及时地响应各种输入信号，且初始化后还应反复不停地分阶段处理各种不同的任务（见图 4-36）。这种周而复始的循环工作模式称为扫描工作模式。

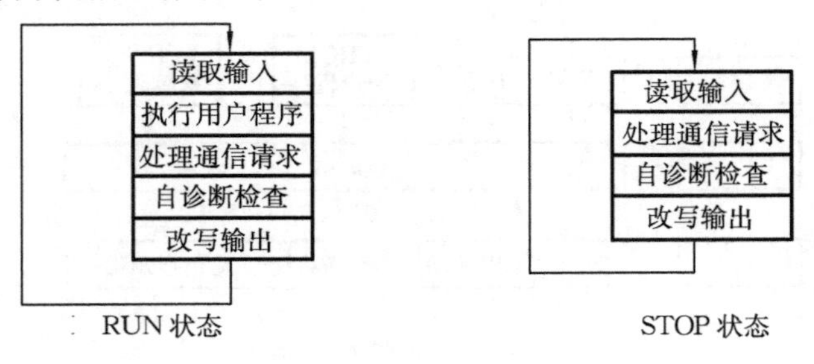

图 4-36 PLC 扫描过程

1. 读取输入

在 PLC 的存储器中，设置了一片区域来存放输入信号和输出信号的状态，它们分别称为输入过程映像寄存器和输出过程映像寄存器。CPU 以字节为单位来读写输入/输出过程映像寄存器。

2. 执行用户程序

PLC 的用户程序由若干条指令组成，指令在存储器中按顺序排列。在 RUN 工作模式的程序执行阶段，在没有跳转指令时，CPU 从第一条指令开始，逐条顺序地执行用户程序。

在执行指令时，从 I/O 映像寄存器或别的位元件的映像寄存器读出其 0/1 状态，并根据指令的要求执行相应的逻辑运算，运算的结果写入到相应的映像寄存器中，因此，各映像寄存器的内容随着程序的执行而变化，除只读的输入过程映像寄存器外。

3. 通信处理

在通信请求处理阶段，CPU 处理从通信接口和智能模块接收到的信息，例如，读取智能模块的信息并存放在缓冲区中，在适当的时候将信息传送给通信请求方。

4. CPU 自诊断测试

自诊断测试包括定期检查 CPU 模块的操作和扩展模块的状态是否正常，将监控定时器复位，以及完成一些别的内部工作。

5. 改写输出

CPU 执行用户程序后，将输出过程映像寄存器的 0/1 状态传送到输出模块并锁存起来。例如：梯形图中某一输出点的线圈“通电”时，对应的输出过程映像寄存器为 1 状态，信号经输出模块隔离和功率放大后，对应的硬件继电器的线圈通电，其常开触点闭合，使外部负载通电工作；梯形图输出点的线圈“断电”时，对应的输出过程映像寄存器为0状态，信号经输出模块隔离和功率放大后，对应的硬件继电器的线圈断电，其常开触点断开，外部负载断电，停止工作。

6. 中断程序的处理

如果在程序中使用了中断，中断事件发生时，CPU停止正常的扫描工作模式，立即执行中断程序，中断功能可以提高PLC对某些事件的响应速度。

7. 立即I/O处理

在程序执行过程中，使用立即I/O指令可以直接存取I/O点。用立即I/O指令读输入点的值时，相应的输入过程映像寄存器的值未被更新。用立即I/O指令来改写输出点的值时，相应的输出过程映像寄存器的值被更新。

4.7.4 数控机床PLC的类型

1. 内装型PLC

内装型PLC从属于CNC装置，PLC与NC间的信号传送在CNC内部即可实现。PLC与机床机械部分及其液压、气压、冷却、润滑、排屑等辅助装置，机床操作面板，继电器线路，机床强电线路等之间的信号传送则通过CNC输入/输出接口电路实现，如图4-37所示。

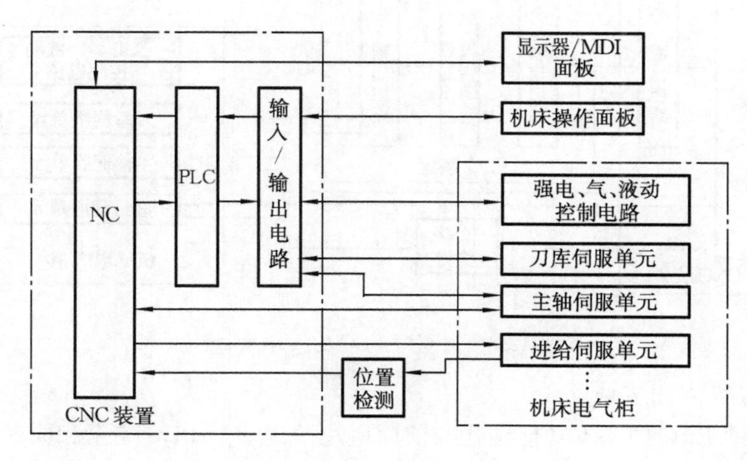

图4-37 内装型PLC的CNC系统

内装型PLC有以下特点。

(1) 内装型PLC实际上是CNC装置带有的PLC功能，一般是作为一种基本功能提供给用户。

(2) 内装型PLC的性能指标，如输入/输出点数、程序最大步数、每步执行时间、程序扫描时间、功能指令数目等,是根据所从属的CNC系统的规格、性能、适用机床的类型等确定的,其硬件和软件部分是作为CNC系统的基本功能或附加功能与CNC系统一起设计制造的。因此,系统硬件和软件的整体结构十分紧凑,PLC所具有的功能针对性强,技术指标较合理、实用,适用于单台数控机床及加工中心等场合。

(3) 在系统结构上,内装型PLC可与CNC共用CPU,也可单独使用一个CPU。内装型PLC一般单独制成一块附加板,插装到CNC主板插座上,不单独装配I/O接口,而使用CNC系统本身的I/O接口。PLC控制部分及部分I/O电路输入口所用电源,由CNC装置提供,不另备电源。

(4) 采用内装型PLC结构,CNC系统可以具有某些高级控制功能,如梯形图编辑和传送功能等。

2. 独立型PLC

独立型PLC又称通用型PLC。独立型PLC独立于CNC装置,具有完备的硬件和软件功能,能够独立完成规定的控制任务。采用独立型PLC的数控机床系统框图如图4-38所示。

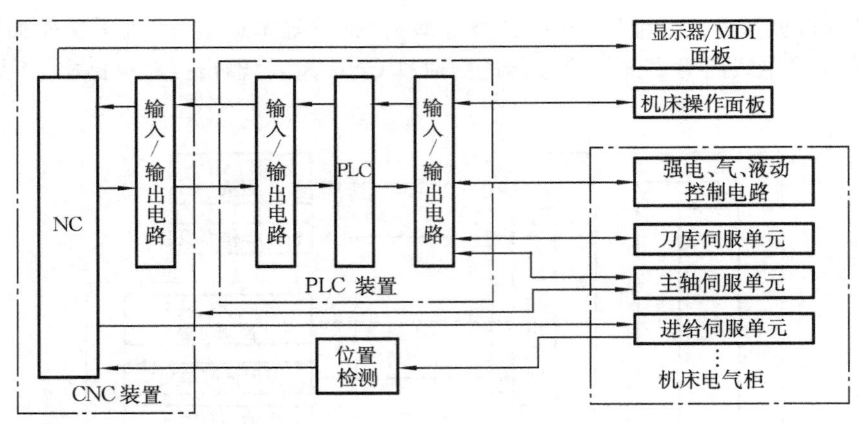

图4-38 独立型PLC的CNC系统

独立型PLC有如下特点。

(1) 独立型PLC的基本功能结构与前面所述的内装型PLC完全相同。

(2) 数控机床使用的独立型PLC,一般采用中型或大型PLC,输入/输出点数一般在200点以上,所以多采用模块化结构,具有安装方便、功能易于扩展和变换等优点。

(3) 独立型PLC的输入/输出点数可以通过输入/输出模块的增或减灵活配置。有的独立型PLC还可以通过多个远程终端连接器,构成有大量输入/输出点的网络,以实现大范围的集中控制。

4.7.5　PLC 的编程方法

PLC 的编程语言与一般计算机语言相比，具有明显的特点，它既不同于高级语言，也不同于一般的汇编语言。常用的 PLC 的编程方法有下面几种。

1. 语句表(STL)

STL 文本型的程序和汇编语言比较相似，程序格式为

指令助记符　(操作数)，(操作数)

例如：LD　I0.1

　　O　M0.3

　　AN　I0.2

　　=　Q1.1

CPU 从上到下按照程序的顺序执行每一条指令，程序结束后再返回到起始位置重新循环执行。

2. 梯形图(LAD)

梯形图是使用最多的 PLC 图形编程语言。梯形图与继电器控制系统的电路图很相似，具有直观易懂的优点，特别适用于数字量逻辑控制，如图 4-39 所示。梯形图由触点、线圈和用方框表示的功能块组成。

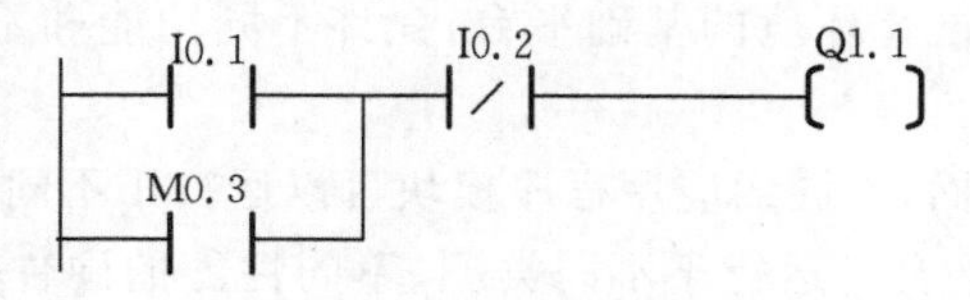

图 4-39　梯形图程序示例

(1) 触点代表逻辑输入条件，例如，外部的开关、按钮等输入信号和内部变量状态调用等。

(2) 线圈代表逻辑输出结果，用来控制外部的指示灯、交流接触器和内部的输出条件等。

(3) 功能块代表附加指令，如定时器、计数器或数学运算指令以及子程序调用等。

梯形图通过连线把代表 PLC 指令的梯形图符号连接在一起，用来表达所使用的 PLC 指令及其前后顺序。它的连线有两种：母线和内部横竖线。内部横竖线把一个个梯形图符号指令连成一个指令组，这个指令组一般从装载(LD)指令开始，必要时再加若干个输入指令(含 LD 指令)，以建立逻辑条件；最后为输出类指令，实现输出控制，或为数据控制、流程控制、通信处理、监控工作等指令，进行相应的工作。母线是用来连接指令组的。

3. 功能块图(FBD)

这是一种类似于数字逻辑门电路的编程语言，该编程语言用类似与门、或门的方框来

表示逻辑运算关系,方框的左侧为逻辑运算的输入变量,右侧为输出变量,输入、输出端的小圆圈表示"非"运算,方框被"导线"连接在一起,信号自左向右流动,如图 4-40 所示。

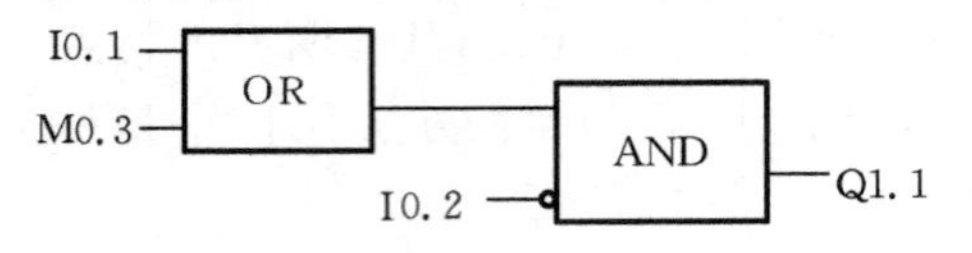

图 4-40　功能块图程序示例

一般来说,大多数 PLC 编程人员和维护人员选择梯形图编程,语句表编程更适合于熟悉 PLC 和逻辑编程的有经验的程序员。

4.8　开放式数控系统

1. 概念

目前,开放式数控系统还没有统一的定义,IEEE 对其定义为"开放式控制系统应提供这样的能力:来自不同厂商的,在不同操作平台上运行的应用程序都能够在系统上实现,并且该系统能够和其他应用系统协调工作。"

根据这一定义,开放式数控系统应具有以下基本特征。

(1) 开放性:提供标准化环境的基础平台,允许不同功能和不同开发商的软、硬件模块介入。

(2) 可移植性:一方面,不同的应用程序模块可以运行于不同供应商提供的系统平台之上;另一方面,系统的平台可运行于不同类型、不同性能的硬件平台之上。而整个系统也表现出不同的性能。

(3) 可扩展性:增添或减少系统的功能仅表现为特定功能模块的装载或卸载。

(4) 相互替代性:不同性能、不同可靠性和不同能力的功能模块可以相互替代,而不影响系统的协调运行。

(5) 相互操作性:提供标准化的接口、通信和交互模型。不同的应用程序模块通过标准化的应用程序接口运行于系统平台之上,不同的模块之间保持平等的相互操作能力,协调工作。

2. 实现途径

如何使传统的专用型封闭式系统走向开放,不同的系统开发商及研究机构对此提出了一些解决方案。按开放的层次不同可分为 3 种途径,它们的开放层次不同,难度不等,获得的开放效果也相差很大。

(1) 开放人-机控制接口。这种方式允许开发商或用户构造或集成自己的模块到人-机控制接口(man-machine interface ,MMI)中。这一手段为用户提供了灵活制定适用于各自特殊要求的操作界面和操作步骤的途径，一般用于基于PC的图形化人-机界面系统中。

(2) 开放系统核心接口。此方式除了提供上述方式的开放性能外，还允许用户添加自己特殊的模块到控制核心模块中。通过开放系统的核心接口，用户可按照一定的规范将自己特有的控制软件模块加到系统预先留出的内核接口上。

(3) 开放体系结构。开放体系结构的解决方案是一种更彻底的开放方案。它试图提供从软件到硬件，从人机界面到底层控制内核的全方位开放。人们可以在开放体系结构的标准及一系列规范的指导下，按需配置功能可繁可简、性能可高可低、价格可控制、不依赖于单一卖方的总成系统。

从实现方法上，"PC＋NC"是目前比较现实的NC开放化的途径。也就是在PC机硬件平台和操作系统的基础上，使用市售的软件和硬件插卡，构造出数控系统的各种功能。

3. "PC＋NC"的结构

"PC＋NC "的结构主要可以归纳为3种。

1) NC板插入PC中

NC板插入PC中的形式，就是将运动控制板或整个CNC单元(包括集成的PLC)插入PC机的扩展槽中。PC机进行非实时处理，CNC单元或运动控制板进行实时控制。这种方法能够方便地实现人-机界面的开放化和个性化，在此基础上，借助于所插入NC板的可编程能力，能部分实现系统核心接口的开放。

2) PC板插入NC装置中

这种结构形式就是把一块PC主板插入传统的CNC装置中，PC板主要进行非实时处理，CNC主要进行以坐标轴运动为主的实时控制。

3) 软件NC

所谓软件NC，是指NC系统的各项功能，如编译、解释、插补和PLC等，均由软件模块来实现。这类系统借助现有的操作系统平台，如DOS、Windows等，在应用软件，如Visual C＋＋、Visual Basic等的支持下，通过对NC软件的适当组织、划分、规范和开发，实现各个层次的开放。

开放式数控系统是数控技术发展的必然趋势，是制造技术领域的革命性飞跃。开放式的体系结构给CNC生产厂家、机床制造厂家和用户都会带来益处。但应该指出，将开放系统的概念引入CNC系统的发展需求中，只表明系统走向开放的条件日趋成熟。具有开放系统特征的开放体系结构CNC系统仍处在成长期，有关开放体系结构CNC系统的科学、明确的定义及相应的规范标准尚处在进一步的发展完善中。

本章重点、难点和知识拓展

本章重点:通过本章的学习,应掌握计算机数控技术的基本原理和基础知识;了解数控装置的作用和操作面板及其功能;掌握数控装置的硬件结构,数控软件的特点、结构以及 CNC 装置的插补原理。

本章难点:CNC 装置的插补原理及 PLC 的工作原理。插补运算是实时性很强的运算,若算法太复杂,必然增加计算机每次插补运算的时间,从而限制进给速度指标和精度指标的提高,因此插补算法要尽可能简单,要便于编程。

知识拓展:与早期的硬线数控系统相比,CNC 系统在功能的修改、扩充和适应性方面都具有较大的灵活性和通用性。这是由于 CNC 装置的数控功能大多由软件在相对来说通用性较强的硬件的支持下来实现的,因此,改变、扩充功能均可通过对软件的修改和扩充来实现,而且 CNC 装置的硬件和软件大多是采用模块化的结构,使系统的扩充、扩展变得较方便和灵活。不仅如此,按模块化方法组成的 CNC 装置,其核心部分(基本配置部分)是通用的,而不同的数控机床,如车床、铣床、磨床、加工中心、特种机床等,只要配置相应的软件和硬件功能模块,就可满足这些机床的特定控制功能,这种通用性对数控机床的学习以及维护、维修也是相当方便的。

思考题与习题

4-1　名词解释:插补,刀具半径补偿,主从结构,多主结构。

4-2　用框图说明 CNC 系统的组成原理,并解释各部分的作用。

4-3　试述多微处理器结构的数控系统的特点和应用场合。

4-4　目前 CNC 装置的系统软件的结构模式有几种?每一种的特点和应用范围有哪些?

4-5　在 CNC 装置的软件设计中如何解决多任务并行处理?

4-6　直线起点为坐标原点 $O(0,0)$,终点为 A 的坐标分别为

(1) $A(10,10)$;

(2) $A(5,10)$;

(3) $A(9,4)$。

试用逐点比较法对这些直线进行插补,并画出插补轨迹。

4-7 顺圆弧 AB 的起点 A 和终点 B 的坐标如下:

(1) $A(0,5)$,$B(5,0)$;

(2) $A(0,10)$,$B(8,6)$;

(3) $A(6,8)$,$B(10,0)$。

试用逐点比较法对这些圆弧进行插补,并画出插补轨迹。

4-8 刀具半径补偿在零件加工中的主要用途有哪些?

4-9 CNC 系统中的 PLC 可完成哪些功能?CNC 和 PLC 是如何连接的?

4-10 开放式体系结构是在什么背景下提出的?目前出现的体系结构主要有哪几种?

第5章 数控机床的伺服驱动与反馈系统

数控机床与普通机床的区别是什么？为什么数控机床能加工复杂曲面，而普通机床不能？答案是数控机床具有伺服驱动与反馈系统。如果把数控机床比喻成一个人的话，计算机数控装置就是数控机床的大脑，伺服系统就是数控机床的手和脚，反馈系统就是数控机床的视觉、听觉、触觉等感觉器官。伺服驱动与反馈系统的性能在很大程度上决定了数控机床的加工精度、加工表面质量和生产效率。学好本章需要先了解和掌握伺服电动机和数字电路的基本知识。

5.1 概　述

数控机床的伺服系统是以伺服电动机或机床移动部件的位置和速度作为控制对象的自动控制系统。在数控机床上，伺服系统是按照来自插补装置或插补软件的速度或位置指令进行控制的，所以也称随动系统。目前，数控机床的伺服系统主要是通过对步进电动机、交流伺服电动机或直流伺服电动机等执行元件的驱动来实现其功能的，故又称伺服驱动系统。对输入到执行元件的电压、电流或通电方式进行调节，是伺服驱动系统对执行元件进行伺服控制的主要手段。

5.1.1 数控机床对伺服系统的要求

伺服系统是数控装置和机床机械本体之间的联系环节，是实现数控机床的进给运动和主运动的驱动和执行机构，是数控机床的“四肢”。伺服系统的性能在很大程度上决定了数控机床的性能。因此，研究与开发高性能的伺服系统一直是现代数控机床的关键技术之一。

数控机床对伺服系统的主要要求可归纳如下。

1. 精度高

伺服系统的精度包括动态精度和静态精度。

伺服系统的动态精度也称随动精度，是指数控装置发出指令要求的运动速度和位移量与执行机构的实际运动速度和位移量之间的符合程度，两者的差别越小，伺服系统的随动精度就越高。随动精度是一个动态的概念，一般在加减速运动时随动误差较大，而在匀速运动时随动误差接近于固定值。随动误差与电动机的驱动能力、电动机轴上负载的变化等也有关系。多轴联动时，随动误差会影响轮廓加工精度，一般希望随动误差越小越好，各个伺服轴的随动误差越匹配越好。

伺服系统的静态精度一般用定位精度和重复定位精度这两个指标来衡量。定位精度是指运动结束后运动部件的实际位置与理论位置之间的符合程度。重复定位精度是指伺服系统向同一个目标位置进行多次定位时，各次实际定位位置之间的一致性程度。一般来说，同一个伺服系统的重复定位精度高于其定位精度。

由于伺服电动机具有低速平稳、扭矩大的特性，以及数控机床机械本体的摩擦、间隙、刚度等特性一般都优于普通机床，通常情况下，数控机床的精度高于普通机床的精度。在低、中档的数控机床中，开环或半闭环伺服系统的定位精度可达到 0.01～0.005 mm；在高档数控机床中，闭环伺服系统的定位精度可达到 0.001 mm 甚至 0.1 μm。

2. 稳定性好

稳定性是指系统在给定输入或外界干扰作用下，能在短暂的调节过程后，达到新的或者恢复到原来的平衡状态的能力。伺服系统必须具有较好的稳定性，以保证进给速度均匀、加工过程平稳。稳定性不好轻则影响加工精度和表面质量，重则导致加工无法进行。

3. 动态响应速度快

动态响应速度是反映伺服系统动态性能的重要指标，是影响跟踪精度的重要因素。为了保证轮廓加工精度，在满足稳定性的前提下，要求伺服系统跟踪指令信号的响应速度越快越好。这一方面要求过渡过程时间要短，一般在 200 ms 以内，甚至小于 50 ms；另一方面要求超调量小。这两方面的要求往往是矛盾的，实际应用中要按加工工艺的要求进行选择，既要保证较快的响应速度，又要保证超调量小，系统稳定。

4. 调速范围宽

由于切削刀具、被加工材料及零件加工工艺的不同，数控机床必须能够提供多种进给速度和主轴转速，以保证各种情况下都能得到最佳切削条件。这就要求数控机床的伺服系统必须具有足够宽的调速范围。在进给伺服系统中经常使用的步进电动机的调速比一般可达到 1∶1 500，交流伺服电动机和直流伺服电动机的调速比一般可达到 1∶3 000，甚至可达到 1∶100 000，且均为无级调速。由于进给伺服系统的调速范围宽，一般不需要机械换挡装置就可以实现快进速度和工进速度的自动切换，有利于减小传动系统的复杂性，从而可减小间隙、增加传动系统的刚性，提高加工精度。

主轴伺服系统一般也可以实现调速比为 1∶10 000 的无级调速范围。由于不同转速下电动机的输出扭矩和功率不同，为了在各种转速下都能满足切削力和切削功率的要求，主轴传动系统中有时还需要设置机械换挡装置。

5. 低速大转矩

为了提高加工效率，数控机床加工的特点是在低速时进行重切削。这就要求伺服电动机在低速时就能输出大扭矩，并具有较长时间、较大幅度的过载能力。

5.1.2 伺服系统的分类

1. 按控制理论分类

1) 开环伺服系统

开环伺服系统(见图 5-1)没有位置检测和反馈装置,一般使用功率步进电动机或电液脉冲马达作为驱动元件。这两种执行元件的工作原理都是把数字脉冲转换为角位移,脉冲的个数决定位移量,脉冲的频率决定运动速度。开环伺服系统的控制原理简单,稳定性好,但在转速过高、负载过重时会发生“失步”现象,误差会累积并影响加工精度。此外,步进电动机低速运行不平稳、高速扭矩小。所以开环伺服系统一般只用于负载较轻、对加工精度要求不高的经济型数控机床上。

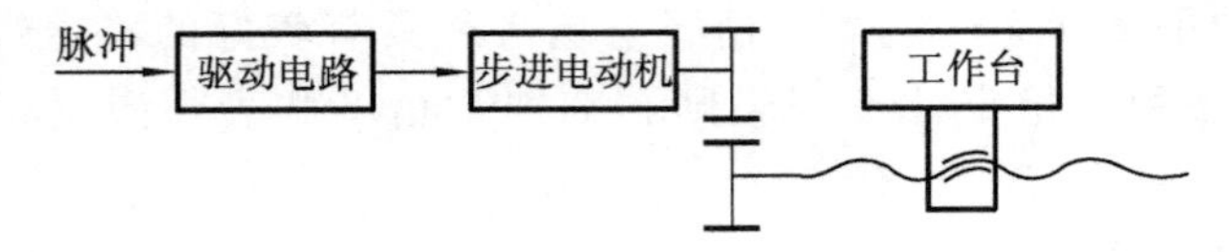

图 5-1 开环伺服系统

2) 闭环伺服系统

闭环伺服系统可分为单反馈的闭环伺服系统和双反馈的闭环伺服系统。

单反馈的闭环伺服系统只有一个检测元件,检测元件安装在最终运动部件上,直接测量最终运动部件的速度和位置,并把测量结果反馈到伺服控制系统,伺服控制系统用指令和反馈的差值进行控制。机械传动系统的螺距误差、间隙、弹性变形等传动误差均被包含在反馈闭环以内。理论上通过对这些传动误差进行补偿,可以使闭环伺服系统的控制精度等于检测元件的测量精度,但实际上由于传动误差存在非线性、各向异性、滞后等特点,系统的稳定性调整困难,并且随着温度变化、机械变形、磨损及其他因素的改变,原有的稳定性条件会发生改变,精度也会发生变化。因此一般只在传动部件精密度高、性能稳定、使用过程温差变化不大的高精度数控机床上才使用单反馈的闭环伺服系统。

双反馈的闭环伺服系统(见图 5-2)有一个检测元件安装在最终运动部件上,直接测量最终运动部件的速度和位置,并把测量结果反馈到伺服控制系统,这个反馈系统称为直接反馈系统;还有一个检测元件安装在电动机轴上,测量电动机的转速和角位移,也把测量结果反馈到伺服控制系统,这个反馈系统称为间接反馈系统;伺服控制系统用指令和反馈的差值进行控制。在双反馈的闭环伺服系统中,机械传动系统的各种误差均被包含在直接反馈闭环以内,通过误差补偿可以大大提高跟随精度和定位精度,同时通过间接反馈系统可以对机械传动误差的非线性、各向异性、滞后等特性进行测量和补偿,系统的稳定性调整容易,并能自动适应温度、变形、磨损等因素的改变。目前在中、高档数控机床上普遍采用的是双反馈的闭环伺服系统。

闭环伺服系统的精度主要受检测元件制造精度和安装精度的影响。目前数控机床闭环伺服系统的分辨率一般为1～10 μm,定位精度可达0.01～0.05 mm;高精度闭环伺服系统的分辨率可达0.001 μm,定位精度可达到0.1 μm;闭环伺服系统的重复定位精度一般可达到或接近其分辨率。

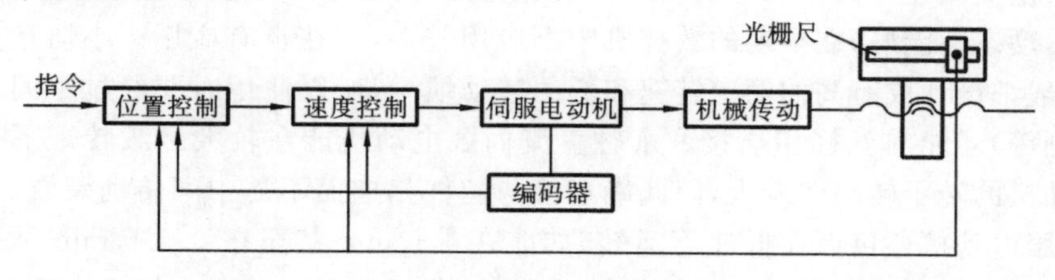

图 5-2　双反馈的闭环伺服系统

3) 半闭环伺服系统

半闭环伺服系统(见图 5-3)的检测元件不是直接安装在最终运动部件上,而是安装在电动机的轴上,也可以安装在丝杠轴或其他中间环节上。闭环以内的机械传动误差不影响伺服控制的精度,但影响伺服系统的稳定性;闭环以外的机械传动误差则只影响加工精度,不影响系统的稳定性。半闭环伺服系统中,传动链上闭环以外部分的传动误差不能得到伺服系统的补偿,因而精度低于闭环系统;传动链上闭环以内部分的传动误差、电动机的"失步"等都能够得到补偿,因而精度高于开环系统。半闭环伺服系统要想达到高精度,必须提高闭环以外的传动部件的精密度和稳定性。半闭环伺服系统的控制精度比开环伺服系统高,系统稳定性比闭环伺服系统好,因此得到了广泛的应用,在经济型数控机床和中、高档数控机床中都大量采用了半闭环伺服系统。

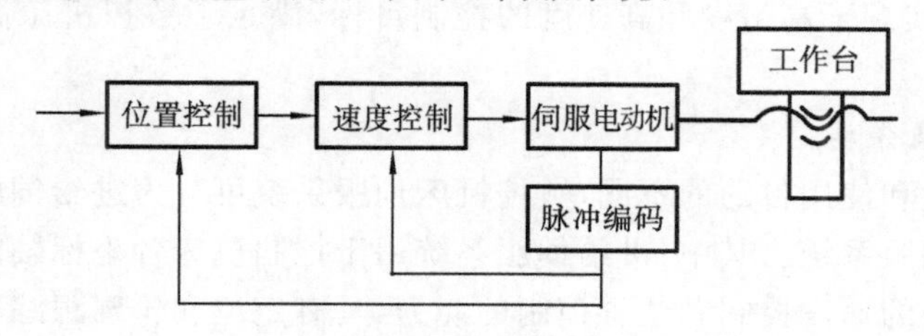

图 5-3　半闭环伺服系统

2. 按驱动元件分类

1) 步进电动机驱动伺服系统

步进电动机驱动伺服系统主要用于开环伺服控制系统,它由步进电动机及其驱动电源组成,没有反馈环节。步进电动机驱动伺服系统的结构简单、成本低、维修方便,而且采用的是全数字脉冲控制方式,控制比较简单,因此应用较多。但由于步进电动机的功率和转速一般不高,所以多用于小容量、低转速、精度要求不高的场合,如用于经济型数控机床和电加工机床等设备上。

2) 直流伺服系统

直流伺服系统常用的伺服电动机有小惯量直流伺服电动机和永磁直流伺服电动机(也称大惯量宽调速直流伺服电动机)。小惯量直流伺服电动机最大限度地减小了电枢的转动惯量,动态性能好,在早期的数控机床上应用较多,现在也有应用。小惯量直流伺服电动机一般都设计成有高的额定转速和低的转动惯量,所以使用时要经过中间机械传动(如齿轮副等)才能与丝杠相连接。永磁直流伺服电动机能在较大过载转矩下长时间工作,且电动机的转子转动惯量大,因此能直接与丝杠相连而不需中间传动装置。此外,永磁直流伺服电动机还可以在低速下运转,如能在 1 r/min 甚至在 0.1 r/min 下平稳地运转,因此在数控机床上获得了广泛的应用。自 20 世纪 70 年代至 80 年代中期,永磁直流伺服电动机在数控机床上的应用占绝对统治地位,至今,许多数控机床上仍在使用。永磁直流伺服电动机的缺点是有电刷,限制了转速的提高,一般额定转速为 1 000～1 500 r/min,而且结构复杂、价格较贵。

3) 交流伺服系统

交流伺服系统使用交流异步伺服电动机(一般用于主轴伺服电动机)和永磁同步伺服电动机(一般用于进给伺服电动机)。20 世纪 80 年代以后,由于交流伺服电动机的材料、结构和控制理论均有突破性的进展,交流伺服驱动技术发展很快。交流伺服系统具有电动机结构简单、不需维护、适应恶劣使用环境等优点,逐渐取代了直流伺服系统的主导地位。近年来,交流伺服系统向数字化的方向发展,系统中的电流环、速度环和位置环普遍采用了数字反馈技术,并以具备高速运算能力的微控制器为基础,加入了前馈和反馈结合的复合控制算法,实现了高精度和高速度的控制目标,满足了数控机床高速、高精度机械加工的需要。

3. 按控制对象分类

按照控制对象和使用目的的不同,数控机床伺服系统可分为进给伺服系统、主轴伺服系统和辅助功能伺服系统。其中,进给伺服系统用于控制机床各坐标轴的切削进给运动,需要同时具备较强的速度控制和位置控制的能力,具有定位和轮廓跟踪功能,是数控机床中要求最高的伺服驱动系统。主轴伺服系统用于控制机床主轴的旋转运动和切削过程中的扭矩和功率,除具备主轴定位功能(C 轴功能)的主轴伺服系统带有位置控制功能外,一般只以速度控制为主。辅助功能伺服系统用在各类加工中心或多功能数控机床中,用于控制刀库、换刀机械手、料库等辅助系统,一般多采用简易的位置控制系统。

4. 按反馈比较控制方式分类

在闭环和半闭环伺服系统中,基本的控制原理是用输入指令值和反馈实际值的差值(跟随误差)进行反馈比较运算后,得到输出的给定值(见图 5-4)。在实际的数控机床中,不同的检测元件其反馈的信号类型不同,反馈比较的控制方式也不同。如光栅尺、编码器等光电检测元件的反馈一般是脉冲量，旋转变压器和感应同步器的反馈可以是电压幅值的变化，也可以是相位的变化。随着技术的发展，一些先进的检测元件和反馈系统内部集成了微控制器之后，本身就具备了相当强的信息处理能力，可以把反馈信号处理后得到的数字量直接反馈给伺服系统。根据反馈比较的方式可以把闭环和半闭环伺服系统划分为以下四类。

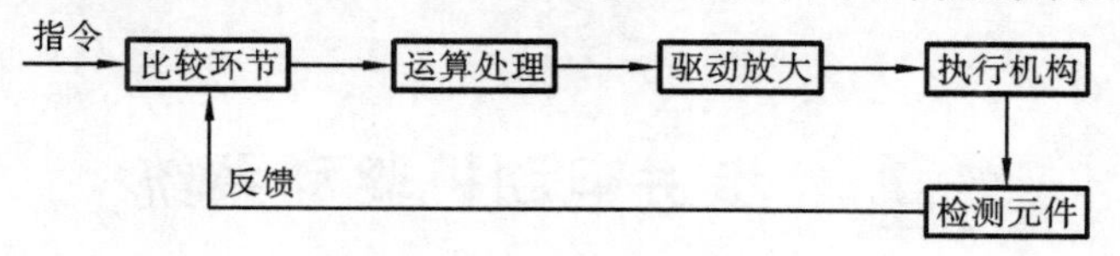

图 5-4　反馈比较控制原理

(1) 脉冲比较伺服系统　此系统也称数字比较伺服系统，它是将数控装置发出的数字(或脉冲)指令信号与检测装置测得的以数字(或脉冲)形式表示的反馈信号直接进行比较，得到跟随误差，再用跟随误差值进行运算后给出新的控制输出，实现闭环控制。在半闭环系统中，多采用光电编码器作为检测元件；在闭环系统中，多采用光栅尺作为检测元件。脉冲(数字)比较伺服系统结构简单、工作稳定，在数控设备中应用十分普遍。

(2) 相位比较伺服系统　相位比较伺服系统采用工作在相位模式的旋转变压器或感应同步器作为检测元件，跟随误差表现为输入指令信号和反馈信号的相位差。相位比较伺服系统可以是闭环的，也可以是半闭环的，区别仅在于检测元件及其在机床上安装的位置。目前，伺服系统的信号处理方式多为全数字式或混合式，而相位比较伺服系统只适用于模拟式的信号处理方式，因此在新设计的数控机床中已很少直接采用，一般还要把相位信号转换成数字信号后再使用。

(3) 幅值比较伺服系统　幅值比较伺服系统采用工作在幅值模式下的旋转变压器或感应同步器作为检测元件，跟随误差表现为输入指令信号和反馈信号的幅值差。和相位比较伺服系统类似，幅值比较伺服系统也只适用于模拟式的信号处理方式，因此在新设计的数控机床中很少直接采用。

(4) 全数字式伺服系统　CNC 系统中的进给伺服系统是位置随动系统，需要同时对速度和位置进行精确控制，要处理位置、速度、电流三个环的控制信息。通常，根据这些信息，将伺服系统分为模拟式、混合式和全数字式。目前，数控机床的进给伺服系统多采用混合式，即位置环由软件进行数字信号控制，速度环和电流环由电路模拟信号控制。位置环、速度环、电流环全部采用数字化控制的全数字式伺服系统的应用越来越多，代表着伺服系统的发展方向。

全数字式伺服系统的特点如下。

(1) 位置环、速度环、电流环均采用数字化控制，精度高，可靠性好，在抑制温度漂移、噪声等方面具有优越性。

(2) 校准环节的 PID 算法可由软件实现，可通过前馈控制、预测控制、自学习控制等优化算法改善系统性能。

(3) 具有丰富的过载、欠压、过压、超速、超差等保护功能,智能程度高。

(4) 用户可对控制参数进行设置,以适应不同的控制对象,灵活性好。

(5) 通过软件实现最佳控制,可获得较高的静、动态精度,提高位置和速度控制的准确性和快速性。

5.2 步进电动机驱动系统

步进电动机驱动系统主要用于开环位置控制系统,也可以用于半闭环和闭环伺服系统。它由步进电动机驱动器(也称驱动电源)和步进电动机组成,一般没有反馈元件。由于步进电动机驱动系统采用全数字控制,原理简单、工作可靠、维修也较为方便,因而在数控机床等机电一体化产品中得到了广泛的应用。

5.2.1 步进电动机

步进电动机是将电脉冲信号转换成机械位移的执行元件,是使用脉冲量控制的伺服电动机。步进电动机每接收到一个电脉冲,其驱动器就驱动步进电动机转过一个固定的角度,称为步距角。通过控制电脉冲的个数可以控制步进电动机转子转过的角位移,通过控制电脉冲的频率可以控制步进电动机转动的速度,通过改变电动机绕组的通电顺序可以改变步进电动机的旋转方向。

1. 步进电动机的分类

(1) 按运动方式分,有旋转式、直线运动式、平面运动式。

(2) 按工作原理分,有反应式(磁阻式)、电磁式、永磁式、永磁感应子式(混合式)。

(3) 按使用场合分,有功率步进电动机和控制步进电动机。

(4) 按结构分,有单段式(径向式)、多段式(轴向式)、印刷绕组式。

(5) 按相数分,有两相(双极性)、三相、四相、五相、六相、八相等。

不同类型的步进电动机,其工作原理、驱动装置的结构、应用场合等也不完全相同。

2. 步进电动机的工作原理

1) 反应式步进电动机

反应式步进电动机又称可变磁阻式(variable reluctance)步进电动机,其转子铁心由软磁材料制成,转子本身没有磁场,靠磁阻变化产生转矩。反应式步进电动机又可以按照相数、磁路结构、绕组连接方式等进行分类,但其工作原理基本相同。下面以三相反应式步进电动机为例说明步进电动机的工作原理。

图 5-5 所示为单段式三相反应式步进电动机的结构原理图。如图 5-5 所示,三相反应式步进电动机的定子铁心上有六个均匀分布的磁极,沿直径相对的两个磁极上的线圈

串联起来构成一相励磁绕组，共有 A、B、C 三相励磁绕组。转子铁心采用软磁材料制成，圆周上均匀分布 40 个齿，齿槽距相等，齿距角为 360°/40＝9°，转子铁心上无绕组。定子磁极之间的夹角为 60°，每个定子磁极上均匀分布 5 个齿，齿槽距相等，齿距角也为 9°，且 A、B、C 三相定子磁极上的齿依次错开 1/3 齿距，即 3°。

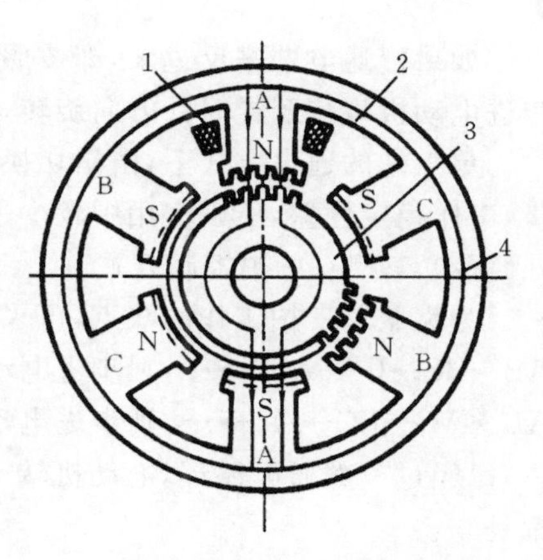

图 5-5 三相反应式步进电动机结构原理图

1—绕组；2—定子铁心；3—转子铁心；4—A 相磁通

三相反应式步进电动机常用的通电控制方式有单三拍方式（每次只给一相励磁绕组通电）、双三拍方式（每次同时给两相励磁绕组通电）和单双六拍方式。下面分别加以介绍。

(1) 三相单三拍控制方式。

第一拍 A 相励磁绕组通电，B、C 相励磁绕组断电。达到平衡状态后，A 相定子磁极的电磁力使得相邻最近的转子齿与定子齿对齐（使磁阻最小），B 相和 C 相的定子、转子错齿分别为 1/3 齿距（3°）和 2/3 齿距（6°），如图 5-6 所示。

第二拍 B 相绕组通电，A、C 相绕组断电。此时，电磁反应力矩使转子顺时针方向转动，达到平衡状态后，B 相的定子齿和转子齿对齐，而 A 相和 C 相的定子齿、转子齿互相错开。

第三拍 C 相绕组通电，A、B 相绕组断电。电磁反应力矩又使转子顺时针方向转动，达到平衡状态后，C 相的定子齿和转子齿对齐，而 A 相和 B 相的定子齿、转子齿又互相错开。

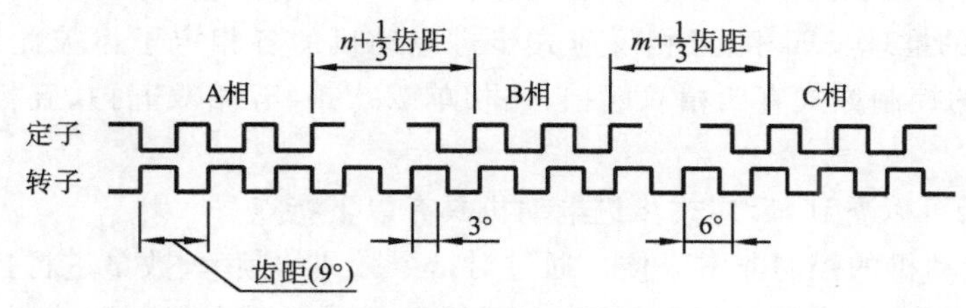

图 5-6 三相磁极错齿图（A 相通电时）

如果按照 A→B→C→A→…的方式重复单三拍的通电顺序，步进电动机就可按顺时针方向旋转起来。每经过一次通电循环，电动机转子都转过一个齿距角（9°），所以在单三拍的通电方式下，对应每个指令脉冲，转子转过的角度都是固定的（3°）。每个指令脉冲对应的转子转过的角度称为步进电动机的步距角。步距角与转子的齿距角和通电方式的拍数有关。

如果把通电顺序反过来,即按照 A→C→B→A 的顺序进行通电,经过分析可以知道步进电动机将按照逆时针方向旋转,其步距角和顺时针旋转时的相同。

单三拍的通电方式下,由于切换瞬间三相都不通电,不能提供锁定扭矩,容易产生失步,工作稳定性差,所以实用中较少采用。

(2) 三相双三拍控制方式。

为克服单三拍工作的缺点,可采用双三拍通电控制方式。若定子绕组的通电顺序为 AB→BC→CA→AB→…,则步进电动机按照顺时针方向转动;若定子绕组的通电顺序为 AB→AC→BC→AB→…,则步进电动机按照逆时针方向转动。在三相双三拍的通电方式下,每经过一次通电循环,电动机转子都转过一个齿距角(9°),所以每一拍转过的步距角都是 3°。

双三拍的通电方式下,任一瞬间至少有一相定子线圈通电,可以提供锁定扭矩,不容易产生失步,工作稳定,在实用中较多采用这种通电方式。

(3) 三相六拍控制方式。

若定子绕组的通电顺序是 A→AB→B→BC→C→CA→A→…,即成为三相六拍的控制方式。此时每个通电循环由六拍组成,每一拍电动机转过的角度为齿距角 9°的 1/6,即 1.5°,即定子绕组从 A 相通电切换为 A、B 相通电时,转子会就近转向 A、B 相定子磁极产生合成磁场最强的方向,即转子将顺时针方向转动 1.5°。若定子励磁绕组通电顺序为 A→AC→C→BC→B→AB→A→…,则步进电动机的转子逆时针方向转动,步距角仍为 1.5°。

三相六拍控制方式在切换时保持一相绕组通电,工作稳定,且比双三拍方式的步距角减小了一半,增大了稳定区。所以三相步进电动机也常采用这种控制方式。

以上分析是对三相反应式步进电动机进行的,对应于四相、五相的反应式步进电动机,可以做相同的推理。四相、五相反应式步进电动机的各相定子齿彼此错齿为 1/4 或 1/5 齿距,常用的控制方式有四相双四拍、四相单双八拍、五相双五拍、五相单双十拍、五相双三十拍等。

从以上分析可以看到,反应式步进电动机具有以下特点。

(1) 步进电动机的控制非常方便。通过对指令脉冲的频率、数量进行控制,就可以控制步进电动机的转速和角位移,通过改变定子绕组的通电顺序就可以控制步进电动机的转向。

(2) 气隙小,制造工艺较为复杂。定子、转子之间的间隙称为气隙,从电动机性能方面考虑,气隙越小,相同励磁电流能够产生的磁通密度越高,电动机转矩也越大,但从制造工艺的方面考虑,气隙越大越容易制造。一般气隙在 30～50 μm 以内。

(3) 步距角小。转子齿数做得很多,可以得到很小的步距角。

(4) 励磁电流较大。由于转子采用软磁性材料制成,本身没有磁性,靠磁阻变化产生转矩的效率较低，所以要求励磁电流较大，驱动电源的功率也较大。

(5) 带惯性负载的能力差，尤其是在高速时容易失步。

(6) 断电后无定位转矩。

2) 永磁式步进电动机

永磁式(permanent magnet)步进电动机的转子或定子的某一方使用永磁材料(磁钢)制成，另一方由软磁材料制成。绕组轮流通电建立的磁场与永磁材料的恒定磁场相互作用产生转矩，使转子旋转起来。

永磁式步进电动机的特点如下。

(1) 步距角大。因为在一个圆周上能够形成的磁极数量受限，所以转子或定子的齿数不能做得太多，故而步距角较大，一般为15°、22.5°、30°、45°、90°等。

(2) 驱动电源功耗小，效率高。相对于反应式步进电动机而言，永磁式步进电动机励磁电流产生的磁场和永磁材料的磁场相互作用产生同样转矩所需要的励磁电流较小，因而驱动电源的功耗也较小。

(3) 内阻尼较大，单步振荡时间短。

(4) 断电后仍具有一定的定位转矩。

3) 永磁感应子式步进电动机

永磁感应子式步进电动机的主要特点是磁路内含有永磁材料，这种电动机结合了反应式和永磁式步进电动机的工作原理，所以也称为混合式步进电动机。混合式步进电动机的定子结构与反应式步进电动机的基本相同，即也由若干对磁极组成，磁极上也有齿和励磁绕组。转子的结构比较特殊，转子由环形永久磁钢和两段铁心组成，环形永久磁钢在转子的中部，轴向充磁，两段铁心分别装在磁钢的两端，两段转子铁心的外圆周面上都有齿，且两段铁心上的齿相互错开半个齿距。永磁感应子式(混合式)步进电动机的励磁绕组产生的磁场和永久磁钢的磁场相互作用产生电动机的转矩，所以效率较高；转子铁心上容易制造较多的齿，所以步距角也可以很小。

永磁感应子式步进电动机的特点如下。

(1) 控制功率小，效率高。

(2) 步距角小。

(3) 运行频率高(几十千赫)，用于CNC系统中可将脉冲当量设置得很小，在不影响快速性的前提下提高了系统的控制精度。

(4) 在输出转矩相同的情况下，外形尺寸相对较小。

(5) 断电后具有一定的定位转矩。

永磁感应子式(混合式)步进电动机结合了反应式步进电动机和永磁式步进电动机的优点，目前应用最为广泛。

3. 步进电动机的主要参数

由于自身结构和工作原理的特点，步进电动机有一些特殊的技术性能指标，这些指标参数是合理选用步进电动机的依据。下面仍以原理最为简单的反应式步进电动机为例，来说明步进电动机的主要技术性能指标。

1）步距角

步进电动机接收到一个脉冲时的转角称为步距角，其计算公式为

$$\theta = \frac{360^\circ}{ZmK} \quad (^\circ) \tag{5-1}$$

式中：Z 为转子齿数；m 为步进电动机相数；K 为控制方式系数，是通电方式决定的拍数与相数 m 之比，例如三相三拍时 $K=1$，三相六拍时 $K=2$；mK 即为通电方式决定的总拍数。

对于每种步进电动机，厂家一般给出两个步距角，其中一个是另一个的两倍。常见的步距角有 0.6°/1.2°，0.75°/1.5°，0.9°/1.8°，1°/2°，1.5°/3°等，其中较大的步距角是通电循环的拍数等于相数时的步距角，较小的是拍数等于相数的两倍时的步距角。

2）最大静转矩 T_{jmax}

最大静转矩也称为保持转矩，是在额定静态电流下可施加在已通电的步进电动机转轴上而不产生连续旋转的最大转矩，单位为 N·m。当三相反应式步进电动机的 A 相通电，B、C 相断电时，如果外部没有施加转矩，则转子处在转子齿和 A 相定子齿对齐的平衡位置。如果在外加转矩作用下，转子偏移一个较小的角位移 θ_e，则由于定子电磁力的吸引，转子会受到一个方向和 θ_e 相反、大小与 θ_e 有关的电磁转矩，该转矩使转子趋向于回到原来的平衡位置，称为静态转矩 T，偏移角度 θ_e 称为失调角。描述静态转矩 T 与失调角 θ_e 之间关系的曲线称为矩角特性曲线（见图 5-7）。由图 5-7 可见，当失调角 θ_e 的绝对值大约为步距角 θ 的 1/4 时，静态转矩的绝对值达到其最大值 T_{jmax}。当失调角 θ_e 的绝对值为

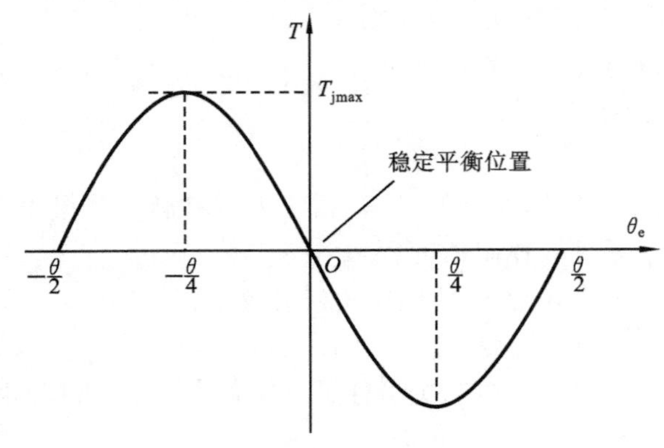

图 5-7　矩角特性曲线

步距角 θ 的 1/2 时，转子上的齿受到定子磁极上两个相邻齿的引力基本平衡，静态转矩趋于零。当失调角 θ_e 的值在 $-\theta/2 \sim \theta/2$ 之间时，去掉外加转矩，转子能够在静态转矩的作用下回到其平衡位置。

最大静转矩是步进电动机的关键参数，一般情况下，不会给出步进电动机的功率，而只给出其最大静转矩 T_{jmax} 的值，作为步进电动机主要的选型依据。

同一台步进电动机以励磁绕组单相、二相或三相同时通电时，最大静转矩就会不同。多相通电时的最大静转矩与单相通电时的最大静转矩的比例系数 K_{mc} 见表 5-1。在实际应用中，由于电流大小受驱动电源参数及性能的影响，因此会出现通电相数少时的转矩反而比通电相数多时的转矩大的情况，所以不能简单地认为通电相数越多，合成转矩越大。

表 5-1　多相通电时的力矩系数 K_{mc}

相　数	控制方式	K_{mc}
3	AB-BC-CA	1
3	A-AB-B-BC-	1
4	AB-BC-CD-DA	1.41
4	A-AB-B-BC-	1.41
5	AB-BC-CD-	1.52
5	AB-ABC-BC-BCD-	1.52
6	AB-BC-CD-	1.732
6	AB-ABC-BC-BCD-	1.732
6	ABC-BCD-CDE-	2

3）启动（突跳）频率 f_q

在空载时步进电动机由静止开始启动，能够不失步的进入正常运行的最高启动频率称为空载启动频率或突跳频率，单位为 Hz。空载启动频率是衡量步进电动机快速性能的重要技术指标。启动频率比连续运行频率低得多，这是因为步进电动机启动时，既要克服负载力矩，又要克服运转部分的惯性力矩。

步进电动机带有外部负载时能够不失步地进入正常运行的启动频率比空载启动频率要低。启动频率在负载转矩及其他条件不变的情况下，会随着负载惯量的增加而下降。负载转矩越大，或者负载惯量越大，电磁转矩克服负载转矩和负载惯量后能够提供的加速转矩就越小，电动机就越不容易转起来，只有当每次通电后有较长的加速时间，即采用较低的启动频率时，电动机才能不失步地正常启动。

步进电动机的启动频率和负载力矩之间的关系称为启动矩频特性，其特性曲线如图 5-8 所示，启动频率与负载惯量的关系称为启动惯频特性，其特性曲线如图 5-9 所示。

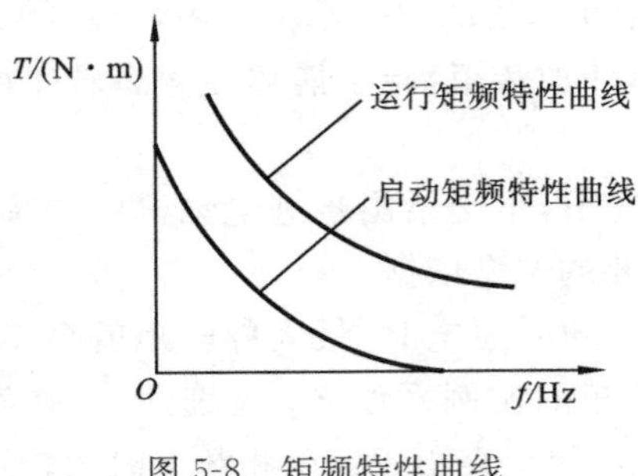

图 5-8　矩频特性曲线

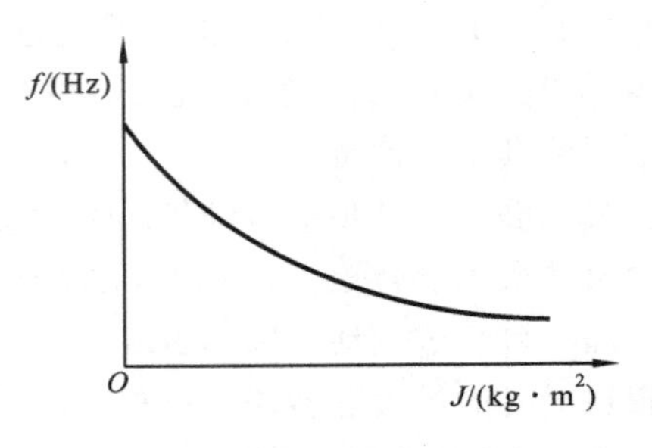

图 5-9　启动惯频特性曲线

4) **运行频率** f_{max}

步进电动机在空载启动后,能不失步连续运行的最高脉冲频率称为空载运行频率。它也是步进电动机的重要性能指标。

在负载力矩的作用下,步进电动机能够正常运行的最高频率称为运行频率,其与负载转矩的关系称为运行矩频特性。运行频率随负载转矩的增加而下降,在矩频特性曲线图中,运行矩频特性曲线高于启动矩频特性曲线,而且运行频率与电流参数、升频规律有关。

步进电动机的空载连续运行频率 f_{max} 远大于空载启动频率 f_q,因此不能直接用 f_{max} 启动,而必须在启动后通过加速过程,逐渐增加脉冲信号的频率,才能保证不失步地正常运行。同样,当电动机在高速运行时,如果直接把脉冲频率降为零,则很可能会发生失步(过冲),此时应经过减速过程,把运行频率降低到接近 0 Hz 后再停止。

电动机从启动频率升到最高运行频率(或从最高运行频率降到启动频率)所需的时间,称为升(降)速时间。升(降)速时间随负载惯量的增大而变长,当负载惯量超过转子惯量 5 倍时,加速或减速过程的时间将明显变长,这对要求快速响应的系统极为不利,在选择步进电动机时需加以考虑。

5) **温升**

工作时的外壳温升是步进电动机的一个重要指标。步进电动机的温升包括静态温升和动态温升。静态温升指电动机静止不动时,按规定的通电方式中最多的相数通以额定静态电流,达到稳定的热平衡状态时的温升。动态温升是指电动机在某一频率下连续空载运行,在规定的运行时间结束后电动机所达到的温升。步进电动机是一种效率不太高的机电能量转换器件,可以通过加大电流的方式加大电动机的输出扭矩,但同时会造成工作时的温升变大。温升的最高限度由绝缘等级决定,温升超过允许值后将不能正常工作,甚至损坏电动机。

5.2.2　步进电动机驱动器

由步进电动机的工作原理可以知道,步进电动机工作时需要按照一定的规律向步进电动机的各个励磁绕组中通入合适的电流，这部分工作是由步进电动机驱动器完成的。步进电动机及其驱动器是一个有机的整体，步进电动机的性能在很大程度上受到驱动器特性的影响。驱动器也常称为驱动电源或驱动单元。

步进电动机的驱动器通常由环形分配器和功率放大器组成。

1. 环形分配器

环形分配器是根据步进电动机的相数和控制方式设计的，用于控制步进电动机的通电运行方式，其作用就是将数控装置送来的方向信号和指令脉冲按一定的规律进行分配，从而决定各个励磁绕组的通电或断电，最终实现步进电动机的正、反向连续运转。因此，环形分配器的输出既是周期性的，又是可逆的。

环形分配器的功能可以用硬件、软件及软硬件相结合的方法来实现。

1）硬件环形分配器

三相六拍环形分配器可由三个D触发器和若干个与非门所组成，其原理图如图5-10所示。图中，CP端接进给脉冲控制信号，E端接电动机方向控制信号。环形分配器的输出端Q_A、Q_B、Q_C分别控制电动机的A、B、C三相绕组。当总清零端接收到复位脉冲时，Q_A输出高电平，Q_B和Q_C输出低电平，这就是该硬件环形分配器的初始状态。此后，每收到一个进给脉冲，Q_A、Q_B、Q_C上的输出状态都会发生改变，实现三相六拍的通电循环。

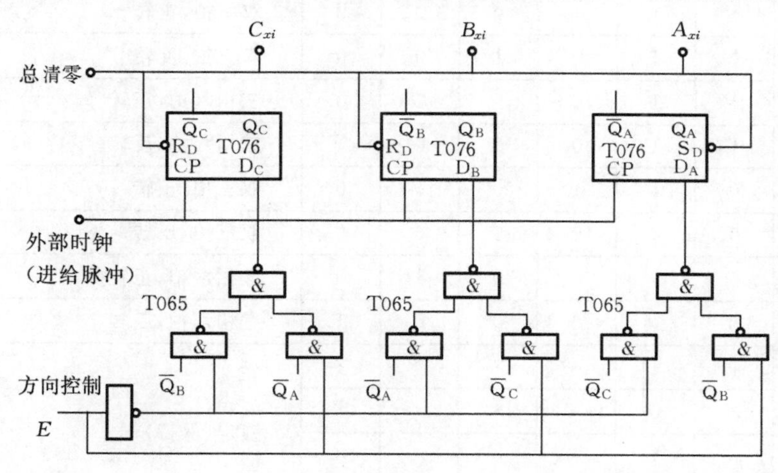

图5-10 正、反向进给的环形分配器原理图

除了采用逻辑门电路组成硬件环形分配器外，还可以使用可编程逻辑器件（PLD）组成环形分配器，或直接采用专用的环形分配器集成电路。CH250是三相反应式步进电动机环形分配器专用集成电路芯片，由上海无线电十四厂等厂家生产。它采用CMOS工艺，集成度高，可靠性好。CH250的管脚图和三相六拍工作时的接线图如图5-11所示，状态表如表5-2所示。

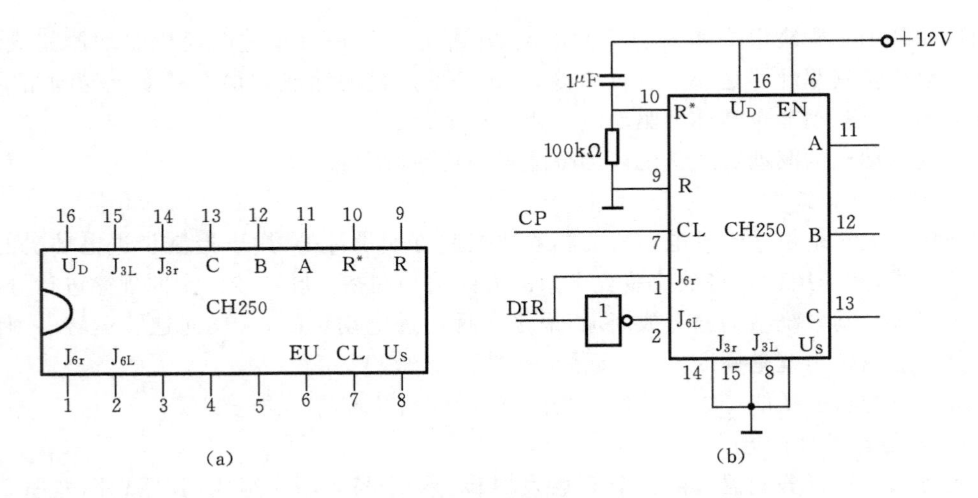

图 5-11　CH250 管脚图及三相接线图

表 5-2　CH250 的工作状态表

R	R*	CL	EN	J_{3r}	J_{3L}	J_{6r}	J_{6L}	功　　能
0	0	↑	1	1	0	0	0	双三拍，正转
		↑	1	0	1	0	0	双三拍，反转
		↑	1	0	0	1	0	三相六拍，正转
		↑	1	0	0	0	1	三相六拍，反转
		0	↓	1	0	0	0	双三拍，正转
		0	↓	0	1	0	0	双三拍，反转
		0	↓	0	0	1	0	三相六拍，正转
		0	↓	0	0	0	1	三相六拍，反转
		↓	1	×	×	×	×	锁定(保持)
		×	0	×	×	×	×	
		0	↑	×	×	×	×	
		1	×	×	×	×	×	
0	1	×	×	×	×	×	×	A=1，B=1，C=0
1	0	×	×	×	×	×	×	A=1，B=0，C=0

CH250 管脚的作用如下。

A、B、C——A、B、C 相绕组控制输出端。

R、R^*——初始励磁相选择端；若为“10”，则选择 A 相；若为“01”，则选择 A、B 相；连续运行时应保持“00”状态。

CL、EN——进给脉冲输入端；若 EN=1，则 CL 上输入的脉冲上升沿使环形分配器工作；若 CL=0，则 EN 上输入的脉冲下降沿使环形分配器工作；否则环形分配器为锁定(保持)状态。

J_{3r}、J_{3L}、J_{6r}、J_{6L}——通电循环方式选择端(三拍或六拍)。

U_D、U_S——电源输入端。

对照图 5-11 和表 5-2 可知，图 5-11(b)中的 CH250 工作在三相六拍方式，步进电动机的初始励磁相为 A、B 相，进给脉冲 CP 为上升沿有效，方向信号为“1”时正转，为“0”时反转。

2) **软件环形分配器**

硬件环形分配器的优点是响应速度快，在工作时不占用 CPU 和内存资源，对控制软件的要求也比较低；但缺点是不够灵活，针对不同种类、不同相数、不同分配方式的步进电动机必须设计不同的硬件环形分配器，如果更换了不同的步进电动机或采用了不同的分配方式，则硬件电路必须加以改变。

随着计算机运算速度的不断提高，采用软件方法实现环形分配在多数情况下已经可以满足步进电动机连续运行对环形分配器提出的快速性要求。软件环形分配器灵活性好，针对不同的步进电动机和不同的分配方式，只需编制不同的软件环形分配程序即可。软件环形分配器可以使线路简化，成本下降，并可在程序执行过程中灵活地改变步进电动机的控制方案。

软件环形分配器有多种设计方法，如查表法、移位寄存器法、逻辑判断法等，其中在执行时间和存储空间两个方面平衡最好、采用最多的是查表法。

查表法的设计思想是：首先根据步进电动机的相数和通电方式确定每一拍对应的各个励磁绕组通电状态表，然后把这个表格存储起来，用一个拍数计数器记录下当前的输出状态序号，每收到一个进给脉冲，就按照当前指定的运行方向修改拍数计数器，然后把拍数计数器指向的状态值在 I/O 端口上输出，就实现了软件的环形分配。

例如，表 5-3 所示为四相步进电动机在四相单四拍、四相双四拍和四相单双八拍时每一拍对应的通电状态表。表中，四相单四拍时的四个状态字为 08H、04H、02H 和 01H，按照一、二、三、四的顺序循环输出则为正转，按照四、三、二、一的顺序循环输出则为反转，其他通电方式可依此类推。四相单四拍的四个状态字用循环移位法和查表法都很容易得到，但四相双四拍和四相单双八拍的状态字用查表法以外的方法就不太方便了。

表 5-3　软件环形分配器通电状态字表

四相单四拍					
拍数	A	B	C	D	状态字
第一拍	1	0	0	0	08H
第二拍	0	1	0	0	04H
第三拍	0	0	1	0	02H
第四拍	0	0	0	1	01H

四相双四拍					
拍数	A	B	C	D	状态字
第一拍	1	1	0	0	0CH
第二拍	0	1	1	0	06H
第三拍	0	0	1	1	03H
第四拍	1	0	0	1	09H

四相单双八拍					
拍数	A	B	C	D	状态字
第一拍	1	0	0	0	08H
第二拍	1	1	0	0	0CH
第三拍	0	1	0	0	04H
第四拍	0	1	1	0	06H
第五拍	0	0	1	0	02H
第六拍	0	0	1	1	03H
第七拍	0	0	0	1	01H
第八拍	1	0	0	1	09H

查表法实现软件环形分配器的流程图如图 5-12 所示。

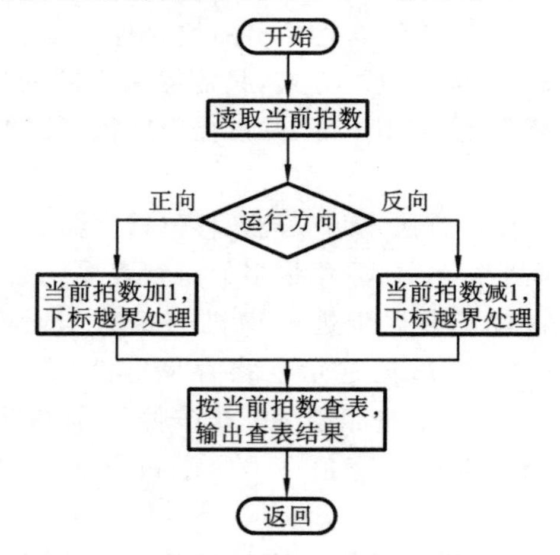

图 5-12　软件环形分配器子程序流程图

用 C 语言描述的四相单双八拍走一步的软件环形分配子程序如下。每调用一次下面的子程序，步进电动机就会在指定的方向上运行一步。间隔一定的时间循环调用下面的子程序，步进电动机就会连续运行起来；调整时间间隔的大小可以实现加速和减速运行。

```
unsigned char step_mask[8]={0x08,0x0C,0x04,0x06,0x02,0x03,0x01,0x09};
```

```
void go_a_step(char direction)
{
static char current_step=0;
if(direction = = 1)//正向运行
   {  current_step + +;
      if(current_step>7)current_step=0;
   }
else//方向运行
   {  current_step——;
      if(current_step<0)current_step=7;
   }
output(step_mask[current_step]);//查表,并输出查表结果
}
```

2. 功率放大器

从硬件环形分配器或计算机接口输出的脉冲信号电流一般只有几个毫安,不能直接驱动步进电动机,必须采用功率放大器将电流放大到几安培至几十安培后,才可以驱动步进电动机运转。一般来说,步进电动机的每一相励磁绕组都对应一路功率放大驱动电路。驱动功率放大电路采用的功率半导体元件可以是大功率晶体管 GTR,也可以是功率场效应 MOS 管或可关断晶闸管 GTO。最早的功率放大器采用单电压驱动电路,后来出现了高低压切换驱动电路、斩波驱动电路、频控调压驱动电路和细分驱动电路等。下面介绍几种典型的功率放大器电路。

1) 单电压驱动电路

单电压驱动电路的工作原理如图 5-13 所示。图中,L 为步进电动机某一相励磁绕组的电感,R_a为该绕组的电阻。环形分配器的输出经过同相驱动器后接光耦 OC。当环分输出为低电平时,光耦输入端的 LED 发光,功率管 VT_1 截止,励磁绕组中没有电流流过;当环分输出为高电平时,光耦输入端的 LED 不发光,功率管 VT_1 导通,励磁绕组中有电流流过。续流二极管 VD_1 和 VD_2 起保护作用。R_c为励磁绕组中稳态电流的限流电阻,如果绕组工作电流较大,例如电流为 10 A 时,R_c(图中取 18 Ω)上消耗的功率接近 180 W,发热严重,这会导致整个电路的体积也很大。单电压驱动电路的优点是原理简单,但存在功率管导通时电流上升速度不够快,高频时带负载能力低的缺点,一般只能用于功率较小且频率不高的场合。

2) 高低压切换驱动电路

高低压切换驱动电路的特点是供给步进电动机绕组有两种电压,即高电压 U_H 和低电压 U_L。U_H是绕组通电瞬间短期工作的电压,一般可选择 80 V 或更高;U_L是步进电动

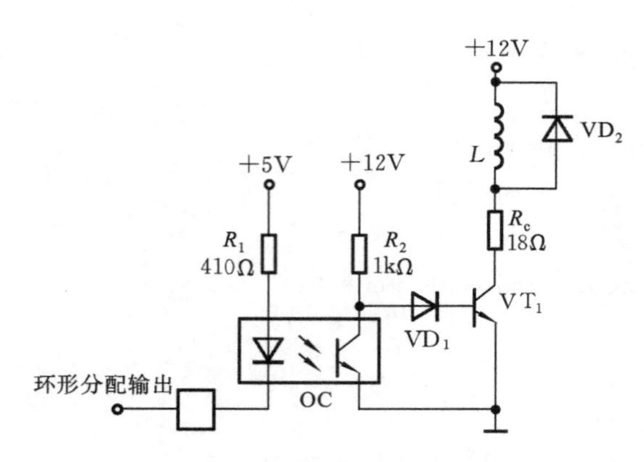

图 5-13　单电压驱动电路原理图

机绕组的额定电压，一般为几伏到十几伏。实际使用中 U_H 和 U_L 的电压值由电动机参数和功率管特性决定。

图 5-14 所示为高低压切换驱动电路的原理图。在环形分配输出脉冲上升沿到来时，高压控制脉冲和低压控制脉冲同时出现，功率管 VT_1 和 VT_2 同时接通，此时绕组上加上的是高电压 U_H，以提高绕组中电流的上升速度。当维持一段时间 T_H 后，高压控制脉冲消失，VT_1 关断，VT_2 仍然保持接通（t_H 的脉冲宽度小于 t_L），绕组上加上的是额定低电压 U_L。通过调节高压导通时间 t_H 占 t_L 的比例，可以获得不同的驱动性能。

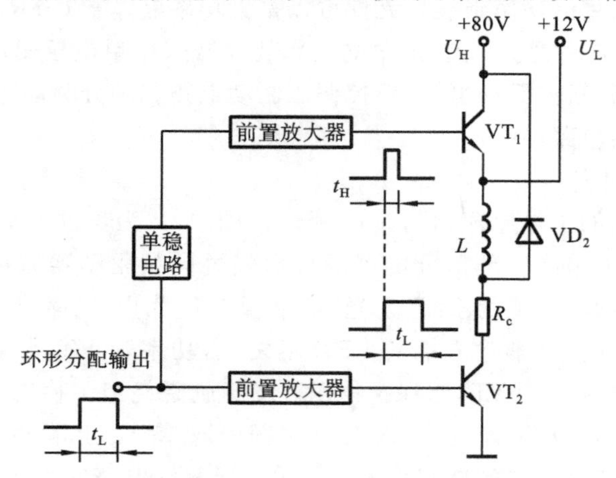

图 5-14　高低压切换驱动电路原理图

高低压切换驱动电路的优点是在较宽的频率范围内有较大的平均电流，能够产生较大且稳定的平均转矩，其缺点是电路较为复杂，且绕组中的工作电流不平稳，电流波形的顶部有凹陷（见图 5-15(b)）。

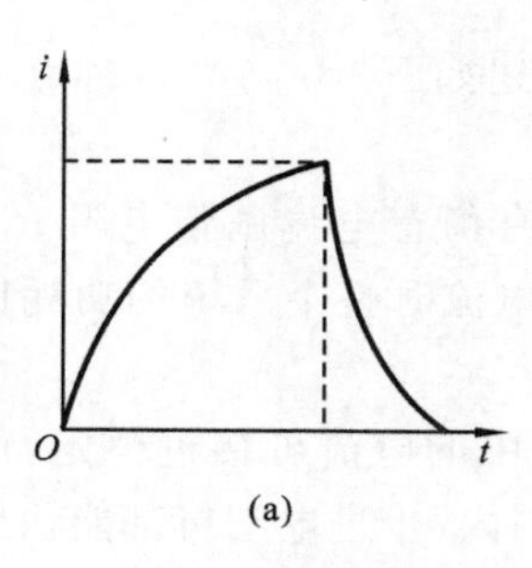

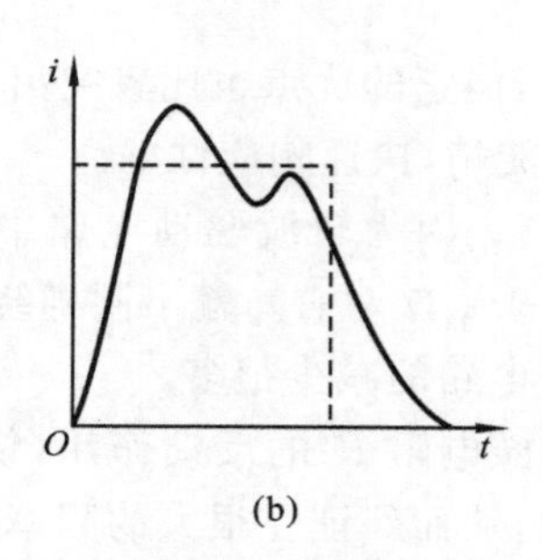

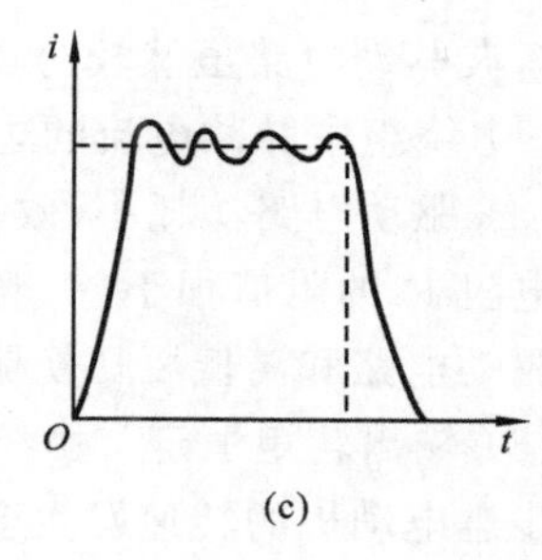

图 5-15　三种驱动电路的电流波形

(a) 单电压驱动电路；(b) 高低压切换驱动电路；(c) 斩波驱动电路

3) 斩波驱动电路

高低压切换驱动电路的电流波形会造成高频输出转矩的下降。为了使励磁绕组中的电流维持在额定值附近，常采用斩波驱动电路，斩波驱动电路的原理图如图 5-16 所示。将环形分配器输出的脉冲作为输入信号，VT_2的通断直接受环形分配器输出脉冲控制，VT_1的通断则由高压控制电路进行控制。采样电阻 R_e的阻值很小，作用是把通过励磁绕组的电流值反馈给高压控制电路。当环形分配器输出变为正脉冲时，VT_1、VT_2首先同时导通，由于 U_H电压较高，绕组中的电流迅速上升，当绕组中的电流上升到额定值以上某个数值时，采样电阻 R_e的电压将达到某一设定值，经高压控制电路逻辑判断后使 VT_1截止，励磁绕组由 U_L低压供电。U_L低压供电时绕组中的电流立即下降，当降至额定值以下某个数值时，由于采样电阻 R_e的反馈作用，高压控制电路又使 VT_1导通，电流又上升。如此反复进行，绕组中的电流会形成一个在额定电流值上下波动呈锯齿状的波形，近似恒流，因此斩波驱动电路也称为斩波恒流驱动电路。锯齿波的频率可通过调整采样电阻 R_e和高压控制电路中的电位器来调整。

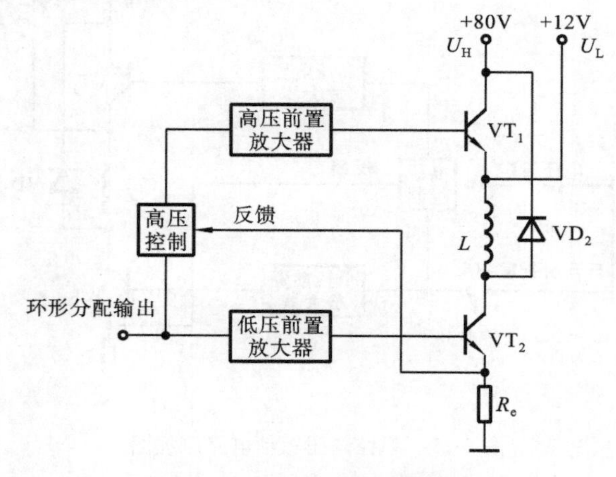

图 5-16　斩波驱动电路原理图

斩波驱动电路虽然较为复杂,但它的优点也比较突出,简述如下。

(1) 绕组中脉冲电流的边沿陡峭,快速响应性好。

(2) 驱动电路功耗小,效率高。因为斩波驱动电路中没有稳态电流调整电阻 R_c,而采样电阻 R_e 的阻值很小(一般为 0.2 Ω 左右),输出同样绕组电流时整个系统的功耗比单电压驱动电路和高低压切换驱动电路的减少很多。

(3) 输出转矩恒定。由于采样电阻 R_e 的反馈作用,绕组中的电流可接近恒定,而且不随步进电动机的转速发生变化,从而保证在很大的频率范围内,步进电动机都能输出恒定的转矩。

4) 频控调压驱动电路

以上驱动电路中,为了提高驱动系统的快速响应,采用了提高供电电压,加快电流上升速度的措施,但这些措施会造成低频工作时步进电动机的振荡加剧,甚至失步。从原理上讲,高频工作时电流前沿应陡,以快速产生足够的绕组电流,提高步进电动机的带载能力;而低频工作时,则绕组中的电流上升沿应较为平缓,从而减少转子在新的平衡位置产生的过冲。这就要求驱动器能够根据步进电动机的运行频率提供合适的绕组电压,即低频时采用较低电压供电,高频时采用较高电压供电。

图 5-17 所示为频控调压驱动电路的原理图。频控调压驱动电路是在斩波驱动电路的基础上,在高压控制模块上增加了一路电压设定信号得到的。数控装置根据要输出的脉冲频率设定绕组上的电压值,高压控制电路使用斩波原理控制 VT_1 的通断,并使绕组上的平均电压维持在设定电压附近。频控调压电路可以灵活地根据工作频率设定绕组上的电压值,兼顾了高频和低频工作时对驱动电路的不同要求,在数控装置的配合下还可以实现更多功能,是一种十分可取的步进电动机驱动电路。

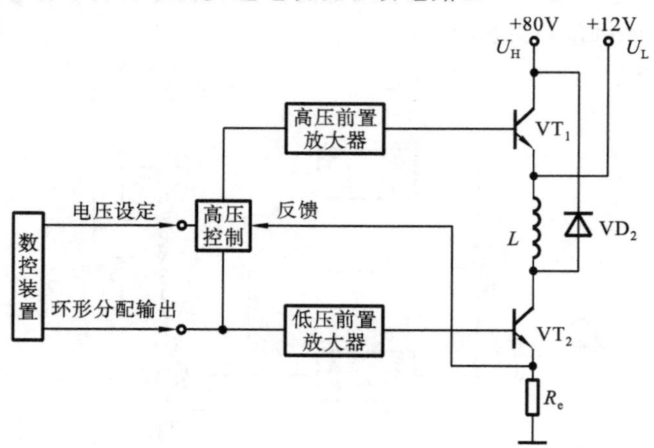

图 5-17 频控调压驱动电路原理图

5）细分驱动电路

上述驱动电路有一个共同点，即电动机绕组电流为矩形波。例如从A相通电切换到B相通电时，A相中的电流会从额定值直接下降到零，而B相中的电流则从零直接跃升到额定值，步进电动机也转过一个步距角。如果让通电方式切换时电流的波形由矩形波改为阶梯波，即每次只改变相应绕组电流的一部分，分多次完成切换，那么每次电动机转子转过的就不是一个完整的步距角，而是只转过步距角的一部分。例如：第一个脉冲到来时，A中电流下降为额定值的0.9，B中电流上升为额定值的0.1；第二个脉冲到来时，A中电流下降为额定值的0.8，B中电流上升为额定值的0.2，这样经过10个脉冲后才走完一个步距角。这种将步距角细分成若干步的驱动方式称为细分驱动或微分驱动。

细分驱动电路需配合微步脉冲分配器进行工作，微步脉冲分配器输出数字信号，经D/A转换器转换为模拟量进行控制。细分驱动电路的功率放大部分有线性放大型和开关放大型两种。线性放大型细分驱动电路如图5-18(a)所示，电路采用带电流反馈的线性功率放大电路，这种电路的电流稳定，适合于步进电动机较低速运行和精确定位，但其缺点是功率管上的电压降较大，功率管发热严重。开关放大型细分电路如图5-18(b)所示，放大器工作在开关状态，用斩波驱动的原理获得大小可调节的平均电流。

细分驱动电路使步距角减小，从而可减弱或消除振荡，使步进电动机运行更加平稳，目前很多专业厂家生产的步进电动机驱动器都内置了细分驱动的功能。

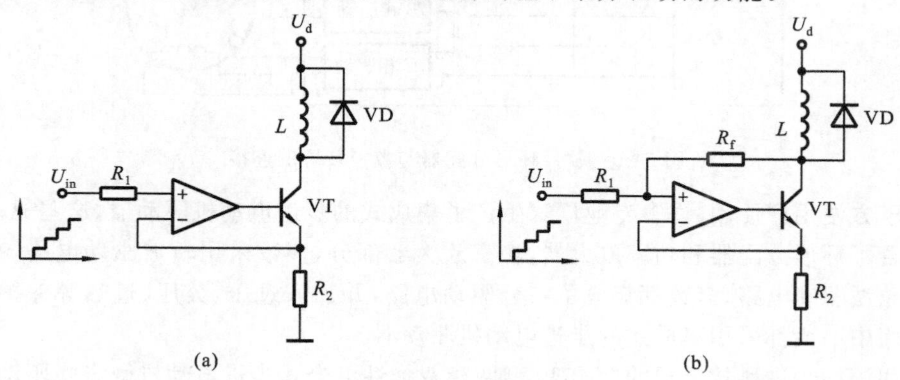

图5-18 细分驱动电路原理图

(a) 线性放大型；(b) 开关放大型

3. 步进电动机驱动器与数控系统的连接

步进电动机驱动装置分为两类：一类是其本身包括环形分配器（硬件环形分配器）；另一类是驱动装置没有环形分配器，环形分配需由数控装置中的计算机软件来完成（软件环形分配器）。对于内置环形分配器的驱动器，数控系统只需要给出进给脉冲和方向信号即可（也有些驱动器分别从不同的端口输入正向进给脉冲和反向进给脉冲，因而不需要给出方向信号);对于内部没有环形分配器的驱动器,数控系统需要直接给出各相的通电/断电信号。硬件环形分配驱动器与数控装置的连接如图 5-19 所示,软件环形分配驱动器与数控装置的连接如图 5-20 所示。

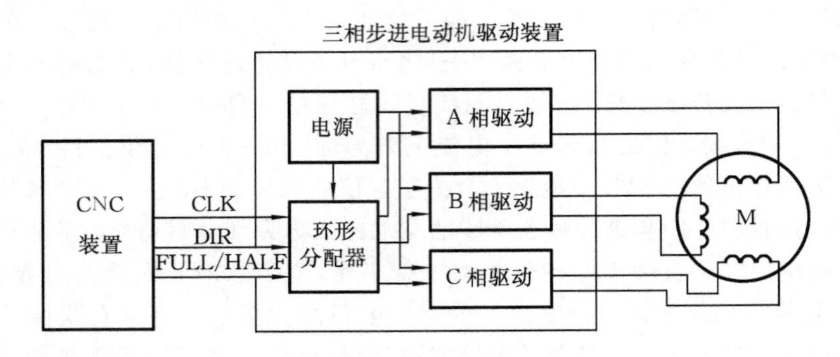

图 5-19　硬件环形分配器与数控装置的连接

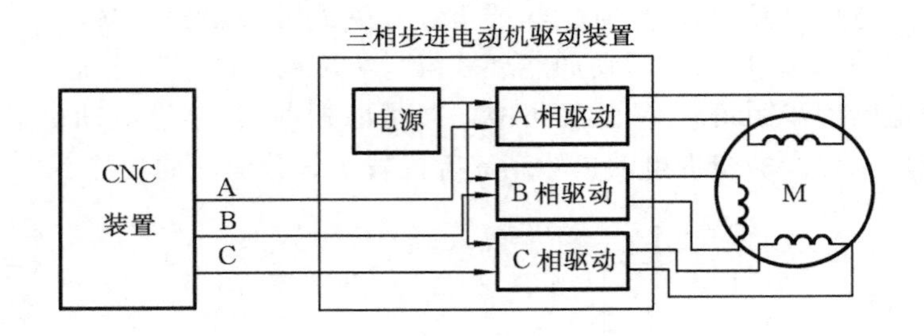

图 5-20　软件环形分配器与数控装置的连接

为了方便用户使用,许多专业厂家生产了集成式的步进电动机驱动器,这些驱动器一般都内置了环形分配器和功率放大器,功率放大器部分,多数采用斩波驱动电路,有些采用了正弦波驱动电路,多数都集成了细分驱动电路,并加入过压、欠压、过热等保护功能。实际应用中一般都采用集成式的步进电动机驱动器。

例如深圳步进科技公司的 2M530 型两相双极性混合式步进电动机微步式驱动器,其特点如下。

(1) 供电电压最大可达直流 48 V,采用双极性恒流驱动方式,驱动电流最大可达每相 3.5 A,可通过 DIP 开关调整相电流,以配合不同规格的电动机。

(2) 可通过 DIP 开关设定电动机静态锁紧状态下的自动半流功能,可以大大降低电动机的发热量。

(3) 采用专用驱动控制芯片,具有可设定的最高可达 256 倍/200 倍的细分功能,保证提供最好的运行平稳性能(见表 5-4)。

(4) 具有脱机功能,可以在必要时关闭给电动机的输出电流。

(5) 控制信号的输入电路采用光耦器件隔离,降低外部电气噪声干扰的影响。

表 5-4 细分步数的设定

细分设定			DIP1 为 ON	DIP1 为 OFF
DIP2	DIP3	DIP4	细分	细分
ON	ON	ON	无效	2
OFF	ON	ON	4	4
ON	OFF	ON	8	5
OFF	OFF	ON	16	10
ON	ON	OFF	32	25
OFF	ON	OFF	64	50
ON	OFF	OFF	128	100
OFF	OFF	OFF	256	200

2M530 型步进电动机驱动器与数控系统和步进电动机的连接示意图如图 5-21 所示。

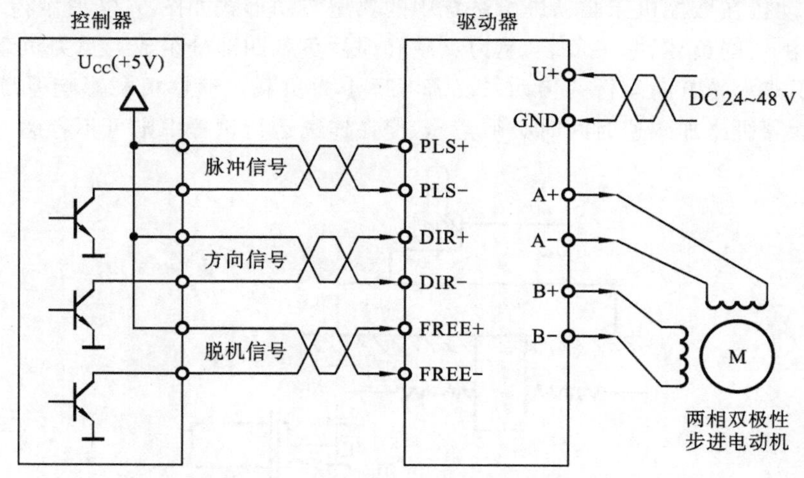

图 5-21 2M530 型步进电动机驱动器连接示意图

5.2.3 步进电动机的选择

选择步进电动机时,应根据总体设计方案的要求,在满足主要技术性能的前提下,综合考虑步进电动机的参数。

1. 步距角的选择

在步进电动机驱动系统中,每一个进给脉冲对应的最终运动部件的移动距离称为脉

冲当量。脉冲当量是反映步进电动机驱动系统控制精度的主要指标。脉冲当量 δ 的计算公式为

$$\delta = \frac{\theta L i}{360^\circ} \tag{5-2}$$

式中:L 为丝杠导程(mm);θ 为步进电动机的步距角(°);i 为电动机到丝杠间的传动比,即 $i=Z_1/Z_2$,如图 5-22 所示。

在式(5-2)中,脉冲当量 δ 通常已由总体设计方案确定。在初步确定了机械传动系统的一些参数(如丝杠导程 L、电动机到丝杠间的减速比 i)之后,就可以计算出步进电动机步距角的理论值。然后在实际的步进电动机产品中挑选步距角接近的电动机,再用实际的步距角验算脉冲当量是否满足要求。若步进电动机的步距角和丝杠导程不能满足脉冲当量的要求,可以更换步进电动机,也可以在步进电动机和丝杠之间加入齿轮传动系统,用改变减速比 i 来满足对脉冲当量的要求。

2. 最大静态转矩 T_{jmax} 的选择

选择步进电动机时,必须保证步进电动机的输出转矩大于负载转矩,为此需要首先计算机械系统的负载转矩。

步进电动机在数控机床驱动进给系统中的典型传动形式如图 5-22 所示,步进电动机的负载一般由切削负载、摩擦负载、重力负载和惯性负载四部分组成。重力负载是一个恒定负载,对于非水平方向运行的传动系统需考虑重力负载。惯性负载影响系统快速响应的能力,在计算机床加减速时间时必须考虑,但在连续运行过程中则可不考虑。

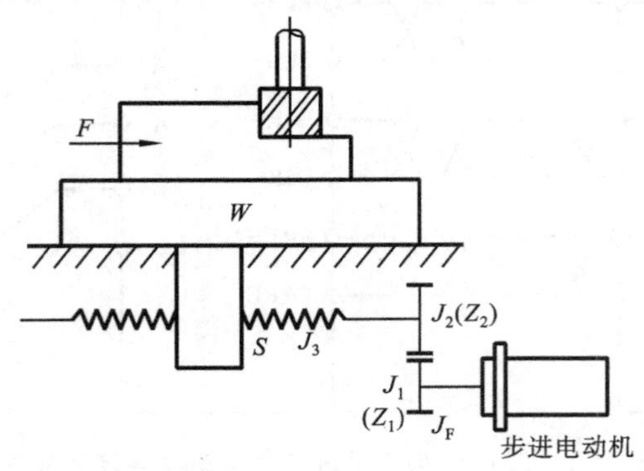

图 5-22 步进电动机进给传动系统示意图

在图 5-22 所示系统中,步进电动机的负载由切削负载和摩擦负载组成,负载转矩 T_F(N·m)的计算公式为

$$T_F = \frac{(F + \mu W) S \times 10^{-3}}{2\pi\eta i}$$

式中:F 为运动方向的切削拉力;μ 为导轨摩擦因数;S 为转差率;W 为工件及工作台重力

(N)；η 为齿轮和丝杠传动系统的总效率；i 为减速比。

计算出的负载转矩 T_F 应满足

$$T_F \leqslant (0.2 \sim 0.4) T_{jmax} \tag{5-3}$$

当相数较多、突跳频率要求不高时，系数可以取大值，反之取小值。由式(5-3)可选择步进电动机的最大静转矩 T_{jmax}。

3. *启动频率 f_q 的选择*

步进电动机在带负载启动时，其启动频率会低于空载启动频率。启动频率也受到负载转动惯量的影响。可参照步进电动机的启动矩频特性并留有一定裕度来选择启动频率 f_q，具体步骤如下。

先计算折算到电动机轴上的等效负载转动惯量

$$J_F = J_1 + (J_2 + J_3)\left(\frac{Z_1}{Z_2}\right)^2 + \frac{W}{981}\left(\frac{180\delta}{\pi\theta}\right)^2 \tag{5-4}$$

式中：J_1、J_2 为齿轮的转动惯量(kg·m²)；J_3 为丝杠的转动惯量(kg·m²)；δ 为脉冲当量(mm/脉冲)。

然后进行负载启动频率 f_{qF}(Hz)的估算，有

$$f_{qF} = f_q \sqrt{\frac{1 - T_F/T}{1 + J_F/J}} \tag{5-5}$$

式中：f_q 为空载启动频率(Hz)；T 为启动频率下，由矩频特性决定的电动机转矩(N·m)；J 为电动机转子转动惯量(kg·m²)。

若负载参数无法确定，则可按 $f_{qF}=0.5f_q$ 估算。

总之，应依照机床要求的启动频率 f_{qF} 选择电动机的空载启动频率 f_q。

4. *连续运行频率 f_{max} 的选择*

步进电动机的连续运行频率 f_{max} 应能满足机床工作台最高运行速度的要求。

5.3　直流伺服电动机驱动系统

伺服电动机是指转速、位置或转矩等能够快速、精确地进行控制的电动机。直流伺服电动机是伺服电动机的一种。

5.3.1　直流伺服电动机的分类与特点

直流伺服电动机的种类很多，随着科学技术的发展不断出现新品种、新结构。按照定子励磁方式的不同，直流伺服电动机可分为电磁式和永磁式两类，其中永磁式直流伺服电动机最为常见。电磁式直流伺服电动机可以采用磁场控制方式或电枢控制方式，但一般都采用电枢控制方式。永磁式直流伺服电动机只能采用电枢控制方式。

永磁式直流伺服电动机按照转子惯量可分为小惯量的直流伺服电动机和普通惯量（大惯量）的直流伺服电动机。小惯量的直流伺服电动机按照其结构又可分为无槽转子直流伺服电动机、空心杯转子直流伺服电动机和印刷绕组直流伺服电动机。小惯量直流伺服电动机的特点是转子的惯量小，机电时间常数小，换向快，适用于快速响应的伺服系统中，但其过载能力低。当用于数控机床进给伺服等系统中时，由于转子惯量与机械传动系统惯量的不匹配，必须采取必要的措施（如增加齿轮传动链的传递比、惯量等）才能使用。

普通惯量的永磁式直流伺服电动机由电动机本体和检测部件组成。电动机本体主要由机壳、定子磁极和转子三部分组成（见图 5-23），反馈用的检测部件有高精度的测速发电机，旋转变压器及脉冲编码器等，它们与转子同轴安装在电动机的尾部。

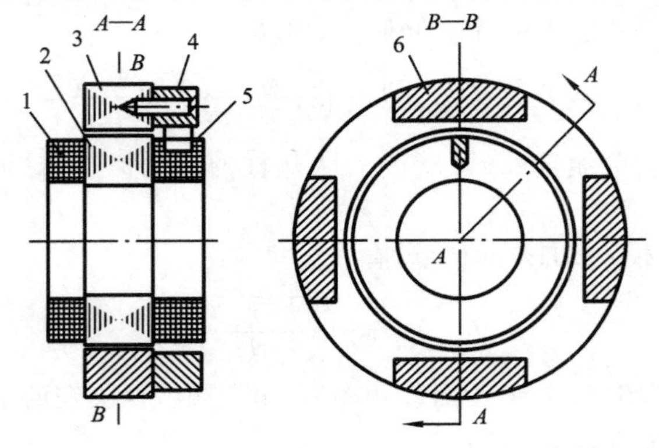

图 5-23　普通惯量的永磁式直流伺服电动机结构示意图

1—转子绕组；2—转子铁心；3—定子铁心；4—刷架组件；5—换向器；6—永久磁铁

普通惯量的永磁式直流伺服电动机的定子磁极是永磁体，磁极的形状为矩形或瓦状，目前多采用瓦状结构。其材料多采用铁氧体，该种材料不但成本低、质量轻，而且电枢反应的去磁作用小，使电动机的过载能力强；它的主要缺点是剩磁感应强度不高，温度对磁极性能的影响大。由于采用永磁式励磁方式，不需要励磁功率，在同样的输出功率下有较小的体积和较轻的质量。

普通惯量的永磁式直流伺服电动机的转子与一般直流电动机的转子相似，也是有槽转子，只是转子铁心上的槽数较多，且采用斜槽，在一个槽内又分布有几个虚槽，以减小转矩的波动。与一般直流电动机相比，普通惯量的永磁式直流伺服电动机的转子铁心长度与直径的比大些，气隙小些。

普通惯量的永磁式直流伺服电动机与小惯量直流伺服电动机相比，具有以下一些特点。

（1）启动力矩大，且低速时输出力矩大。

（2）惯量比较大，能与机械传动系统直接相连，省去齿轮等传动机构，从而有利于减小机械振动和噪声，以及齿隙误差。

(3) 转子热容量大，电动机的过载性能好，一般能加倍过载几十分钟。

(4) 调速范围比较宽。当与高性能速度控制单元组成速度控制系统时，调速范围可达 1∶1 000 以上。

(5) 通过加大电源容量可以做到加速度大、响应快。

(6) 转子温升高(电动机允许温升达 150～180 ℃)，可通过转轴传到机械中去，这会影响精密机械的精度。

5.3.2 直流伺服电动机的工作原理

直流伺服电动机的工作原理与普通直流电动机的工作原理相同。图 5-24 所示为直流电动机工作原理图。

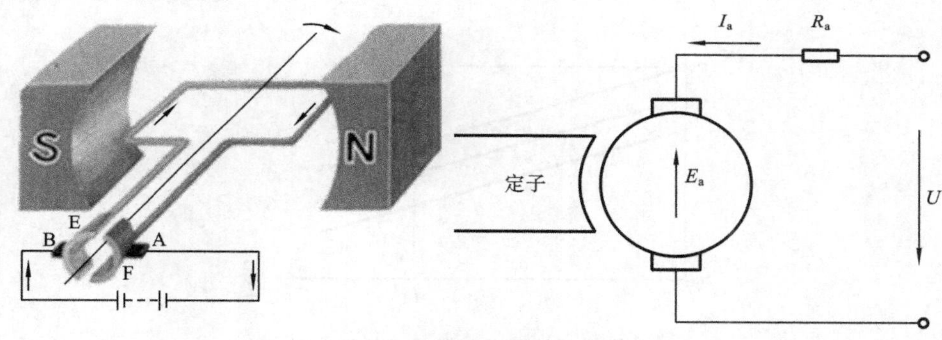

图 5-24 直流电动机工作原理图

其转子回路的电势平衡方程为

$$E_a = U - R_a I_a \tag{5-6}$$

式中：R_a为转子回路电阻(Ω)；I_a为转子回路电流(A)。

感应电动势 E_a也可由下式求得，即

$$E_a = nC_e\Phi \tag{5-7}$$

式中：C_e为反电动势常数；Φ 为励磁磁通(Wb)；n 为电动机转速(r/min)。

由式(5-6)和式(5-7)可得

$$n = \frac{U}{C_e\Phi} - \frac{R_a}{C_e\Phi}I_a \tag{5-8}$$

电动机的电磁转矩 T_e(N・m)为

$$T_e = C_M\Phi I_a \tag{5-9}$$

式中：C_M为电磁力矩常数，是电动机的结构常数。

由式(5-9)得 $I_a = T_e/C_M\Phi$，代入式(5-8)，得

$$n=\frac{U}{C_e\Phi}-\frac{R_a}{C_eC_M\Phi^2}T_e=n_0-\Delta n \tag{5-10}$$

式中:n_0为理想空载转速;Δn 为转速差。

式(5-10)为直流电动机的机械特性方程式。由该方程式可知,直流电动机有三种调速方法,即改变转子回路外加电压、改变励磁磁通及改变转子回路电阻调速。对于永磁直流伺服电动机,不能采用改变励磁磁通的调速方法,而采用改变转子回路电阻的调速方法,其性能不能满足数控机床的要求。当采用永磁直流伺服电动机作为数控机床进给伺服系统的驱动元件时,通常采用改变转子回路外加电压的调速方法。这种调速方法是从额定电压往下降低转子电压,即从额定转速向下调速。该种调速方法属恒转矩调速方法,机械特性曲线如图 5-25 所示,是一组斜率不变的平行直线,特性比较硬,且调速范围宽。另外,这种调速方法是用减小输入功率来减小输出功率的,所以具有比较好的经济性。

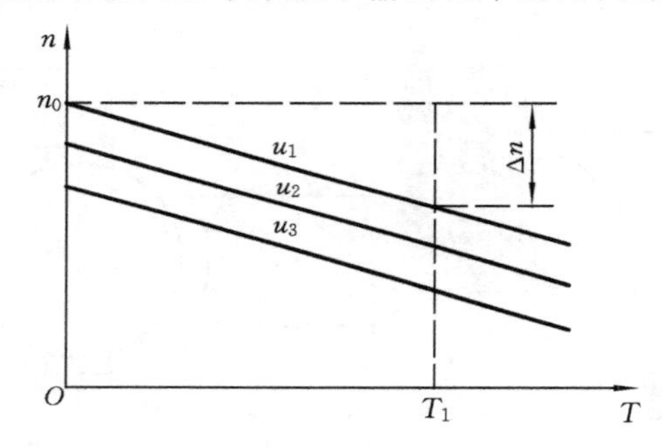

图 5-25　直流电动机的机械特性曲线

对于实际应用的永磁式直流伺服电动机,为了满足伺服性能和长期稳定工作的要求,不能简单地用电压、电流、转速等参数描述其性能,而需要用一些特性曲线和数据表对其性能进行全面描述。图 5-26 所示为永磁式直流伺服电动机的转矩-速度特性曲线。由图可见,伺服电动机的工作区域被温度极限线、转速极限线、换向极限线、转矩极限线及瞬时换向极限线划分成三个区域。

Ⅰ区域为连续工作区,在该区域中,转矩和转速的任意组合都可长期连续工作。

Ⅱ区域为断续工作区,在该区域内,电动机只能根据负载周期曲线(见图 5-27)所决定的允许工作时间 t_R和断电时间 t_F作间歇工作。

Ⅲ区域为加速和减速区域,在该区域内,电动机只能用于加速或减速,也只能工作一段极短的时间。

图 5-27 为负载周期曲线,图中横坐标为工作时间 t_R(min),纵坐标为允许给电动机加载周期比 d。图中的各条曲线为过载倍数(t_{md})曲线。当电动机工作在Ⅱ区域时,首先根据实际负载转矩要求,求出电动机的过载倍数,即

$$t_{md}=负载转矩/连续额定转矩 \tag{5-11}$$

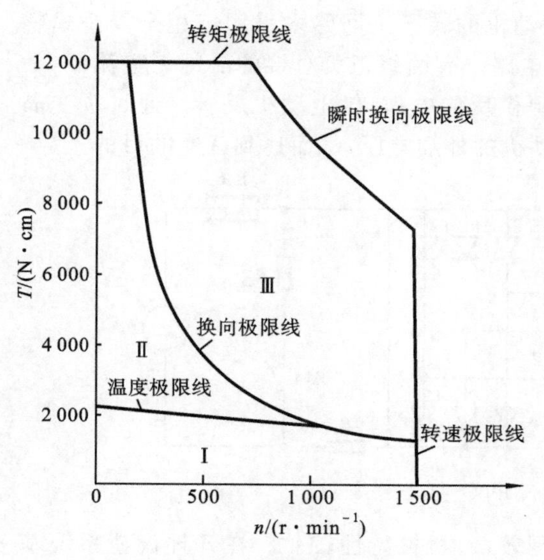

图 5-26 转矩-速度特性曲线

Ⅰ—连续工作区；Ⅱ—间断工作区；

Ⅲ—瞬时加减速区

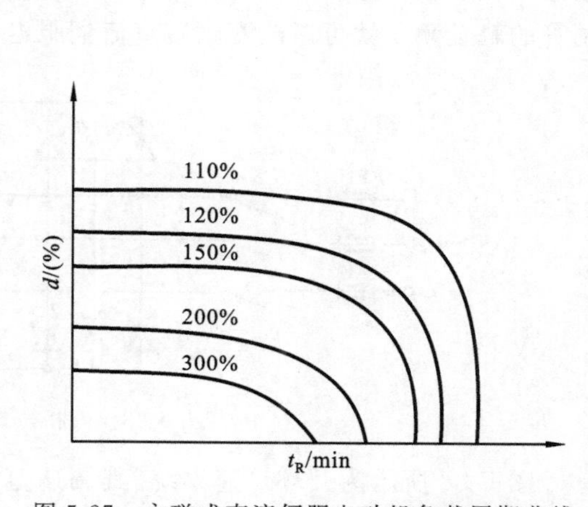

图 5-27 永磁式直流伺服电动机负载周期曲线

然后在负载周期曲线的横坐标上找到实际需要的工作时间 t_R，并从该点作横坐标的垂线，与要求的 t_{md} 曲线相交，从相交点作纵坐标的垂线，其交点即为允许加载的周期比 d。周期比 d 的定义为

$$d=\frac{t_R}{t_R+t_F} \tag{5-12}$$

式中：t_F 为电动机断电时间；t_R 为允许工作时间。

由式(5-12)便可求出电动机的最短断电时间 t_F，即

$$t_F=t_R\left(\frac{1}{d}-1\right) \tag{5-13}$$

5.3.3 直流伺服电动机的调速方法

在以直流伺服电动机作为驱动元件的进给伺服系统中，常采用两种速度调节系统，即晶闸管调速系统和晶体管脉宽调制调速系统。这两种系统都通过改变直流伺服电动机电枢电压的方式进行调速。

1. 晶闸管调速系统

晶闸管是一种大功率电子器件，也称可控硅(SCR)。它具有体积小、效率高、寿命长等优点，在计算机自动控制系统中，可作为大功率驱动器件，实现用低电压、小电流控制大功率设备的功能。

为满足数控机床的要求，永磁直流伺服电动机的转子主回路多采用三相全控桥式整流电路。图 5-28 所示为三相桥式反并联整流电路。有两组正负对接的晶闸管整流器，一组用于提供正向电压，供电动机正转；另一组提供反向电压，供电动机反转。通过改变晶闸管的触发角 α 就可以改变永磁直流伺服电动机的外加电压，从而达到调速的目的。

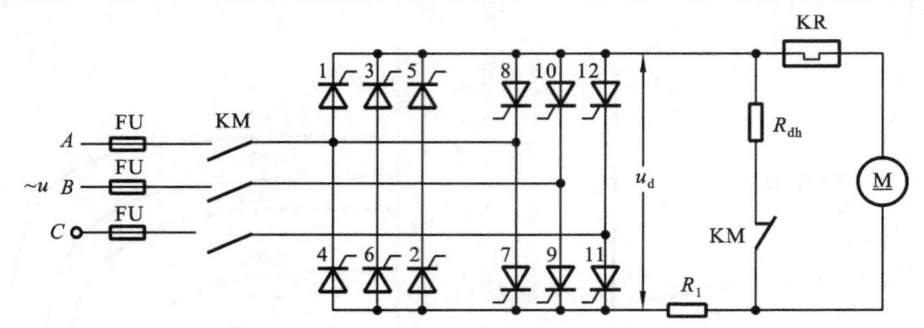

图 5-28　三相桥式反并联整流电路

图 5-28 所示为开环调速系统，其调速范围较窄，机械特性较软。在开环调速系统基础上增加了电流反馈和速度反馈回路之后，能够组成双环调速系统（见图 5-29）。电流环为内环，由电流互感器或采样电阻获得电枢电流实际值作为反馈构成，它的作用是由电流调节器对电动机电枢回路引起滞后的某些时间常数进行补偿，使动态电流按所需的规律变化（通常是按一阶过渡规律变化）。速度环为外环，一般由与电动机同轴安装的测速发电机获得电动机的实际转速反馈构成，其作用是对电动机的速度误差进行调节，以实现所要求的动态特性。电流环可增加调速特性的硬度，而速度环可以增大调速的范围。电流调节器与速度调节器均采用 PID 调节器，PID 调节器可由线性运算放大器和阻容元件组成的校正网络构成，也可采用微控制器结合软件实现。图 5-29 所示为一种典型的双环调速系统。双环调速工作原理简述如下。

当给定的速度指令信号增大时，将有较大的偏差信号加到调节器的输入端，放大器的

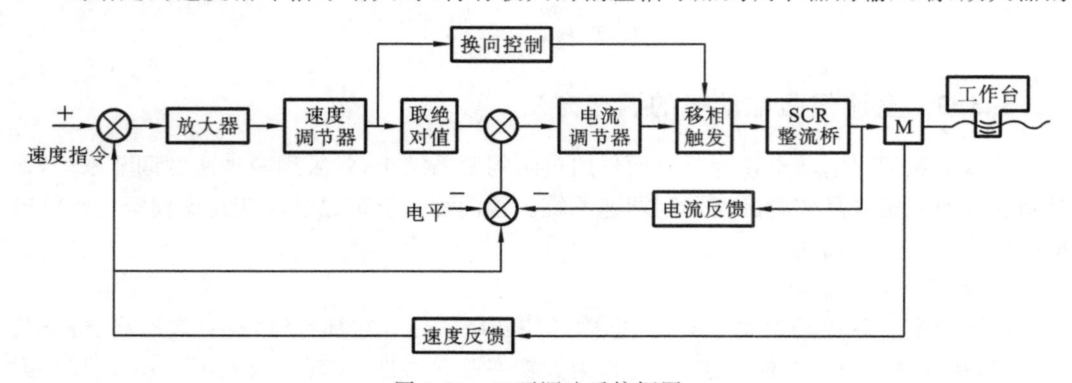

图 5-29　双环调速系统框图

输出电压随之加大，使触发脉冲前移(即减小 α 角)，整流器输出电压提高，电动机转速相应上升。同时，测速发电机输出电压也逐渐增加，反馈到输入端使偏差信号减小，电动机转速上升减缓。当速度反馈值等于或接近于给定值时，系统达到新的动态平衡，电动机以要求的较高转速稳定运转。

如果系统受到外界干扰(如负载增加)，转速会下降。此时，测速发电动机输出电压下降，速度调节器的输入偏差信号增大，放大器的输出电压增加，触发脉冲前移，晶闸管整流器输出电压升高，从而使电动机转速上升直至恢复到外界干扰前的转速值。与此同时，电流也起调节作用。电流调节器有两个输入信号：一个由速度调节器输出，另一个是反映主回路电流的电流反馈信号。如果电网电压突然降低，则晶闸管整流器的输出电压也随之降低。由于惯性电动机转速尚未变化之前，首先引起主回路电流减小，从而立即使电流调节器输出增加，触发脉冲前移，使 SCR 整流器输出电压恢复到原来值，从而抑制了主回路电流的变化。

当速度给定信号为一阶跃函数时，电流调节器有一个很大的输入值，但其输出值已整定为最大的饱和值。此时转子电流也在最大值(一般取额定值的 2～4 倍)，从而使电动机在加速过程中始终保持在最大转矩和最大加速度状态，以使启动、制动过程最短。

综上所述，具有速度外环、电流内环的双环调速系统具有良好的静态、动态指标，其启动过程很快，它可最大限度地利用电动机的过载能力，使过渡过程最短。其缺点是：在低速轻载时，转子电流出现断续现象，机械特性变软，总放大倍数下降，同时动态品质变坏。这可采取转子电流自适应调节器或增加一个电压调节内环，组成三环来解决。

在晶闸管直流调速系统中，由于晶闸管本身的工作原理和电源的特点，晶闸管导通后一般是利用交流(50 Hz)过零来关闭的，因此在低整流电压时，其输出电压波形由很小的尖峰(三相全波时每秒 300 个)组成，从而造成电流的不连续性。而采用晶体管脉宽调制调速系统时，由于其开关频率高(1.5 kHz～3 kHz)，伺服机构能够响应的频带范围也较宽。与晶闸管相比，其输出电流脉动非常小，接近于纯直流。

2. 晶体管脉宽调制调速系统

由于晶体管脉宽调制调速系统的调速性能优于晶闸管调速系统的调速性能；另外，由于制造工艺的成熟，大功率晶体管的功率、耐压和开关频率等都已有很大提高，所以现代数控机床的直流进给伺服系统中较多采用了晶体管脉宽调制调速系统。

所谓脉宽调制(PWM，pulse width modulation)调速，即是利用脉宽调制器对大功率晶体管开关放大器的开关时间进行控制，将直流电压转换成某一频率的矩形波电压，加到直流电动机的转子回路两端，通过对矩形波占空比的控制，改变电动机电枢两端的平均电压，从而达到调节电动机转速的目的。

脉宽调制调速的原理如图 5-30 所示。开关 S 周期性地闭合和断开，如果开和关的周期为 T，闭合的时间为 τ，则断开的时间为 $T-\tau$。若外加电源电压 U 为常数，则电动机电

枢上的电压则是一个方波序列，其高度为 U，一个周期 T 内的宽度为 τ，则电枢电压的平均值为

$$U_a = \frac{1}{T}\int_0^\tau U\mathrm{d}t = \frac{\tau}{T}U = \mu U \tag{5-14}$$

式中：$\mu=\tau/T$ 称为导通率，又称占空系数或占空比；μ 为常数，取值范围为[0,1]。

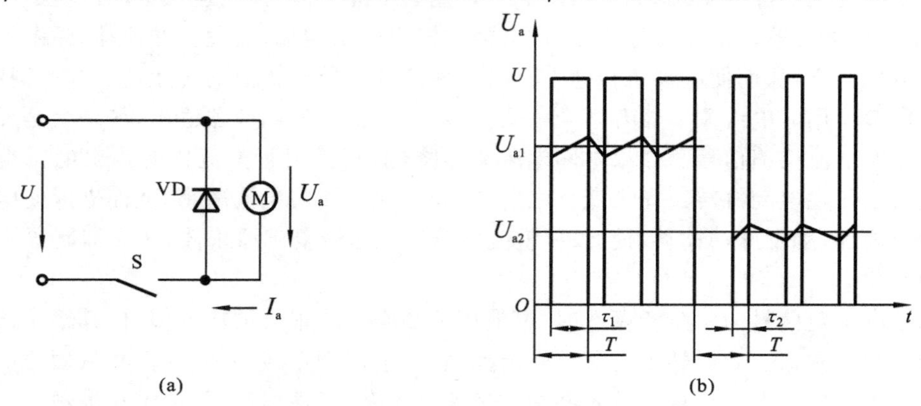

图 5-30　脉宽调制调速原理图

(a) 控制电路图；(b) 电压-时间关系图

晶体管脉宽调制调速系统的组成框图如图 5-31 所示。图中，速度调节器、电流调节器的工作原理和晶闸管调速系统中的对应部分基本相同。晶体管脉宽调制调速系统的特点在于脉宽调制器、基极驱动电路和主回路三个部分，下面分别给予说明。

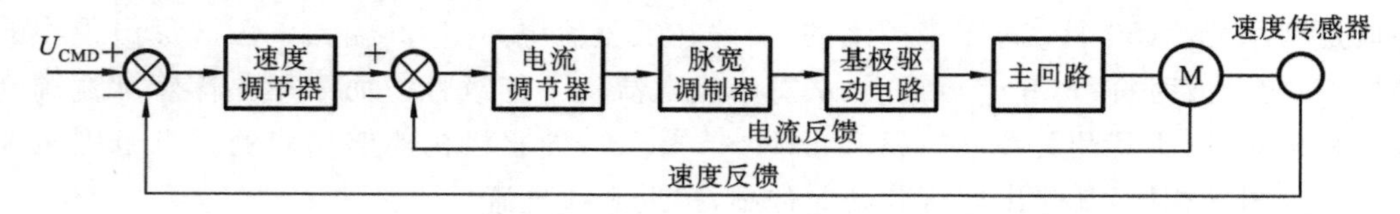

图 5-31　脉宽调制调速系统组成原理框图

(1) 主回路。晶体管脉宽调制调速系统的主回路原理图如图 5-32 所示。图的左半部分为整流器，三相交流电经过整流器变成直流电送到直流母线上去。蓄能电容 C 的容量很大，能使直流母线电压 U_m 保持基本恒定。图 5-32 的右半部分是由四只大功率晶体管 VT_1、VT_2、VT_3、VT_4 组成的 H 桥式驱动器。VD_1、VD_2、VD_3、VD_4 是四只续流二极管，起保护作用。M 为直流电动机，当电流从电动机左边流向右边时电动机正转，反之电动机则反转。四只大功率晶体管的开关控制信号正转和反转时的状态如表 5-5 所示，当控制信号为高电平时，对应的晶体管导通，当控制信号为低电平时，对应的晶体管截止。由表 5-5 可知，当 VT_1、VT_4 同时导通时，电动机正转，VT_2、VT_3 同时导通时电动机反转。不允许 VT_1、VT_2 或 VT_3、VT_4 同时导通，否则将产生短路。通过对大功率晶体管通电时

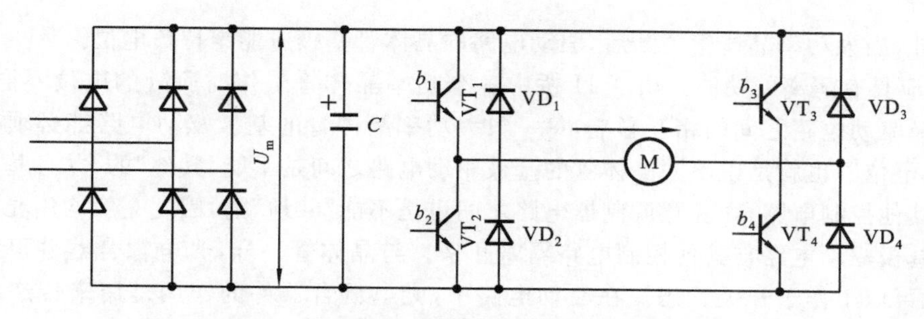

图 5-32　脉宽调制直流调速系统的主回路原理图

间的控制，电动机电枢上的平均电压会随之改变，从而达到改变电动机转速的目的。

表 5-5　功率晶体管状态表

基极状态				效　果
b_1	b_2	b_3	b_4	
1	0	0	1	正向驱动
0	1	1	0	反向驱动
1	1	×	×	短路（直通）
×	×	1	1	短路（直通）
其他组合				惯性运行

（2）功率晶体管的基极驱动电路。功率晶体管是在基极驱动电路的驱动下工作的。功率晶体管的开关特性与驱动电路的性能密切相关。设计优良的驱动电路能改善功率晶体管的开关特性，从而减小开关损耗，提高整机的效率及功率器件的寿命和可靠性。设计功率晶体管基极驱动电路应遵守以下原则。

① 要能提供最优化驱动。最优化驱动就是以理想基极驱动电流波形去控制功率晶体管的开关过程，以便提高开关速度，减小开关损耗。理想的基极驱动电流波形如图5-33所示。为了加快开通时间和降低开通损耗，正向基极电流在驱动初期不但要有陡峭的前沿，并要有一定的过驱动电流 I_{b1}。导通阶段的基极驱动电流 I_{b2} 应该使大功率晶体管恰好维持在浅饱和状态，以便缩短关断时间。一般情况下，过驱动电流 I_{b1} 的数值选取为浅饱和基极驱动电流 I_{b2} 的 3 倍左右，过驱动电流的前沿时间应控制在0.5 μs以内。关断大功率晶体管时，反向基极驱动电流 I_{b3} 应大一些，以便加速基区中载流子的抽走速度，缩短关断时间，减小关断损

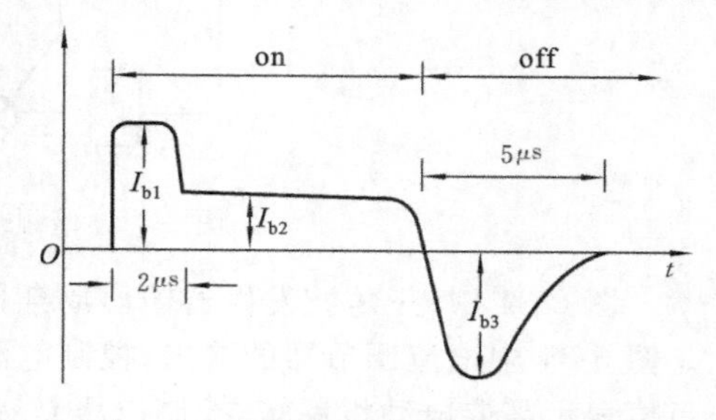

图 5-33　最优化基极驱动电流波形

耗。此外,当大功率晶体管关断后,驱动电路的晶体管基极应能维持负电位。

② 应具有隔离的功能。由于 H 桥中各个功率晶体管工作时所处的电位不同,为了防止基极驱动电路之间的相互影响,每一只大功率晶体管的基极驱动电路都必须有它自己的“地电位”,也就是说不同晶体管的基极驱动电路之间是不能“共地”的,并且基极驱动电路与其他控制电路,如脉宽调制器电路之间也是不能“共地”的,因此一般均用光电耦合器件将基极驱动电路与其他控制电路隔离开来。与晶体管一样,光电耦合器件可以线性工作,也可以工作于开关状态。在驱动电路中,光电耦合器件的作用是用来传递脉冲信号,常工作于开关状态。一般来说,光电耦合器件的响应速度是比较慢的,故在高频工作时必须考虑光电耦合器件的响应时间。

③ 应具有保护功能。所谓保护功能就是指驱动电路能够实现对大功率晶体管的保护,实现保护的办法主要是对大功率晶体管进行监测,一旦发现饱和压降过大即切断大功率晶体管的基极驱动,使其关断。事实上,在大功率晶体管导通的过程中,有两种情况是很危险的,一种是其集电极电流 I_c过大,另一种是其基极驱动电流 I_b不足。这两种情况都会使大功率晶体管进入线性工作区,导致电压降变大,器件迅速发热,所以通过监测饱和压降即可实现上述两种保护。通过驱动电路直接实现对大功率晶体管的保护也称就地保护。这种保护无须经过后面的控制电路,因而响应速度快,保护效果好。

(3) 脉宽调制器。脉宽调制器是产生脉宽调制脉冲的环节,产生脉宽调制脉冲经基极驱动电路放大后,驱动直流斩波器中的大功率晶体管。图 5-34 所示为实际的速度控制单元中经常采用的倍频式脉宽调制器工作原理图。

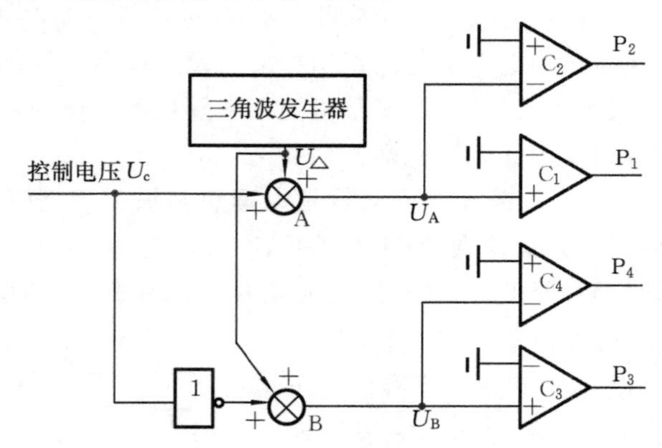

图 5-34 倍频式脉宽调制器工作原理图

图 5-34 中,三角波发生器输出周期固定、正负对称的三角波 $U_\triangle$。控制电压 U_c实际是图 5-31 中电流调节器的输出,控制电压 U_c为正值表示需要电动机正转,控制电压 U_c为负值表示需要电动机反转,控制电压 $U_c=0$ V 表示需要电动机电枢上的平均电压为 0,控制电压绝对值变大表示需要电动机电枢上的平均电压绝对值升高。控制电压 U_c和三角

波$U_{\triangle}$在点A叠加后得到U_A，U_A在比较器C_1、C_2上与基准电位（零电位）进行比较；控制电源反相后和三角波$U_{\triangle}$在点B叠加后得到U_B，U_B在比较器C_3、C_4上与基准电位（零电位）进行比较。四个比较器的输出作为图5-32中四个功率晶体管的基极控制电路的输入信号，P_1、P_2、P_3、P_4就是脉宽调制脉冲。脉宽调制脉冲信号经延时处理和驱动电路放大后，分别驱动主回路中的4个大功率晶体管VT_1、VT_2、VT_3、VT_4。P_1～P_4为正电平时对应功率晶体管导通，P_1～P_4为负电平时对应功率晶体管关断。

图5-35(a)所示为$U_{\triangle}$的波形。图5-35(b)中U_A的波形是$U_{\triangle}$向上平移了U_c之后得到的，图5-35(c)中U_B的波形是$U_{\triangle}$向上平移了$-U_c$（即向下平移U_c）之后得到的，图5-35(d)所示为比较器输出的P_1、P_2、P_3、P_4的波形。

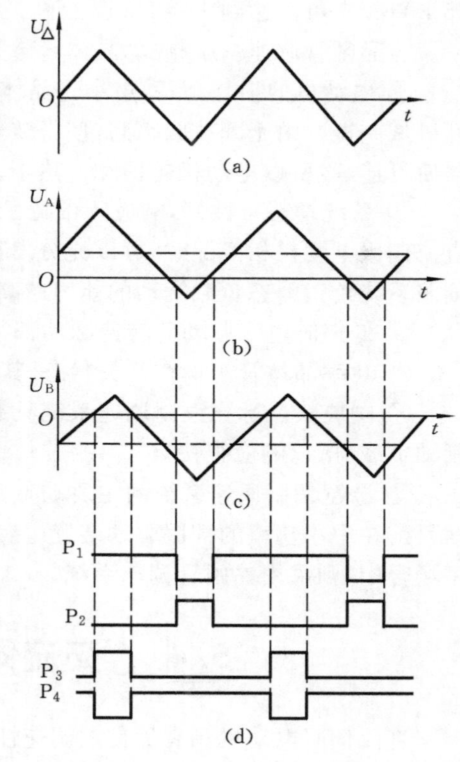

图5-35　倍频式脉宽调制工作波形

由图5-35可以得出以下结论。

① 控制电压U_c的大小与电动机电枢两端的脉冲电压的宽度成正比，因而系统达到稳态时，控制电压U_c与电动机的转速也是成正比的。

② 大功率晶体管的开关频率等于三角波发生器产生的三角波的频率，而电动机电枢两端的脉冲电压的频率是三角波频率的两倍，故称这种脉冲宽度调制器为倍频式脉宽调制器。

确定三角波的频率是一个很重要的问题，应综合考虑两方面的因素：若从希望电动机电枢电流连续且平稳的角度出发，三角波的频率应取得高一些；但是频率高了，功率晶体管的功耗也增大。在实际中，功率晶体管的开关频率一般取1～2 kHz或更高。

在前边的讨论中总是假定功率晶体管为理想开关。实际上，虽然现代功率晶体管的技术指标已经非常接近理想器件，但功率晶体管的开通与关断仍需要一定的时间。因此如果同时发出开通和关断信号，有可能使桥式斩波器中的一个桥臂的上下两只功率晶体管（如图5-32中的VT_1和VT_2或VT_3和VT_4）同时导通，这种情况称为直通。直通的现象是必须禁止的，因为直通会增加开关功率晶体管的功耗，严重时会导致短路事故。为了避免直通，一般可在脉冲宽度调制器和功率晶体管的基极驱动电路之间设置延时电路，其作用是使功率晶体管在确定的时刻关断后，另一只开关功率晶体管要延迟一段时间之后才可导通。这样就避免了直通。一般延迟时间设定为几微秒到几十微秒。这里需要特别指出的是:延时电路的延时作用必须是单向的,即它只使开关功率晶体管的导通时刻延迟,而不使其关断时刻延迟。

前面介绍的脉宽调制调速系统是以硬件方式实现的,目前随着嵌入式微控制器性能的不断提升,使用软件方式进行脉宽调制的方法已经被大量采用了。例如AVR系列8位单片机、MSP430系列16位单片机和TMS320LF240X系列DSP中都内置了多功能定时器,可以灵活地实现各种相位、极性的脉宽调制波形输出,其占空比调节精度可以达到16 bit,频率可以达到10 kHz以上。

与晶闸管调速系统相比,晶体管脉宽调制调速系统有如下特点。

① 电动机的损耗小、噪声小。晶体管开关频率远高于转子所跟随的频率,因此可避开机械共振。由于开关频率高,使得转子绕组电流仅靠转子绕组电感或附加较小的电抗器便可连续,所以电动机耗损和发热小。

② 系统动态特性好,响应频带宽。脉宽调制调速系统的速度控制单元与较小惯量的直流伺服电动机相匹配时,可以充分发挥系统的性能,从而获得很宽的频带。频带越宽,伺服系统校正瞬态负载扰动的能力越高。

③ 低速时电流脉动和转速脉动都很小,稳速精度高。

④ 功率晶体管工作在开关状态,其耗损小,且控制方便。

⑤ 响应快。脉宽调制调速系统具有四象限运行能力,即电动机既能驱动负载,也能制动负载,所以响应很快。

⑥ 脉宽调制调速系统的主要缺点是不能承受高的过载电流,功率还不能做得很大。故目前在中小功率的伺服驱动装置中,大多采用性能优异的脉宽调制调速系统,而在大功率场合中,则采用晶闸管调速系统。

5.4 交流伺服电动机驱动系统

直流伺服电动机具有优良的调速性能,但也存在着固有的缺点,如直流伺服电动机的电刷和换向器容易磨损,需要经常维护;由于换向器换向时会产生火花而使最高转速和应用场合受到限制;直流伺服电动机结构复杂、制造困难,成本高。因此人们一直在寻找用交流电动机来代替直流电动机的调速方案。自20世纪80年代中期以来,以交流伺服电动机作为驱动元件的交流伺服系统得到迅速发展,现已成为潮流。

5.4.1 交流伺服电动机的分类和特点

交流伺服电动机分为同步型和异步型两大类。

异步交流伺服电动机又称交流感应电动机,其定子绕组通入交流电后产生旋转磁场,转子由空心的(笼状或杯状)非磁性导电材料(如铜或铝)制成。当转子的转速与定子电路产生的旋转磁场转速存在转速差时，转子的导体将切割旋转磁场的磁力线而产生电流，电流与旋转磁场相互作用，使转子受到电磁力而转动起来，方向与旋转磁场一致。异步交流伺服电动机结构简单，它与同容量的直流伺服电动机相比，重量减轻 1/2，价格仅为直流伺服电动机的 1/3。它的缺点是其转速受负载的变化而影响较大，同时不能经济地实现范围较广的平滑调速，必须从电网吸收滞后的励磁电流，因而会使电网功率因数变坏。所以进给运动一般不用这类交流伺服电动机，它一般用在主轴驱动系统中。

同步交流伺服电动机与异步交流伺服电动机存在的一个最大的差异是同步交流伺服电动机的转子本身也有磁极，它受定子电路的旋转磁场吸引，与旋转磁场的转速始终保持同步。由于同步交流伺服电动机的转速与所接电源频率之间存在一种严格关系，所以当采用变频电源供电时，可方便地获得与频率成正比的可变速度，并且可以得到非常硬的机械特性及宽的调速范围。

同步交流伺服电动机的分类，从建立所需气隙磁场的磁势源来说，可分为电磁式及非电磁式两大类。非电磁式又可分为磁滞式、永磁式和反应式等多种，其中磁滞式和反应式同步交流伺服电动机存在效率低、功率因数差、制造容量不大等缺点，使用不多。在数控机床进给驱动系统中多数采用永磁式同步交流伺服电动机。

永磁式同步交流伺服电动机的优点是结构简单、运行可靠、效率较高。在采用高剩磁、高矫顽力的稀土类磁铁材料后，交流电动机外形尺寸可比直流电动机的减小 1/2，重量减轻 60%，转子惯量减到直流电动机转子惯量的 1/5。永磁式同步交流伺服电动机与异步交流伺服电动机相比，由于采用永磁材料消除了励磁损耗，所以效率较高，体积也比异步交流伺服电动机的小。

永磁式同步交流伺服电动机也存在弱点，即启动比较困难。通常采用低频启动技术，在速度控制单元中采取措施，使电动机先在低速下启动，然后再提高到要求的速度。

5.4.2 永磁式同步交流伺服电动机的结构

永磁式同步交流伺服电动机由定子、转子和检测元件三部分组成。结构原理如图 5-36所示。定子具有齿槽，内有三相绕组，形状与普通感应电动机的定子相同，但其外形多呈多边形，且没有外壳，目的是利于散热。转子由多块永磁铁和冲片组成(见图 5-37)。这种结构的优点是气隙磁密度较高，极数较多。转子结构中还有一类是有极靴的星形转子，采用矩形磁铁或整体星形磁铁。

在永磁式同步交流伺服电动机中，永磁材料的性能直接影响整机性能和外形尺寸的大小。1983 年日本住友特殊金属公司和美国通用汽车公司几乎同时宣布研制成功一种磁性能最强的新型永磁材料——钕铁硼合金，它被称为第三代稀土永磁合金，是一种最有前途的稀土永磁合金。我国钕储量占世界总储量的 80%，大力开发钕铁硼永磁材料的研究和生产，具有广阔的前景和重要的经济价值。

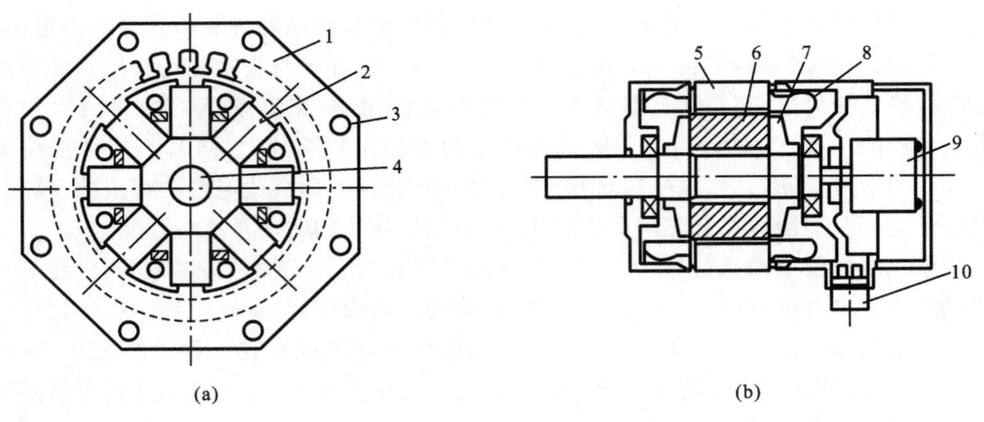

图 5-36　永磁式同步交流伺服电动机结构

(a) 纵剖面示意图;(b) 横剖面示意图

1—定子;2—永久磁铁;3—轴向通风孔;4—转轴;5—定子;6—转子;

7—压板;8—定子三相绕组;9—脉冲编码器;10—接线盒

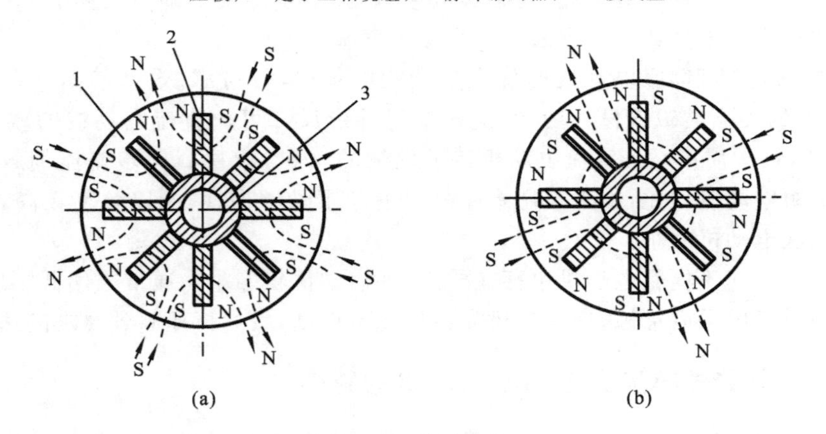

图 5-37　转子结构

1—铁心;2—永久磁铁;3—非磁性套筒

5.4.3　永磁式同步交流伺服电动机的工作原理

定子三相绕组接上交流电源后,就会产生一个以同步转速 n_s 旋转的磁场。定子旋转磁场与转子的永久磁铁磁极互相吸引,并带着转子一起旋转,转子转速也为同步转速 n_s(见图 5-38)。当转子加上负载转矩之后,将造成定子磁场轴线与转子磁极轴线不重合,其夹角为 θ。若负载发生变化,θ 角也跟着变化,但只要不超过一定的限度,转子始终跟着定子的旋转磁场以恒定的同步转速 n_s 旋转。设转子转数为 n_r(r/min),则有

$$n_r = n_s = 60f/p \tag{5-15}$$

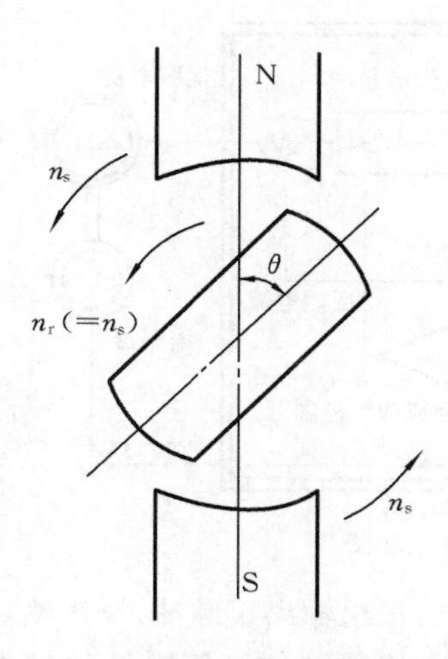

图 5-38 永磁式同步交流伺服电动机结构

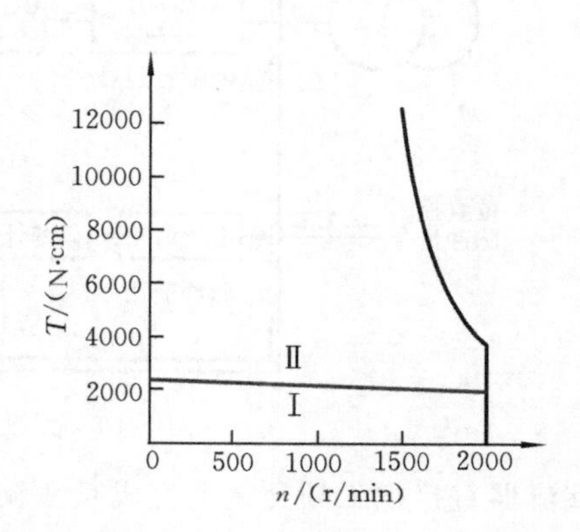

图 5-39 永磁式同步伺服电动机的转矩-速度特性曲线

Ⅰ—连续工作区；Ⅱ—断续工作区

式中：f 为电源交流电频率(Hz)；p 为转子磁极的对数。

同步交流伺服电动机的性能同直流伺服电动机一样，主要是用转矩-速度特性曲线来表示，如图 5-39 所示。在连续工作区，速度和转矩的任何组合都可长期连续工作。连续工作区的划定有两个前提条件：一是供给电动机的电流是理想的正弦波；二是电动机工作在某一特定环境温度下。断续工作区的极限一般受到电动机的供电限制。相对于永磁式直流伺服电动机，永磁式同步交流伺服电动机的机械特性更硬，断续工作区的范围更大，尤其在高速区，这有利于提高电动机的动态响应能力，更适用于数控机床的进给伺服系统。

5.4.4 永磁式同步交流伺服电动机的速度控制单元

永磁式同步交流伺服系统按其工作原理、驱动电流波形的不同，又可分为矩形波电流驱动的永磁式交流伺服系统和正弦波电流驱动的永磁式交流伺服系统，从发展趋势看，正弦波驱动成为主流。

由式(5-15)可知，针对永磁式同步交流伺服电动机，可以通过改变电源频率来调节电动机转速。该方法可以实现无级调速，能够较好地满足数控机床的要求。

变频调速的关键环节是具有能为电动机提供变频电源的变频器。变频器一般放置在控制器中，构成交流伺服驱动器，交流伺服驱动器的电路由功率逆变电路(交-直-交，同变频器)、控制电路(三环)、开关电源和接口电路等部分组成。交流伺服驱动器的电路原理如图 5-40 所示。

变频器可分为交-交型变频器和交-直-交型变频器。交-交变频(见图 5-41(a))用晶闸

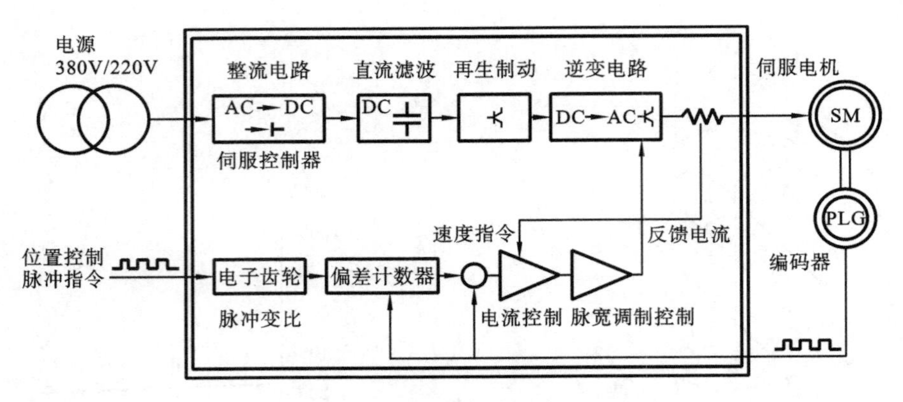

图 5-40　交流伺服驱动器的电路原理图

管整流器直接把工频交流电变成频率较低的脉动交流电，正组输出正脉冲，反组输出负脉冲。这个脉动交流电的基波就是所需变频电压。这种方法得到的交流电波动较大。图5-41(b)所示的是交-直-交变频电路，它先把交流电整流成直流电，然后把直流电压变成矩形脉冲波电压，这个矩形脉冲波的基波就是所要的变频电压，所得交流电波动小，调频范围宽，调节线性度好，数控机床上经常用这种方法获得交流电。

交-直-交变频器中的逆变器有多种类型。数控机床进给伺服系统中所用电动机的容量都比较小，一般采用 PWM 逆变器。PWM 逆变器的关键技术是 PWM 的调制方法。现已研制出的调制方法有十余种之多，其中最基本、应用最广泛的一种调制方法是SPWM(正弦波脉宽调制)方法。

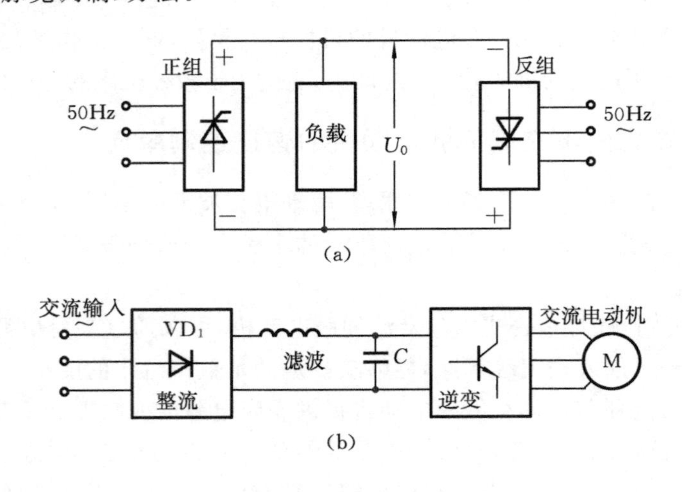

图 5-41　两种变频方式

(a) 交-交变频；(b) 交-直-交变频

1. SPWM 变频器

SPWM 是 PWM 调制方法中的一种。SPWM 变频器不仅适用于永磁式交流伺服电动机，也适用于交流感应伺服电动机。SPWM 采用正弦规律脉宽调制原理，具有功率因数高、输出波形好等优点，因而在交流调速系统中获得广泛应用。图 5-42 为三相双极性SPWM通用型主回路。图中左半部分为整流器，将电网三相交流电变为直流电，右半部分为用调制信号控制的功率开关放大器。在功率晶体管的基极加控制脉冲，脉冲的相位差按 VT_1、VT_2、VT_3、VT_4 的顺序依次相差 60°。根据控制要求，每相脉冲有一定的宽度，以保证功率晶体管导通相应的角度。一般有 120°导通方式和 180°导通方式，导通方式不同，输出电压波形就不同。输出的波形经过滤波变成正弦波，可以控制交流伺服电动机，满足数控机床的要求。图 5-43 为调制波的形成原理图。

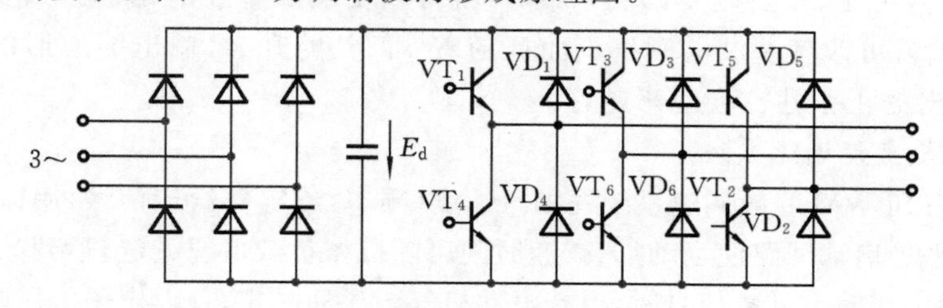

图 5-42　双极性 SPWM 通用型主回路

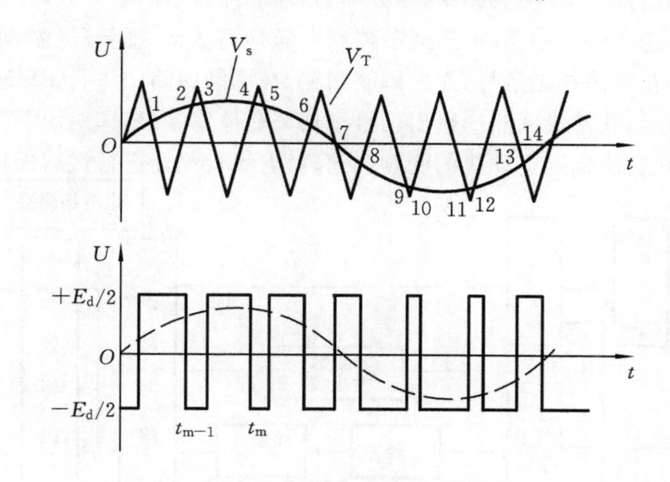

图 5-43　调制波的形成原理图

图 5-43 中的三角波 V_T 为载波，其幅值为 U_T，频率为 f_T；正弦波 V_s 为某一相（如 A 相）的控制波，其幅值为 U_s，频率为 f_s。将三角波 V_T 和正弦控制波 V_s 分别输入比较器的两个输入端，比较器的输出端经基极驱动放大后，用其正反向信号控制同一桥臂上的两个功率晶体管的通断（如 VT_1 和 VT_2 的通断）。这两种波形的交点，如图 5-43 所示数字的位

置,决定了逆变器某相元件的通断时间(如 VT_1和 VT_4的通断)。设图 5-42 三相整流器的输出直流电压为 E_d。在正半周,VT_1工作在调制状态,VT_4处于截止状态,A 相绕组的相电压为$+E_d/2$,而当 VT_1截止时,电动机绕组中的磁场能量通过 VD_4续流,使该绕组承受$-E_d/2$电压,从而实现了双极性 SPWM 特性。在负半周时,VT_4工作在调制状态,VT_1处于截止状态。

SPWM 的输出脉冲的宽度正比于相交点的正弦控制波的幅值。逆变器输出端为一具有控制波的频率且有某种谐波畸变的调制波形,而其基波幅值为

$$U_{1m} = (E_d/2) \times (U_s/U_T) = E_d/2M \tag{5-16}$$

式中:M 为调制系数($M=U_s/U_T$,其值在 0 与 1 之间)。

由式(5-16)可见,只要改变调制系数 M 就可改变输出基波的幅值。只要改变正弦控制波的频率 f_s就可改变基波的频率。而且随着 f_T/f_s的升高,输出的波形的谐波分量会不断减小,输出的正弦性也会越来越好。

2. SPWM 变频调速系统

图 5-44 为 SPWM 变频调速系统框图。速度(频率)给定器给定信号,用以控制频率、电压及正反转;平稳启动回路使启动加、减速时间可随机械负载情况设定,达到软启动目的;函数发生器是为了在输出低频信号时,保持电动机气隙磁通一定,补偿定子电压降的影响而设的;电压频率变换器将电压转换成频率,经分频器、环形计数器产生方波,同经三角波发生器产生的三角波一并送入调制回路;电压调节器和电压检测器构成闭环控制,电压调节器产生频率与幅值可调的正弦波控制信号,送入调制回路;在调制回路中进行 PWM 变换产生三相的脉冲宽度调制信号;在基极回路中输出信号至功率晶体管基极,即对SPWM的主回路进行控制,实现对永磁式交流伺服电动机的变频调速;对电流检测器进行过载保护。

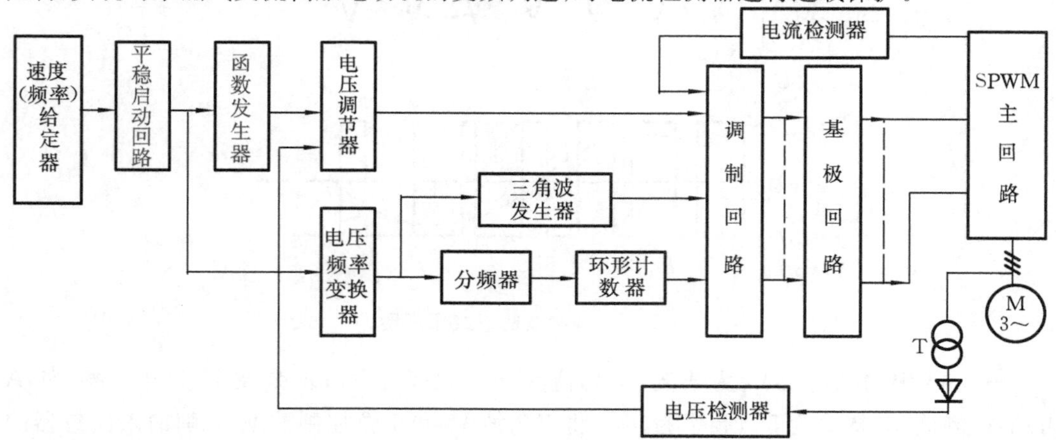

图 5-44　SPWM 变频调速系统框图

为了加快运算速度，减少硬件，一般采用多 CPU 控制方式。例如，用两个 CPU 分别控制 PWM 信号的产生和电动机-变频器系统的工作，称为微机控制 PWM 技术。目前国内外 PWM 变频器的产品大多采用微机控制 PWM 技术。

5.4.5 交流伺服电动机的参数和选用

近几十年来，交流伺服电动机及其控制技术发展很快，有逐步替代直流伺服电动机及其控制技术的趋势，且交流数控技术已达到直流数控技术水平。例如，日本东荣的数字化软件交流伺服系统具有用软件(代码)设定 48 种参数的功能。其中有每转反馈量的设定，可与检测传感器匹配，其反馈脉冲设定范围为每转 1/32767～32767/32767～32767/1(即分数或整数均可)。在位置控制方式下，它具有调速功能，以及满足对反馈量精度的要求，该功能称为柔性齿数比或电子齿轮功能，这就扩大了传统的检测脉冲倍率(DMR)的设定范围。此外，还有工作方式选择、配用电动机型号、是否用正/反转脉冲的传感器、原点位置移动、I/O 脉冲类型、输入指令电压的比率、加减速时间、制动方式、速度限制值和电流限制值等功能，其适应型很强，可广泛应用于各种机电一体化设备。

交流伺服电动机具备没有换向部件、过载能力强、体积小、质量轻等优点，适宜于高速、高精度、频繁的启动与停止及快速定位等场合，且电动机不需要维护，以及在恶劣环境下能可靠使用的特点。

在伺服系统中常用永磁式变频调速同步电动机，它具有直流伺服电动机的调速特性。采用变频调速时，可方便地获得与频率 f 成正比的转速 n，即 $n=60f/p$。其中 p 为极对数，一般是不变的。

图 5-45 所示为 FANUC10(或 BESK10)交流伺服电动机的工作特性曲线，它与直流伺服电动机的工作特性曲线相似，但只有连续工作区和断续工作区，后者可用于电动机的加减速控制工况。其特点是连续工作区的直线更接近于水平线，而断续工作区的扩大，更有利于在高速区提高电动机的加减速能力。

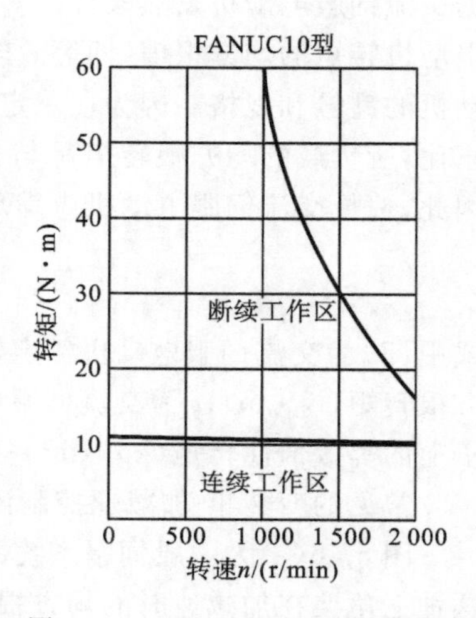

图 5-45 FANUC10 型交流伺服电动机的工作特性曲线

1. 交流伺服电动机的初选择

1) 初选交流伺服电动机

交流伺服电动机的选择，首先要考虑交流伺服电动机能够提供负载所需要的转矩和转速。从偏于安全的意义上来讲，就是能够提供克服峰值负载所需要的功率。其次，当交流伺服电动机的工作周期可以与其发热时间常数相比较时，必须考虑交流伺服电动机的热额定功率问题，通常用负载的均方根功率作为确定交流伺服电动机发热功率的基础。

如果要求交流伺服电动机在峰值负载转矩下以峰值转速不断地驱动负载,则交流伺服电动机功率为

$$P_{m} = (1.5 \sim 2.5)\frac{T_{lp}n_{lp}}{159\eta} \tag{5-17}$$

式中:T_{lp}为负载峰值力矩(N·m);n_{lp}为交流伺服电动机负载峰值转速(r/s);η为传动装置的效率,初步估算时取η=0.7～0.9;1.5～2.5为安全系数,属经验数据,考虑了初步估算负载力矩有可能取不全面或不精确,以及交流伺服电动机有一部分功率要消耗在交流伺服电动机转子上。

当交流伺服电动机长期连续的工作在变负载之下时,比较合理的是按负载均方根功率来估算交流伺服电动机功率,即

$$P_{m} \approx (1.5 \sim 2.5)\frac{T_{lr}n_{lr}}{159\eta} \tag{5-18}$$

式中:T_{lr}为负载均方根力矩(N·m);n_{lr}为负载均方根转速(r/s)。

估算出P_m后就可选取交流伺服电动机,使其额定功率P_n满足$P_n \geqslant P_m$。

初选交流伺服电动机后,一系列技术数据,诸如额定转矩、额定转速、额定电压、额定电流和转子转动惯量等,均可由产品目录直接查得或经过计算求得。

2) 发热校核

对于连续工作、负载不变场合的交流伺服电动机,要求在整个转速范围内,负载转矩都不超过额定转矩。对于长期连续、周期性地工作在变负载条件下的交流伺服电动机,根据交流伺服电动机发热条件的等效原则,可以计算在一个负载工作周期内,所需交流伺服电动机转矩的均方根值,即等效转矩,并使此值小于连续额定转矩,就可确定交流伺服电动机的型号和规格。因为在一定转速下,交流伺服电动机的转矩与电流成正比或接近成正比,所负载的均方根转矩是与交流伺服电动机处于连续工作时的额定转矩相一致的。因此,选择交流伺服电动机应满足$T_n \geqslant T_{lr}$,其中

$$T_{lr} = \sqrt{\frac{1}{t}\int_0^t (T_l + T_{la} + T_{lf})^2 \mathrm{d}t} \tag{5-19}$$

式中:T_n为交流伺服电动机额定转矩(N·m);T_{lr}为折算到交流伺服电动机轴上的负载均方根转矩(N·m);t为交流伺服电动机工作循环时间(s);T_{la}为折算到交流伺服电动机转子上的等效惯性转矩(kg·m^2);T_{lf}为折算到交流伺服电动机上的摩擦力矩(N·m)。

常见的变转矩-加减速控制计算模型如图5-46所示。

图5-46(a)为一般伺服系统的计算模型。根据交流伺服电动机发热条件的等效原则,这种三角波在加减速时的均方根转矩T_{lr}为

$$T_{lr} = \sqrt{\frac{1}{L}\int_0^{t_p} T^2 \mathrm{d}t} \approx \sqrt{\frac{T_1^2 t_1 + 3T_2^2 t_2 + T_3^2 t_3}{3t_p}} \tag{5-20}$$

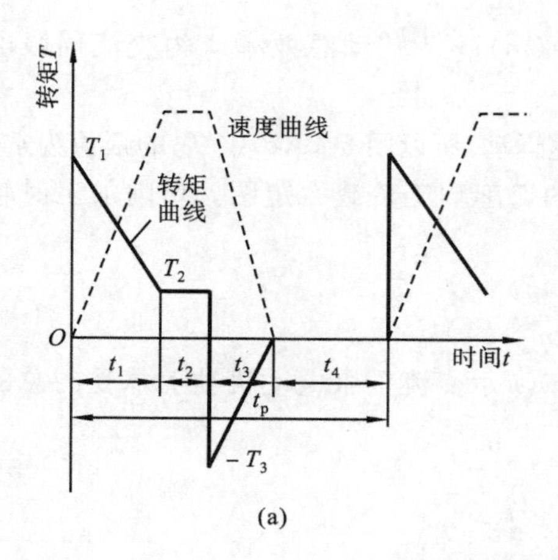

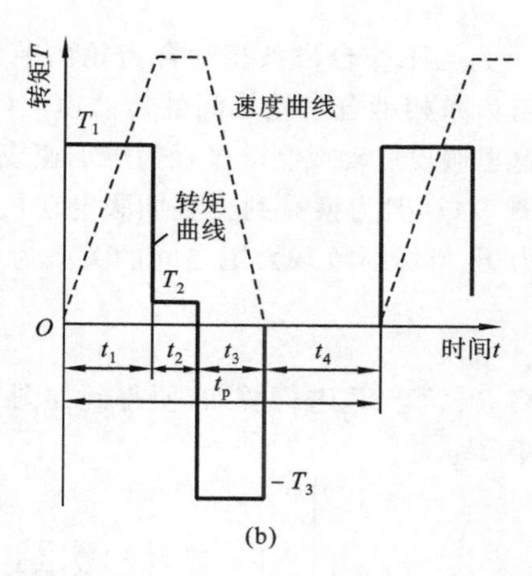

图 5-46　变转矩-加减速控制计算模型

(a) 三角波负载转矩曲线；(b) 矩形波负载转矩曲线

式中：t_p为一个负载工作周期的时间(s)，即 $t_p=t_1+t_2+t_3+t_4$。

图 5-46(b)为常用的矩形波负载转矩-加减速计算模型，其 T_{lr}为

$$T_{lr}=\sqrt{\frac{T_1^2t_1+T_2^2t_2+T_3^2t_3}{t_1+t_2+t_3+t_4}} \tag{5-21}$$

以上两式只有在 t_p比温度上升热时间常数 t_{th}小得多($t_p\leqslant t_{th}/4$)，且 $t_{th}=t_g$时才能成立，其中，t_g为冷却时的热时间常数。通常均能满足这些条件，所以选择的交流伺服电动机的额定转矩应为

$$T_n\geqslant K_1K_2T_{lr} \tag{5-22}$$

式中：K_1为安全系数，一般取 $K_1=1.2$；K_2为波形系数，对于矩形波取 $K_2=1.05$，对于三角波取 $K_2=1.67$。

若计算的 K_1、K_2值比上述推荐值略小时，应检查交流伺服电动机的温升是否超过温度限值，不超过时仍可采用。

例如，在龙门刨床工作台的自动控制中，交流伺服伺服电动机驱动工作台作往复运动。切削速度 $v>0$ 为交流伺服电动机正转工作行程；$v<0$ 为交流伺服电动机反转返回行程。工作行程包括启动阶段Ⅰ，切削加工阶段Ⅱ和制动阶段Ⅲ。返回行程也包括三个阶段Ⅰ′、Ⅱ′和Ⅲ′，如图 5-47(a)所示。折算到交流伺服电动机轴上的静摩擦负载力矩 T_{lf}如图 5-47(b)所示。

图 5-47(c)所示的惯性力矩 T_{la}为交流伺服电动机转子的转动惯量 J_m和往复运动部分的总质量所形成的惯性力矩(略去减速器的转动惯量)，即

$$T_{la}=\left(J_m+\frac{mr^2}{i^2\eta}\right)\frac{i}{r}\frac{\mathrm{d}v}{\mathrm{d}t} \tag{5-23}$$

式中:r 为与工作台齿条相啮合齿轮的节圆半径(m);η 为传动总效率;i 为交流伺服电动机轴与齿条相啮合齿轮轴间的传动速比($i>1$)。

这里假设启动或制动过程为等加速或等减速运动,所以图 5-47(c)中 T_{la} 的幅值为常数。

图 5-47(d)为换算到交流伺服电动机轴上的切削加工负载力矩图。切削加工时轴向切削力 F_c 与切削负载力矩之间的关系为

$$T_c = \frac{F_c r}{i\eta} \tag{5-24}$$

将 T_{lf}、T_{la}、T_c 进行叠加,便得到如图 5-47(e)所示交流伺服电动机轴上承受的总的负载力矩 $T_{l\Sigma}$。

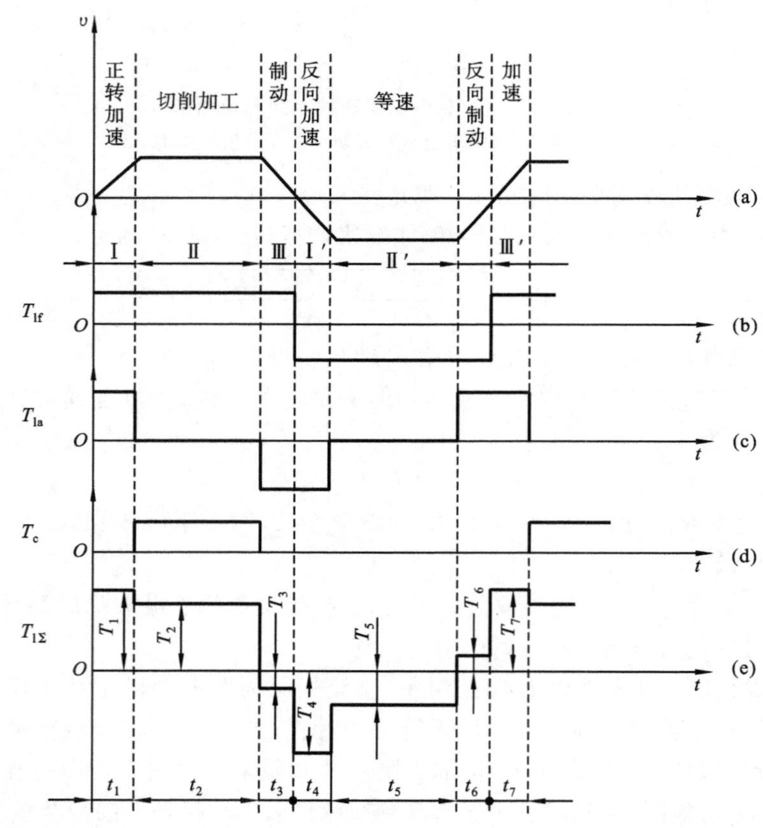

图 5-47 龙门刨床加工过程中进给交流伺服电动机的负载周期

(a) 速度行程图;(b) 静摩擦负载力矩;(c) 折算到交流电动机轴上的总的惯性力矩;(d) 折算到交流电动机轴上的切削加工力矩;(e) 交流电动机轴上的总负载力矩

该系统负载力矩是时间的周期函数,所以可用一个周期内负载力矩的均方根来计算交流伺服电动机轴的等效负载力矩 T_{lr},即

$$T_{\mathrm{lr}}=\sqrt{\frac{T_1^2t_1+T_2^2t_2+T_3^2t_3+T_4^2t_4+T_5^2t_5+T_6^2t_6}{0.75t_1+t_2+0.75(t_3+t_4)+t_5+0.75t_6}} \tag{5-25}$$

考虑到启动和制动期间加速度并非恒定，所以在式(5-25)中的分母 t_1、t_3、t_4 和 t_6 前乘以 0.75。通常以 T_{lr} 作为选择交流伺服电动机的依据。

3) **转矩过载校核**

转矩过载校核的公式为

$$T_{\mathrm{lmax}}\leqslant T_{\mathrm{mmax}}$$

式中：T_{lmax} 为折算到交流伺服电动机轴上的负载力矩的最大值(N·m)；T_{mmax} 为交流伺服电动机输出转矩的最大值(过载转矩)(N·m)，$T_{\mathrm{mmax}}=\lambda T_{\mathrm{n}}$；$T_{\mathrm{n}}$ 为交流伺服电动机的额定力矩(N·m)；λ 为交流伺服电动机的转矩过载系数，具体数值可向交流伺服电动机的设计和制造单位了解。对于直流伺服电动机，一般取 $\lambda=2.0\sim2.5$；对于交流伺服电动机，一般取 $\lambda=1.5\sim3$。

在转矩过载校核时需要已知总传动比，再将负载力矩向交流伺服电动机轴折算，这里可暂取最佳传动比进行计算。需要指出，交流伺服电动机的选择不仅取决于功率，还取决于系统的动态性能要求、稳态精度、低速平稳性、电源是直流还是交流等因素。同时，还应保证最大负载力矩 T_{lmax} 的持续作用时间不超过交流伺服电动机允许过载倍数 λ 的持续时间范围。

表 5-6 列出了兰州电机厂合资生产的部分 SIEMENS IFT5 系列交流伺服电动机的技术数据，供参考。

2. 伺服系统惯量匹配原则

实践与理论分析表明，$J_{\mathrm{e}}/J_{\mathrm{m}}$ 比值的大小对伺服系统性能有很大的影响，且与交流伺服电动机种类及其应用场合有关，通常分为以下两种情况。

(1) 对于采用惯量较小的交流伺服电动机的伺服系统，其比值通常推荐为

$$1<J_{\mathrm{e}}/J_{\mathrm{m}}<3 \tag{5-26}$$

当 $J_{\mathrm{e}}/J_{\mathrm{m}}>3$ 时，对交流伺服电动机的灵敏度与响应时间有很大的影响，甚至会使伺服放大器不能在正常调节范围内工作。

小惯量交流伺服电动机的惯量低达 $J_{\mathrm{m}}\approx5\times10^{-5}\ \mathrm{kg\cdot m^2}$，其特点是转矩/惯量比大、时间常数小、加减速能力强，所以其动态性能好、响应快。但是，使用小惯量电动机时容易发生对电源频率的响应共振，当存在间隙、死区时容易造成振荡或蠕动，这才提出了惯量匹配原则，并有了在数控机床伺服进给系统采用大惯量交流伺服电动机的必要性。

(2) 对于采用大惯量交流伺服电动机的伺服系统，其比值通常推荐为

$$0.25\leqslant J_{\mathrm{e}}/J_{\mathrm{m}}\leqslant1 \tag{5-27}$$

所谓大惯量是相对小惯量而言的，其数值 $J_{\mathrm{m}}=0.1\sim0.6\ \mathrm{kg\cdot m^2}$。大惯量交流伺服电动机的特点是惯量大、转矩大，且能在低速下提供额定转矩，常常不需要传动装置而与

滚珠丝杠直接相连,而且受惯性负载的影响小,调速范围大;热时间常数有的长达100 min,比小惯量交流伺服电动机的热时间常数 2～3 min 长得多,因此允许长时间的过载,即过载能力强。其次,由于其特殊构造使其转矩波动系数很小(<2%)。因此,采用这种交流伺服电动机能获得优良的低速范围内的速度刚度和动态性能,在现代数控机床中应用较广。

表 5-6　部分 IFT5 系列交流伺服电动机的技术数据

<table>
<tr><th colspan="3">性能指标</th><th colspan="11">规格</th></tr>
<tr><td rowspan="18">容量系列</td><td rowspan="6">1 200 r/min 系列</td><td>伺服单元型号</td><td colspan="4">PAC35</td><td colspan="4">PAC25</td><td colspan="3">PAC70</td></tr>
<tr><td>伺服电动机型号 IFT5</td><td colspan="2">102</td><td colspan="2">104</td><td colspan="2">106</td><td colspan="2">108</td><td colspan="2">132</td><td>134</td></tr>
<tr><td>额定输出功率 P/kW</td><td colspan="2">4.0</td><td colspan="2">5.5</td><td colspan="2">7.0</td><td colspan="2">8.5</td><td colspan="2">10</td><td>11.5</td></tr>
<tr><td>静转矩 T_j/(N·m)</td><td colspan="2">33</td><td colspan="2">45</td><td colspan="2">55</td><td colspan="2">68</td><td colspan="2">75</td><td>90</td></tr>
<tr><td>转动惯量 J/(kg·m^2)</td><td colspan="2">131×10^{-4}</td><td colspan="2">182×10^{-4}</td><td colspan="2">242×10^{-4}</td><td colspan="2">298×10^{-4}</td><td colspan="2">454×10^{-4}</td><td>597×10^{-4}</td></tr>
<tr><td>额定速度 n/(r·min^{-1})</td><td colspan="11">1 200</td></tr>
<tr><td rowspan="6">2 000 r/min 系列</td><td>伺服单元型号</td><td colspan="3">PAC06</td><td colspan="2">PAC12</td><td colspan="2">PAC25</td><td>PAC35</td><td colspan="3">PAC50</td></tr>
<tr><td>伺服电动机型号 IFT5</td><td>042</td><td>044</td><td>062</td><td>064</td><td>066</td><td>072</td><td>074</td><td>076</td><td>102</td><td>104</td><td>106</td></tr>
<tr><td>额定输出功率 P/kW</td><td>0.15</td><td>0.30</td><td>0.50</td><td>1.0</td><td>1.5</td><td>2.5</td><td>3.7</td><td></td><td>7.0</td><td>9.0</td><td>11</td></tr>
<tr><td>静转矩 T_j/(N·m)</td><td>0.75</td><td>1.5</td><td>2.6</td><td>5.5</td><td>8</td><td>12</td><td></td><td></td><td>33</td><td>45</td><td>55</td></tr>
<tr><td>转动惯量 J/(kg·m^2)</td><td>1.2×10^{-4}</td><td>2.3×10^{-4}</td><td>4.2×10^{-4}</td><td>7.3×10^{-4}</td><td>10.7×10^{-4}</td><td>21×10^{-4}</td><td></td><td></td><td>131×10^{-4}</td><td>182×10^{-4}</td><td>242×10^{-4}</td></tr>
<tr><td>额定速度 n/(r·min^{-1})</td><td colspan="11">2 000</td></tr>
<tr><td rowspan="6">3 000 r/min 系列</td><td>伺服单元型号</td><td colspan="3">PAC06</td><td colspan="2">PAC12</td><td>PAC25</td><td colspan="2">PAC35</td><td colspan="3">PAC50</td></tr>
<tr><td>伺服电动机型号 IFT5</td><td>042</td><td>044</td><td>062</td><td>064</td><td></td><td>072</td><td>074</td><td>076</td><td colspan="3">102</td></tr>
<tr><td>额定输出功率 P/kW</td><td>0.25</td><td>0.30</td><td>0.50</td><td>1.5</td><td>2.5</td><td>3.7</td><td>5.5</td><td>7.0</td><td colspan="3">10</td></tr>
<tr><td>静转矩 T_j/(N·m)</td><td>0.75</td><td>1.5</td><td>2.6</td><td>5.5</td><td>8</td><td>12</td><td>18</td><td>22</td><td colspan="3">33</td></tr>
<tr><td>转动惯量 J/(kg·m^2)</td><td>1.2×10^{-4}</td><td>2.3×10^{-4}</td><td>4.2×10^{-4}</td><td>7.3×10^{-4}</td><td>10.7×10^{-4}</td><td>21×10^{-4}</td><td>37×10^{-4}</td><td>53×10^{-4}</td><td colspan="3">131×10^{-4}</td></tr>
<tr><td>额定速度 n/(r·min^{-1})</td><td colspan="11">3 000</td></tr>
<tr><td rowspan="2">电源</td><td colspan="2">主回路</td><td colspan="11">三相 AC165V,+10%,−15%,50/60 Hz</td></tr>
<tr><td colspan="2">控制回路</td><td colspan="11">单相 AC220V,+10%,−15%,50/60 Hz</td></tr>
</table>

5.5 主轴驱动系统

5.5.1 主轴驱动简介

数控机床的主轴驱动不同于进给驱动，主轴一般要传递更大的功率，工作运动通常为旋转运动。主轴驱动系统应该具有宽的调速范围，而且能在尽可能宽的调速范围内保持恒定功率输出。随着人们对高生产率的不懈追求，特别是随着高性能切削刀具的发展和应用，对机床主轴的速度、功率和伺服性能的要求也在不断提高。

数控加工要求主轴既能正转，又能反转，而且在两个转向中都能快速制动，即要求主轴驱动系统具有四个象限的驱动能力，这是对主轴驱动的基本要求。另外，为了满足不同数控机床的加工要求，还对主轴驱动系统提出一些特殊要求，如为了在数控车床上车螺纹等，要求主轴驱动与进给驱动实现运动同步功能；为了保证端面加工的表面粗糙度，要求数控车床、磨床等机床的主轴驱动系统具有恒线速切削控制功能；在加工中心上，由于自动换刀的需要，要求主轴驱动系统具有高精度的准停功能；有的数控机床还要求主轴具有和进给轴一起联动插补的功能等。

早期的数控机床多采用直流主轴驱动系统。自 20 世纪 70 年代末 80 年代初，在数控机床主轴驱动中开始采用交流主轴驱动系统。现代数控机床多采用交流主轴驱动系统。

5.5.2 直流主轴电动机及其速度控制

1. 直流主轴电动机

直流主轴电动机的输出功率较大，因此在结构上不可能像永磁式直流伺服电动机那样做成永磁式的。直流主轴电动机的结构与普通直流电动机的结构基本相同。其定子除了主磁极外，还有换向极，增加换向极是为了改善电动机的换向性能。电动机的主磁极和换向极都采用矽钢片叠成。在主磁极上除了绕有主磁极绕组外，还绕有补偿绕组。增加补偿绕组是为了使转子反应磁动势对气隙主磁通 Φ 不产生影响，改善电动机的调速性能。

直流主轴电动机的转子与永磁式直流伺服电动机的转子相同，由转子绕组和换向器组成。直流主轴电动机外壳采取封闭式结构，以适应恶劣的工作环境。电动机采用轴向强迫通风冷却或热管冷却，以改善冷却效果，避免电动机热量传到主轴。电动机尾部同轴安装有测速发电机等速度反馈元件。

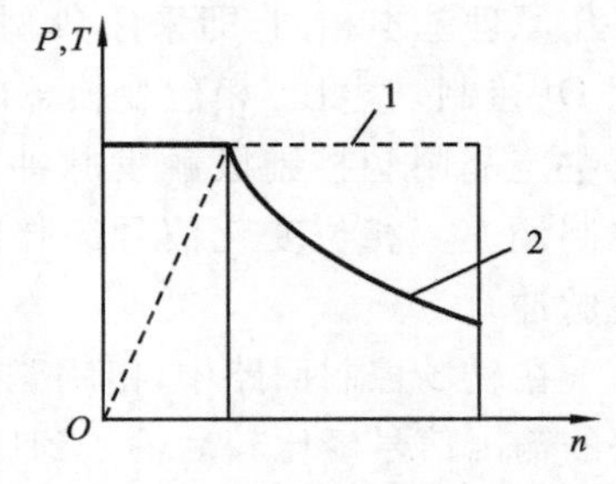

图 5-48 直流主轴电动机转矩-速度特性曲线
1—功率；2—转矩

直流主轴电动机的转矩-速度特性曲线如图 5-48 所示。

由图 5-48 可见,在基本速度以下为恒转矩速度范围,可用改变转子绕组电压的方法调速;在基本速度以上为恒功率速度范围,可采用控制励磁的调速方法调速。通常恒转矩速度范围与恒功率速度范围之比为 1∶2。

直流主轴电动机一般都能承受 150%以上的过载载荷,过载时间随生产厂家和产品型号而异,一般为 1～30 min 不等。

2. 直流主轴电动机的速度控制

直流主轴电动机为直流他励电动机,定子磁动势由励磁电流(I_f)产生,在空间是固定不动的。转子反应磁动势由转子绕组电流(I_a)产生。转子旋转时,转子绕组电流的分界线是电刷轴线。电刷是固定不动的,因此转子磁动势也是固定不动的。只要电刷位置正常(位于电动机的几何中心线上),就可以保证定子磁动势与转子磁动势正交。采用补偿绕组后,转子反应磁动势对气隙主磁通 Φ 不产生影响,电动机电磁转矩为

$$T_e = C_M \Phi I_a \tag{5-28}$$

由于电磁转矩计算公式中的两个可控量 Φ 和 I_a 是互相独立的,所以可以方便地分别用它们来进行调节。而且这种关系无论是在静态时还是在动态时都成立,这就保证了电动机良好的静、动态转矩控制特性,从而得到优良的调速性能。

直流主轴电动机的调速系统为双域调速系统,由转子绕组控制回路和磁场控制回路两部分组成(见图 5-49)。无论是改变转子绕组电压调速还是改变励磁电流调速,都需要可调的直流电源。由于主轴直流电动机的容量较大,所以一般都采用晶闸管变流器作为直流电源。

磁场控制回路采用一组晶闸管变流器供电。为了实现电动机的四象限运行,转子绕组控制回路需要采用两组晶闸管变流器供电,由其中一组晶闸管变流器供电时,电动机正转,由另一组晶闸管变流器供电时,转子绕组电压极性相反,电动机反转,这就是所谓的"转子绕组反接可逆电路"。转子绕组驱动电路与永磁式直流伺服电动机的调速驱动电路工作原理基本相同,即采用典型的双环速度控制系统。速度调节器和电流调节器均采用 DI 控制。电压/相位变换器将电流调节器输出的电压信号转换为相位变化信号,用以决定晶闸管控制极触发脉冲的相位,从而改变了转子绕组电压的大小,完成恒转矩控制调速。相位变化信号经脉冲发生器和触发器形成具有一定功率的晶闸管控制极触发脉冲。

在磁场控制回路中,由励磁电流设定回路、转子绕组电压反馈回路及励磁电流反馈回路的输出信号经比较后输入到比例积分调节器,调节器输出电压经电压、相位变换器后得到相位变化信号,用以决定晶闸管控制极触发脉冲的相位,从而控制励磁绕组电流的大小,完成恒功率控制调速。

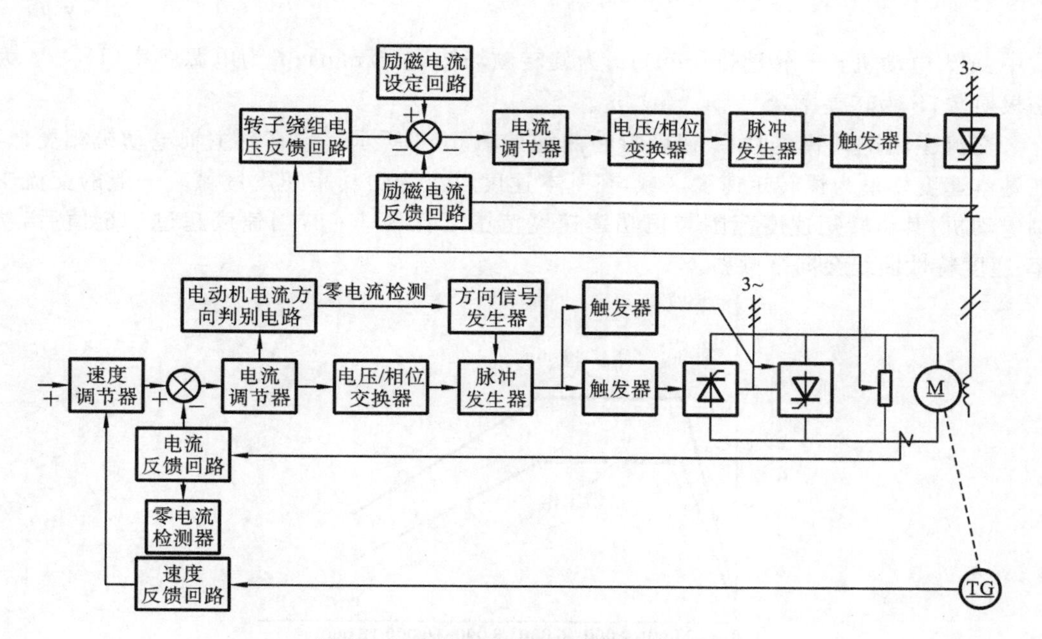

图 5-49　直流主轴电动机调速系统框图

5.5.3　交流主轴电动机及其速度控制

1. 交流主轴电动机

交流主轴电动机都采用感应电动机的结构，而不做成永磁式的，这是因为当电动机的容量很大时，做成永磁式的会使其成本急剧升高；另外，采用感应式电动机加矢量变换控制完全可以满足数控机床主轴驱动要求。

交流主轴电动机是经过专门设计的笼式感应电动机。电动机的核心部分是带有三相绕组的定子和带有笼条的转子。它没有外壳，定子铁心直接暴露在空气中，而且在定子铁心上做有轴向通风孔，这样有利于散热，并可缩小电动机体积，增大输出功率。因此交流主轴电动机的外形多呈多边形，而不是圆形。

交流主轴电动机与普通感应电动机在结构上有所区别。交流主轴电动机的尾部都同轴安装有脉冲发生器或脉冲编码器，作为速度和位置反馈。如同普通三相异步电动机，当交流主轴电动机定子绕组通入三相交流电流时，就会产生转速为 n_s 的旋转磁场，该磁场切割转子中的导体，在导体中产生感应电流。导体感应电流与定子磁场相互作用而产生电磁转矩，从而推动转子以转速 n 旋转。

旋转磁场的转速 n_s 称为同步转速，电动机转子转速与磁场的转速是异步的，转子转速为

$$n = (60f/p)(1-S) = n_s(1-S) \tag{5-29}$$

式中:n 为电动机转子转速(r/min);n_s为旋转磁场转速(r/min);f 为电源频率(Hz);p 为磁极对数;S 为转差率,$S=(n_s-n)/n_s$。

交流主轴电动机的功率-速度特性曲线如图 5-50 所示。与直流主轴电动机相类似,在基本速度以下为恒转矩速度区域,在基本速度以上为恒功率速度区域。一般的交流主轴电动机,其恒转矩速度范围与恒功率速度范围之比为 1∶3,当速度超过一定值后,功率-速度特性曲线会向下倾斜。

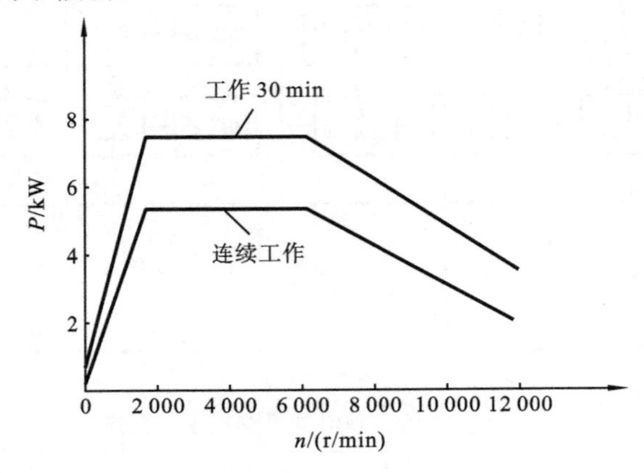

图 5-50　交流主轴电动机功率-速度特性曲线

交流主轴电动机也具有一定的过载能力,一般能在额定负载的 1.2～1.5 倍负载下工作几分钟至半个小时。

为了适应数控机床切削加工的特殊要求,现已研制出一些新型交流主轴电动机,如液压冷却交流主轴电动机、内装式交流主轴电动机等。液压冷却交流主轴电动机的特点是通过电动机外壳和前端盖中间的独特油路通道,以强迫循环的主轴油液来冷却电动机绕组和轴承,因此得到比普通风冷更加有效的散热效果。用这种方法解决大功率主轴电动机的散热问题,可增大电动机的功率体积比,得到比较宽的恒功率速度范围。内装式交流主轴电动机由空心轴转子、带绕组的定子和检测器三部分组成。其特点是将机床主轴与电动机转轴合为一体,即电动机轴就是机床的回转主轴,电动机的定子被拼装在主轴头内。由于这种结构取消了齿轮变速机构,因而可以简化机床主轴结构,降低噪声和共振。

2. 矢量控制理论

直流主轴电动机的被控变量是励磁电流 I_f和转子绕组电流 I_a,它们是相互独立的,并且是只有大小和正负变化的标量,因而可以分别进行控制,所组成的双环速度控制系统为标量控制系统,结构简单,易实现。这就是主轴直流电动机能够得到良好的动态调速性能的原因所在。

对于交流主轴电动机,其电磁转矩为

$$T_e = C_M \Phi I_2 \cos\phi_2 \tag{5-30}$$

式中：C_M为转矩常数；Φ为气隙磁通；I_2为转子电流；$\cos\phi_2$为转子功率因数。

在电磁转矩的表达式中，气隙磁通Φ是由励磁电流产生的，而励磁电流是定子电流I_1和转子电流I_2的合成电流，与定子电流和转子电流都有关，因此Φ和I_2不是独立变量，它们与$\cos\phi_2$都是转差率S的函数，无法分开进行独立控制。比较容易控制的是定子电流I_1，而定子电流I_1又是转子电流I_2的折合值与励磁电流I_f的矢量和。因此要准确地动态控制转矩显然比较困难。

矢量变换控制方式设法在交流电动机上模拟直流电动机控制转矩的规律，以使交流电动机具有同样的控制电磁转矩的能力，从而获得良好的调速性能。矢量变换控制的基本思路是按照产生同样的旋转磁场这一等效原则建立起来的。

当三相固定的对称绕组A、B、C通以三相正弦平衡交流电i_A，i_B，i_C时，会产生转速为ω_0的旋转磁通Φ，如图5-51(a)所示。如果不使用三相绕组，仅二相对称绕组通以平衡电流，也能产生旋转磁场。图5-51(b)是两相固定绕组α和β(位置上差90°)，通以两相平衡电流i_α和i_β(时间上相差90°)时，所产生的旋转磁通Φ。当旋转磁场的大小和转速都相等时，图5-51(a)、(b)两套绕组等效。图5-51(c)中有两个匝数相等、互相垂直的绕组d和q，分别通以直流电流I_M和I_T，产生位置固定的磁通Φ。如果两个绕组以同步转速旋转，磁通Φ也随着旋转起来，则可以和图5-51(a)、(b)绕组等效。当观察坐标系固定在铁心上和绕组一起旋转时，可认为两绕组是通以直流电流的互相垂直的固定绕组。如果取磁通Φ的位置和M绕组的平面正交，就和等效的直流电动机绕组没有差别了，这时，d绕组相当于励磁绕组，q绕组相当于电枢绕组。

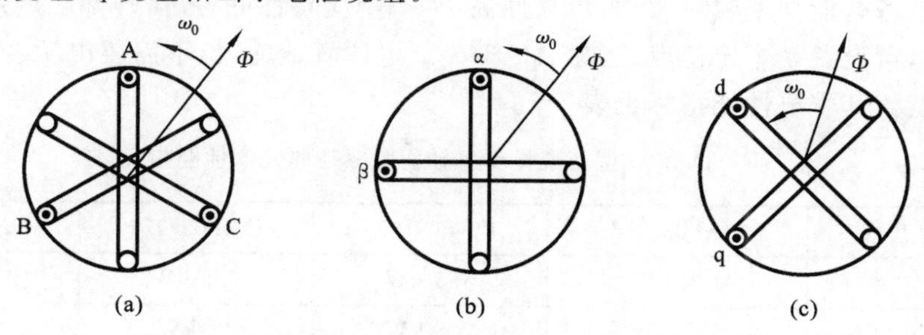

图5-51　等效交流电动机绕组和直流电动机绕组

这样以产生旋转磁场为准则，图5-51(a)中的三相绕组、图5-51(b)的二相绕组和图5-51(c)中的直流绕组等效。i_A、i_B、i_C与i_α、i_β以及I_M和I_T之间存在着确定的关系，即矢量变换关系。要保持I_M和I_T为某一定值，则i_A、i_B、i_C必须按一定的规律变化。只要按照这个规律去控制三相电流i_A、i_B、i_C就可以等效地控制I_M和I_T，达到所需要控制转矩的目的，从而得到和直流电动机一样的控制性能。

3. 交流主轴电动机驱动器

矢量控制理论和基于该理论的交流主轴电动机驱动电路都比较复杂,为方便产品设计和维护,也为了提高系统的可靠性,几乎所有数控机床上都采用专业厂家生产的集成式的交流主轴电动机驱动器。

如武汉华中数控生产的HSV-19S总线式全数字交流伺服主轴驱动单元采用了专业运动控制DSP、FPGA和智能化功率模块(IPM)等技术,采用具有完全自主知识产权的NCUC-BUS网络协议,可连接增量式编码器,同时支持绝对式编码器,即Endat2.1协议,它具有多种规格,功率选择范围很宽。用户可根据要求选配不同规格的驱动单元和交流伺服主轴电动机,行程高可靠、高性能的交流伺服主轴驱动系统。

HSV-19S总线式全数字交流伺服主轴驱动单元支持的控制方式比较全面,包括现场总线方式(数字量接口)、位置控制方式(脉冲量接口)、速度控制方式(模拟量接口)、转矩控制方式(模拟量接口)、JOG控制方式及内部速度控制方式。该驱动单元可通过操作面板或通信方式对工作方式、内部参数进行修改,以适应不同应用环境和要求。操作面板上设置了一系列的状态显示信息,方便用户在调试、运行中查看相关状态参数,同时也提供了一系列的故障诊断信息。该驱动单元具有绝对式编码器接口,有主轴定位功能,且速度稳定性好,可以用于刚性攻螺纹。

又如广州数控研制的DAP03型交流异步主轴伺服驱动单元实现了交流异步电动机的数字式矢量控制,具有调速范围宽、转速波动小、启动和制动时间短等特点,并可实现交流异步电动机的精确定位。该驱动单元采用了高性能DSP和CPLD等集成芯片实现数字式控制,具备智能功率模块驱动,可靠性高,动态响应特性好;只需外部触点信号即可实现主轴定位,可设置8个定位点;三相AC 380 V电源直接输入,不需要电源变压器,安装方便,成本低。其主要性能指标见表5-7。

表5-7 DAP03型交流异步主轴伺服驱动单元的性能指标

驱动单元型号	DAP03-037	DAP03-055	DAP03-075	DAP03-110
连续输出功率	3.7 kW	5.5 kW	7.5 kW	11 kW
30 min输出功率	5.5 kW	7.5 kW	11 kW	15 kW
输入电压	3相AC 380 V(−15%～+10%)50/60 Hz			
工作方式	内部/外部速度运行、点动、试运行、位置运行、速度/位置切换运行			
恒转矩调速比	1 000∶1(对应标配电动机转速范围1.5～1 500 r/min)			
恒功率调速比	4∶1(对应标配电动机转速范围1 500～6 000 r/min)			
稳速精度	基底速度(额定速度)×0.1%			
速度控制方式	带速度反馈的速度闭环控制			

续表

驱动单元型号	DAP03-037	DAP03-055	DAP03-075	DAP03-110
外部速度指令	－10～＋10 V/0～＋10 V 模拟电压输入			
速度反馈方式	增量式旋转编码器，线数 128～8 000 p/r 可设置，A/B/Z 差分信号			
位置运行输入方式	①脉冲＋方向，②CCW/CW 脉冲，③A/B 两相正交脉冲			
电子齿轮比	分子为 1～32767，分母为 1～32767			
定位功能	可设置电动机编码器或主轴编码器上的 8 个定位点，由外部触点信号选择定位点、启动主轴定位、定位角度偏差 180°/编码器线数			
位置反馈方式	增量式旋转编码器，线数 128～8 000 p/r 可设置，A/B/Z 差分信号			
控制输入信号	伺服使能、零速钳位、正转、反转、速度(定位点)选择、定位启动、速度/位置切换等 11 点输入			
控制输出信号	报警、准备好、速度到达、定位完成、零速输出、速度/位置切换、编码器 Z 脉冲零位等 7 点输出			
保护功能	过压、欠压、缺相、超速、过流、过载、过热、编码器异常、位置超差等			
显示功能	6 位 LED，可显示软硬件版本、工作方式、当前转速、速度指令、编码器位置、电流、转矩、I/O 状态、直流母线电压、报警代号、参数等			
操作功能	5 个按键，可选择工作方式和显示内容，进行参数修改、管理等操作			
外径能耗制动电阻	电阻参考《制动电阻配置表》			
储运温度/湿度	－40～55 ℃/95％RH 以下(40 ℃)			
工作温度/湿度	－10～55 ℃(无霜冻)/90％RH 以下(不凝露)			
振动	≤0.6g(5.9 m/s^2)			
防护等级	IP20			
外形尺寸	214.5 mm×362 mm×229 mm			

注：① 特殊极数、基频的伺服电动机需特殊订货，配套的伺服单元须采用专用软件；标准配置的伺服电动机最高转速为 6 000 r/min，最高转速超过 6 000 r/min 的电动机需特殊订货；

② 伺服电动机与主轴为 1∶1 无间隙传动时，不接主轴编码器也能完成主轴的准确定位；如果伺服电动机与主轴的传动比不是 1∶1，必须外加主轴编码器才能实现主轴的准确定位。

5.6 直线电动机驱动系统

随着以高效率、高精度为基本特征的高速加工技术的发展，要求高速加工机床除必须具有适宜高速加工的主轴部件，动、静、热刚度好的机床支承部件，高刚度、高精度的刀柄和快速换刀装置，以及高压大流量的喷射冷却系统和安全装置等之外，还对高速机床的进给系统提出了更高的要求，即：

(1) 高进给速度，最大进给速度达到 60～200 m/min；

(2) 高加速度，最大加速度应达到 1～10g；

(3) 高精度。

对此，由"旋转伺服电动机＋滚珠丝杠"构成的传统直线运动进给方式已很难适应这样的高要求。在解决上述难题的过程中，一种崭新的传动方式应运而生了，这就是直线电动机直接驱动系统。直线电动机进给系统外观如图 5-52 所示。由于它取消了从电动机到工作台之间的一切中间传动环节，把机床进给传动链的长度缩短为零，因此这种传动方式被称为直接驱动(direct drive)方式，国内也有人将其称为零驱动。世界上第一台在展览会上展出的，采用直线电动机直接驱动的高速加工中心是德国 Ex-CellI-O 公司 1993 年 9 月在德国汉诺威欧洲机床博览会上展出的 XHC 240 型加工中心，采用了德国 Indrmat 公司的感应式直线电动机，各轴的快速移动速度为 80 m/min，加速度高达 1g，定位精度为 0.005 mm，重复定位精度为 0.002 5 mm。

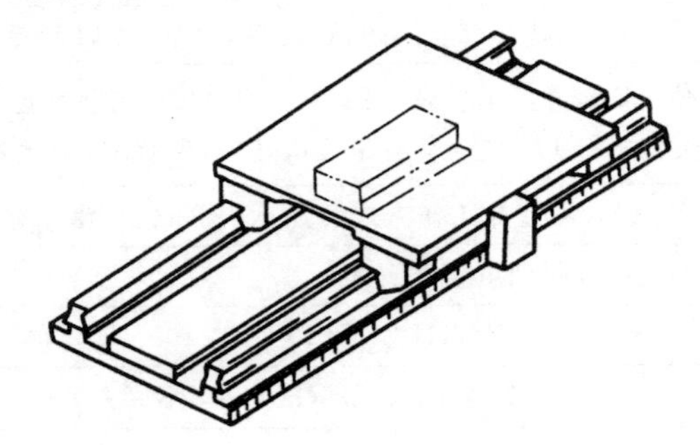

图 5-52 直线电动机进给系统外观

1. 直线电动机工作原理简介

直线电动机的工作原理与旋转电动机相比，并没有本质的区别，就是将旋转电动机的转子、定子以及气隙分别沿轴线剖开，展成平面状，使电能直接转换成次级或初级的直线机械运动，如图 5-53 所示。对应于旋转电动机的定子部分，称为直线电动机的初级。对应于旋转电动机的转子部分，称为直线电动机的次级。当多相交变电流通入多相对称绕组时，就会在直线电动机初级和次级之间的气隙中产生一个行波磁场，从而使初级和次级之间产生相对移动。当然，二者之间也存在一个垂直力，可以是吸引力，也可以是推斥力。直线电动机可以分为直流直线电动机、步进直线电动机和交流直线电动机三大类。在机床上主要使用交流直线电动机。在结构上，可以有如图 5-54 所示的短次级和短初级两种形式。为了减小发热量和降低成本，高速机床用直线电动机一般采用图 5-54(b)所示的短初级、动初级结构。在励磁方式上，交流直线电动机可以分为永磁（同步）式和感应（异步）式两种。永磁式直线电动机的次级是一块一块铺设的永久磁钢，其初级是含铁心的三相绕组。感应式直线电动机的初级和永磁式直线电动机的初级相同，而次级是用自行短路的不馈电栅条来代替永磁式直线电动机的永久磁钢。永磁式直线电动机在单位面积推力、效率、可控性等方面均优于感应式直线电动机，但其成本高，工艺复杂，而且给机床的安装、使用和维护带来不便。感应式直线电动机在不通电时是没有磁性的，有利于机床的安装、使用和维护，近年来，其性能不断改进，已接近永磁式直线电动机的水平，在机械行业中受到欢迎。

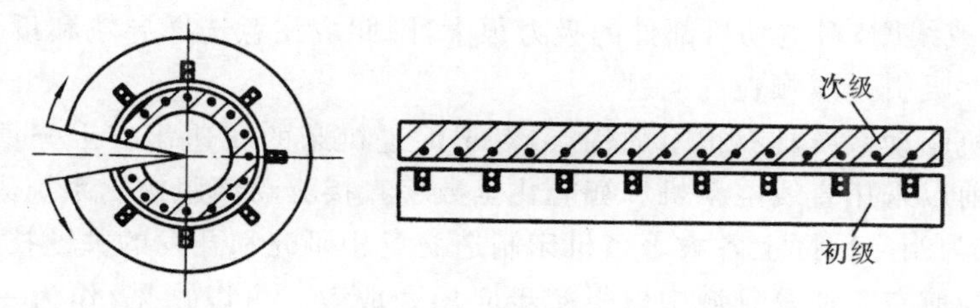

图 5-53　旋转电动机展开为直线电动机的过程

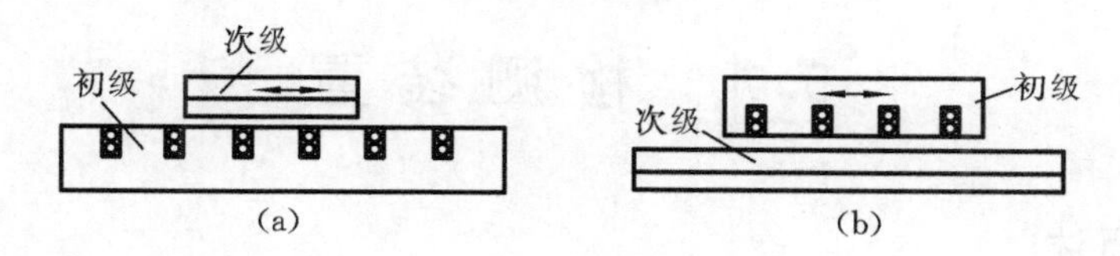

图 5-54　进给伺服系统动态结构图

(a) 短次级；(b) 短初级

2. 直线电动机高速机床系统的特点

（1）速度高，可达 60～200 m/min。

（2）惯性小，加速度特性好，可达 1～2 g，易于高速精定位。

（3）直线伺服电动机，其电磁力直接作用于运动体（工作台）上，而不用机械连接，因此没有机械滞后或齿节周期误差，精度完全取决于反馈系统的检测精度。

（4）直线电动机上装配全数字伺服系统，可以达到极好的伺服性能。由于电动机和工作台之间无机械连接件，工作台对位置指令几乎是立即反应（电气时间常数约为 1 ms），从而使其跟随误差减至最小而达到较高的精度。并且，在任何速度下都能实现非常平稳的进给运动。

（5）无中间传动环节，不存在摩擦、磨损、反向间隙等问题，可靠性高，寿命长。

（6）直线电动机系统在动力传动中由于没有低效率的中介传动部件而能达到高效率，可获得很好的动态刚度（动态刚度是指在脉冲负载作用下，伺服系统保持其位置的能力)。

(7) 行程长度不受限制,并可在一个行程全长上安装使用多个工作台。

(8) 由于直线电动机的动件(初级)已和机床的工作台合二为一,因此,和滚珠丝杠进给单元不同,直线电动机进给单元只能采用全闭环控制系统。

然而,直线电动机在机床上的应用也存在一些问题,简述如下。

(1) 由于没有机械连接或啮合,因此垂直轴需要外加一个平衡块或制动器。

(2) 当负载变化大时,需要重新整定系统。目前,大多数现代控制装置具有自动整定功能,因此能快速调机。

(3) 磁铁(或线圈)对电动机部件的吸力很大,因此应注意选择导轨和设计滑架结构,并注意解决磁铁吸引金属颗粒的问题。

直线电动机驱动系统具有很多的优点,对于促进机床的高速化有十分重要的意义和应用价值。目前以采用直线电动机和智能化全数字直接驱动伺服控制系统为特征的高速加工中心,已成为当今国际上各大著名机床制造商竞相研究和开发的关键技术和产品,并已在汽车工业和航空工业等领域中取得初步应用和成效。可以预见,作为一种崭新的传动方式,直线电动机必然在机床工业中得到越来越广泛的应用,并显现巨大的生命力。

5.7 检测装置

5.7.1 概述

检测装置是数控机床伺服系统的重要组成部分。它的作用是检测位移和速度,发送反馈信号,构成半闭环、闭环控制系统。数控机床的运动精度与机床机械精度、驱动元件的控制精度和位置检测装置的精度均有关,其中位置检测装置的精度起重要作用,有时候甚至起决定性的作用。

1. 检测装置的性能、要求和精度指标

检测装置的性能主要体现在它的静态特性和动态特性上。精度、分辨率、灵敏度、测量范围和量程、迟滞、零漂和温漂等属静态特性,动态特性主要指检测装置的输出量对随时间变化的输入量的响应特性。

不同类型的数控机床,对检测元件和检测系统的精度要求以及允许的最高移动速度各不相同。数控机床对位置检测装置的要求如下。

(1) 在机床执行部件移动范围内,能满足精度和速度的要求。

(2) 工作可靠,抗干扰能力强。

(3) 受温度、湿度的影响小,能长期保持精度。

(4) 抗污染能力强,使用维护方便,成本低。

检测装置的精度指标主要包括系统精度和系统分辨率。系统精度是指在一定长度或转角内测量累积误差的最大值，目前一般直线位移测量精度已达到±0.001～0.01 mm/m，回转角测量精度达到±2″/360°。系统分辨率是测量元件所能正确检测的最小位移量，目前直线位移的分辨率可达到0.000 1～0.01 mm，角位移分辨率可以达到1″以下。闭环系统分辨率的选取与开环系统脉冲当量的选择方法一样，一般按机床加工精度的1/3～1/10选取。

2. 检测装置的分类

检测装置的分类方法很多，按测量对象分类有直线型和回转型，按输出信号的类型分类有数字式和模拟式，按检测量的测量基准分类有增量式和绝对式，按被测量和检测装置安装位置的关系分类有直接测量装置和间接测量装置。

1）数字式测量装置和模拟式测量装置

（1）数字式测量装置　数字式测量装置可将被测量转换为数字量，一般其输出为电脉冲信号。数字式测量装置原理简单，工作可靠，脉冲信号抗干扰能力强、易于处理。常见的数字式检测装置有光栅检测装置和脉冲编码器。

（2）模拟式测量装置　模拟式测量装置可将被测量转化为幅值连续的模拟量，如电压、电流、相位变化等。常见的模拟式检测装置有旋转变压器、感应同步器、磁尺等。

2）增量式测量装置和绝对式测量装置

（1）增量式测量装置　增量式测量装置的特点是只测量相对位移量，任何一点都可作为测量的起点。如测量单位为0.01 mm，则每移动0.01 mm就发出一个脉冲信号。在轮廓控制的数控机床上大都采用这种测量装置，其优点是测量装置结构较简单。典型的测量元件有感应同步器、光栅、磁尺等。在增量式检测系统中，测量起点可以赋给一个具体的坐标值并记忆起来，以后显示的读数都是相对于测量起点的，位移距离由测量脉冲信号计数得到，计数错误相当于记忆的测量起点发生了改变，以后的测量结果都将受到错误的影响。使用增量式检测系统的数控系统开机后必须通过回参考点操作才能确定当前位置在机床坐标系中的坐标。

（2）绝对式测量装置　绝对式测量装置在量程范围内有固定的零点，每一个被测点都有唯一且确定的测量值。绝对式测量装置的结构较增量式的复杂，如旋转编码器中，对应于码盘的每一个角位置都需要有一组特殊的二进制数。显然，分辨精度要求愈高，量程愈大，则所要求的二进制位数也愈多，结构也就愈复杂。使用绝对式检测系统的数控系统开机后不需要回参考点就能知道当前位置在机床坐标系中的坐标。

3）直接测量装置和间接测量装置

（1）直接测量装置　直接测量装置是指将检测装置直接安装在执行部件上的装置，例如，使用光栅、感应同步器等测量工作台的直线位移。其缺点是测量装置要和工作台行程等长，因此，不便于在大型数控机床上使用。直接测量的精度主要取决于测量元件的精度。

(2) 间接测量装置　间接测量装置是将检测装置安装在与最终执行部件有传动关系的其他部件上的装置,如测量机床的直线位移时,把测量装置安装在传动链中的滚珠丝杠或驱动电动机轴上,通过检测转动件的角位移来间接测量执行部件的直线位移。间接测量装置的优点是安装方便、工作可靠,且无长度限制,其缺点是测量结果中叠加了传动链误差,影响了测量精度。

数控机床伺服系统中常用的位置检测装置有脉冲编码器、光栅位置检测装置、旋转变压器和感应同步器等。下面重点介绍这几种位置检测装置。

5.7.2　脉冲编码器

脉冲编码器是一种旋转式的检测元件,可将角位移转换为数字脉冲输出,通过测量脉冲频率也可用于转速检测。脉冲编码器通常与驱动电动机同轴安装,随着电动机旋转可以连续发出脉冲信号。

脉冲编码器按照其工作原理可分为接触式、光电式和电磁式,其中光电式脉冲编码器的精度最高,在数控机床上的应用最多。电动机每转一圈,光电式脉冲编码器可发出数百个乃至数万个方波信号,可满足高精度位置检测的需要。脉冲编码器每转发出脉冲的个数(也称线数)是影响其分辨率的主要因素。大于 10 000 线的脉冲编码器习惯上称为角度编码器。

数控机床上常用的脉冲编码器参数见表 5-8。要根据实际的速度、精度要求和丝杠螺距来选择合适的编码器。

直流、交流伺服电动机出厂时一般都同轴安装有一个脉冲编码器,步进电动机一般不安装编码器,但近年来有一些高档的步进电动机也配备有同轴安装的脉冲编码器。

表 5-8 中的 20 000 p/r、25 000 p/r、30 000 p/r 为高分辨率脉冲编码盘。

表 5-8　光电脉冲编码器

<table>
<tr><th>脉冲编码器
/(p/r)</th><th>每转脉冲
移动量/mm</th><th>脉冲编码器
/(p/r)</th><th>每转脉冲
移动量/mm</th></tr>
<tr><td>2 000</td><td rowspan="2">2,3,4,6,8</td><td>2 000</td><td rowspan="2">0.1,0.5,0.2,
0.3,0.4</td></tr>
<tr><td>20 000</td><td>20 000</td></tr>
<tr><td>2 500</td><td rowspan="2">5,10</td><td>2 500</td><td rowspan="2">0.25,0.5</td></tr>
<tr><td>25 000</td><td>25 000</td></tr>
<tr><td>3 000</td><td rowspan="2">3,6,12</td><td>3 000</td><td rowspan="2">0.15,0.3,0.6</td></tr>
<tr><td>30 000</td><td>30 000</td></tr>
</table>

按照编码方式，脉冲编码器可分为增量式和绝对式两种。

1. 增量式编码器

增量式光电脉冲编码器亦称为光电码盘、光电脉冲发生器等。

增量式光电脉冲编码器工作原理图如图 5-55 所示。它由光源、聚光镜、光电盘、光栏板、光电接收元件、整形放大电路和数字显示装置等组成。在光电盘的圆周上等分地制成透光狭缝，其数量从几百条到上千条不等。光栏板透光狭缝为两条，每条后面安装一个光电接收元件。光电盘转动时，光电接收元件把通过光电盘和光栏板射来的忽明忽暗的光信号（近似于正弦信号）转换为电信号，经整形、放大等电路的变换后变成脉冲信号，通过计量脉冲的数目，即可测出工作轴的转角，并通过数字显示装置进行显示。通过测定计数脉冲的频率，即可测出工作轴的转速。

从光栏板上两条狭缝中检测的信号 A 和 B，是具有 90°相位差的两个正弦波，这组信号经放大器放大与整形，输出波形如图 5-56 所示。根据先后顺序，即可判断光电盘的正反转。若 A 相超前于 B 相，对应电动机正转；若 B 相超前 A 相，对应电动机反转。若以该方波的前沿或后沿产生计数脉冲，可以形成代表正向位移和反向位移的脉冲序列。

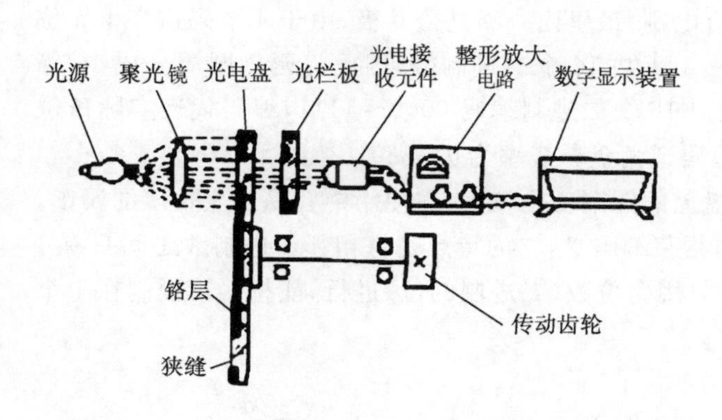

图 5-55 增量式光电脉冲编码器工作原理图

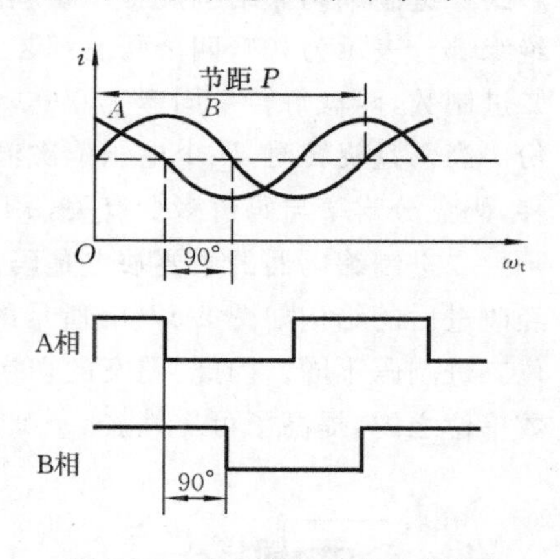

图 5-56 光电编码器的输出波形

此外，在脉冲编码器的里圈还有一条透光条纹 C，用以产生基准脉冲，又称零点脉冲，它是轴旋转一周在固定位置上产生一个脉冲。如数控车床切削螺纹时，可将这种脉冲当做车刀进刀点和退刀点的信号使用，以保证切削螺纹不会乱牙，也可用于高速旋转的转数计数或加工中心等数控机床上的主轴准停信号。

在应用时，从脉冲编码器输出的信号是差动信号，差动信号的传输大大提高了传输的抗干扰能力。同时。在数控装置中，常对上述信号进行倍频处理，进一步提高其分辨率，从而提高位置控制精度。如果数控装置的接口电路从信号 A 的上升沿和下降沿各取一个脉冲，则每转所检测的脉冲数为原来的 2 倍，称为二倍频。同样，如果从信号 A 和信号

B 的上升沿和下降沿均取一个脉冲,则每转所检测的脉冲数为原来的 4 倍,称为四倍频。例如,选用配置 2 000 p/r 光电编码器的电动机直接驱动 8 mm 螺距的丝杠,经数控装置四倍频处理,可达 8 000 p/r 的角度分辨率,对应于工作台 0.001 mm 的分辨率。

当利用脉冲编码器的输出信号进行速度反馈时,可经过频率/电压转换器(F/U)变成正比于频率的电压信号,作为速度反馈,供给模拟式伺服驱动装置。对于数字式伺服驱动装置则可直接进行数字测速。

增量式编码器的缺点是有可能发生由于噪声或其他外界干扰产生的计数错误,该错误会累积,对此后的所有测量值都会产生影响。此外,如果由于某种原因(如停电、刀具损坏等)而意外停机断电后,再上电时数控系统将不能直接找到事故前执行部件的正确位置。采用绝对式编码器可以克服这些缺点。

2. 绝对式编码器

在码盘的每一转角位置刻有表示该位置的唯一代码,因此绝对式编码器又称为绝对码盘。这种编码器是通过读取编码盘上的图案来表示数值的。图 5-57 所示为四码道接触式二进制编码盘结构及工作原理图,图中黑的部分为导电部分表示为“1”,白的部分为绝缘部分表示为“0”,四个码道都装有电刷,最里面一圈是公共极,由于 4 个码道产生 4 位二进制数,码盘每转一周产生 0000～1111 共 16 个二进制数,因此将码盘圆周分成 16 等份。当码盘旋转时,四个电刷依次输出 16 个二进制编码 0000～1111,编码代表实际角位移,码盘分辨率与码道多少有关,n 位码道角盘分辨率为 $\theta=360°/2^n$。

二进制编码器的主要缺点是码盘上的图案变化较大,在使用中容易产生较多的误读。经改进后的结构如图 5-57(b)所示的葛莱编码盘,它的特点是每相邻十进制数之间只有 1 位二进制码不同。因此,图案的切换只用 1 位数(二进制的位)进行,能把误读控制在 1 个数单位之内,提高了可靠性。

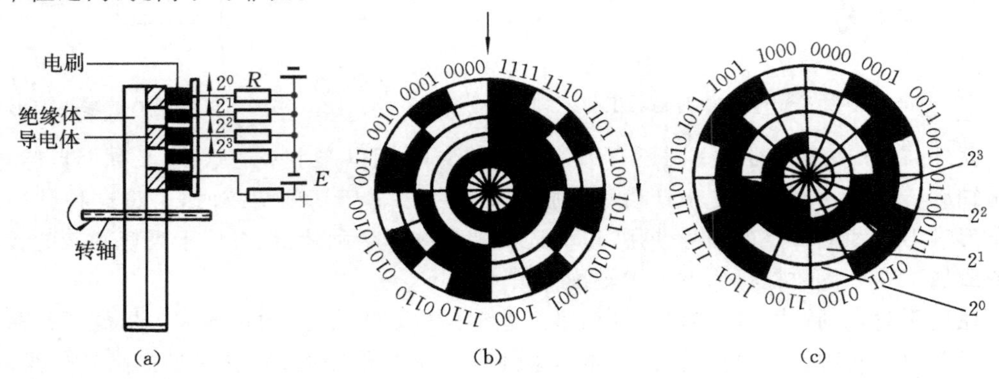

图 5-57　绝对式脉冲编码器

(a) 工作原理图;(b) 二进制编码盘;(c) 葛莱编码盘

5.7.3 光栅位置检测装置

光栅用于数控机床作为检测装置，用于测量长度、角度、速度、加速度、振动和爬行等。它是数控机床闭环系统中用得较多的一种检测装置。

1. 光栅的种类

光栅种类很多，其中有物理光栅和计量光栅之分。物理光栅刻线细而密，栅距（两刻线间的距离）在 0.002～0.005 mm 之间，通常用于光谱分析和光波波长的测定。计量光栅的刻线相对来说较粗，栅距在 0.004～0.25 mm 之间，通常用于数字检测系统，是数控机床上应用较多的一种检测装置。

光栅还可以分为直线光栅和圆光栅。直线光栅用来测量直线位移，圆光栅用来测量角位移。

1）直线光栅

(1) 玻璃透射光栅　在玻璃的表面上制成透明与不透明相间隔的线纹，这样的光栅称为透射光栅，其制造工艺为在玻璃表面感光材料的涂层上或金属镀膜上刻成光栅线纹，也有用刻蜡、腐蚀、涂黑工艺的。

透射光栅的特点如下。

① 光源可以采用垂直入射的方式，光电接收元件可直接接收光信号，因此信号幅度大，读数头结构比较简单。

② 刻线密度大，常用 100 线/毫米，其栅距为 0.01 mm，再经过电路细分，可以达到微米级的分辨率。

(2) 金属反射光栅　在钢尺或不锈钢带的镜面上用照相腐蚀工艺制作光栅，或用钻石刀具或激光雕刻的方法直接刻制光栅线纹，这样的光栅称为反射光栅。反射光栅的刻线密度一般比透射光栅的小，常用的刻线密度有 4、10、25、40、50 线/毫米。

金属反射光栅的特点如下。

① 标尺光栅材料与机床材料具有基本一致的线膨胀系数。

② 标尺光栅安装和调整比较方便。

③ 易于接长或制成整根的长钢带光栅。

④ 不易破碎。

⑤ 分辨率比透射光栅的低。

2）圆光栅

圆光栅用来测量角位移，可在玻璃圆盘的外环端面上做出辐射状的黑白间隔的条纹。根据不同的使用要求，其圆周刻线数也不相同，一般有三种系列。

① 六十进制系列，如 3 600，10 800，36 000 等。

② 十进制系列，如 1 000，2 000，8 000 等。

③ 二进制系列，如 512，1 024，2 048 等。

圆光栅也属于光电式脉冲编码器的一种，它和一般光电式脉冲编码器的区别在于圆光栅使用了和直线光栅相同的光栅计数原理，测量更为精确。

2. 直线透射光栅的组成及工作原理

1）直线透射光栅的组成

光栅位置检测装置由光源、长光栅（标尺光栅）、短光栅（指示光栅）、光电接收元件等组成，如图 5-58 所示。长光栅安装在机床固定部件上，长度相当于工作台移动的全行程，短光栅则固定在机床移动部件上。长、短光栅保持一定间隙（0.05～0.1 mm）重叠在一起，并在自身的平面内转一个很小的角度 θ，如图 5-59 所示。光栅读数头又称为光电转换器，它把光栅莫尔条纹变成电信号。读数头由光源、透镜、指示光栅、光电接收元件和驱动线路组成，是一个单独的部件。光栅读数头有分光读数头、垂直入射读数头和镜像读数头等几种。

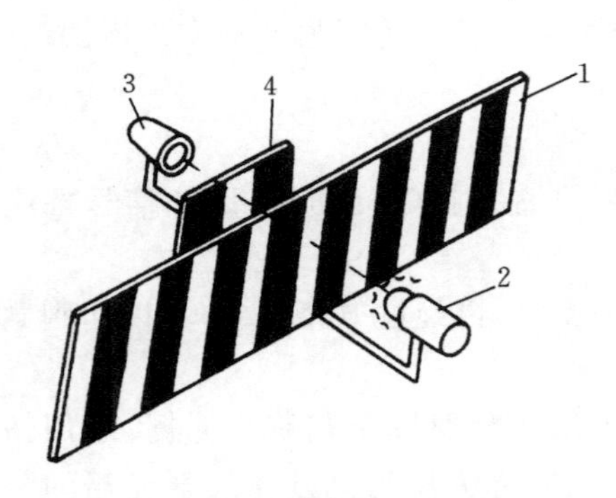

图 5-58　直线透射光栅

1—长光栅（标尺光栅）；2—光源；3—光电接收元件；4—短光栅（指示光栅）

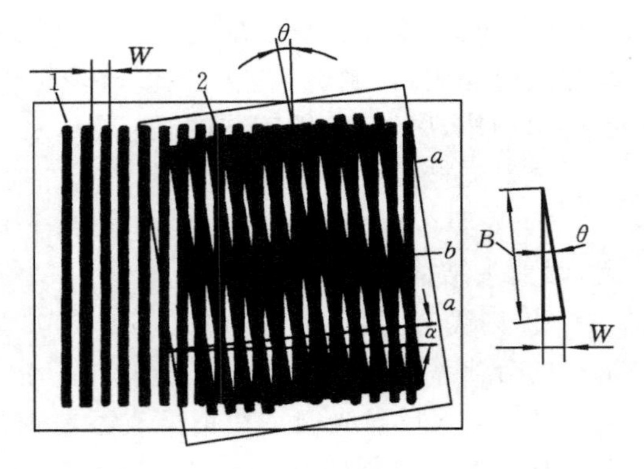

图 5-59　莫尔条纹的形成

2）莫尔条纹的产生和特点

若光源以平行光照射光栅时，由于挡光效应和光的衍射，则在与线纹垂直的方向，更确切地说，在两块与光栅线纹夹角的平分线相垂直的方向上，出现了明暗交替、间隔相等的粗大条纹，称为莫尔干涉条纹，简称莫尔条纹，如图 5-59 所示。

莫尔条纹有以下特点。

① 放大作用　当交角 θ 很小时，栅距 W 和莫尔条纹节距 B（单位：mm）有下列关系：

$$B=\frac{W}{\sin\theta}\approx\frac{W}{\theta}$$

因此可知，莫尔条纹的节距为光栅栅距的 $1/\theta$ 倍。由于 θ 很小（小于 $10'$），因此节距

B 比栅距 W 放大了很多倍。若 $W=0.01$ mm，通过减小 θ 角，将莫尔条纹的节距调成 10 mm时，其放大倍数相当于 1 000 倍($1/\theta=B/W$)。因此，不需要经过复杂的光学系统，便将光栅的栅距放大了 1 000 倍，从而大大简化了电子放大线路，这是光栅技术独有的特点。

② 平均效应　莫尔条纹是由若干线纹组成的，例如 100 线/毫米的光栅，10 mm 长的莫尔条纹，等亮带由 2 000 根刻线交叉形成。因而对个别栅线的间距误差(或缺陷)就平均化了，因此莫尔条纹的节距误差取决于光栅刻线的平均误差。

③ 莫尔条纹的移动规律　莫尔条纹的移动与栅距之间的移动成比例，当光栅向左或向右移动一个栅距 W，莫尔条纹也相应地向上或向下准确地移动一个节距 B。莫尔条纹的移动还具有以下规律：若标尺光栅不动，将指示光栅逆时针方向转一很小的角度(设为 $+\theta$)后，并使标尺光栅向右移动，则莫尔条纹向下移动；反之，当标尺光栅向左移动时，则莫尔条纹向上移动。若将指示光栅顺时针方向转动一很小的角度(设为 $-\theta$)后，当标尺光栅向右移动时，莫尔条纹向上移动；反之，当标尺光栅向左移动时，莫尔条纹向下移动。

3. 直线光栅检测装置的辨向

直线光栅检测装置的辨向时间不同，所以两个光电接收元件所获得的电信号虽然波形相同，但相位相差 90°。至于哪个超前，则取决于标尺光栅 G_S 的移动方向。如图 5-60 所示，当标尺光栅 G_S 向右移动时，莫尔条纹向上移动，隙缝 S_2 的输出信号波形超前 1/4 周期，若 G_S 向左移动时，莫尔条纹向下移动，隙缝 S_1 的输出信号波形超前 1/4 周期。根据两缝隙输出信号的超前或滞后，可确定标尺光栅 G_S 移动的方向。

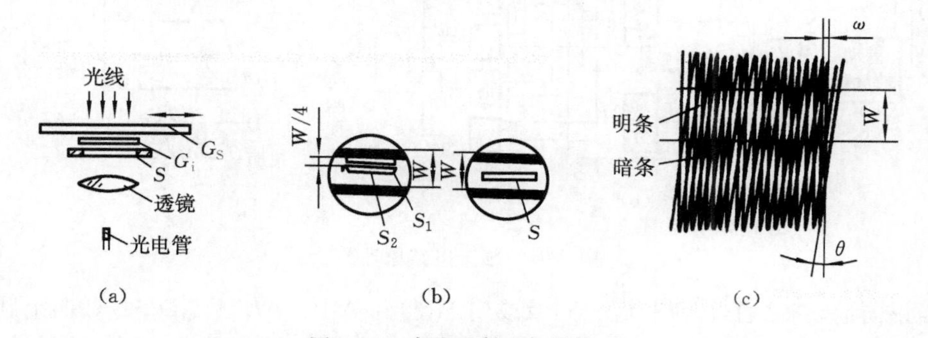

图 5-60　直线透射光栅的辨向

4. 提高光栅分辨精度的措施

为了提高光栅检测装置的精度，可以提高刻线精度和增加刻线密度。但刻线密度达 200 线/毫米以上的细光栅刻线制造比较困难，成本较高。因此，通常采用倍频的方法来提高光栅的分辨精度，如图 5-61 所示，采用四倍频方案。光栅刻线密度为 50 线/毫米，采用 4 个光电接收元件和 4 个隙缝，每隔 1/4 光栅节距产生一个脉冲，分辨精度可提高 4

倍。当指示光栅与标尺光栅相对移动时,硅光电池接收到正弦波电流信号。这些信号送至差动放大器,再经过整形,使之成为两路正弦及余弦方波。然后经微分电路获得脉冲,由于脉冲是在方波的上升沿产生的,为了使0°、90°、180°、270°的位置上都得到脉冲,所以必须把正弦和余弦方波分别各自反相一次,然后再微分,这样可得到4个脉冲。为了辨别正向和反向运动,可用一些与门把 $\sin\phi$、$-\sin\phi$、$\cos\phi$ 及 $-\cos\phi$ 方波(即A、B、C、D)和4个脉冲进行逻辑组合。

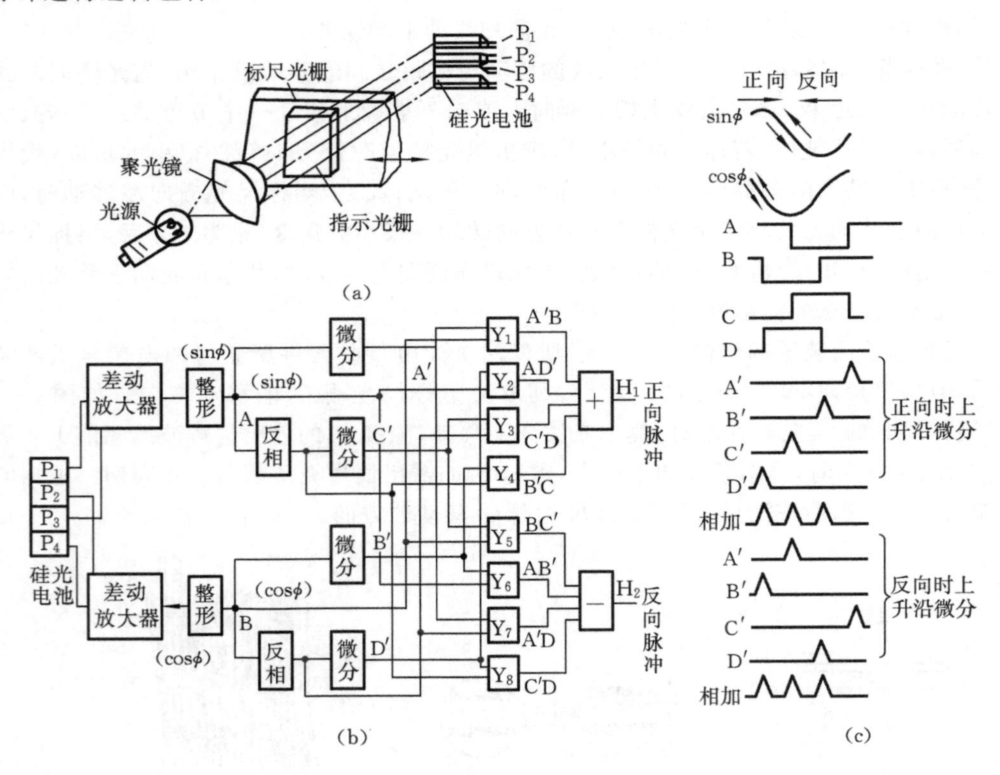

图5-61 细分电路原理图

当正向运动时,通过与门 $Y_1 \sim Y_4$ 及或门 H_1 得到 $A'B+AD'+C'D+B'C$ 四个脉冲输出。当反向运动时,通过与门 $Y_5 \sim Y_8$ 及或门 H_2 得到 $BC'+AB'+A'D+CD'$ 四个脉冲输出。波形如图5-61(c)所示,虽然光栅栅距为0.02 mm,但四倍频后,每一脉冲都相当于5 μm,即分辨精度提高了4倍。此外,也可采用八倍频、十倍频、二十倍频及其他倍频线路。

5. 光栅检测装置的特点

(1) 由于光栅的刻线可以制作得十分精确,同时莫尔条纹对刻线局部误差有均化作用,因此栅距误差对测量精度影响较小;还可采用倍频的方法来提高分辨率精度,测量精度高。

(2) 在检测过程中，标尺光栅与指示光栅不直接接触、无磨损，精度可以长期保持。

(3) 光栅刻线要求很精确，两光栅之间的间隙及倾角都要求保持不变，故制造和调试比较困难。光学系统容易受外界的影响产生误差，灰尘、冷却液等污物的侵入易使光学系统污染甚至变质。为了保证精度和光电信号的稳定，光栅和读数头都应放在密封的防护罩内，对工作环境的要求也较高，测量精度高的都放在恒温室中使用。

6. 光栅检测装置的选用

由于光栅刻画技术及电子细分技术的发展，光栅式测量装置在大量程测长方面其精度仅低于激光式测量精度；光栅式测量装置由于具有高分辨率、大量程、抗干扰能力强的优势，宜于实现动态测量、自动测量及数字显示，是数控机床上理想的位置检测元件，在数控机床的伺服系统中有广泛应用。其主要不足之处是光栅式测量装置的成本比感应同步器式、磁栅式测量装置的高；另外制作量程大于 1 m 的光栅尺尚有困难。表 5-9 给出几种常用光栅传感器的精度，若配以电子细分技术，则可达到更高的精度。

表 5-9 各种光栅的精度

计量光栅		光栅长度/mm	线纹度/mm	精度[①]/μm
直线式	玻璃透射光栅	500	100	5
	玻璃透射光栅	1 000	100	10
	玻璃透射光栅	1 100	100	10
	玻璃透射光栅	1 100	100	3～5
	玻璃透射光栅	500	100	2～3
	金属反射光栅	1 220	40	13
	金属反射光栅	500	25	7
回转式	玻璃圆光栅	ϕ270	10 800/周	3°
	高精度反射光栅	1 000	50	7.5
直线式	玻璃衍射光栅	300	250	±1.5

注：①指两点间最大均方根误差。

5.7.4 旋转变压器

旋转变压器常用于数控机床中角位移的检测，具有结构简单、牢固，对工作环境要求不高，信号输出幅度大，以及抗干扰能力强等优点。但普通的旋转变压器测量精度较低，为角分数量级，在应用上受到一定限制。一般用于精度要求不高或大型机床的粗测及中测系统。使用中常与增速齿轮和被测轴连接，以便提高检测精度。其成本较高。

1. 旋转变压器的工作原理

旋转变压器是一种角度测量元件，在结构上与两相绕线式异步小型交流电动机相似，由定子和转子组成。旋转变压器是根据电磁互感原理工作的，它在结构设计与制造上保证了定子与转子之间空气间隙内的磁通分布呈正弦规律。其中定子绕组作为变压器的一次侧，为变压器的原边，接受励磁电压，励磁频率通常用 400 Hz、500 Hz、3 000 Hz 及 5 000 Hz。转子绕组作为变压器的二次侧，是变压器的副边。当定子绕组加上交流励磁电压时，通过电磁耦合在转子绕组中产生的感应电动势，其输出电压的大小取决于定子与转子两个绕组轴线在空间的相对位置，两者平行时互感最大，副边的感应电动势也最大；两者垂直时互感的电感量为零，感应电动势也为零。如图 5-62 所示，单极型旋转变压器的定子和转子各有一对磁极，假设加到定子绕组的励磁电压为 $u_1=U_m\sin\omega t$，则转子通过电磁耦合，产生感应电压 u_2。当转子转到使它的绕组磁轴和定子绕组磁轴垂直时，转子绕组感应电压 $u_2=0$；当转子绕组的磁轴自垂直位置转过一定角度 θ 时，转子绕组中产生的感应电压为

$$u_2 = ku_1\sin\theta = kU_m\sin\omega t\sin\theta \tag{5-31}$$

式中：$k=\omega_1/\omega_2$ 为旋转变压器的电压比；ω_1、ω_2 为定子、转子绕组匝数；U_m 为最大瞬时电压；θ 为两绕组轴线间夹角。

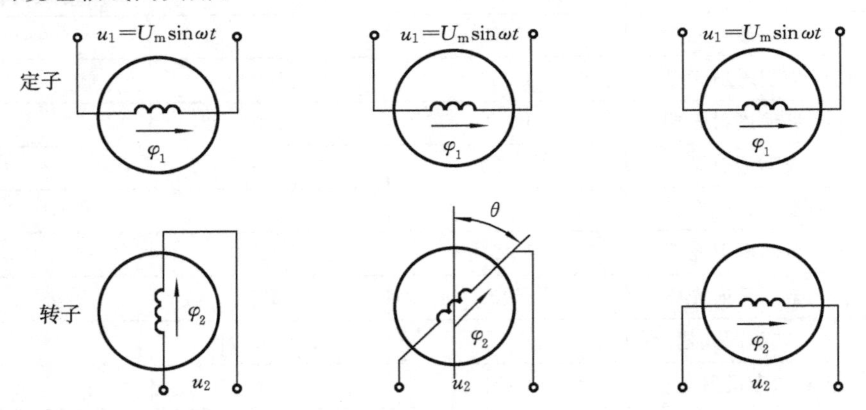

图 5-62　旋转变压器的工作原理

当转子转过 90°（即 $\theta=90°$），两磁轴平行，此时转子绕组中的感应电压最大，即

$$u_2 = kU_m\sin\omega t \tag{5-32}$$

旋转变压器在结构上保证了转子绕组中的感应电压随转子的转角的变化以正弦规律变化。当转子绕组中接以负载时，其绕组中便有正弦感应电流通过，该电流所产生的交变磁通将使定子和转子间气隙中的合成磁通畸变，从而使转子绕组中的输出电压也发生畸变。为了克服上述缺点，通常采用正弦、余弦旋转变压器，其定子和转子绕组均由两个匝数相等且相互垂直的绕组构成，如图 5-63 所示。一个转子绕组作为输出信号，另一个转子绕组接高阻抗作为补偿。若将定子中的一个绕组短接而另一个绕组通以单相交流电压

$u_1=U_m\sin\omega t$，则在转子的两个绕组中得到的输出感应电压分别为

$$\begin{cases}u_{2s}=ku_1\cos\theta=kU_m\sin\omega t\cos\theta\\u_{2c}=ku_1\sin\theta=kU_m\sin\omega t\sin\theta\end{cases}\tag{5-33}$$

由于两个绕组中的感应电压恰恰是关于转子转角 θ 的正弦和余弦的函数，故称为正余弦旋转变压器。

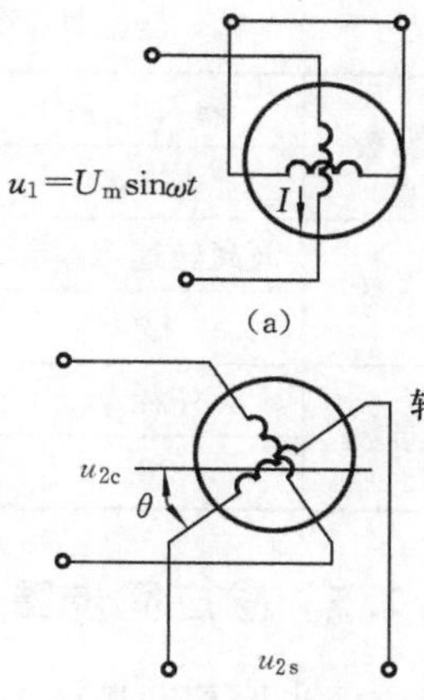

2. 旋转变压器的工作方式

以正余弦旋转变压器为例，若把转子的一个绕组短接，而定子的两个绕组分别通以励磁电压，应用叠加原理，可得到以下两种典型的工作方式。

1) 鉴相工作方式

给定子的两个绕组分别通以同幅、同频但相位相差 $\pi/2$ 的交流励磁电压，即

$$\begin{cases}u_{1s}=U_m\sin\omega t\\u_{1c}=U_m\cos\omega t\end{cases}\tag{5-34}$$

图 5-63 正弦、余弦旋转变压器原理图

转子中的感应电压应为这两个电压的代数和，即

$$u_2=u_{1s}\cos\theta+u_{1c}\sin\theta=kU_m\sin\omega t\cos\theta+kU_m\cos\omega t\sin\theta=kU_m\sin(\omega t+\theta)\tag{5-35}$$

由式(5-35)可以看出，转子输出电压的相位角和转子的偏转角之间有严格的对应关系，只要检测出转子输出电压的相位角，就可知道转子的转角。

2) 鉴幅工作方式

给定子两绕组分别通以同频、同相但幅值不同的交流励磁电压，即

$$\begin{cases}u_{1s}=U_{sm}\sin\omega t\\u_{1c}=U_{cm}\sin\omega t\end{cases}\tag{5-36}$$

其幅值分别为正、余弦函数，即

$$\begin{cases}u_{sm}=U_m\sin\phi\\u_{cm}=U_m\cos\phi\end{cases}\tag{5-37}$$

则定子上的叠加感应电压为

$$u_2=u_{1s}\cos\theta+u_{1c}\sin\theta=-kU_m\sin\phi\sin\omega t\cos\theta+kU_m\cos\phi\sin\omega t\sin\theta=kU_m\sin(\theta-\phi)\sin\omega t\tag{5-38}$$

由式(5-38)可以看出，转子感应电压的幅值随转子的偏转角 θ 的变化而变化，测出幅值即可求得转角 θ。在实际应用中，应根据转子误差电压的大小，不断修改励磁信号中 ϕ 角，使其跟踪 θ 的变化。日本多摩川公司生产的单对板无刷旋转变压器的主要参数见表5-10。

表 5-10 日本多摩川公司生产的单对板无刷旋转变压器的主要参数

电气参数	输入电压/V	输入电流/mA	励磁频率/kHz	变比系数	电气误差
	3.5	1.17	3	0.6	10′
机械参数	最高转速/(r/min)	转子惯量/(kg·m²)	摩擦力矩/(N·cm)	—	—
	8 000	4×10⁻⁷	6×10⁻²	—	—
外形参数	外径/mm	轴径/mm	轴伸/mm	长度/mm	质量/g
	26.97	3.05	12.7±0.5	60	165

5.7.5 感应同步器位置检测装置

感应同步器是利用两个保持均匀气隙的平面形印刷绕组,发生相对平行移动时的交变磁场互感原理而工作的。实质上,感应同步器是多极旋转变压器的展开形式,两者的工作原理基本相同。感应同步器分两种:测量直线位移的称为直线感应同步器;测量角位移的称为圆感应同步器。

1. 感应同步器的结构和参数

图 5-64 所示为直线型感应同步器的定尺和滑尺的绕组结构示意图。定尺上的为连续绕组,节距 $W_2=2(a_2+b_2)$,其中 a_2 为导电片宽,b_2 为片间间隙,定尺节距即为检测周期 W,常取 $W=2$ mm。滑尺上的为分段绕组,分为正弦和余弦绕组两部分,绕组可做成 W

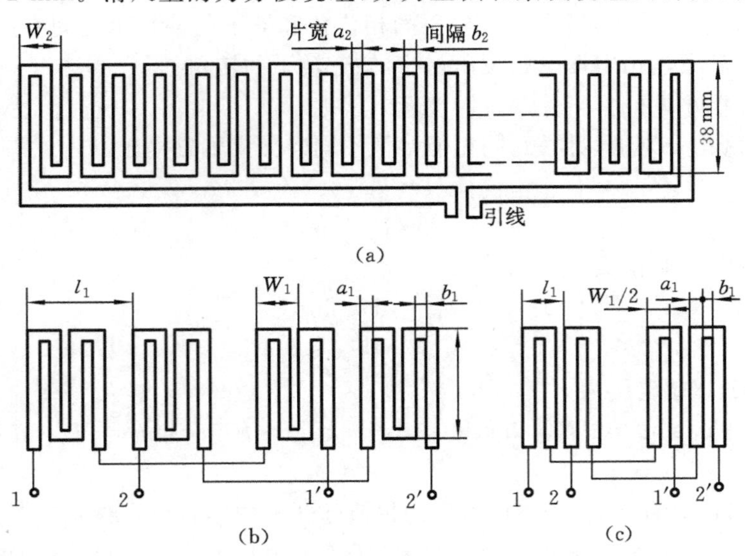

图 5-64 定尺与滑尺绕组

(a) 定尺绕组;(b) W 形滑尺绕组;(c) U 形滑尺绕组

形或U形。图5-64中的11′为正弦绕组，22′为余弦绕组，两者在空间错开1/4定尺节距（角度错开90°）。两绕组的节距都为$W_1=2(a_1+b_1)$，其中a_1为导电片宽，b_1为片间间隙，一般取$W_1=W_2$或者取$W_1=2W/3$。正弦绕组和余弦绕组的中心距l_1均为

$$l_1=\left(\frac{n}{2}+\frac{1}{4}\right)W \tag{5-39}$$

式中：n为任意正整数。

图5-65所示为定尺和滑尺的截面结构图。基体通常采用厚度为10 mm的铜板或铸铁制成，减小与机床的温度误差。平面绕组为铜箔，用绝缘黏结剂热压黏结在基体上，利用刻蚀的方法制成所需绕组形式。在定尺绕组表面上涂上一层耐切削液的清漆涂层，防止切削液的飞溅影响。在滑尺绕组表面上贴一层带塑料薄膜的铝箔，防止感应绕组中因静电感应产生附加容性电势。

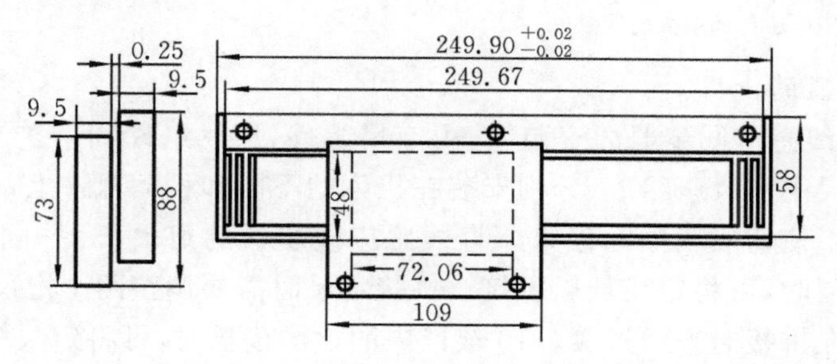

图5-65　标准型直线感应同步器的外形尺寸

表5-11给出了美国Frand公司生产的各类感应同步器的技术参数。

表5-11　感应同步器的技术参数

感应同步器		检测周期	精　度	重复精度	滑尺（定子）			定　尺		电压传递系数
					阻抗/Ω	输入电压/V	最大允许功率/W	阻抗/Ω	输出电压/V	
直线感应同步器	标准直线式	2 mm	±0.002 5 mm	0.25 μm	0.9	1.2	0.5	4.5	0.027	44
	标准直线式	0.1 in	±0.000 1 in	10 in×10⁻⁶	1.6	0.8	2.0	3.3	0.042	43
	窄式	2 mm	±0.005 mm	0.5 μm	0.53	0.6	0.6	2.2	0.008	73
	三速式	4 000 mm 100 mm 2 mm	±7.0 mm ±0.15 mm ±0.005 mm	0.5 μm	0.95	0.8	0.6	4.2	0.004	200
	带式	2 mm	±0.01 mm/m	0.01 μm	0.5	0.5	—	10/1 m	0.006 5	77

续表

感应同步器		检测周期	精　　度	重复精度	滑尺(定子)			定　　尺		电压传递系数
					阻抗/Ω	输入电压/V	最大允许功率/W	阻抗/Ω	输出电压/V	
圆感应同步器	12/270	1°	±1″	0.1″	8.0	—	—	4.5	—	120
	12/360	2°	±1″	0.1″	1.9	—	—	1.6	—	80
	7/360	2°	±3″	0.3″	2.0	—	—	1.5	—	145
	3/360	2°	±4″	0.4″	5.0	—	—	1.5	—	500
	2/360	2°	±5″	0.9″	8.4	—	—	6.3	—	2000

注:电压传递系数的定义是动尺输入电压与定尺输出电压之比,即电压传递系数=动尺的输入电压/定尺的输出电压,电磁耦合度则等于电压传递系数的倒数。

2. 感应同步器的使用

图5-66为直线感应同步器的安装图,由定尺组件、滑尺组件和防护罩组成。定尺组件与滑尺组件由尺子和尺座组成,分别安装在机床的不动和移动部件上,防护罩的作用是保护感应同步器不使切屑和油污侵入。直线感应同步器的定尺长度一般为175 mm,当需要增加测量范围时,可将定尺加以拼接。拼接定尺时需要调整两个定尺接缝的大小,使其零位误差曲线在拼接时平滑过渡。10根以内的定尺接长时,可将定尺绕组串联。10根以上的定尺接长时,为使线圈电阻和电感不至于过分增大,把定尺分成数量相同的几组,每组定尺绕组串联后,再并联起来,以保证信噪比。

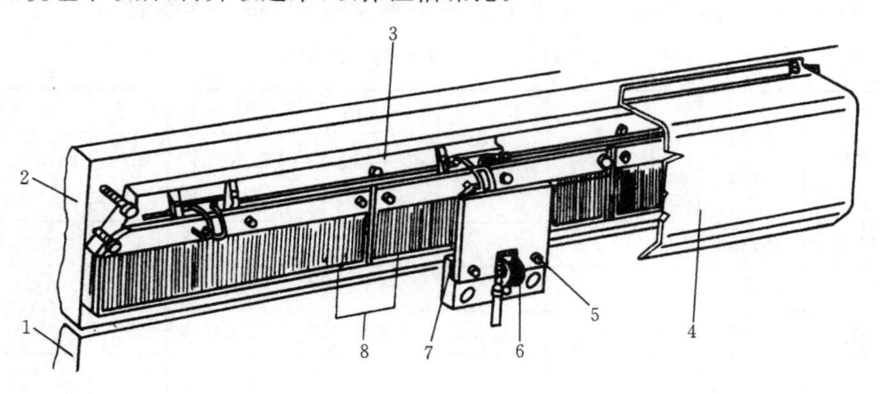

图5-66　感应同步器安装图

1—机床不动部分;2—机床移动部分;3—定尺座;4—防护罩;5—滑尺;6—滑尺座;7—调辊板;8—定尺

3. 直线感应同步器的工作原理

图5-67所示为标准型直线感应同步器的绕组原理图。滑尺上有正弦励磁绕组和余

弦励磁绕组，在空间位置上相差 1/4 节距。定尺和滑尺绕组的节距相同，即 $W=2\tau$（一般为 2 mm）。当滑尺绕组加上励磁电压时，由于电磁感应，在定尺绕组上就产生感应电势，感应电势产生的原理如图 5-68 所示。图 5-68 中的电流 I_1 为滑尺上的励磁电流，Φ 为 I_1 产生的耦合磁通，I_2 为定尺绕组由于磁通耦合所产生的感应电流。感应同步器定尺、滑尺绕组的节距 W 反映了直线位移量（一般为 2 mm），滑尺相对定尺作相对运动时又是如何将位移变成相应的感应电势信号的呢？产生感应电势的原理如图 5-69 所示。

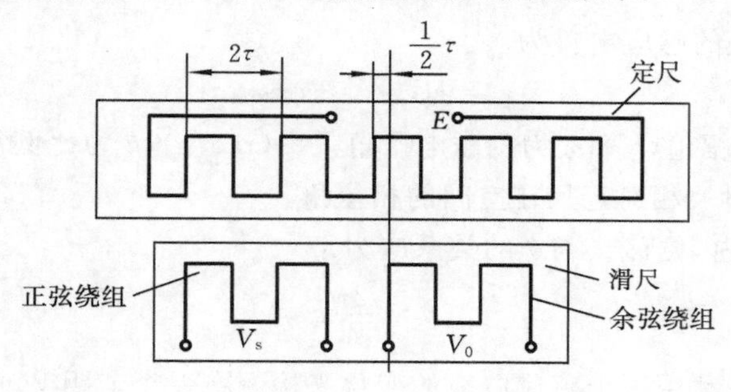

图 5-67　标准型直线感应同步器绕组原理图

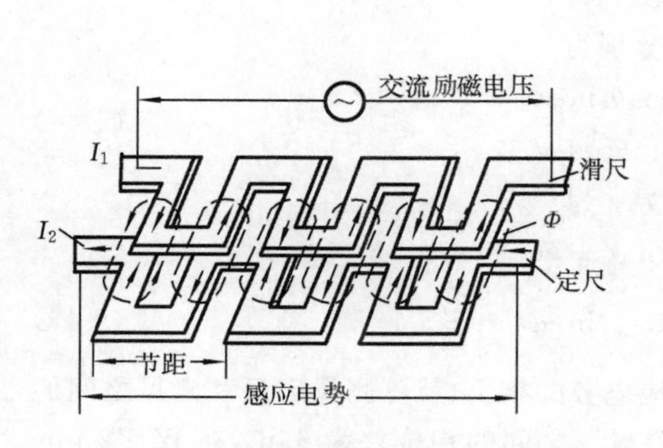

图 5-68　感应同步器产生感应电势原理图

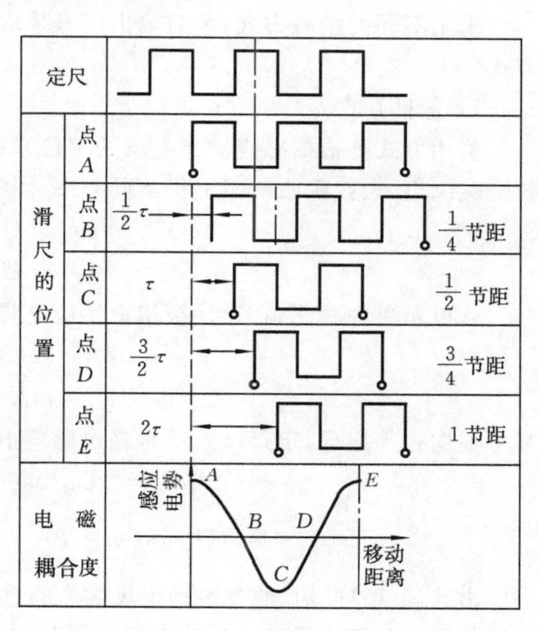

图 5-69　定尺产生感应电势原理图

若定尺和滑尺的绕组（只一个绕组励磁）相重合时，如图 5-69 中的点 A，这时感应电势最大；当滑尺相对定尺作平行移动时，感应电势就慢慢减小，在刚好移动 1/4 节距的位置,即移到点 B 位置时,感应电势为零;如果再继续移动到 1/2 节距,即到点 C 位置,得到的感应电势值与点 A 位置的相同,但极性相反;其后,移到 3/4 节距,即到点 D 位置,感应电势又变为零……这样,滑尺在移动一个节距的过程中,感应电势(按余弦波形)变化了一个周期。

若励磁电压为

$$u = U_m \sin\omega t \tag{5-40}$$

则在定尺绕组上产生的感应电势为

$$e = kU_m \cos\theta \cos\omega t \tag{5-41}$$

式中:U_m 为励磁电压幅值(V);ω 为励磁电压角频率(rad/s);k 为比例常数,与绕组间最大互感系数有关;θ 为滑尺相对定尺在空间的相位角。

在一个节距 W 内,位移 x 与 θ 的关系应为

$$\theta = \frac{2\pi}{W}x \tag{5-42}$$

感应同步器就是利用这个感应电势的变化来检测在一个节距 W 内的位移量的。

4. 感应同步器输出信号的处理方式

采用不同的励磁方式,可对输出信号采取不同的处理方式,常用的有鉴相方式和鉴幅方式。

1) 鉴相方式

鉴相方式是根据感应输出电压的相位来检测位移量的一种工作方式。在滑尺上的正弦励磁绕组、余弦励磁绕组上供给同频率、同幅值、相位相差 90°的交流电压,即

$$\begin{cases} u_s = U_m \sin\omega t \\ u_c = U_m \cos\omega t \end{cases} \tag{5-43}$$

u_s 和 u_c 单独励磁,在定尺绕组上感应电势分别为

$$\begin{cases} e_s = kU_m \cos\theta \sin\omega t \\ e_c = kU_m \sin\theta \cos\omega t \end{cases} \tag{5-44}$$

根据叠加原理,定尺绕组上总输出感应电势 e 为

$$\begin{aligned} e &= e_s + e_c = kU_m \cos\theta \sin\omega t + kU_m \sin\theta \cos\omega t \\ &= kU_m \sin(\omega t + \theta) = kU_m \sin\left(\omega t + \frac{2\pi}{W}x\right) \end{aligned} \tag{5-45}$$

由式(5-45)可知,通过鉴别定尺输出的感应电势的相位,就可测量定尺和滑尺之间的相对位置。例如定尺输出感应电势与滑尺励磁电压之间的相位差为 3.6°,在 $W=2$ mm 的情况下,有

$$x = (3.6°/360°) \times 2\ \text{mm} = 0.02\ \text{mm}$$

它表明滑尺相对定尺节距为零的位置移动了 0.02 mm。一般可得到 1 μm 的分辨

率。

2）鉴幅方式

鉴幅方式是根据定尺输出的感应电势的振幅变化来检测位移量的一种工作方式。

在滑尺的正弦绕组、余弦绕组上供给同频率、同相位，但不同幅值的励磁电压，即

$$\begin{cases} u_s = U_m \sin\phi \sin\omega t \\ u_c = U_m \cos\phi \sin\omega t \end{cases} \tag{5-46}$$

式中：ϕ 为励磁电压的给定相位角。

同理，两电压分别励磁时，在定尺绕组上产生的输出感应电势分别为

$$\begin{cases} e_s = kU_m \sin\phi \cos\theta \sin\omega t \\ e_c = kU_m \cos\phi \sin\theta \sin\omega t \end{cases} \tag{5-47}$$

根据叠加原理，定尺上输出的总感应电势为

$$\begin{aligned} e &= -e_s + e_c = kU_m(-\sin\phi\cos\theta + \cos\phi\sin\theta)\sin\omega t \\ &= kU_m\sin(\theta - \phi)\sin\omega t = kU_m\sin\left(\frac{2\pi}{W}x - \phi\right)\sin\omega t \end{aligned} \tag{5-48}$$

若 $\phi=\theta$，则 $e=0$。滑尺相对定尺有一位移，使 $\theta=\theta+\Delta\theta$，则感应电势的增量为

$$\Delta e = kU_m \frac{2\pi}{W}\Delta x \cos\omega t \tag{5-49}$$

由此可知，在 Δx 较小的情况下，Δe 与 Δx 成正比，也就是通过鉴别 Δe 的幅值，即能测量 Δx 大小。当 Δx 较大时，通过改变 θ_d，使 $\phi_d=\theta$，则 $\Delta e=0$。根据 ϕ_d 可以确定 θ，从而测量位移量 Δx。

5. 感应同步器的特点

感应同步器的特点及使用范围和光栅的比较相似，但和光栅比，感应同步器的抗干扰性较强，对环境的要求低，机械结构简单，大量程接长方便，而且成本较低，因此，感应同步器在精度上虽然不如光栅，但在数控机床检测系统中还是得到了广泛应用。

5.7.6 磁栅位置检测装置

磁栅是一种利用电磁特性和录磁原理对位移进行检测的装置，其录磁和拾磁原理与普通磁带相似。磁栅一般由磁性标尺、拾磁磁头以及检测电路三部分组成，其结构原理如图 5-70 所示。磁栅按磁性标尺基体的形状可分为平面实体型磁栅、带状磁栅、线状磁栅和圆形磁栅，前三种用于直线位移测量，后一种用于角位移测量。磁栅与光栅相比，测量精度略低一些，但它有如下特点。

（1）制作简单，安装、调整方便，成本低。磁栅上的磁化信号录制完，若发现不符合要求，可抹去重录。亦可安装在机床上再录磁，避免安装误差。

（2）磁尺的长度可任意选择，亦可录制任意节距的磁信号。

(3) 耐油污、灰尘等,对使用环境要求较低。

(4) 反应速度受到限制,因磁头与磁尺有接触的相对运动,会产生磨损,对磁栅的使用寿命产生影响。

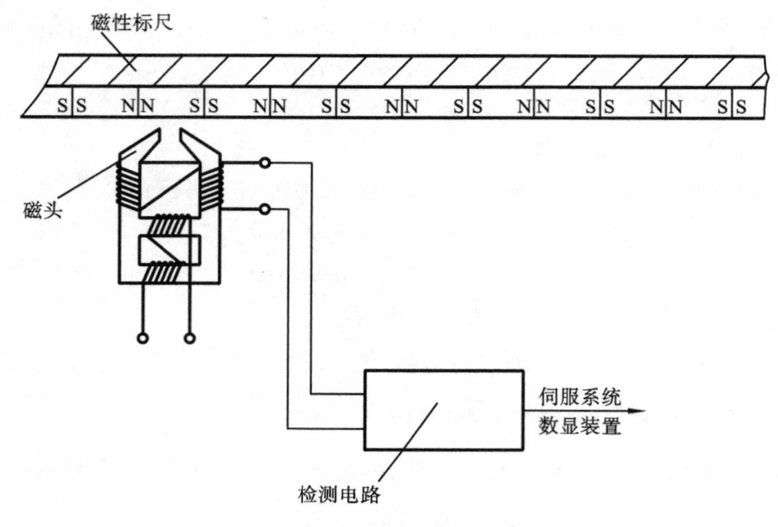

图 5-70 磁栅的结构原理

1. *磁性标尺*

磁性标尺通常采用热胀系数与普通钢相同的不导磁材料作为基体,在基体上镀上一层 10～30 μm 厚的高导磁性材料,形成均匀磁膜。再用录磁磁头在尺上记录相等节距的周期性磁化信号,作为测量基准,信号可为正弦波、方波等。节距通常有 0.05 mm、0.1 mm、0.2 mm,在实际应用中,为防止磁头对磁性膜的磨损,一般在磁尺表面均匀地涂上一层厚 1～2 μm 的耐磨塑料保护层,以防止磁头与磁尺频繁接触而引起磁膜磨损,从而提高磁性标尺的寿命。

2. *拾磁磁头*

拾磁磁头是进行磁电转换的器件,用来把磁尺上的磁化信号检测出来变成电信号送给测量电路。由于用于位置检测用的磁栅要求当磁尺与磁头相对运动速度很低或处于静止时亦能测量位移或位置,所以应采用磁通响应型磁头,磁通响应型磁头又称静态磁头。磁通响应型磁头是一个带有可饱和铁心的磁性调制器,它由铁心、两个串联的励磁绕组和两个串联的拾磁绕组组成,如图 5-71 所示。磁通响应型磁头可分为单磁头、双磁头和多磁头。

拾磁磁头的工作原理是将高频励磁电流通以励磁绕组时,在磁头产生上磁通,当磁头靠近磁尺时,磁尺上的磁信号产生的磁通通过磁头铁心,并被高频励磁电流产生的磁通所调制,从而在拾磁绕组中感应出电压信号输出。其输出电压为

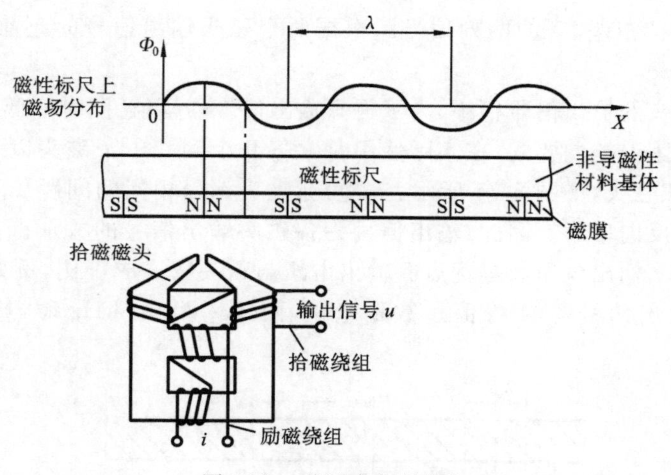

图 5-71　磁通响应型磁头

$$U = U_0 \sin 2\omega t \sin \frac{2\pi X}{\lambda}$$

式中：U_0为感应电压系数；λ 为磁尺上磁化信号节距；X 为磁头在磁尺上的位移量；ω 为励磁电流角频率。

为了辨别磁头在磁尺上的移动方向，通常采用了间距为$(m\pm1/4)\lambda$ 的两组磁头（其中 m 为任意正整数），如图 5-72 所示，其输出电压为

$$u_1 = U_0 \sin 2\omega t \sin \frac{2\pi X}{\lambda}$$

$$u_2 = U_0 \sin 2\omega t \cos \frac{2\pi X}{\lambda}$$

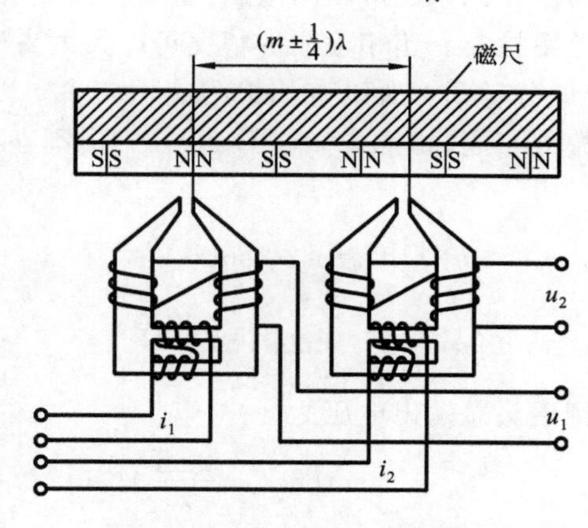

图 5-72　移动方向检测原理图

u_1和u_2为相位相差90°的两列信号。根据两个磁头输出信号的超前或滞后，可判别磁头的移动方向。

使用单个磁头的输出信号很小，为了提高输出信号的幅值，同时降低对录制的磁化信号正弦波形和节距误差的要求，在实际使用时常将几个到几十个磁头以一定的方式连接起来，组成多间隙磁头，如图5-73所示。多间隙磁头都以相同的间距$\lambda_m/2$配置，相邻两磁头的输出绕组反向串联。因此，输出信号为各磁头输出信号的叠加。多间隙磁头具有高精度、高分辨率、输出电压大等优点。输出电压与磁头数n成正比，例如当$n=30$，频率为10 kHz时，输出信号的峰-峰值达数百毫伏，而频率为50 kHz时，峰-峰值高达1 V左右。

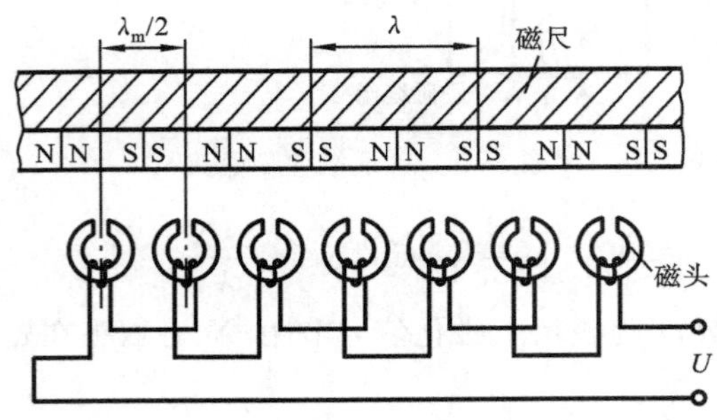

图5-73　多间隙磁头

3. 检测电路

磁栅检测电路包括磁头励磁电路，读取信号的放大、滤波、整形及辨向电路，细分内插电路，显示及控制电路等部分。根据检测方法不同，检测电路分为鉴幅检测和鉴相检测。鉴幅检测比较简单，但分辨率受到录磁节距的限制，若要提高分辨率就必须采用较复杂的倍频电路，所以不常采用鉴幅检测。鉴相检测的精度可以大大高于录磁节距，并可以通过内插脉冲频率以提高系统的分辨率。所以鉴相检测应用较多。以双磁头相位检测为例，给两磁头分别通以频率、幅值相同、相位差$\pi/2$的励磁电流，则在两个磁头的拾磁绕组中分别输出电压u_1和u_2，即

$$u_1 = U_0\cos 2\omega t\sin\frac{2\pi X}{\lambda}$$

$$u_2 = U_0\sin 2\omega t\cos\frac{2\pi X}{\lambda}$$

在求和电路中相加，则磁头总输出电压为

$$u = U_0\sin\left(2\omega t + \frac{2\pi X}{\lambda}\right)$$

从上式可以看出，磁尺输出电压随磁头相对于磁尺的相对位移量X的变化而变化，根据输出电压的相位变化，可以测量磁栅的位移量。鉴相检测电路如图5-74所示。从图

中可以看出，振荡器送出的信号经分频器，低通滤波器得到较好的正弦波信号，一路经π/2移相后功率放大至磁头Ⅱ的励磁绕组，另一路经功率放大至磁头Ⅰ的励磁绕组，将两磁头的输出信号送入求和电路中相加，并经带通滤波、限幅、放大整形得到与位置量有关的信号，送入检相内插电路中进行内插细分，得到分辨率为预先设定单位的计数信号。计数信号送入可逆计数器，进行系统控制和数字显示。

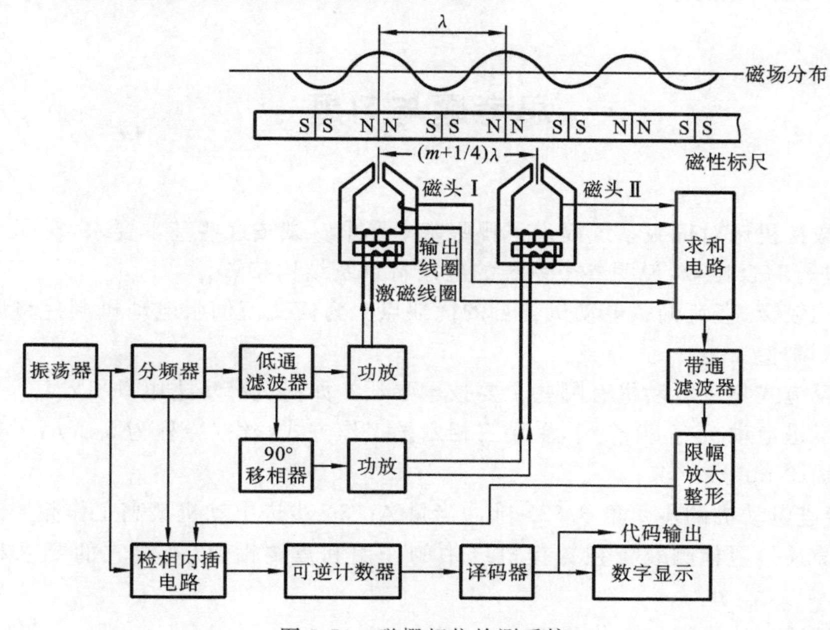

图 5-74　磁栅相位检测系统

磁尺制造工艺比较简单，录磁、去磁都比较方便。采用激光录磁，可得到很高的精度。直接在机床上录制磁尺，不需要安装、调整工作，避免了安装误差，从而得到更高的精度。磁尺还可以制作得较长，用于大型机床。

本章重点、难点和知识拓展

本章重点：了解数控机床伺服系统的基本概念、基本要求、组成、分类和工作原理，了解常用数控机床位置检测装置的分类、工作原理和选用方法。掌握步进电动机的工作原理、选用及其驱动装置的分类和工作原理。掌握直流电动机、交流电动机速度控制单元的工作原理和调速方法。掌握位置控制系统的分类及全硬件位置控制系统（相位比较、幅值比较、数字-脉冲比较）和全数字位置控制系统的工作原理。了解伺服电动机特性及运动精度。重点掌握步进电动机的工作原理和驱动装置;直流电动机、交流电动机速度控制单元的工作原理和调速方法。

本章难点:直流、交流电动机速度控制单元的调速方法。

知识拓展:掌握了上述知识,可以更好地理解数控机床的控制原理,对使用、维护和维修数控机床,选用和设计数控机床的伺服系统都有很大的帮助。

思考题与习题

5-1 数控机床对伺服系统提出了哪些基本要求?试按这些基本要求,对闭环和开环伺服系统进行综合比较,说明各个系统的应用特点及结构特点。

5-2 比较交、直流伺服电动机各自的优缺点?为何交流伺服电动机调速将取代直流伺服电动机调速?

5-3 反应式步进电动机有哪些主要技术参数?如何选择步进电动机?

5-4 步进电动机有 80 个齿,采用三相六拍工作方式,丝杠导程为 5 mm,工作台最大移动速度为 10 mm/s。求:

(1) 步进电动机的步距角 θ;(2) 脉冲当量 Δ;(3) 步进电动机最高工作频率 f_{max}。

5-5 简述位置检测装置在数控机床中的作用和重要性,以及对它的要求和常用类型。

5-6 试述直线光栅的工作原理。

5-7 简述感应同步器的结构及它的两种工作方式的工作原理。

5-8 增量式脉冲编码器与绝对式脉冲编码器是测量什么机械量的?各有什么优缺点?

5-9 简述双闭环进给伺服系统的工作原理。

5-10 简述 PWM 调速系统的工作原理。

5-11 某一 PWM 调速系统,其外加电源 U=30 V,控制脉冲频率是 2 000 Hz,电动机电枢电压 U_a=30 V 时,理想空载转速是 900 r/min,加上额定负载后,转速跌落为 855 r/min,问:若一个周期内的导通时间 τ=0.125 ms,电动机驱动额定负载时电动机转速应为多少?

5-12 比较晶体管直流调速与 PWM 直流调速的特点及适用场合。

5-13 简述脉冲比较伺服系统的结构与工作原理。

5-14 简述相位比较伺服系统的结构与工作原理。

5-15 简述幅值比较伺服系统的结构与工作原理。

第6章 数控机床机械结构

数控机床价格昂贵，其每小时的加工费用要比普通机床的高得多。要想在保证零件加工质量的前提下有更好的经济效益，只有大幅度地压缩零件的单件加工工时。新型刀具材料的出现可使切削速度成倍提高，自动换刀与按指令进行变速也为减少辅助时间创造了条件。这些措施可以明显地增加机床在负载状态下的运行时间，因而对数控机床的刚度和寿命提出了新的要求。为了减小因工件多次安装引起的定位误差，要求工件一次装夹后在一台数控机床上完成粗、精加工，所以机床结构必须具有很高的强度、刚度和抗振性。同时，为了保证机床的加工精度，提高机床的寿命和精度保持性，必须采取措施减少机床的热变形量，减少运动副的摩擦，提高传动精度。那么，究竟应该采取什么措施来保证上述要求呢？本章将会详细介绍上述问题。

6.1 数控机床的结构特点及要求

数控机床的机械系统是指数控机床的主机部分，包括主运动系统、进给运动系统、自动换刀系统、支承系统等，主要由传动件、轴承、移动部件、导轨支承部件等组成。数控机床与普通机床相比，在结构上有以下一些特点：

(1) 采用高性能的无级变速主轴及伺服传动系统，机械传动结构大为简化，传动链大大缩短；

(2) 采用刚度高和抗振性较好的机床结构，如动(静)压轴承的主轴部件、钢板焊接结构的支承件等；

(3) 采用在效率、刚度、精度等各方面较优良的传动元件，如滚珠丝杠螺母副、静压蜗杆副以及塑料滑动导轨、滚动导轨、静压导轨等；

(4) 采用多主轴、多刀架结构以及刀具与工件的自动夹紧装置、自动换刀装置和自动排屑装置、自动润滑冷却装置等，以改善劳动条件，提高生产率；

(5) 采取减小机床热变形的措施，以保证机床的精度稳定，获得可靠的加工质量。

对数控机床机械结构的具体要求如表6-1所示。

表 6-1　数控机床结构的基本要求

对结构的要求	目　　的	采取的措施
提高机床的静刚度	使数控机床各处机构产生的弹性变形控制在最小限度内，以保证实现所要求的加工精度与表面质量	提高主轴部件的刚度、支承部件的整体刚度、各部件之间的接触刚度以及刀具部件的刚度等。如采用三支承主轴结构，合理配置滚动轴承；采用封闭截面的床身，并采取措施提高机床各部件接触刚度；合理设计转台大小，增大刀架底座尺寸等
提高机床的动刚度	充分发挥数控机床的高效加工性能	提高系统的刚度，增加阻尼以及调整构件的自振频率等。如采用钢板焊接结构，对铸件采用封砂结构以提高抗振性等
减少机床的热变形	机床热变形是影响加工精度的重要因素。对于数控机床来说，因为全部加工过程都是由计算机指令控制的，热变形对加工精度的影响更为严重	(1) 采用低摩擦系数的导轨和轴承；(2) 控制温升，通过良好的散热、隔热和冷却措施来控制温升；(3) 设计合理的机床结构和布局，如设计热传导对称的结构，以减少热变形；采用热变形对称结构，以减少热变形对加工精度的影响等
减少运动件的摩擦和消除传动间隙	提高运动精度和定位精度，提高进给运动低速运动的平稳性	采用滚动导轨或静压导轨，可减少摩擦副间的摩擦力，避免低速爬行。采用滑动-滚动混合导轨，一方面能减少摩擦阻力，另一方面还能改善系统的阻尼特性，提高执行部件的抗振性。采用塑料滑动导轨，既可减少摩擦阻力，又可改善摩擦和阻尼特性，提高运动副的抗振性和平稳性。采用滚珠丝杠代替滑动丝杠，可显著减少运动副的摩擦。另外，采用无间隙滚珠丝杠传动和无间隙齿轮传动，可大大提高数控机床的传动精度
提高机床寿命和精度保持性	数控机床必须有足够的使用寿命和精度保持性	在设计时充分考虑数控机床零部件的耐磨性，尤其是导轨、进给丝杠、主轴部件等主要零件的耐磨性；在使用过程中，应保证数控机床各部件润滑良好
自动化结构，宜人的操作性和造型	最大限度地压缩辅助时间，提高生产效率，使其内部结构合理、紧凑，便于操作和维修，外观造型美观宜人	采用多主轴、多刀架及带刀库的自动换刀装置等，以减少工件装夹和换刀时间，提高生产率。充分注意机床各运动部分的互锁能力，防止事故的发生。设计最有利的工件装夹位置，便于装卸工件。床身结构必须有利于排屑或设有自动工件分离装置和排屑装置

6.2 数控机床进给伺服系统的机械传动结构

机械传动结构是数控机床进给伺服系统的重要组成部分，它包括减速齿轮、联轴器、滚珠丝杠螺母副、丝杠支承、导轨副、传动数控回转工作台的蜗轮蜗杆等机械环节。它们的刚度、制造精度、摩擦阻尼特性等，对执行件能否实现每一脉冲的微量移动有重要影响。另外，进给传动系统的驱动力矩很大，负载变化频繁，故对刚度也有特殊的要求。

6.2.1 进给传动系统的典型结构

典型的数控机床闭环控制进给系统由位置比较元件、放大元件、驱动单元、机械传动装置和检测反馈元件等组成。机械传动链可分为直线进给传动链(将驱动源的旋转运动转变为执行件的直线运动)和回转进给传动链(将驱动源的旋转运动转变为执行件的回转运动)两类。

直线进给传动链一般以交、直流伺服电动机或步进电动机作为驱动源，经定比机械传动降速带动丝杠螺母副，把旋转运动转变为执行件的直线运动。数控镗铣床和加工中心的工作台、立柱、主轴箱以及数控车床的溜板等的平移都采用的是这种传动方式。回转进给传动链的末端传动副一般采用大降速比的蜗杆传动副或斜齿轮传动副，如数控滚齿机的数控分度工作台、加工中心和数控镗铣类机床的数控回转工作台等。

1. 经济型数控车床进给传动系统

经济型数控车床往往采用开环控制的伺服系统，由微机控制步进电动机，通过滚珠丝杠螺母副带动刀架移动，实现纵向和横向进给。采用滚珠丝杠螺母副可有效提高进给系统的灵敏度、定位精度，并防止爬行。消除丝杠螺母的配合间隙和丝杠两端的轴承间隙也有利于提高传动精度。步进电动机与丝杠之间一般常通过减速器连接在一起。图 6-1 所示为某经济型数控车床的纵向进给传动结构。图 6-2 所示为一种经济型数控车床的横向进给传动结构。减速箱体以丝杠左端轴承座的凸台为基准，保证定位可靠且容易找正。减速齿轮都采用消隙结构。

2. MJ-50 型数控车床进给传动装置

(1) X 轴进给传动装置。图 6-3 所示为 MJ-50 型数控车床 X 轴进给传动装置的结构简图。交流伺服电动机 15 经同步带轮 14 和同步带 12 带动滚珠丝杠 6 回转，其上螺母 7 带动刀架 21 沿滑板的导轨移动，实现 X 轴的进给运动。滚珠丝杠的前支承 3 由三个角接触球轴承组成，其中一个轴承大口向前，两个轴承大口向后，分别承受双向的轴向载荷。前支承由螺母 2 进行预紧。滚珠丝杠的后支承 9 为一对角接触球轴承，轴承大口相背放置，由螺母 11 进行预紧。这种丝杠两端固定的支承形式，其结构较复杂，但是可以保证和提高丝杠的轴向刚度。脉冲编码器 16 安装在伺服电动机的尾部。A—A 剖面图表示滚珠丝杠前支承的轴承

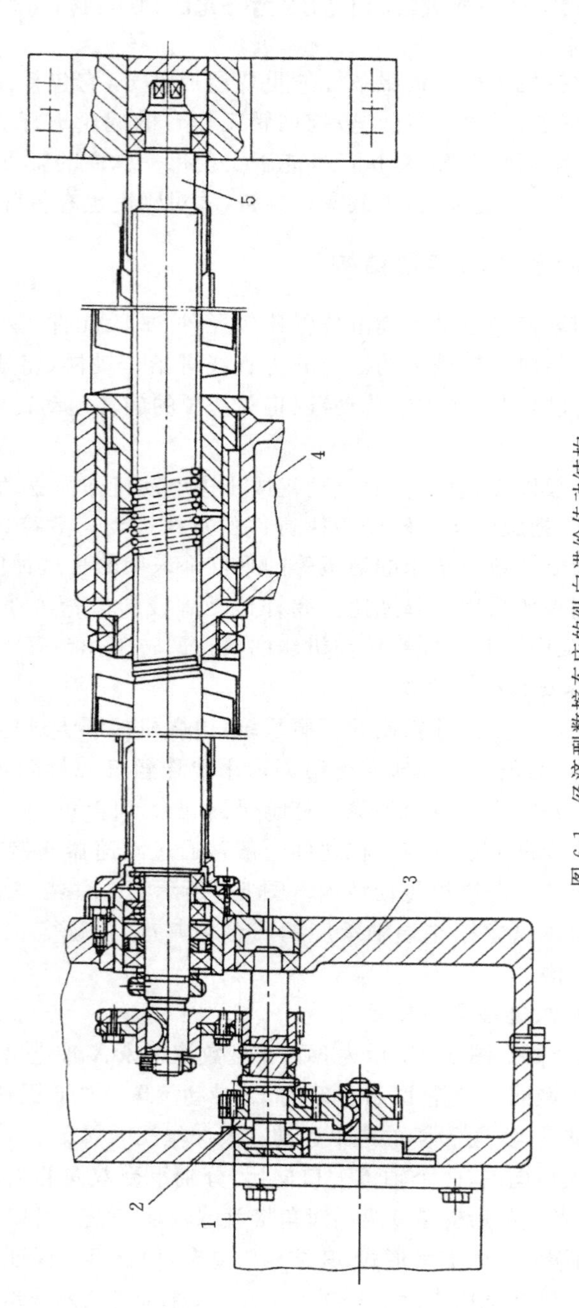

图 6-1　经济型数控车床的纵向进给传动结构

1—步进电动机;2—齿隙消除齿轮副;3—变速箱(纵向);4—滑板;5—滚珠丝杠

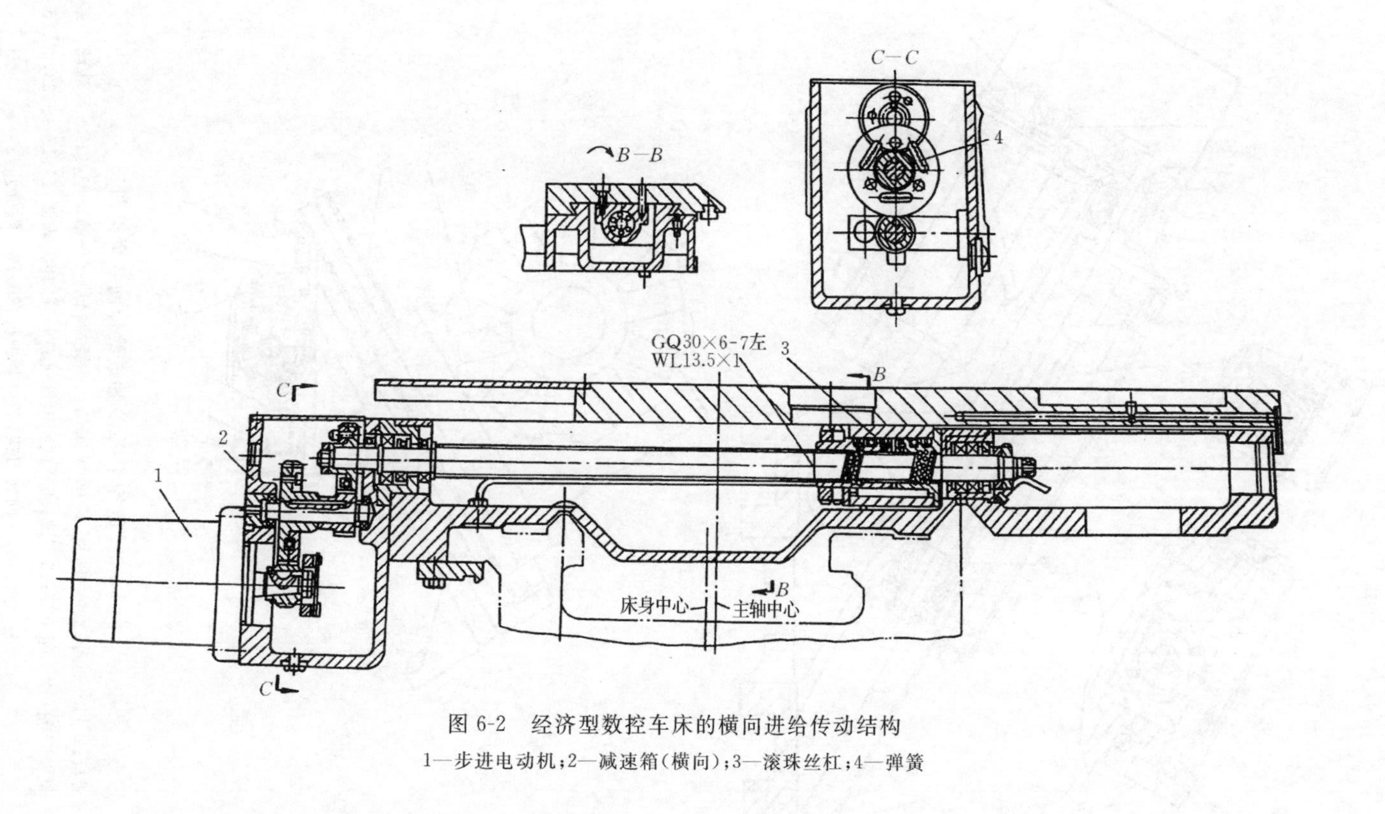

图 6-2 经济型数控车床的横向进给传动结构

1—步进电动机；2—减速箱(横向)；3—滚珠丝杠；4—弹簧

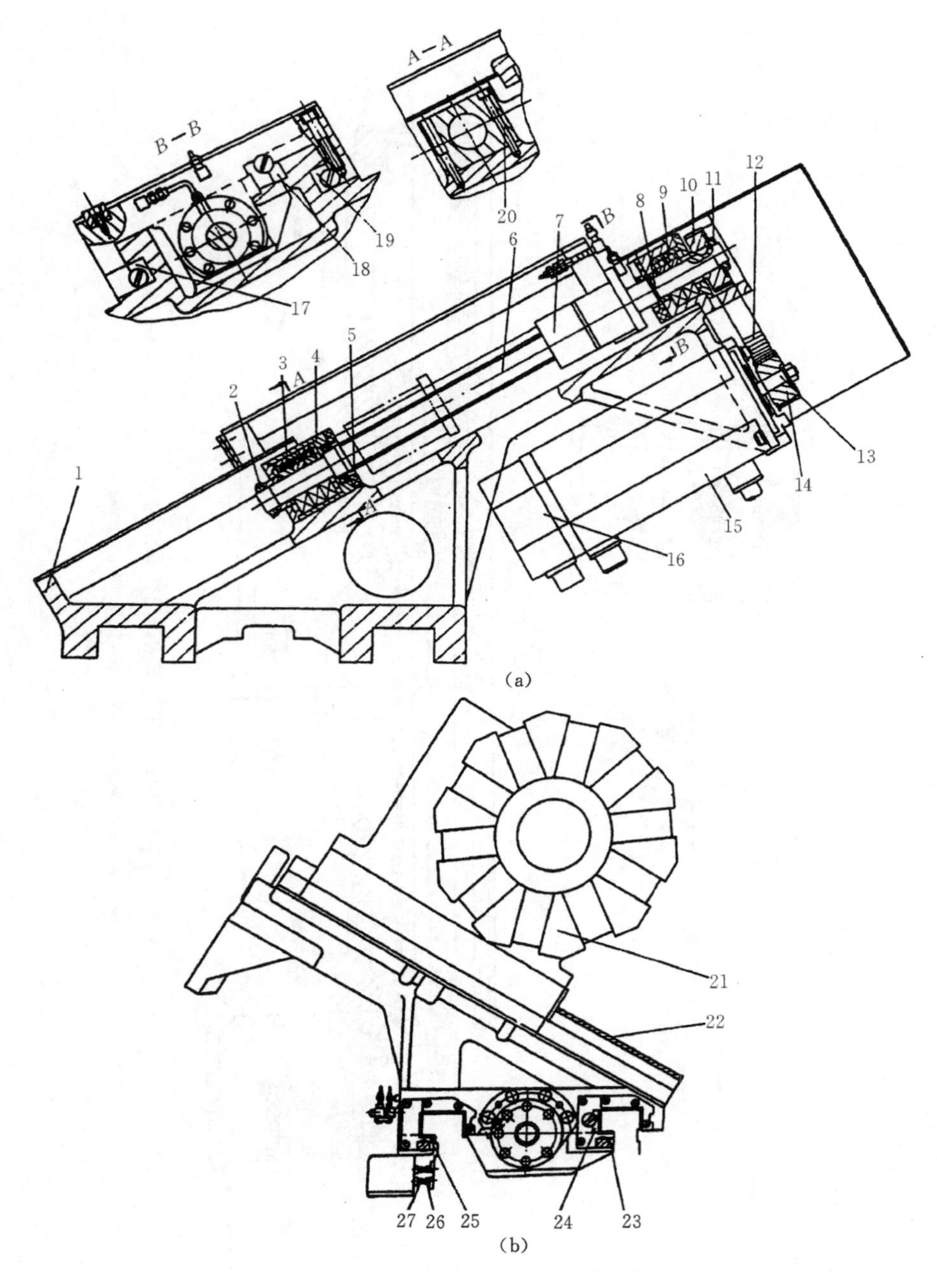

图 6-3　数控车床 X 轴进给传动装置简图

1—滑板；2、11—螺母；3、9—轴承；4—轴承座；5、8—缓冲挡块；6—滚珠丝杠；7—滚珠丝杠螺母；10、14—同步带轮；12—同步带；13—键；15—伺服电动机；16—脉冲编码器；17、18、19、23、24、25—镶条；20—螺钉；21—回转刀架；22—防护板；26、27—限位开关座4用螺钉20固定在滑板上,滑板导轨为矩形导轨,如 B—B 剖视图所示。镶条17、18、19用来调整刀架与滑板导轨的间隙,镶条23、24、25用于调整滑板与床身导轨的间隙。为防止因导轨倾斜回转刀架发生下滑,机床采用交流伺服电动机的电磁制动来实现自锁。

(2) Z 轴进给传动装置。图6-4所示为MJ-50型数控机床 Z 轴进给传动装置简图。

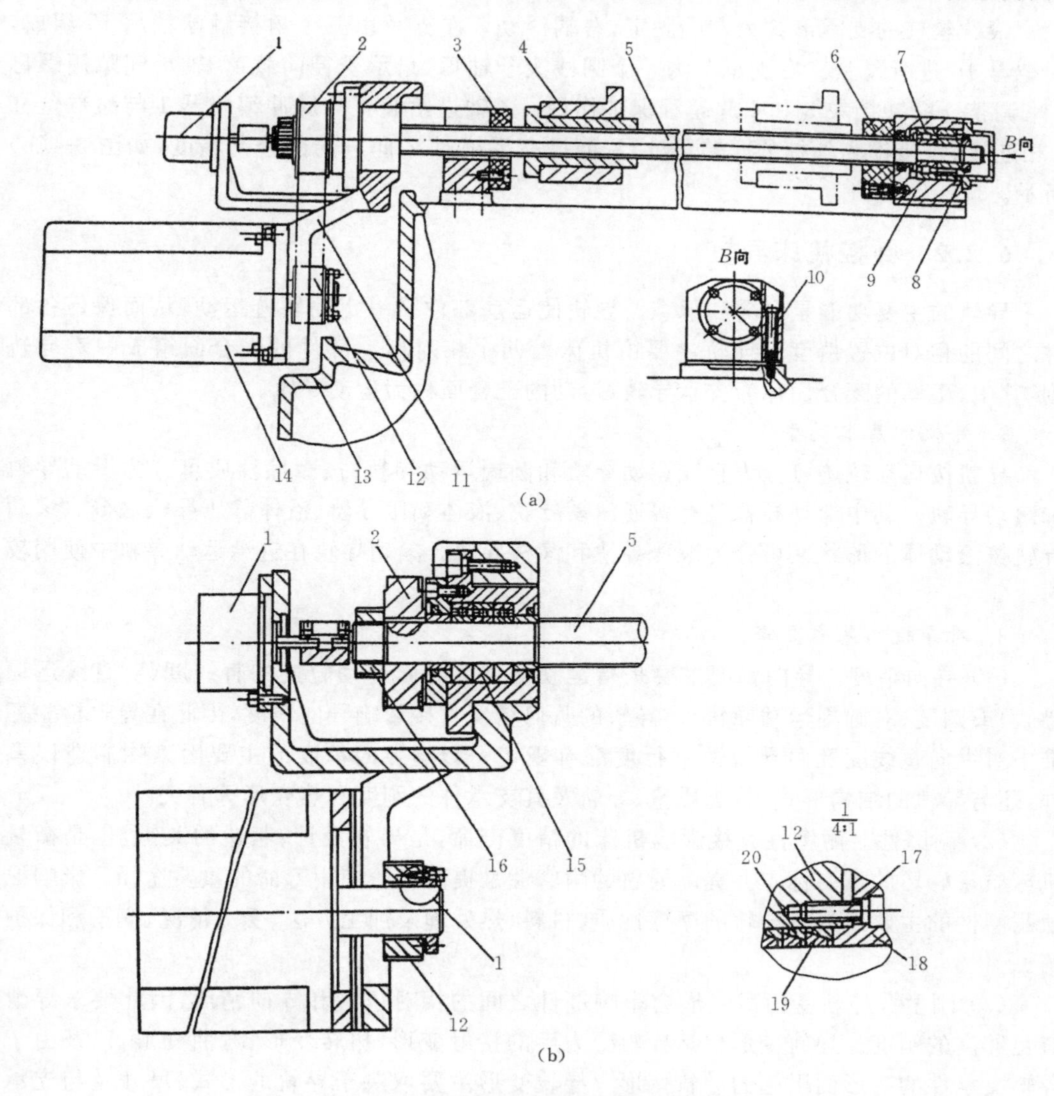

图6-4　数控车床 Z 轴进给传动装置简图

1—脉冲编码器;2、12—同步带轮;3、6—缓冲挡块;4—滚珠丝杠螺母;5—滚珠丝杠;7、15—轴承;8、16—螺母;9—轴承座;10、17—螺钉;11—同步带;13—床身;14—伺服电动机;18—法兰;19、20—锥环

交流伺服电动机 14 经同步带轮 12、2 以及同步带 11 传动到滚珠丝杠 5，由螺母 4 带动滑板连同刀架沿床身 13 的矩形导轨移动，实现 Z 轴的进给运动。电动机轴与同步带轮之间用锥环无键连接，其优点是无须在被连接件上开键槽，而且两锥环的内外圆锥面压紧后，使连接配合面无间隙，对中性较好。选用锥环对数的多少，取决于所传递扭矩的大小。

滚珠丝杠的支承形式为左端固定、右端浮动。左支承由三个角接触球轴承 15 组成，由螺母 16 进行预紧。右支承 7 为一个圆柱滚子轴承，只承受径向载荷，轴承间隙用螺母 8 来调整。缓冲挡块 3 和 6 起超程保护作用。Z 轴进给装置的脉冲编码器 1 与滚珠丝杠 5 相连接，直接检测丝杠的回转角度，从而提高系统对 Z 向进给的控制精度，如图 6-4(b)所示。

6.2.2 数控机床导轨

导轨的主要功能是导向和承载。导轨使运动部件沿一定的轨迹运动，从而保证各部件之间的相对位置精度。导轨主要由机床上两个相对运动部件的配合面组成一对导轨副，其中，不动的配合面称为支承导轨，运动的配合面称为运动导轨。

1. 导轨的基本类型

导轨按运动轨迹可分为直线运动导轨和圆周运动导轨；按摩擦性质可分为滑动导轨和滚动导轨。其中滑动导轨又有普通滑动导轨、液体动压导轨、液体静压导轨之分。滚动导轨按滚动体的形状又可分为滚珠导轨和滚柱导轨。滚动导轨在进给运动导轨中使用较多。

2. 对导轨的基本要求

(1) 导向精度。导向精度主要是指运动部件沿导轨运动轨迹的直线度(对直线运动导轨)或圆度(对圆周运动导轨)。导轨的几何精度直接影响导向精度，因此在导轨检验标准中对纵向直线度及两导轨面平行度都有规定。影响导向精度的主要因素除制造误差外，还与导轨的结构形式、装配质量、导轨及其支承件的刚度和热变形等有关。

(2) 耐磨性。耐磨性直接影响机床的精度寿命，是导轨设计、制造的关键，也是衡量机床质量好坏的重要标志。提高导轨的耐磨性是提高导轨使用寿命的重要途径。影响导轨耐磨性的主要因素有导轨的摩擦性质、材料、热处理及加工方法、受力情况、润滑和保护等。

(3) 刚度。导轨受力后变形会影响部件之间的相对位置和导向精度，因此要求导轨有足够高的刚度。导轨变形包括导轨受力后的接触变形、扭转变形、弯曲变形，以及由于导轨支承件的变形而引起的导轨变形。导轨变形主要取决于导轨的形式、尺寸及与支承件的连接方式与受力情况等。

(4) 低速运动平稳性。运动部件低速移动时易产生爬行现象。进给运动时出现爬行，会使工艺系统产生振动，增大被加工表面的粗糙度；定位运动时出现爬行，会降低定位精度，故要求导轨低速运动平稳。影响导轨低速运动平稳性的因素有：静、动摩擦系数的差值，传动系统的刚度，运动部件的质量及导轨的结构和润滑情况等。

3. 滑动导轨

滑动导轨是基本导轨，由于其结构简单，工艺性好，便于保证精度、刚度，故被广泛应用于对低速均匀性及定位精度要求不高的机床中。

1）滑动导轨的结构

（1）直线滑动导轨的截面形状。直线滑动导轨面一般由若干个平面组成。从制造、装配和检验来说，平面的数量应尽可能少。直线滑动导轨的基本截面形状如图 6-5 所示。

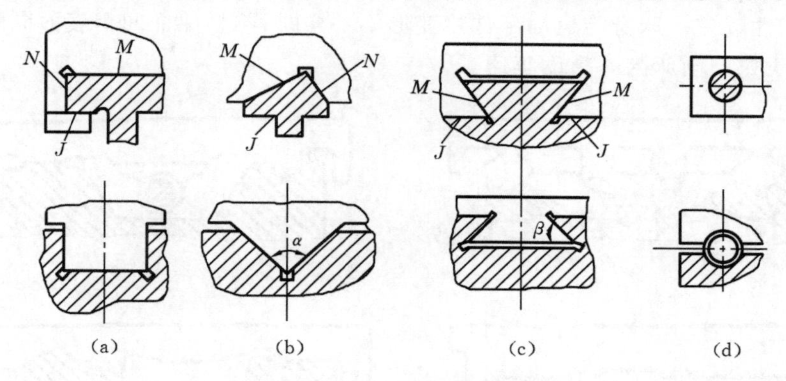

图 6-5　直线滑动导轨的截面形状

(a) 矩形；(b) 三角形；(c) 燕尾形；(d) 圆柱形

① 矩形导轨。图 6-5(a)所示的矩形导轨制造简便，刚度和承载能力大，水平方向和竖直方向上的位移互不影响，因此安装、调整都较方便。M 面既是保证垂直面内直线移动精度的导向面，又是承受载荷的主要支承面；N 面是保证水平面内直线移动精度的导向面。因 N 面磨损后不能自动补偿间隙，所以需要有间隙调整装置。

② 三角形导轨。图 6-5(b)所示的山形导轨及 V 形导轨均称为三角形导轨，当其水平布置时，在竖直载荷作用下，导轨磨损后能自动补偿，不会产生间隙，因此导向性好。但压板面仍需要有间隙调整装置。导向性能与顶角有关，顶角 α 越小，导向性越好；α 角加大，承载能力增加。支承导轨为凸三角形时，不易积存较大切屑，也不易积存润滑油。

③ 燕尾形导轨。图 6-5(c)所示的燕尾形导轨可视为三角形导轨的变形，磨损后不能自动补偿间隙，需用镶条调整。两燕尾面起压板面作用，用一根镶条就可调整水平、竖直方向的间隙。这种导轨制造、检验和修理均较复杂，摩擦阻力大。当承受竖直作用力时，它以支承平面为主要工作面，其刚度与矩形导轨的相近；当承受颠覆力矩时，其斜面为主要工作面，其刚度较低。燕尾形导轨一般用于高度小的多层移动部件。两个导轨面间的夹角 $\beta=55°$。

④ 圆柱形导轨。图 6-5(d)所示的圆柱形导轨制造简单,内孔可珩磨,外圆经过磨削可达到精密配合,但磨损后调整间隙困难。为防止转动,可在圆柱表面上开键槽或加工出平面,但不能承受大的转矩。圆柱形导轨主要用于承受轴向载荷的场合,适用于同时作直线运动和转动的场合,如拉床、珩磨机及机械手等。

(2) 直线运动导轨的组合形式。机床一般都采用两条导轨来承受载荷和进行导向。重型机床根据其受载情况,可用 3～4 条导轨。常用的导轨有下述的组合形式。

① 双三角形组合(见图 6-6(a))。这种导轨同时起支承、导向作用,磨损后相对位置不变,能自行补偿竖直方向及水平方向的磨损,导向精度高,但要求四个表面刮削或磨削后接触,工艺性较差。床身与运动部件热变形不一样时,不易保证四个表面同时接触。这种导轨常用于龙门刨床与高精度车床。

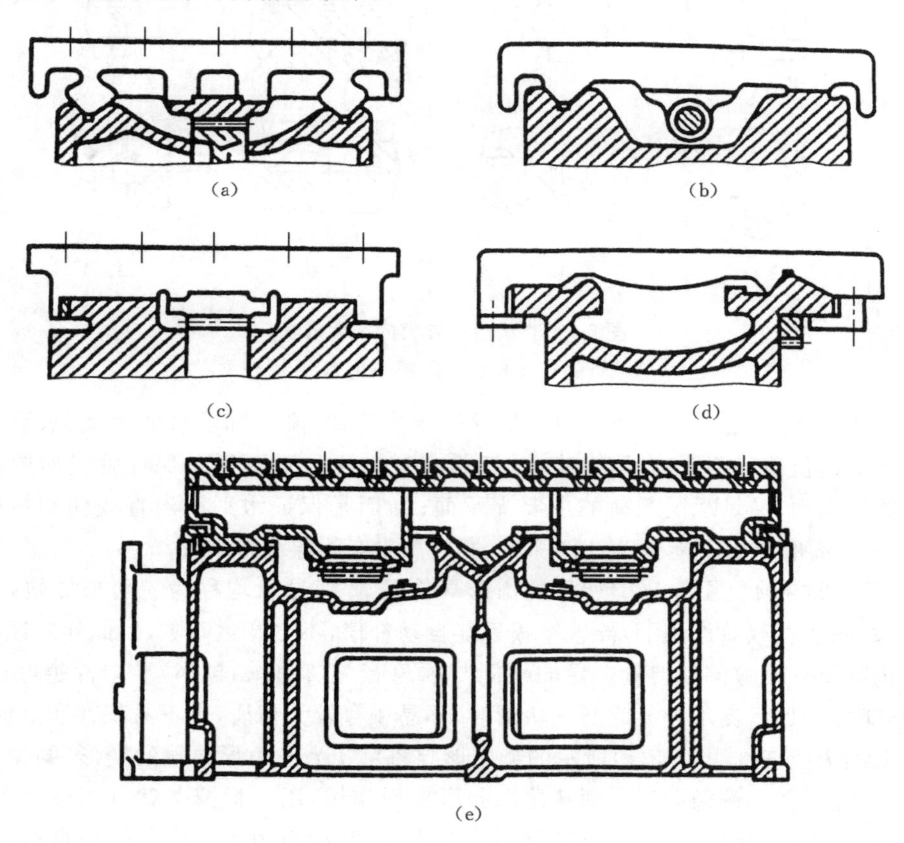

图 6-6　导轨的组合

(a) 双三角形组合;(b) V 形-平导轨组合;(c) 双矩形组合;(d) 三角形-矩形组合;(e) 平-平-三角形组合

② V形-平导轨组合(见图 6-6(b))。这种导轨不需要用镶条调整间隙,导向精度高,加工装配也较方便,温度变化不会改变导轨面的接触情况,但热变形会使移动部件水平偏移,常用于磨床、精密镗床上。

③ 双矩形组合(见图 6-6(c))。这种导轨主要承受与主支承面相垂直的作用力。此外,侧导向面要用镶条调整间隙,接触刚度低,承载能力大,导向性差。双矩形组合导轨制造、调整简单,常用于普通精度机床,如升降台铣床、龙门铣床等。

④ 三角形-矩形组合(见图 6-6(d))。这种导轨兼有导向性好、制造方便等优点,应用最为广泛,常用于车床、磨床、精密镗床、滚齿机等机床上。三角形导轨作主要导向面,其导向性比双矩形组合导轨的好。三角形导轨磨损后不能调整,对位置精度有影响。

⑤ 平-平-三角形组合(见图 6-6(e))。当龙门铣床工作台宽度大于 3 000 mm、龙门刨床工作台宽度大于 5 000 mm 时,为了不使工作台中间挠度过大,可用三根导轨的组合导轨。图 6-6(e)所示的是用于重型龙门刨床工作台导轨的一种形式,三角形导轨主要起导向作用,平导轨主要起承载作用,不需用镶条调整间隙。

(3) 圆周运动导轨。这种导轨主要用于圆形工作台、转盘和转塔等旋转运动部件,常用的圆周运动导轨有平面圆环导轨、锥形圆环导轨、V形圆环导轨。

① 平面圆环导轨(见图 6-7(a))。这种导轨容易制造,热变形后仍能接触,适用于大直径的工作台或转盘,便于镶装耐磨材料及采用动压、静压导轨,减少摩擦。但它只能承受轴向力,不能单独承受径向力,需与带径向滚动轴承的主轴相配合来承受径向力。此种导轨摩擦损失小,精度高,目前使用较多,如用于滚齿机、立式车床等。

② 锥形圆环导轨(见图 6-7(b))。这种导轨能承受轴向力与较大的径向力,但不能承受较大颠覆力矩,热变形也不影响导轨接触,其导向性比平面圆环导轨的好,但要保持锥面和主轴的同轴度较困难,母线倾斜角一般为 30°,常用于径向力较大的机床。

③ V形圆环导轨(见图 6-7(c))。这种导轨能承受较大的轴向力、径向力和颠覆力矩,能保持很好的润滑,但制造较复杂,需保证两个V形锥面和主轴同心。V形一般用非对称形状。当床身的热变形量和工作台的热变形量不同时,两导轨面将不同时接触。

2) 塑料滑动导轨

数控机床采用的塑料滑动导轨有铸铁-塑料滑动导轨和钢-塑料滑动导轨。塑料滑动导轨常用在导轨副的运动导轨上,与之相配的金属导轨采用铸铁或钢质材料。塑料滑动导轨分为注塑导轨和贴塑导轨,导轨上的塑料常用环氧树脂耐磨涂料和聚四氟乙烯导轨软带。

① 注塑导轨(见图 6-8)。导轨注塑的材料或耐磨涂料的材料是以环氧树脂和二硫化钼为基体,加入增塑剂,混合成膏状为一组分,固化剂为另一组分的双组分塑料。这种塑

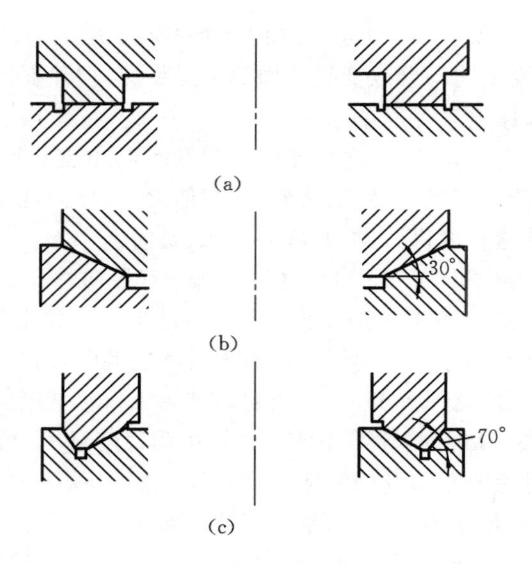

图 6-7 圆周运动导轨截面

(a) 平面圆环导轨;(b) 锥形圆环导轨;(c) V 形圆环导轨

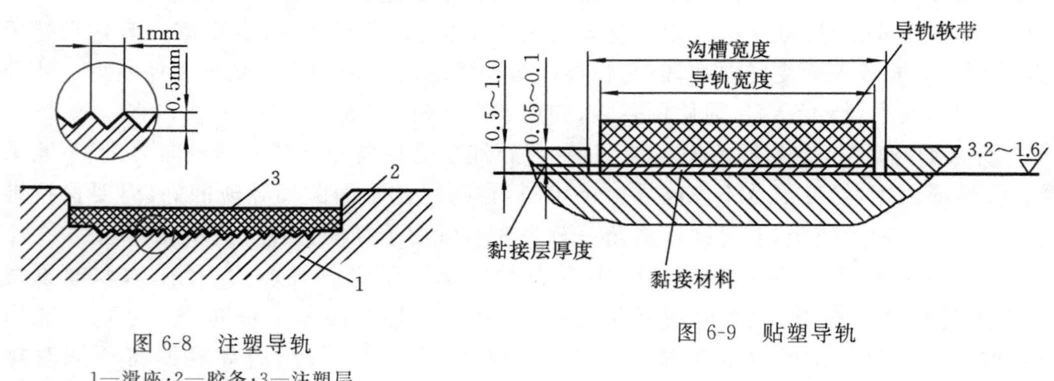

图 6-8 注塑导轨

1—滑座;2—胶条;3—注塑层

图 6-9 贴塑导轨

料附着力强,具有良好的可加工性,可经车削、铣削、刨削、钻削、磨削和刮削加工,也有良好的摩擦特性和耐磨性,而且其抗压强度比聚四氟乙烯导轨软带的要高,固化时体积不收缩,尺寸稳定。这种导轨的另一特性是可在调整好固定导轨和运动导轨间的相关位置精度后注入涂料,因此可节省许多加工工时,特别适用于重型机床和不能用导轨软带的复杂配合型面。

② 贴塑导轨(见图 6-9)。这种导轨是在导轨滑动面上贴一层耐磨的塑料导轨软带,对与之相配的导轨滑动面进行淬火和磨削加工。塑料导轨软带以聚四氟乙烯为基材,添加合金粉和氧化物制成。塑料导轨软带可切成任意大小和形状,用胶黏剂黏接在导轨基

面上。由于这类导轨软带用黏接方法加工，故称为贴塑导轨。

软带的粘贴工艺过程是：先将导轨粘贴面加工至表面粗糙度 Ra 为 3.2～1.6 μm(为了对软带起定位作用，导轨粘贴面应加工成 0.5～1.0 mm 深的凹槽)，再以丙酮清洗粘贴面，用胶黏剂把软带粘贴在凹槽上，加压初固化 1～2 h 后，合拢到配对的固定导轨(或专用夹具)上，施加一定的压力，并在室温下固化 24 h，然后取下配对的导轨，清除余胶，在软带上面开出油槽，进行精加工。

4. 滚动导轨

在两导轨面之间放置滚珠、滚柱或滚针等滚动体，使导轨面之间的摩擦具有滚动摩擦性质，这种导轨称为滚动导轨。与普通滑动导轨相比，滚动导轨具有以下优点。

① 运动灵敏度高。滚动导轨的摩擦系数为 0.002 5～0.005，远小于滑动导轨的摩擦系数(静摩擦系数为 0.4～0.2，动摩擦系数为 0.2～0.1)。不论作高速运动还是作低速运动，滚动导轨的摩擦系数基本上不变，即静、动摩擦力相差甚微，故滚动导轨在低速移动时，一般没有爬行现象。

② 定位精度高。一般滚动导轨的重复定位误差为 0.1～0.2 μm。普通滑动导轨一般为 10～20 μm，在采用防爬措施后(如液压卸荷)可达 2～5 μm。

③ 牵引力小，移动轻便。

④ 磨损小，精度保持性好。

⑤ 润滑系统简单，维修方便。

滚动导轨的缺点是抗振性较差，对防护要求较高。由于导轨间无油膜存在，滚动体与导轨是点接触或线接触，接触应力较大，故一般滚动体和导轨需用淬火钢制成。另外，滚动体直径的不一致或导轨面不平，都会使运动部件倾斜或高度发生变化，影响导向精度，因此对滚动体的精度和导轨平面度要求高。与普通滑动导轨相比，滚动导轨的结构复杂，制造困难，成本较高。目前，滚动导轨用于实现微量进给(如外圆磨床砂轮架的移动)和精密定位(如坐标镗床工作台的移动)，常用于对运动灵敏度要求高的数控机床。

1) 滚动导轨的类型

滚动导轨根据滚动体形式的不同，可分为滚珠导轨、滚柱(或滚针)导轨等。

(1) 滚珠导轨(见图 6-10)。这种导轨的结构特点为滚珠与导轨之间点接触，摩擦阻力小，承载能力较差，刚度低，其结构紧凑、制造容易、成本较低。通过合理设计滚道圆弧可大幅度降低接触应力，提高承载能力。滚珠导轨一般适用于运动部件质量小于200 kg，切削力矩和颠覆力矩都较小的机床。

(2) 滚柱导轨(见图 6-11)。这种导轨的结构特点为滚动体与导轨之间是线接触，承载能力较同规格滚珠导轨高一个数量级，刚度高。滚柱导轨对导轨面的平面度敏感，制造精度要求比滚珠导轨高，适用于载荷较大的机床。

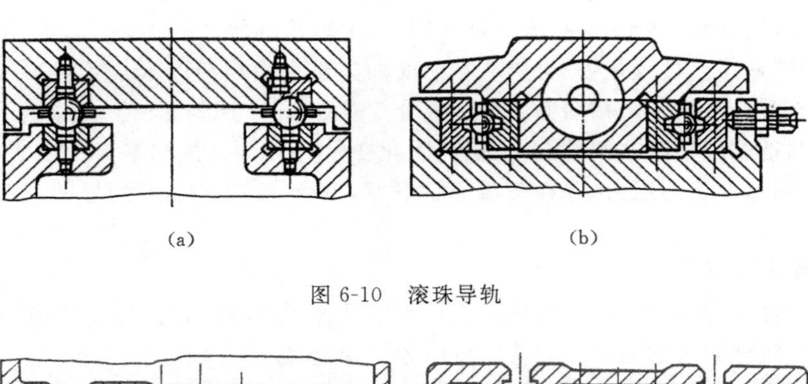

图 6-10　滚珠导轨

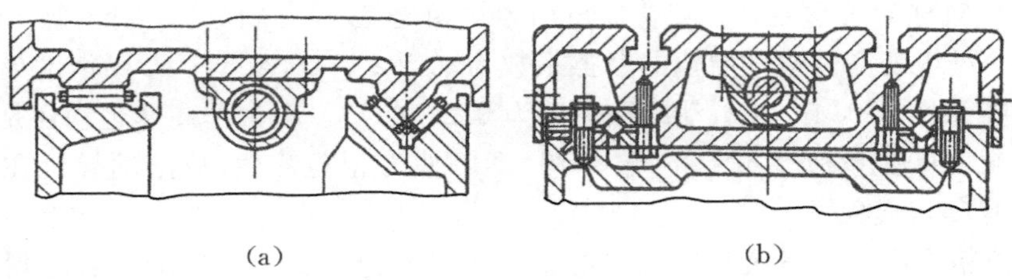

图 6-11　滚柱导轨

2) 滚动导轨的结构形式

(1) 直线滚动导轨副。直线滚动导轨副由长导轨和带有滚珠的滑轨组成,在所有方向都承受载荷,通过钢球的过盈配合能实现不同的预载荷,使机床设计、制造方便。

直线滚动导轨副的工作原理如图 6-12 所示。导轨条 1 是支承导轨,滑块 7 装在移动件上,滑块 7 中装有 4 组滚珠,在导轨条和滑块的直线滚道内滚动。当滚珠 4 滚到滑块的端点时,经端面挡板 6 和回珠孔返回另一端,再次进入循环。4 组滚珠和各自的滚道相当于 4 个直线运动角接触球轴承。由于滚道的曲率半径略大于滚珠半径,在载荷作用下接触区为椭圆。可以从油嘴 8 注入润滑脂来进行润滑。密封垫 5 用来防止灰尘进入轨道。

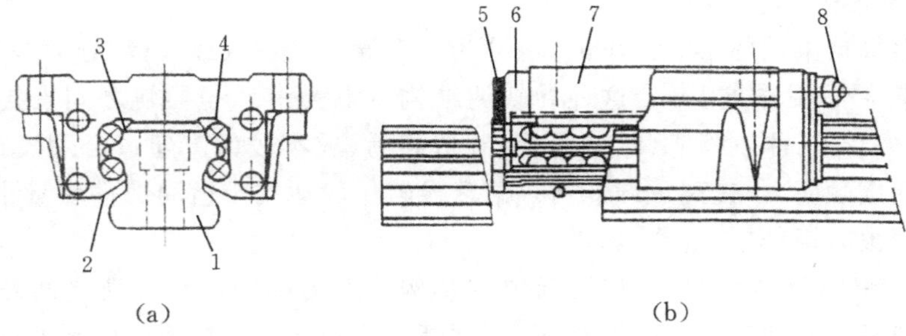

图 6-12　直线滚动导轨副的结构

1—导轨条;2—侧面密封垫;3—保持器;4—滚珠;5—端部密封垫;6—端面挡板;7—滑块;8—润滑油嘴

(2) 滚动导轨块。滚动导轨块采用循环式圆柱滚子，与机床床身导轨配合使用，不受行程长度的限制，刚度高。图 6-13 所示的是滚动导轨块结构。导轨块用螺钉固定在动导轨体上，滚柱 3 在导轨块 6 与保持器 5 之间滚动，并经挡板 2 及上面的返回槽作循环运动。

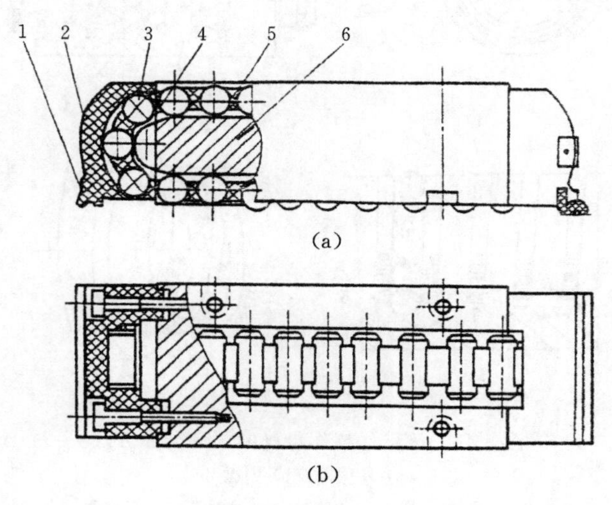

图 6-13 滚动导轨块

1—防护板；2—端面挡板；3—滚柱；4—导向片；5—保持器；6—导轨块

6.2.3 滚珠丝杠螺母副

滚珠丝杠螺母副的传动效率高达 85%～98%，是普通滑动丝杠的 2～4 倍，它的静、动摩擦系数实际上没有什么差别，采用它是提高进给系统灵敏度、定位精度和防止爬行的有效措施之一，因而被数控机床广泛采用。

1. 滚珠循环方式

滚珠丝杠螺母副的滚珠循环方式常用的有外循环和内循环两种。

(1) 外循环。滚珠在循环回路中与丝杠脱离接触的称为外循环。图 6-14(a)所示的为常用的一种外循环方式，这种结构是在螺母体上轴向相隔 2.5 圈或 3.5 圈螺纹处钻两个与螺旋槽相切的孔作为滚珠的进口与出口，再用弧形铜管插入进口和出口内，形成滚珠返回通道，管道的两端还能起到挡珠的作用，以免滚珠滑出。外循环方式制造工艺简单，应用广泛，但螺母径向尺寸较大；因用弯管端部作挡珠器，故刚度差、易磨损、噪声较大。

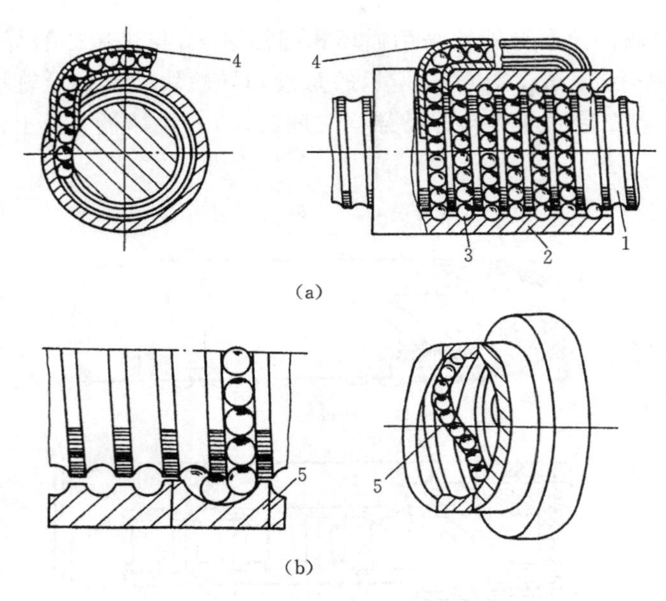

图 6-14　滚珠丝杠螺母副的滚珠循环方式

(a) 外循环；(b) 内循环

1—丝杠；2—螺母；3—滚珠；4—回珠管；5—反向器

(2) 内循环。滚珠在循环回路中与丝杠始终保持接触的称为内循环。图 6-14(b)所示的为滚珠内循环方式，在螺母上装有回珠器(又称反向器)，迫使滚珠在完成接近一圈的滚动后，越过丝杠外径返回前一个相邻的滚道，形成滚珠的单圈循环。为保证足够的承载能力，一个螺母中要保证有 3～4 圈滚珠工作。内循环螺母结构紧凑，定位可靠，刚度好，不易磨损，返回滚道短，不易发生滚珠堵塞问题，摩擦损失小。其缺点是结构复杂、制造较困难。

2. 滚珠丝杠螺母副的预紧

滚珠丝杠螺母副的预紧是使两个螺母产生轴向位移(相离或靠近)，以消除它们之间的间隙和施加预紧力，常用的方法有以下三种。

(1) 图 6-15(a)所示为螺纹调隙式预紧结构，即利用双螺母来调整间隙以实现预紧的结构。滚珠丝杠左、右两螺母副以平键与外套相连，用两个锁紧螺母来调整丝杠螺母的预紧量。这种方式简便易行，但不易精确控制预紧量。

(2) 图 6-15(b)所示为垫片调隙式预紧结构，即通过改变垫片的厚度使滚珠丝杠的左、右螺母不相对旋转，只作轴向位移来实现预紧。这种方式结构简单、刚性好，调整间隙时需卸下调整垫片修磨。为了装卸方便，最好将调整垫片做成半环结构。

(3) 图 6-15(c)所示为齿差调隙式预紧结构。左、右螺母的端部做成外齿轮，齿数分别为 z_1、z_2，而且 z_1 和 z_2 相差一个齿。两齿轮分别与两端相应的内齿圈相啮合。内齿圈紧固在螺母座上，预紧时脱开两个内齿圈，使两个螺母同向转动相同的齿数，然后再合上

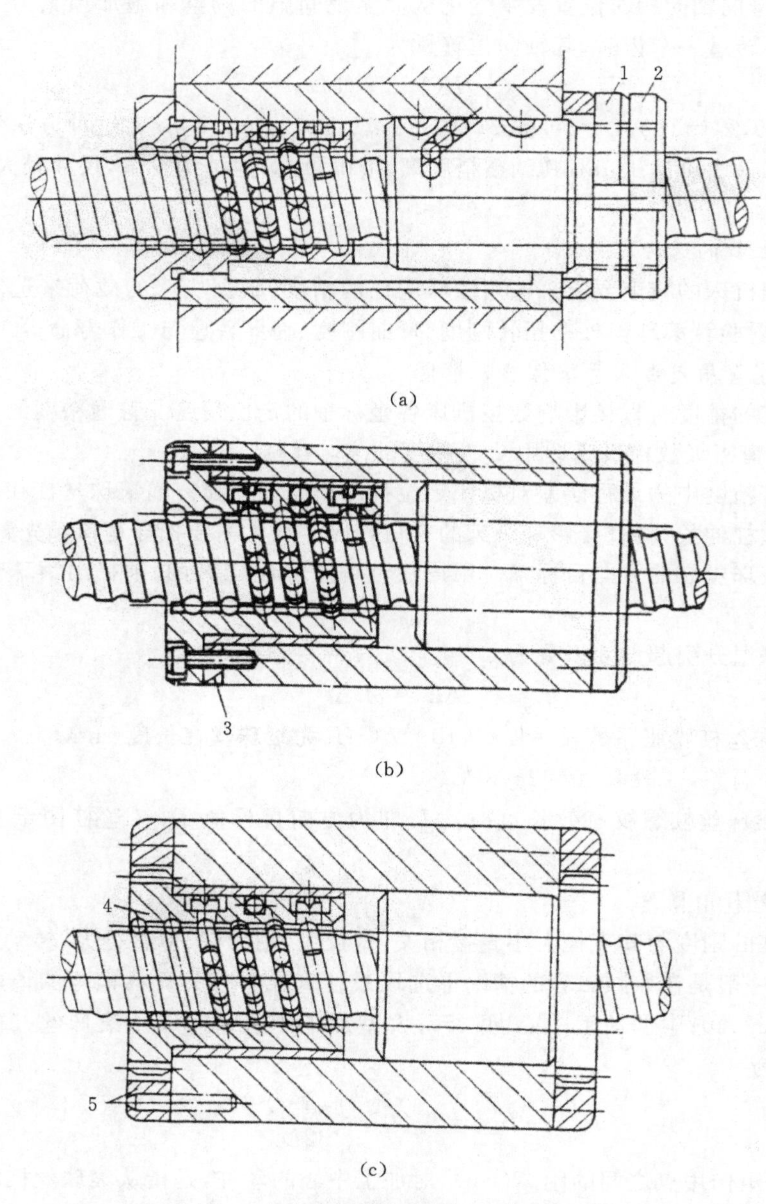

图 6-15 滚珠丝杠螺母副的间隙消除与预紧

(a) 螺纹调隙式;(b) 垫片调隙式;(c)齿差调隙式

1、2—螺母;3—调整垫片;4—外齿轮;5—内齿轮

内齿圈,两螺母的轴向相对位置发生变化从而实现间隙的调整和施加预紧力。当两齿轮沿同一方向各转过一个齿时,其轴向位移量为

$$s = L(1/z_1 - 1/z_2)$$

当 $z_1=99$,$z_2=100$,$L=10$ mm 时,$s=10/9\ 900$ mm≈ 1 μm。这种方法使两个螺母轴向相对位移最小可达 1 μm,其调整精度高、准确可靠,但结构复杂,尺寸较大,多用于高精度传动中。

3. 滚珠丝杠的选定

应该根据机床的精度要求来选用滚珠丝杠的精度,根据机床的载荷来选定滚珠丝杠的直径,并且要验算滚珠丝杠的扭转刚度、弯曲刚度、临界转速与工作寿命等。

1) 机床定位精度要求与滚珠丝杠精度

滚珠丝杠的精度将直接影响数控机床各坐标轴的定位精度。普通精度的数控机床一般选用 D 级,精密级数控机床选用 C 级精度的滚珠丝杠。

滚珠丝杠精度中的导程误差对机床定位精度影响最明显。而滚珠丝杠在运转中由于温升导致的丝杠伸长,将直接影响机床的定位精度。通常需要把导程值预先置成负值,这个负值称为滚珠丝杠的方向目标 T。用户在订购滚珠丝杠时,必须提出滚珠丝杠的方向目标值。

滚珠丝杠温升引起的变形量为

$$\Delta L = \alpha L \Delta t \tag{6-1}$$

式中:α 为滚珠丝杠膨胀系数,$\alpha=1.1\times10^{-5}$/℃;L 为滚珠丝杠长度(mm);Δt 为滚珠丝杠与床身之间的温差,一般取 $\Delta t=2\sim3$ ℃。

当 L 为滚珠丝杠螺纹有效长度时,ΔL 即为方向目标值 T,在丝杠图纸上标示为负值。

2) 滚珠丝杠的刚度

滚珠丝杠的刚度与其直径大小直接相关,直径大,刚度好,但直径大,转动惯量也大大增加。所以,一般是在兼顾二者的情况下选取最佳直径。有关资料推荐的值(mm)为:小型加工中心,32、40;中型加工中心,40、50;大型加工中心,50、63。滚珠丝杠的扭转刚度 K_{S2}(N/μm)为

$$K_{S2} = 9.807 \times \frac{\pi d_r^4 G}{32 L_2} \tag{6-2}$$

式中:L_2 为扭矩作用点之间的距离(cm),对加工中心的丝杠,是指从滚珠丝杠端部装联轴器处到螺母(螺母处于在全行程中离联轴器最远处时)中央之间的距离;G 为剪切模量(MPa),一般取 $G=8.1\times10^4$ MPa;d_r 为滚珠丝杠的底径(mm)。

对细长滚珠丝杠来说,扭转刚度是不可忽视的因素。因为扭矩引起的扭转变形会使轴向移动量产生滞后。扭矩引起滚珠丝杠的扭转变形量按下式计算:

$$\theta = \frac{32TL_2}{\pi d_r^4 G} \times \frac{360}{2\pi} = 7.21 \times 10^{-2} \frac{TL_2}{d_r^4} \tag{6-3}$$

式中：θ 为扭转角(°)；T 为扭矩(N·mm)。

扭转变形 θ 引起的轴向移动滞后量 δ(mm)为

$$\delta = L_0\theta/360 \tag{6-4}$$

例如，一丝杠直径 d_0=40 mm，导程 L_0=10 mm，L_2=1 000 mm，作用扭矩 T=500 N·mm，求轴向移动滞后量。

由样本查得 d_r=34.4 mm，则

$$\theta = 7.21 \times 10^{-2} \times 500 \times 1\,000/34.4^4 = 0.026°$$

$$\delta = 10 \times 0.026/360 \text{ mm} = 0.7\ \mu\text{m}$$

如果认为滞后量过大，则应选用直径 d_r 较大的丝杠，或者减小 L_2 的尺寸。

3) 滚珠丝杠副的临界转速 n_c

对于数控机床来说，滚珠丝杠的最高转速是指快速移动时的转速。因此，只要此时的转速不超过临界转速就可以了。临界转速一般以丝杠轴的转速与丝杠自身的自振频率是否接近来进行校核。如果很接近，会导致强迫共振，影响机床正常工作。

通过自振频率校核的丝杠的临界转速为

$$n_c = \frac{60\lambda^2}{2\pi L_2^2}\sqrt{\frac{EIg}{\gamma A}} \tag{6-5}$$

式中：n_c 为临界转速(r/min)；g 为重力加速度(mm/s²)；γ 为丝杠材料的密度(g/mm³)；A 为丝杠底径的截面积(mm²)，$A=\pi d_r^2/4$；E 为丝杠材料的弹性模量(MPa)；I 为丝杠底径的惯性矩(mm⁴)，$I=\pi d_r^4/64$；L_2 为支承间距离(mm)，如图 6-16 所示；λ 为与丝杠支承有关的系数(对于图 6-16(a)所示的支承形式，λ=1.875；对于图 6-16(b)所示的支承形式，λ=3.972，对于图 6-16(c)所示的支承形式，λ=4.730)。

为安全起见，取最高允许转速 $n_{max} \leqslant 0.8\, n_c$。如果不能满足此条件，则应增大 d_r 或减小 L_2。

4) 滚珠丝杠副的寿命计算

滚珠丝杠副的寿命主要是指疲劳寿命。在工程计算中，采用"额定疲劳寿命"这一概念。它是指一批尺寸、规格、精度相同的滚珠丝杠，在相同条件下回转时，其中 90% 不发生疲劳剥

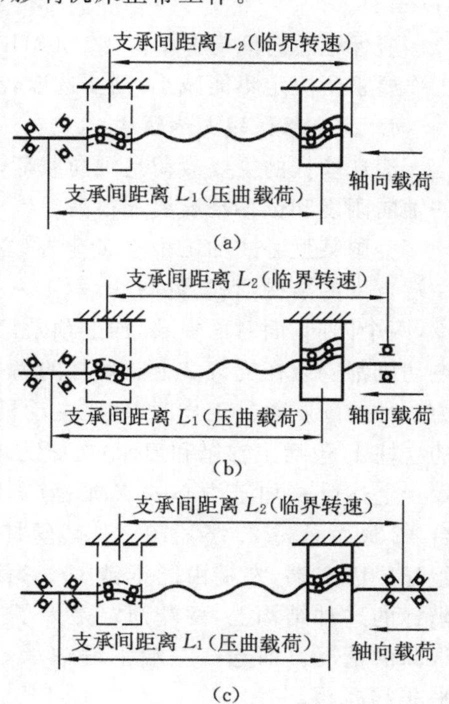

图 6-16　滚珠丝杠的支承形式

落的情况下运转的总转数(也可用总回转时间或总走行距离来表示)。寿命计算公式为

$$L=(C_a/F_a f_w)^3\times 10^6 \tag{6-6}$$

$$L_t=L/60n \tag{6-7}$$

$$L_s=LL_0/10^6 \tag{6-8}$$

式中:L 为额定疲劳寿命(r);L_t为时间寿命(h);L_s为行走距离寿命(km);C_a为额定动载荷(N);F_a为轴向载荷(N);n 为丝杠转速(r/min);L_0为丝杠导程(mm);f_w为运转条件系数(无冲击平稳运转时,$f_w=1.0\sim1.2$;一般运转条件时,$f_w=1.2\sim1.5$;有冲击振动运转时,$f_w=1.5\sim3.0$)。

由于数控机床的轴向载荷是变化的,而且时间分配也不明确,轴向载荷 F_a和丝杠转速 n 可取轴向平均载荷 F_m和平均转速 n_m,即

$$F_a=F_m=(2F_{max}+F_{min})/3 \tag{6-9}$$

$$n=n_m=(2n_{max}+n_{min})/3 \tag{6-10}$$

式中:F_{max}、F_{min}为丝杠承受的最大、最小载荷(N);n_{max}、n_{min}为丝杠运行的最高、最低转速(r/min)。

应保证总时间寿命 $L_t\geqslant$20 000(h)。如果不能满足这一条件,而且轴向载荷 F_a已由工作要求所决定不能减小,则要选取较大直径(C_a较大)的丝杠,以保证 $L_t\geqslant$20 000(h)。

4. 滚珠丝杠的支承结构

滚珠丝杠的主要载荷是轴向载荷,径向载荷来自于卧式丝杠的自重。因此,滚珠丝杠的轴向刚度和位移精度要求很高。

美国某型卧式加工中心 Z 坐标(立柱水平方向移动)的滚珠丝杠支承采用一端固定、一端自由的结构形式(见图 6-17(a))。固定端采用四个接触角为 60°的推力角接触球轴承,两个同向、面对面安装,加上预紧,其轴向刚度和承载能力都很高。该固定端连同伺服电动机都安装在支架 2 上。丝杠的另一端自由悬伸,滚珠丝杠螺母固定在底座 3 上,可视为一种辅助支承。工作时,伺服电动机 7 带动滚珠丝杠 5 旋转,并推动支架和质量达 5 t 的立柱 1(包括主轴箱和刀库)在 Z 方向的 800 mm 行程范围内运动。

上述卧式加工中心的 X 坐标(见图 6-17 (b))也是水平的,行程为 1 000 mm,工作台 12 最大承重 2.45×10^4 N,其丝杠 11 右端支承同样采用四个 60°接触角球轴承 15 组配成固定端,左端由圆锥销 10、套筒 9 与伺服电动机 8 相连,亦可视为固定端。在 X 坐标的这种结构上,两端固定是为了适应丝杠长、负载大、轴向刚度和位移精度都要求很高的情况。而丝杠左端不设轴承,共用电动机转子的支承,则反映出其制造工艺水平非常高超。

上述卧式加工中心的 Y 坐标(见图 6-17 (c))的滚珠丝杠支承结构与 X 坐标的相同。需要特别指出的是,Y 坐标滚珠丝杠处于竖直位置,为了防止在停机时因滚珠丝杠不自锁

造成主轴箱自动下滑的事故，在滚珠丝杠的下端设置了液压制动器。当机床工作时，高压油进入油缸活塞 19 的上腔，活塞下移压缩弹簧 20，下摩擦盘 18 随活塞下移，使上摩擦盘 17 和下摩擦盘 18 之间分开的间隙达到 0.1～0.3 mm，滚珠丝杠便能自由转动；在停机或断电时，油缸活塞的上腔无高压油，在弹簧恢复力作用下，上、下摩擦盘接触，滚珠丝杠 16 即被制动而不能自由旋转。

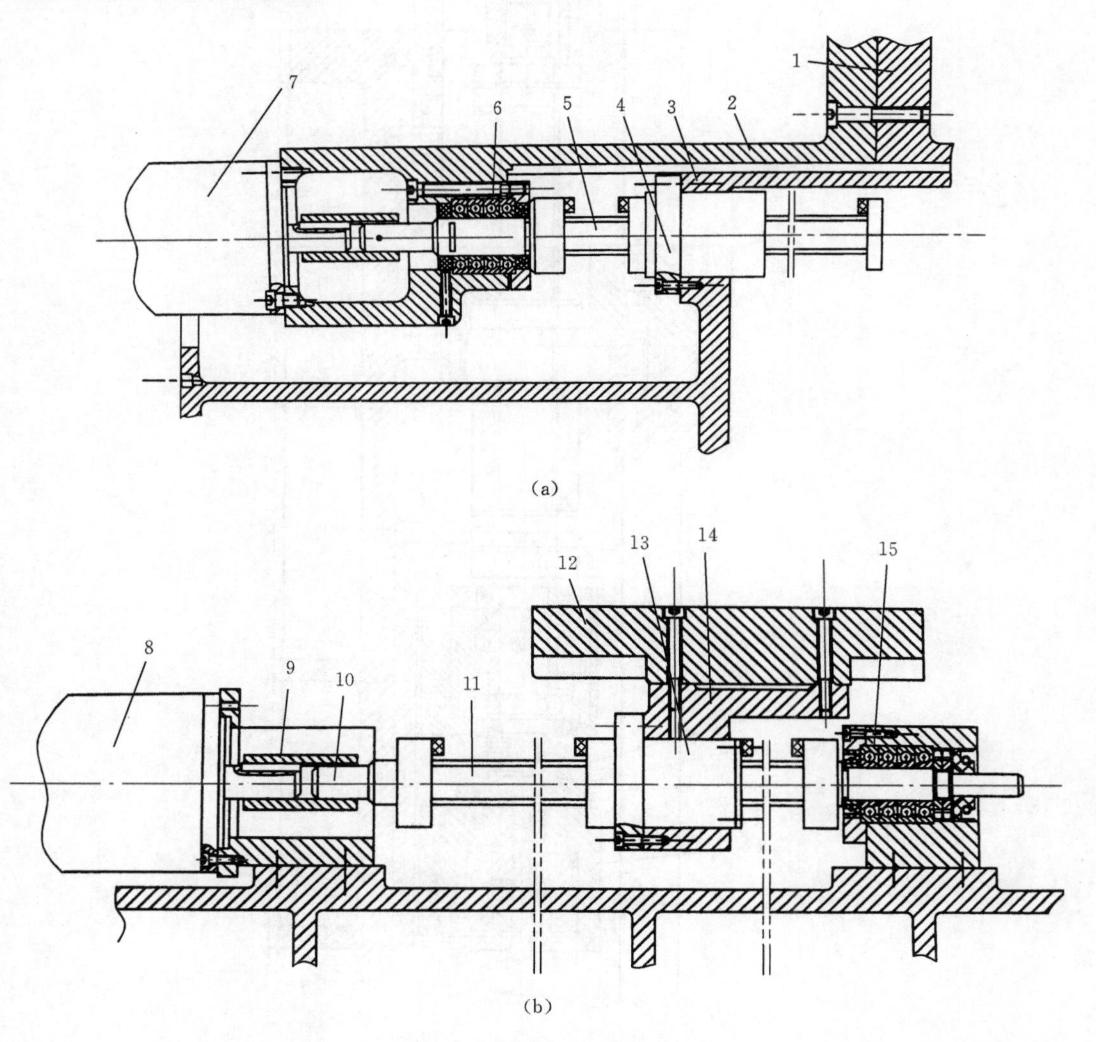

图 6-17　滚珠丝杠的支承结构

1—立柱；2—支架；3—底座；4—滚珠丝杠螺母；5—丝杠；6—轴承；7—伺服电动机；8—伺服电动机；9—套筒；10—圆锥销；11—丝杠；12—工作台；13—螺钉；14—螺母座；15—轴承；16—丝杠；17—上摩擦盘；18—下摩擦盘；19—活塞；20—弹簧

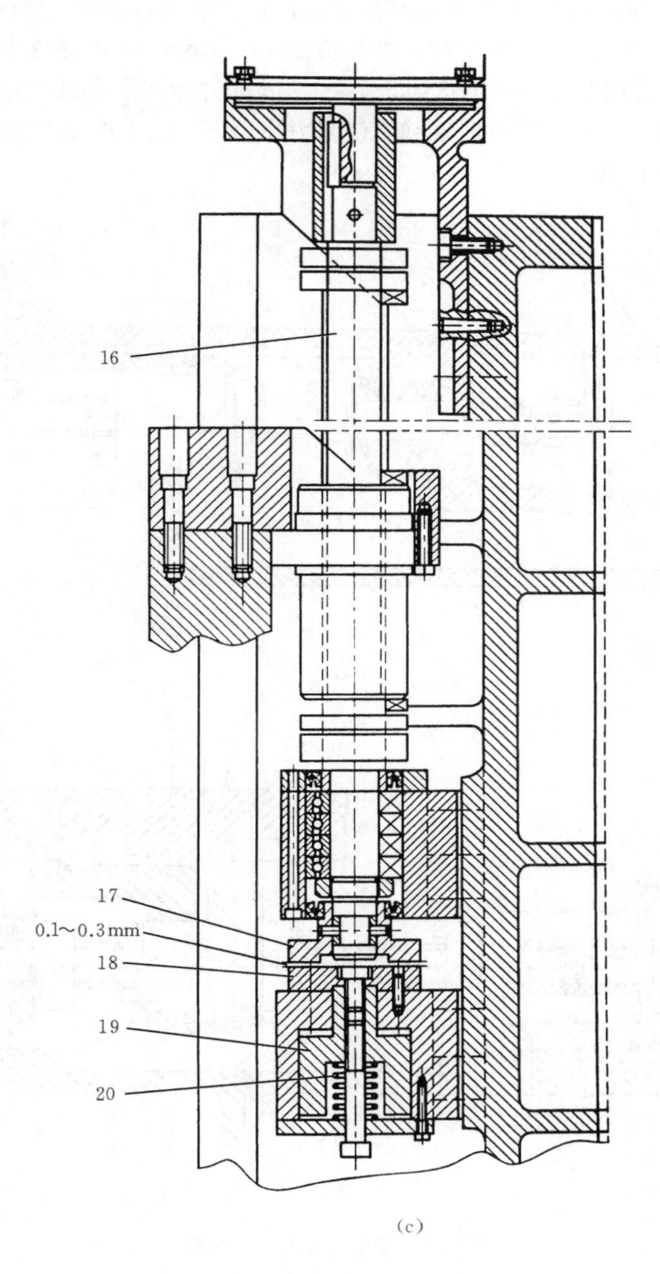

(c)

续图 6-17

位于竖直位置的滚珠丝杠的制动方式，目前常见的有机械式和电气式两种。图6-17(c)所示为机械式制动方式。电气式制动是采用电磁制动器进行制动，而且这种制动器就做在电动机内部。图6-18所示为FANUC公司带制动器的伺服电动机示意图。机床工作时，在制动器线圈7电磁力的作用下，外齿轮8与内齿轮9脱开，弹簧受压缩；当停机或断电时，电磁铁失电，在弹簧恢复力作用下，齿轮8、9啮合，齿轮9与电动机端盖为一体，故与电动机轴连接的丝杠得到制动。这种电磁制动器装在电动机壳内，与电动机形成一体化的结构。

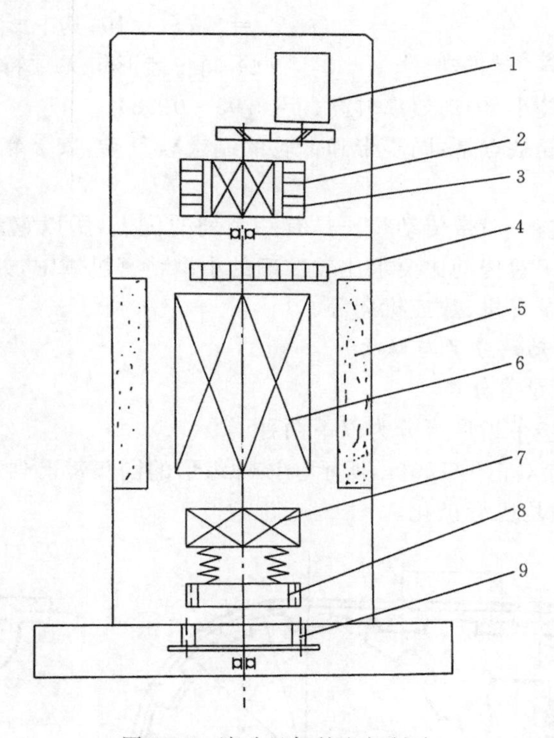

图6-18　滚珠丝杠的电气制动

1—旋转变压器；2—测速发电动机转子；3—测速发电动机定子；4—电刷；5—永久磁铁；6—伺服电动机转子；7—电磁线圈；8—外齿轮；9—内齿轮

6.2.4　同步齿形带传动

1. 同步齿形带传动的应用和特点

同步齿形带传动是一种新型的带传动，如图6-19所示。它是利用同步带的齿形与两轮上的轮齿依次啮合来传递运动和动力，属于靠啮合传动的挠性传动。这种传动的主要优点是：

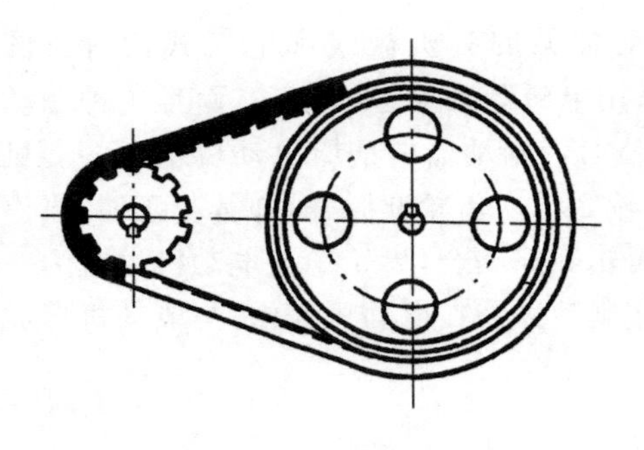

图 6-19 同步齿形带传动

(1) 同步齿形带与带轮间靠啮合传动,无相对滑动,故平均传动比准确,传动精度较高,可做到同步传动;

(2) 同步齿形带是经过特殊制造的,强度高、厚度小、质量小,故可用于高速传动;

(3) 不靠摩擦传动,故小带轮的包角 α 和直径 d 均可小些,因而单级传动比可达较大($i_{12\ \max}=z_2/z_1=10$,其中 z_1、z_2为带轮齿数);

(4) 同步齿形带无须特别张紧,故作用在轴和轴承上面的荷载均较小,传动效率较高(η=0.95～0.98)。

这种带传动的主要缺点是:同步带和带轮的制造较复杂,安装精度要求较高,因而成本较高。

由于同步带传动与一般带传动相比具有一系列的优点,所以它的应用日趋广泛。在精密机械领域主要用于对传动比要求比较准确的小型精密机械中,如电影机械、计算机的外围设备、医疗器械、录音机、数控机床等。

2. 同步齿形带传动的分类与结构

1) 同步齿形带传动的分类

同步齿形带按同步带齿形可分为以下两种。

(1) 梯形齿同步带,如图 6-20(a)所示。该种齿形的同步带已列入 ISO 及我国同步带标准,型号及尺寸参数均已标准化。

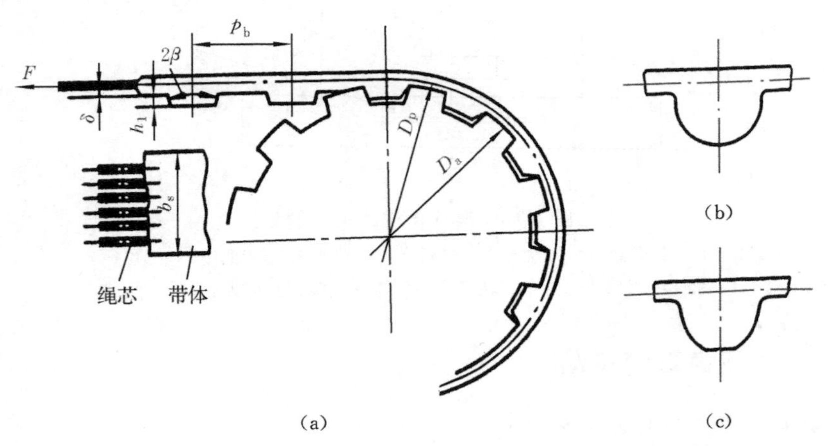

图 6-20 同步带传动齿形及尺寸参数

(a) 梯形齿;(b)半圆弧齿;(c)双圆弧齿

(2) 圆弧齿同步带,如图 6-20(b)、(c)所示,有半圆弧齿和双圆弧齿两种,暂无国家标准和国际标准可查。

2) 同步齿形带的结构

图 6-21 所示为同步齿形带的结构图。齿形带由强力层和基体两部分组成。强力层 1 是齿形带的抗拉元件,用来传递动力,是用钢丝绳或玻璃纤维制成的,具有很高的抗拉强度和抗弯疲劳强度,弹性模量大,沿着齿形带的节线(中性层)绕成螺旋线形状,由于它受力后基本上不产生变形(不伸长),所以它能保持齿形带的周节不变,实现同步传动。基体包括带齿 2 和带背 3,带齿应与带轮轮齿正确啮合,带背用来黏接包覆强力层。基体通常采用氯丁橡胶或聚氨酯制造,具有强度高、弹性好、耐磨损、抗老化等性能,一般工作温度为 20~80℃。此外,在齿形带内表面上,还做有尖角凹槽,以增加带的挠性,改善弯曲疲劳性能。

同步齿形带的主要参数是节距,如图 6-22 所示。它是在规定的张紧力下,同步带纵向截面上相邻两齿中心轴线间节线上的距离。而节线是指当同步带垂直其底边弯曲时,在带中保持原长度不变的周线,通常位于承载层的中线上。节线长度 L 为公称长度。

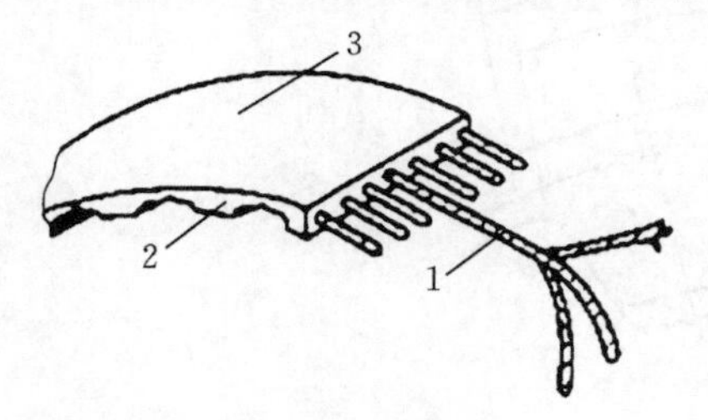

图 6-21 齿形带结构

1—强力层;2—带齿;3—带背

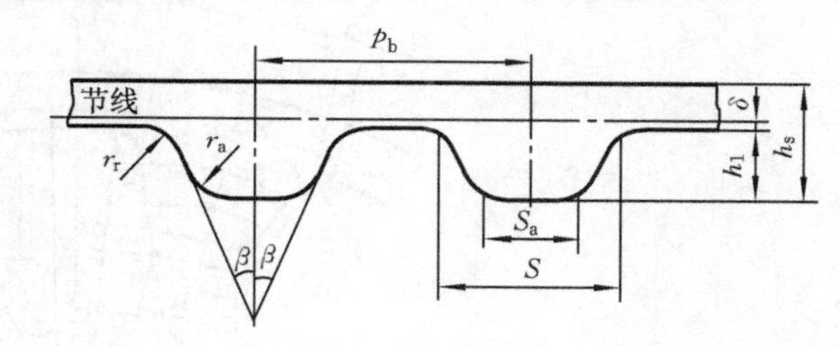

图 6-22 梯形同步带的参数

3. 带轮

1) 带轮的结构

小尺寸的带轮可做成实心的,较大尺寸带轮则可做成腹板式结构。为了防止工作时同步带脱落,一般在小带轮两边装有挡边,如图 6-23(a)所示;当传动比大于 3 时,两个带轮的不同侧边上都应装有挡边,如图 6-23(b)所示;当带轮轴竖直安装时,两轮一般都要装有挡边,或至少主动轮的两侧和从动轮下侧装有挡边,如图 6-23(c)所示。

2) 带轮的主要参数及尺寸

为了保证齿形带与带轮轮齿的正确啮合和良好接触,必须满足:

(1) 带轮沿节圆度量的周节必须与齿形带的周节相等,即带与带轮的模数相等;

(2) 当 $m>2$ 时,带轮的齿槽角应与齿形带的齿形相等($\alpha=40°$)。

带轮的参数和尺寸如表 6-2 所示。

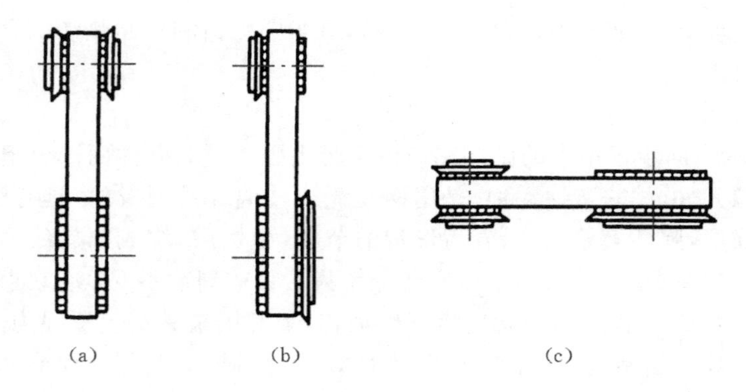

图 6-23　带轮的结构

表 6-2　带轮的几何尺寸计算　单位:mm

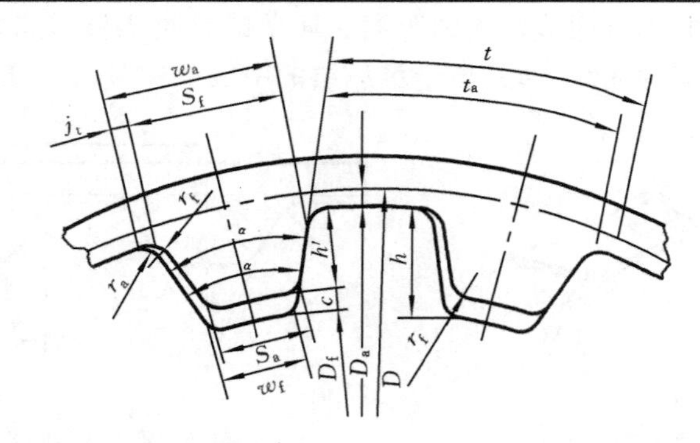

计算项目	符号	计算公式		备　注
		小带轮	大带轮	
周节	t	$t=\pi m$	$t=\pi m$	—
节圆直径	D	$D_1=mz_1$	$D_2=mz_2$	—
顶圆直径	D_a	$D_{a1}=D_1-2\delta$	$D_{a2}=D_2-2\delta$	—
顶圆周节	t_a	$t_{a1}=\pi D_{a1}/z_1$	$t_{a2}=\pi D_{a2}/z_2$	—
顶圆齿槽宽	w_a	$w_a=S_f+j_t$		—
齿侧间隙	j_t	—		—
径向间隙	c	—		—
齿槽深	h	$h=h'+c$		—

续表

计算项目	符号	计算公式		备　注
		小带轮	大带轮	
根圆直径	D_f	$D_f = D_a - 2h$		—
根圆齿槽宽	w_f	$w_f = S_a$		—
齿根圆角半径	r_f	$0.1m$		—
齿顶圆角半径	r_a	$0.15m$		—
轮齿宽	B	$B = b + (3 \sim 10)$		b 为带宽

3）**同步齿形带传动的设计**

设计同步齿形带传动时，一般已知条件为传动的用途、传递的功率、大小带轮的转速或传动比以及传动系统的空间尺寸范围等。同步齿形带的型号、带的长度及齿数、中心距、带轮节圆直径及齿数、带宽及带轮的结构和尺寸等则需要通过计算来确定。

(1) 选择同步齿形带的型号。根据计算功率 P_d 和小带轮转速 n_1，利用图 6-24 可选取同步齿形带的型号，按所选择型号从有关手册的表格中查得对应的节距 p_b。

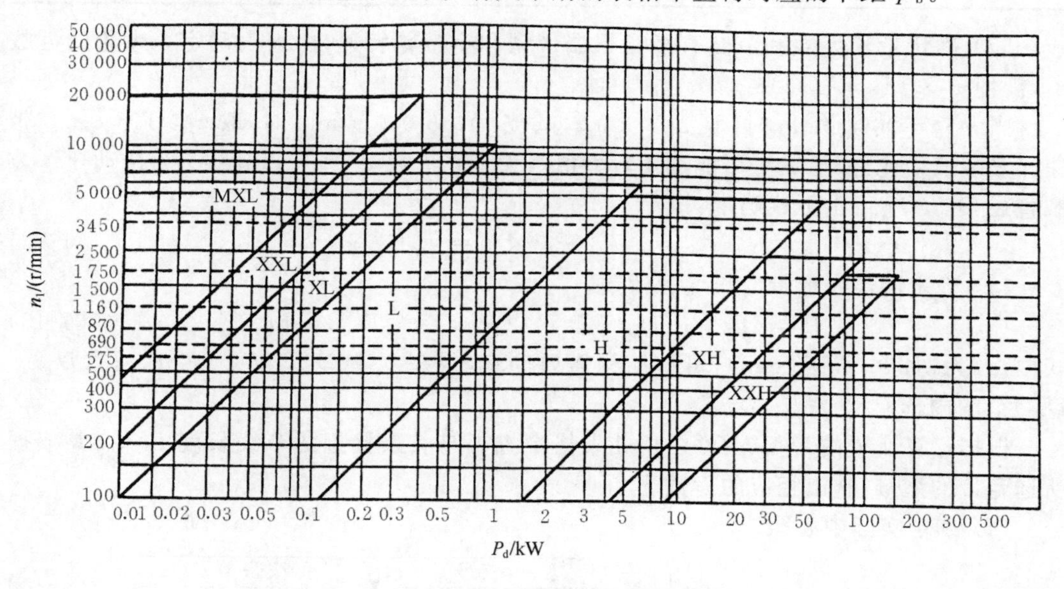

图 6-24　同步齿形带选择图

计算功率 P_d 可根据传递名义功率的大小，并考虑原动机和工作机的性质、连续工作时间的长短等条件后，其计算式为

$$P_d = PK_A \tag{6-11}$$

式中：P 为传递的名义功率(kW)；P_d为计算功率(kW)；K_A为工况系数，按表 6-3 选取。

表 6-3　同步带传动的工作情况系数

工作机	原动机					
	交流电动机(普通转矩鼠笼电动机、同步电动机)，直流电动机(并励)			交流电动机(大转矩、大滑差率、单环、滑环)，直流电动机(复励、串励)		
	运转时间			运转时间		
	断续使用(每日 3～5 h)	普通使用(每日 8～10 h)	连续使用(每日 16～24 h)	断续使用(每日 3～5 h)	普通使用(每日 8～10 h)	连续使用(每日 16～24 h)
	K_A					
复印机、计算机、医疗机械	1.0	1.2	1.4	1.2	1.4	1.6
办公机械	1.2	1.4	1.6	1.4	1.6	1.8
轻负载传送带、包装机械	1.3	1.5	1.7	1.5	1.7	1.9

(2) 确定带轮齿数和节圆直径。根据带型和小带轮转速，由查表确定小带轮的齿数 z_1，需使 $z_1 \geqslant (1.0 \sim 1.3) z_{min}$。

当 $n_1 < 1\ 000$ r/min 时，取 $z_1 \geqslant 1.0\ z_{min}$；当 $n_1 > 3\ 000$ r/min 时，取 $z_1 \geqslant 1.3\ z_{min}$。带速和安装尺寸允许时，$z_1$尽可能选用较大值。大带轮齿数 $z_2 = i z_1$，其中 i 为传动比。节圆直径 D_{p1}、D_{p2} 可由下式确定：

$$D_{p1} = z_1 P_d / \pi, \quad D_{p2} = z_2 P_d / \pi \tag{6-12}$$

(3) 确定同步齿形带的长度和齿数。

$$L = 2a_0 + \pi(D_{p1} + D_{p2})/2 + (D_{p2} - D_{p1})^2 / 4a_0 \tag{6-13}$$

式中：a_0为初定中心距(mm)，可按结构需要确定，或在 $0.7(D_{p1} + D_{p2}) \leqslant a_0 \leqslant 2(D_{p1} + D_{p2})$范围内选取。

根据计算所得的带长 L，可在相关表格中查得与其最接近的节线长度 L_p值，并依据所选定带的型号，查出相应的齿数 z。

(4) 确定实际中心距。

$$a \approx \frac{2L_p - \pi(D_{p2} + D_{p1}) + \sqrt{[2L - \pi(D_{p2} - D_{p1})]^2 - 8(D_{p2} - D_{p1})}}{8} \tag{6-14}$$

(5) 计算小带轮啮合齿数。小带轮与同步齿形带的啮合齿数 z_m按下式确定：

$$z_m = \frac{z_1}{2} - \frac{P_d z_1 (z_2 - z_1)}{20a} \tag{6-15}$$

其中，z_m应圆整成整数。

(6) 选择带宽。所选带宽按下式计算求得，然后查表选取相近而略大的标准值：

$$b_s = b_{s0}\left(\frac{P_d}{K_z P_0}\right)^{\frac{1}{1.14}} \tag{6-16}$$

式中：b_{s0}为基准宽度(mm)；P_d为计算功率(kW)；K_z为啮合齿数系数(当$z_m \geqslant 6$时，$K_z = 1$；当$z_m < 6$时，$K_z = 1 - 0.2(6 - z_m)$)；P_0为同步带基准宽度b_{s0}所能传递的功率(kW)，由下式求得：

$$P_0 = (F_a - qv^2)v/1\,000 \tag{6-17}$$

式中：F_a为基准宽度b_{s0}同步带的许用工作拉力(N，见表6-4)；q为基准宽度b_{s0}同步带的质量(kg/m，见表6-4)。

表6-4　同步带许用工作拉力F_a和单位质量q

项　　目	型　　号						
	MXL	XXL	XL	L	H	XH	XXH
许用工作拉力 F_a/N	27	31	50	245	2 100	4 050	6 400
单位质量 q/(kg/m)	0.007	0.01	0.022	0.096	0.448	1.487	2.473

(7) 计算作用在轴上的载荷。作用在轴上的载荷为

$$F_z = 1\,000P_d/v \tag{6-18}$$

式中：P_d为计算功率(kW)；v为带速(m/s)，$v = \pi D_{p1} n_1/(60 \times 1\,000)$。

6.2.5　精密齿轮传动

1. 精密齿轮传动的设计要点

1) 精密齿轮传动的特点

齿轮传动依靠主动轮的轮齿与从动轮的轮齿依次相互进行啮合，由主动轮推动从动轮来传递两轴间的运动和动力。齿轮传动是最典型的啮合传动。它具有传动精度高、适用范围广等优点。在精密机械中，采用齿轮传动主要是用来准确地传递运动，用于传递动力的只占少数，而且多属小功率传动，所以它对其传动精度有着特殊的要求。这类齿轮传动常称为精密齿轮传动。相对于一般齿轮传动，精密齿轮传动的特点及对其要求主要有以下5个方面。

(1) 精密齿轮传动大多数为小模数齿轮传动。小模数齿轮一般是指模数$m \leqslant 1.5$ mm的齿轮。由于在精密机械中采用齿轮传动的目的主要是用来准确地传递运动，且受力较小，故多采用小模数齿轮；采用小模数齿轮也可使传动结构尺寸减小；在分度圆直

径一定的条件下,适当减小模数、增加齿数,对提高传动质量也较为有利。

(2) 对传递运动的准确程度大多要求较高。这种要求主要反映在两个方面,即传动精度和空回误差。

① 传动精度要高。所谓传动精度,是指齿轮传动在单向回转时,其瞬时传动比保持理论值的准确程度。通常传动精度是用传动误差来衡量的。对一个传动链来说,传动误差较为严格的定义是:在工作状态下,当输入轴单向回转时,输出轴的实际转角与理论转角之差,常用符号 $\Delta\varphi_t$ 表示。$\Delta\varphi_t$ 越大,则说明运动的传递越不准确,传动精度越低,瞬时传动比越难以保持理论值。

图 6-25 所示为由 n 对齿轮、$n+1$ 根轴组成的精密齿轮传动链。各对齿轮的传动比分别用 $i_1=z_2/z_1, i_2=z_4/z_2, \cdots, i_n=z_{2n}/z_{2n-1}$ 表示,总传动比用 $i_t=i_1 \cdot i_2 \cdot \cdots \cdot i_n$ 表示。这样,在理想条件下,即假定传动链中各齿轮、轴和轴承等都不存在任何误差,当输入轴在单向转动某一角度 φ_1 之后,输出轴在理论上应转过一个角度:

$$\varphi_{n+1}=\varphi_1/i_t \tag{6-19}$$

实际上,由于误差的存在,输出轴的转角将不可能是 φ_{n+1},而是某一个实际转角 φ'_{n+1},两者的差值就称为传动链的传动误差 $\Delta\varphi_t$,即

$$\Delta\varphi_t=\varphi'_{n+1}-\varphi_{n+1} \tag{6-20}$$

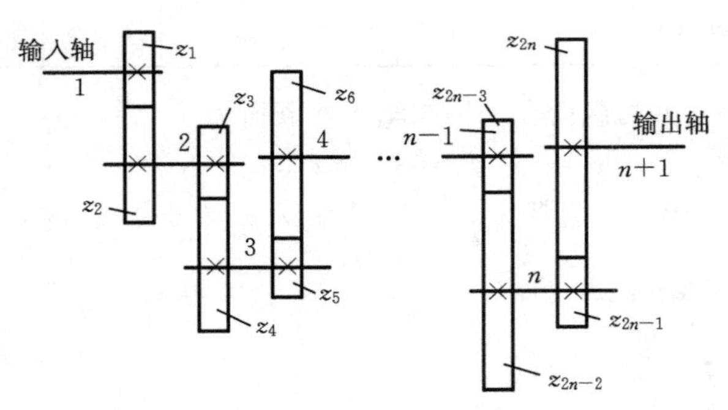

图 6-25　n 级精密齿轮传动链

图 6-26(a)所示为 $i_t=1$ 时,φ_{n+1} 和 φ_1 之间的理论关系,曲线 1 为直线。图 6-26(b)所示为实际关系,由齿轮公差可知,曲线 2 一般按正弦规律变化,图中 $\Delta\varphi_t$ 为传动误差。

② 空回误差要小。空回误差通常称为回差。所谓回差,对一个传动链来说,是指齿轮传动在工作状态下,当输入由正向改为反向回转时,输出轴在转角上的滞后量,常用符号 $\Delta\varphi_1$ 表示。

图 6-25 所示传动链,如果在理想条件下,当输入轴由正向改为反向回转时,输出轴亦应毫无滞后地立即跟着反向回转。但是由于存在制造误差(如齿侧间隙),输出轴在实际上是不可能立即跟着反向回转的,而是要等转完齿侧间隙之后才能开始反向回转,齿侧间

隙所对应的角度即称为回差 $\Delta\varphi_1$，如图 6-26(c)所示。

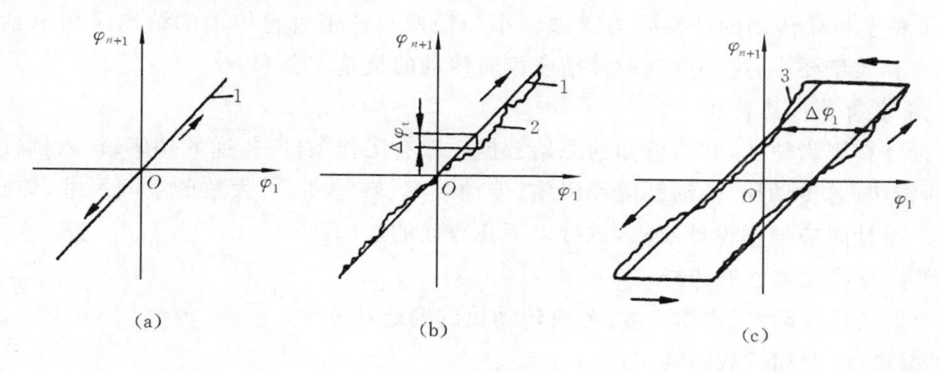

图 6-26　传动误差和回差

需要指出的是，传动误差和回差是既有联系又有区别的两个概念。对于在工作时仅作单向回转的精密齿轮传动来说，其主要要求就是传动误差小；而对在工作时需要作双向回转的精密齿轮传动，例如伺服传动，主要要求除了传动误差小之外，还应要求回差小，因为两者都影响其输出轴位置的准确性。还需指出，在某些场合，即使是单向回转，回差对传动链的精度也会产生影响。例如在单向回转过程中，当输出轴上突然受到一个与其回转方向一致的足够大的外力矩作用时，由于回差的存在，其转角亦可能产生一个超前量。又如在单向回转过程中，当输出轴突然减速时，若输出轴上的惯性力矩足够大的话，则由于回差的存在，输出轴的转角亦可能产生一个超前量，从而对传动精度产生影响。这样在两者都同时产生影响的条件下，对双向传动而言，传动误差和回差就都应该予以考虑，这时传动链中的误差通常称为综合传动误差(或双向传动误差)，用符号 $\Delta\varphi_\Sigma$ 表示。在估算误差时，$\Delta\varphi_\Sigma$ 可按下式计算：

$$\Delta\varphi_\Sigma = \Delta\varphi_t + \Delta\varphi_1 \tag{6-21}$$

对于双向传动，在传动误差的影响较小时，有时候仅考虑回差。

(3) 传动的平均效率和瞬时效率应比较高。在多数精密齿轮传动中，效率高主要是指平均效率高，主要考虑驱动功率损失、传动装置的发热和摩擦损失等情况。但在某些小型精密机械，例如计时仪器和小型仪器中，主要是指瞬时效率要高，目的是为了提高传动的灵活性，防止传动出现卡滞现象。因为这些精密齿轮传动所传递的功率极小，抗外界干扰的能力较差，振动、冲击、灰尘、磁力以及油垢等都可能影响它们的正常工作。

(4) 精密齿轮传动的转动惯量应比较小。因为每一个齿轮都具有一定的转动惯量，工作起来就有一定的惯性。在功率比较小的条件下，特别是在小功率伺服系统中，齿轮传动的惯性如果过大，势必影响到伺服系统的快速性、稳定性和准确性。因此，传动的转动惯量应该尽可能予以减小。

(5) 精密齿轮传动的结构要力求做到小巧轻便。精密齿轮传动的结构应简单紧凑,传动尺寸和质量要小,这一点是设计精密齿轮传动的最基本要求。

2) 精密齿轮传动设计

在设计精密齿轮传动时,已知的原始数据一般有工作条件、传递的功率、输入轴(或输出轴)的转速、总传动比、传动精度和回差、传动效率、转动惯量,大致的空间尺寸、体积和质量等。设计时应根据设计要求,进行以下几方面的工作:

(1) 齿轮传动类型的选择;

(2) 齿轮总传动比、传动级数、各级传动比的确定和分配;

(3) 齿轮齿数和模数的确定;

(4) 齿轮材料选择和齿轮强度计算;

(5) 齿轮传动的精度分析和误差计算;

(6) 齿轮传动中的力矩计算;

(7) 齿轮传动的结构设计,包括齿轮的结构形式、齿轮和轴的连接方法、齿轮的支承方法、齿轮的零件图绘制、减小或消除回差的方法。

2. 精密齿轮传动在伺服进给系统中的应用

齿轮传动在伺服进给系统中的作用有改变运动方向、降速、增大扭矩、适应不同丝杠螺距和不同脉冲当量的匹配等。在精密齿轮传动链中,往往对回差提出严格的要求。减小回差当然可以从提高齿轮的制造精度着手,但要制造没有误差的齿轮是不可能的。传动链中的空回误差是由于间隙的存在而产生的,因此减小或消除空回误差,可以通过控制或消除侧隙的影响来达到。当在伺服电动机和丝杠之间安装齿轮(如直齿、斜齿、锥齿等)时,必然产生齿侧间隙,造成反向运动的死区,必须设法消除。

目前消除齿侧间隙普遍采用双片齿轮结构,如图 6-27(a)所示,将一对齿轮中的大齿轮分成 1、2 两部分,并分别与螺钉 3、8 固定,再将弹簧 4 与螺钉 3、8 连接起来,这样齿轮的 1、2 两部分的齿轮自然错开,达到自动消除齿侧间隙的目的。

图 6-27(b)所示为斜齿轮传动消隙结构。它是将一个斜齿轮分成两个薄齿轮 11、12,且在其中加一垫片 10,改变垫片 10 的厚度,薄齿轮 11、12 的螺旋线就会错位,分别与宽齿轮 9 的齿槽左、右侧面贴紧,从而消除了间隙。周向齿侧间隙 Δ 与垫片增减量 Δ_t 的关系可用下式表示:

$$\Delta_t = \Delta \cot\beta \tag{6-22}$$

这种方法结构简单,但调整时费事,也不能自动补偿间隙。图 6-27(c)所示锥齿轮消除间隙的原理也与图 6-27(a)所示的直齿圆柱齿轮的相同。

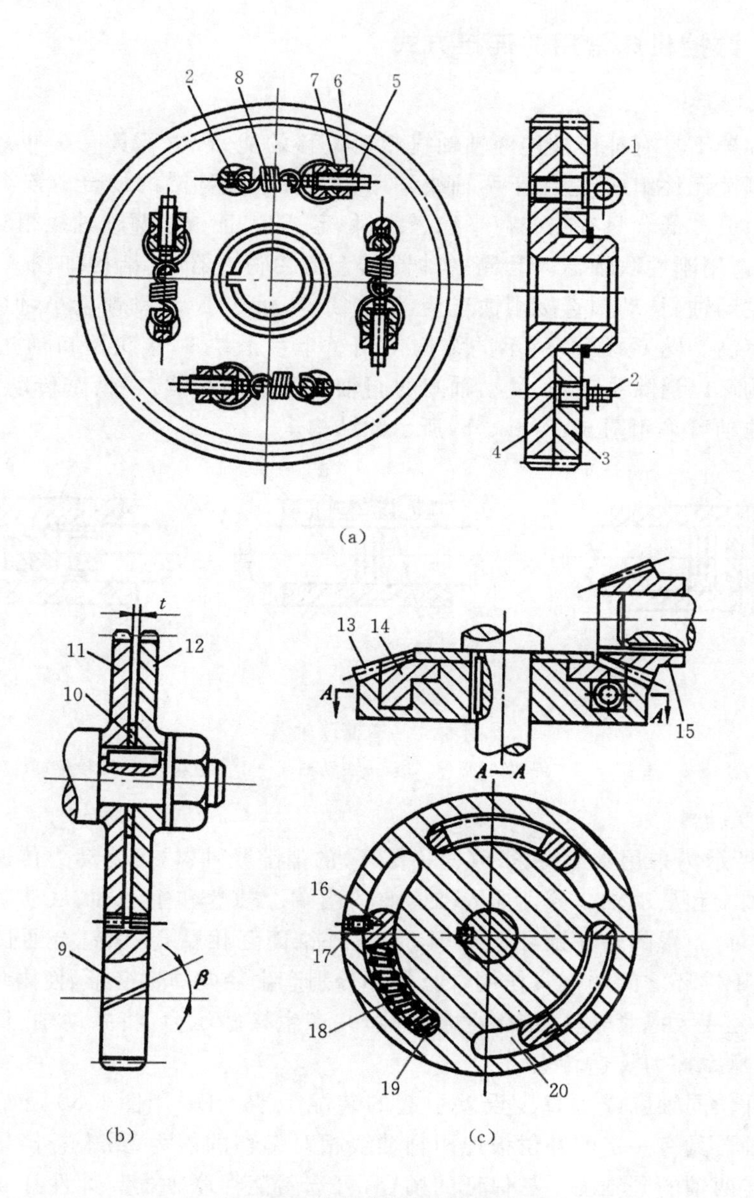

图 6-27 齿轮齿侧间隙的消除

(a) 双片齿轮结构;(b) 斜齿轮传动消隙结构;(c) 锥齿轮消隙结构

1、2—齿轮;3、8、17—螺钉;4、18—弹簧;5—调节螺钉;6、7—螺母;9—宽齿轮;10—垫片;11、12—薄齿轮;13—外圈;14—内圈;15—锥齿轮;16—凸爪;19—镶块;20—圆弧槽

6.2.6 数控机床常用的连接方式

1. 刚性联轴器

刚性联轴器不具有补偿被连两轴轴线相对偏移的能力,也不具有缓冲减振性能。刚性联轴器由刚性元件组成,适用于两轴线许用相对位移量甚微的场合。该类联轴器结构简单、体积小、成本低。只有在载荷平稳、转速稳定、能保证被连两轴轴线相对偏移极小的情况下,才可选用刚性联轴器。套筒联轴器属于刚性联轴器,其结构如图 6-28 所示。它通过套筒将主动轴、从动轴直接刚性连接,结构简单,尺寸小,转动惯量小,但要求主、从动轴之间同轴度高。图 6-28(c)所示的结构使用了十字滑块 9,接头槽口通过配研消除间隙。这种结构可以消除主动轴、从动轴间的同轴度误差的影响,在精密传动中应用较多。负载较小的传动可采用图 6-28(a)、(b)所示的结构。

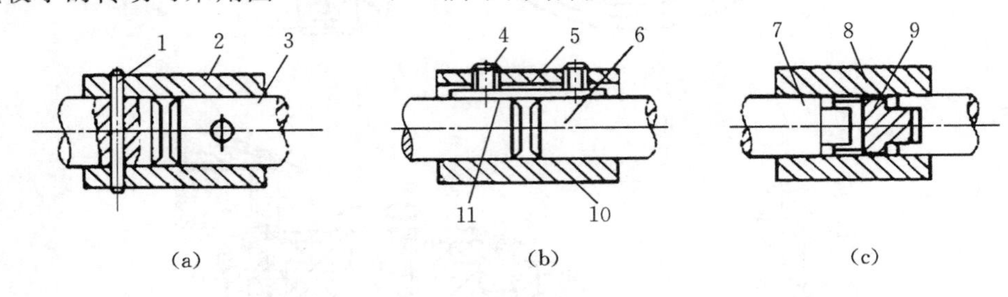

图 6-28 套筒联轴器

1—销;2、5、8—套筒;3、6—传动轴;4—螺钉;7—主动轴;9—十字滑块;10—防松螺钉;11—键

2. 挠性联轴器

图 6-29 所示为采用锥形夹紧环(简称锥环)的消隙联轴器,可使动力传递没有反向间隙。将主动轴 1 和从动轴 3 分别插入轴套 6 的两端。轴套和主动轴、从动轴之间装有成对(一对或数对)布置的弹性锥环 5,锥环的内、外锥面互相贴合,螺钉 2 通过压盖 4 施加轴向力时,由于锥环之间的楔紧作用,内、外环分别产生径向弹性变形,使内环内径变小箍紧轴,外环外径变大撑紧轴套,消除配合间隙,并产生接触压力,将主动轴、从动轴与轴套连成一体,依靠摩擦力传递转矩。

为了能补偿同轴度或垂直度误差引起的装配干涉,可采用图 6-30 所示的挠性联轴器。挠性联轴器具有一定的补偿被连两轴轴线相对偏移的能力,最大补偿量随型号不同而异。凡被连两轴的同轴度不易保证的场合,可选用挠性联轴器。柔性片 4 分别用螺钉和球面垫圈与两边的联轴套 2 相连,通过柔性片传递转矩。柔性片每片厚 0.25 mm,材料为不锈钢。两端的位置偏差由柔性片的变形抵消。

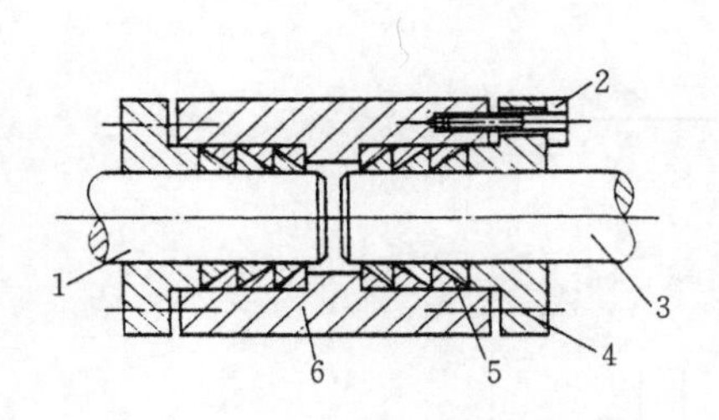

图 6-29 消隙联轴器

1—主动轴;2—螺钉;3—从动轴;
4—压盖;5—锥环;6—轴套

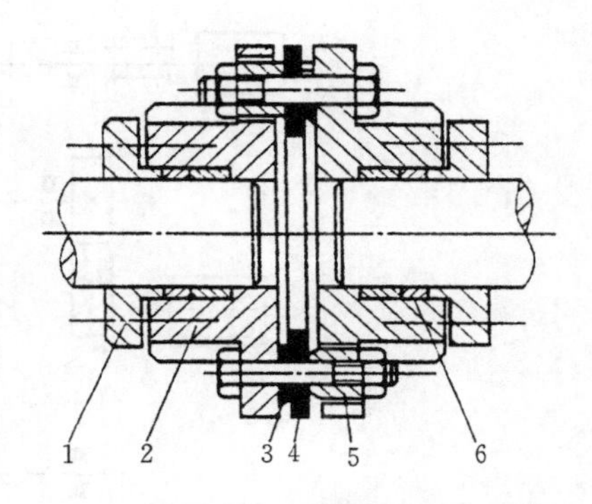

图 6-30 挠性联轴器

1—压盖;2—联轴套;3、5—球面垫圈;4—柔性片;6—锥环

6.3 数控机床的主传动系统

数控机床的主传动系统是实现数控机床主运动的传动系统，它的转速高，传递的功率大，是数控机床的关键部件之一，对它的精度、刚度、噪声、温升、热变形都有严格的要求。目前，数控机床的主传动系统主要有以下三种传动形式，如图 6-31 所示。

(1) 电动机直接带动主轴旋转(见图 6-31(a))。其优点是结构紧凑、占用空间小，转换效率高，但主轴转速的变化及转矩的输出和电动机的输出特性完全一致，因而在使用上受到一定的限制。

(2) 电动机经同步齿形带传动主轴(见图 6-31(b))。其优点是结构简单、安装调试方便，且在传动上能满足转速与转矩的输出要求，但其调速范围仍受电动机调速范围的限制。

(3) 电动机经一对齿轮变速后，再通过双联滑移齿轮传动主轴，使主轴获得高速段和低速段转速(见图 6-31(c))。其优点是能够满足各种切削运动的转矩输出，具有较大的速度变化范围。但结构较复杂，需增加润滑及温度控制系统，制造维修要求较高。

近年来，国外出现一种电主轴，即主轴与电动机转子合为一体，如图 6-31(d)所示。其优点是主轴部件结构紧凑、质量和惯量小，可提高启动、停止的响应特性，且利于控制振动和噪声。但缺点是电动机运转产生的振动和热量将直接影响到主轴，因此，主轴组件的整机平衡、温度控制和冷却是电主轴的关键问题。

6.3.1 直(交)流主轴电动机通过同步齿形带传动主轴

图 6-32 所示为高性能的主轴部件。专用于主轴的交流主轴电动机(5.5/7.5 kW)通

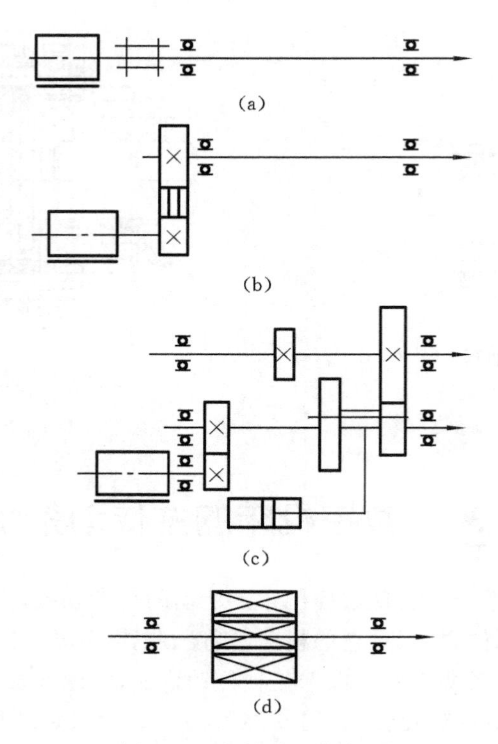

图 6-31　主传动系统类型

过二级塔轮 4 传动主轴，传动比为 1∶2 和 1∶1 两种：低速时带轮传动比为 1∶2，得到 22.5～2 250 r/min；高速时皮带轮传动比为 1∶1，得到 45～4 500 r/min。主轴前支承为两个角接触球轴承，后支承为一个角接触球轴承。主轴内部是刀杆的自动夹紧机构，它由拉杆 2 和头部的 4 个钢球、碟形弹簧 3、油缸活塞 7 和螺旋弹簧 6 组成。当需要将主轴上已用过的刀具换下时，油缸的上部进高压油，使活塞下移，推动拉杆下移（这时碟形弹簧 3 受压），钢球进入主轴锥孔上部中的大直径处，刀具刀柄后面的拉钉被松开，机械手即可换刀。当机械手把刀具从主轴中拔出后，压缩空气通过活塞和拉杆的中孔，吹净主轴锥孔，为新一把刀具装入主轴做好准备。当新刀具装入后，活塞上部无油压；由于碟形弹簧的恢复力作用使拉杆和钢球处于图示位置，将刀具刀柄后面的拉钉拉紧。用液压（或电气）松开，弹簧（机械）夹紧，可保证在工作中突然停电时，刀具不会自动松脱。

6.3.2　直流（交流）主轴电动机经两级齿轮变速传动主轴

图 6-33 所示为一台立式加工中心的主传动系统展开图。图中，交流调频电动机 1 的功率为 7.5 kW，经齿轮 Z_2/Z_3 和 Z_4/Z_6（或 Z_1/Z_3 和 Z_3/Z_5）传动主轴 9，使主轴得到

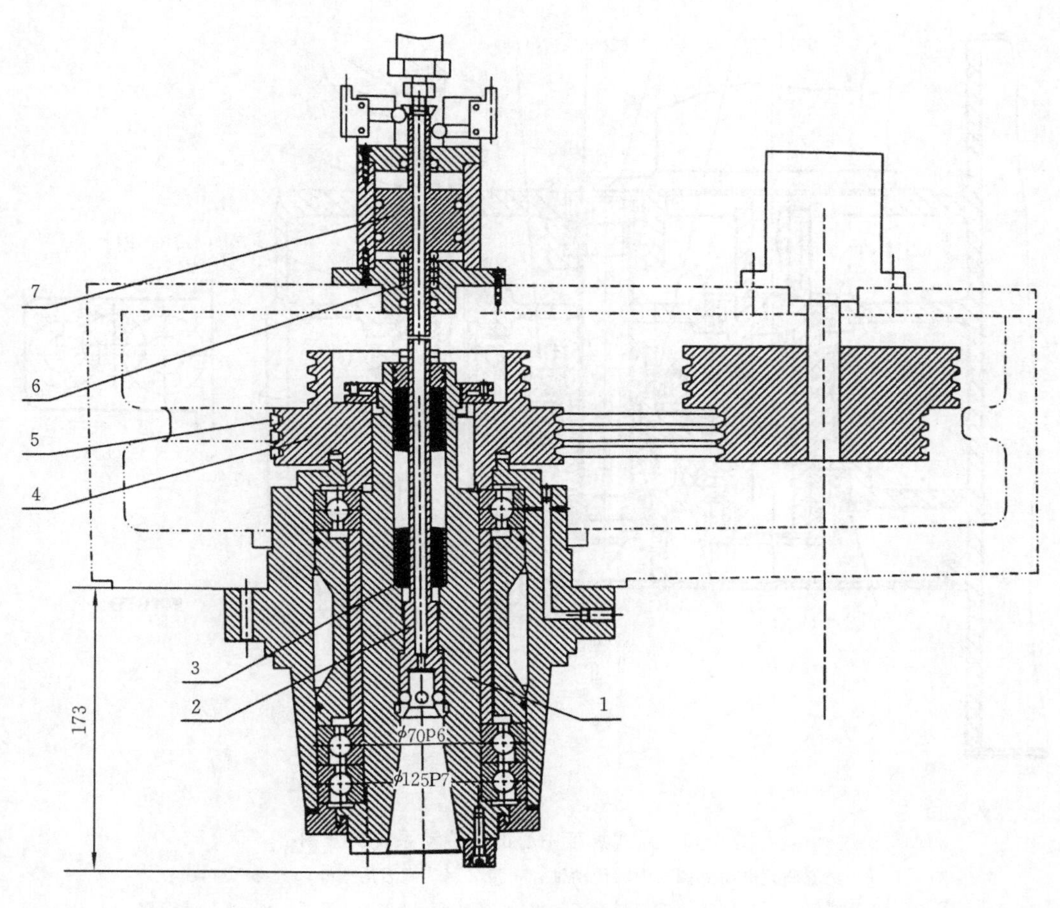

图 6-32　同步齿形带传动主轴

1—主轴;2—拉杆;3—碟形弹簧;4—二级塔轮;5—传动带;6—螺旋弹簧;7—油缸活塞

876～3 500 r/min 的高转速。该加工中心主传动系统的结构特点是:电动机 1 的轴直接插在轴Ⅰ的孔内,不用联轴器,构造简单;轴Ⅰ用两个深沟球轴承支承在箱体内,下轴承的内圈上端面顶在轴Ⅰ的台阶上,下端面靠螺母压紧在轴上,外圈的上端面顶在箱体的台阶上,下端面由压盖压紧,这样轴Ⅰ的轴向位置就完全确定了。轴Ⅰ的上轴承孔可以做成光孔,以方便加工。因齿轮 Z_3、Z_4 均需要磨削加工,故不能制成整体双联齿轮,而采用套装结构。拨叉 3 在液压力作用下拨动齿轮 Z_3、Z_4 沿轴 2 滑移,分别与主轴 9 上的齿轮 Z_5、Z_6 啮合,带动主轴旋转。

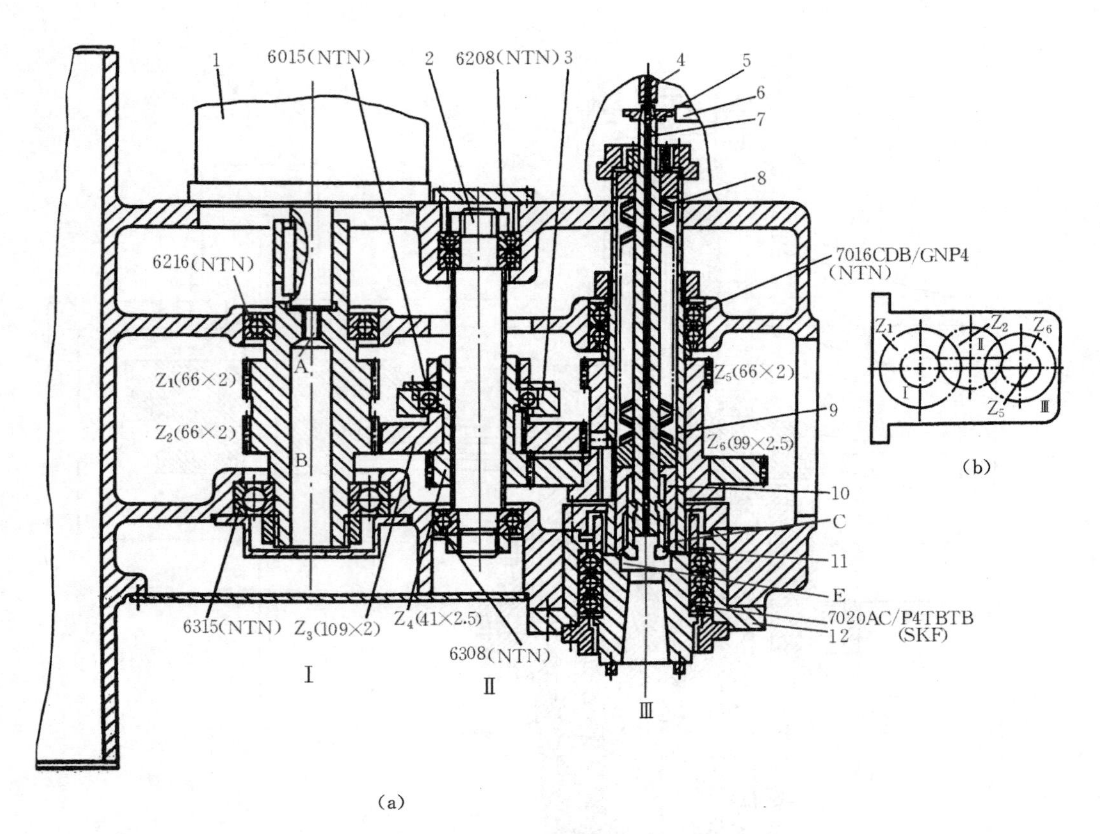

图 6-33　立式加工中心的主传动系统展开图

1—交流调频电动机；2—中间传动轴；3—拨叉；4—卸刀活塞杆；5—磁感应盘；6—磁传感器；7—拉杆；8—碟形弹簧；9—主轴；10—套；11—弹力卡爪；12—下轴承套筒

6.4　分度工作台和数控回转工作台

为了扩大数控机床的工艺范围，数控机床除了沿 X、Y、Z 三个坐标轴作直线进给外，往往还需要有绕 X 轴、Y 轴或 Z 轴的圆周进给运动。数控机床的圆周进给运动一般由回转工作台来实现。数控机床中常用的回转工作台有分度工作台和数控回转工作台，它们的功用各不相同。分度工作台的功用只是将工件转位换面，和自动换刀装置配合使用，实现工件一次安装能完成几个面的多种工序，提高了工作效率；数控回转工作台除了分度和转位的功能之外，还能实现数控圆周进给运动。

6.4.1　分度工作台

分度工作台的分度、转位和定位工作，是按照控制系统的指令自动地进行的，每次转位回转一定的角度(如5°、10°、15°、30°、45°、90°等)，但实现工作台转位的机构都很难达到分度精度的要求，所以要有专门的定位元件来保证。因此定位元件往往是分度工作台的关键。常用的定位方式有插销定位、反靠定位、齿盘定位和钢球定位等几种。

1. 定位销式分度工作台

图6-34所示为一自动换刀数控卧式镗铣床的分度工作台。这种工作台依靠定位销实现分度。分度工作台2的两侧有长方形工作台11，当不单独使用分度工作台时，可以作为整体工作台使用。分度工作台2的底部均匀分布着8个削边定位销8，在底座12上有1个定位衬套7及供定位销移动的环形槽。由于定位销之间的分布角度为45°，因此工作台只能作2、4、8等分的分度(定位精度取决于定位销和定位孔的精度，最高可达±5″)。

分度时，由数控系统发出指令，由电磁阀控制下底座20上6个均布的锁紧液压缸9中的压力油经环形槽流回油箱，活塞22被弹簧21顶起，工作台处于松开状态。同时消除间隙液压缸6卸荷，液压缸中的压力油流回油箱。油管15中的压力油进入中央液压缸16使活塞17上升，并通过螺柱18、支座5把推力轴承13向上抬起15 mm。固定在工作台面上的定位销8从定位衬套7中拔出，完成分度前的准备工作。

然后，数控系统再发出指令使液压电动机转动，驱动两对减速齿轮(图中未示出)，带动固定在分度工作台2下面的大齿轮10转动进行分度。分度时工作台的旋转速度由液压电动机和液压系统中的单向节流阀调节，分度初始时作快速转动，在将要到达规定位置前减速，减速信号由大齿轮10上的挡块(共8个，周向均布)1碰撞限位开关发出。当挡块1碰撞第2个限位开关时，分度工作台停止转动，同时另一定位销8正好对准定位衬套7的孔。

分度完毕后，数控系统发出指令使中央液压缸16卸荷。液压油经油管15流回油箱，分度工作台2靠自重下降，定位销8进入定位衬套7孔中，完成定位工作。定位完毕后，消除间隙液压缸6的活塞顶住分度工作台2，使可能出现的径向间隙消除，然后再进行锁紧。压力油进入锁紧液压缸9，推动活塞22下降，通过活塞22上的T形头压紧工作台。至此，分度工作全部完成，机床可以进行下一工位的加工。

2. 鼠牙盘式分度工作台

鼠牙盘式分度工作台是目前应用较多的一种精密的分度定位机构，它主要由工作台、底座、夹紧液压缸、分度液压缸及鼠牙盘等零件组成，如图6-35所示。分度转位动作包括：

① 工作台抬起，齿盘脱离啮合，完成分度前的准备工作；

② 回转分度；

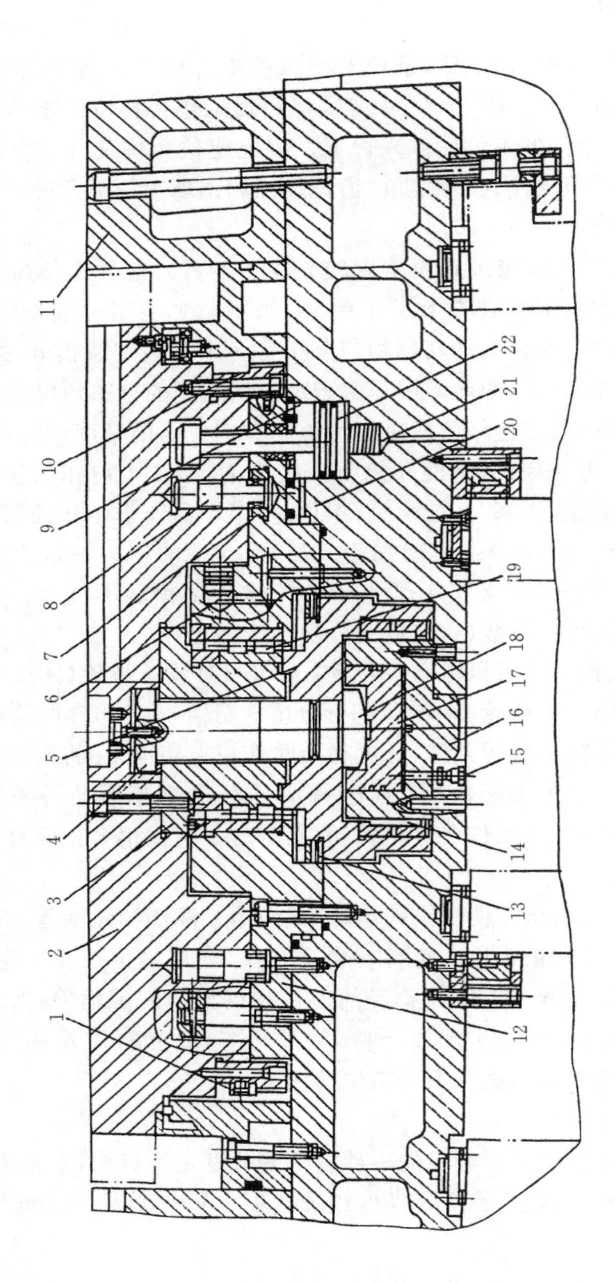

图 6-34　定位销式分度工作台

1—挡块;2—分度工作台;3—锥套;4—螺钉;5—支座;6—消除间隙液压缸;7—定位衬套;
8—定位销;9—锁紧液压缸;10—大齿轮;11—长方形工作台;12—底座;13,14,19—轴承;
15—油管;16—中央液压缸;17—活塞;18—螺柱;20—下底座;21—弹簧;22—活塞

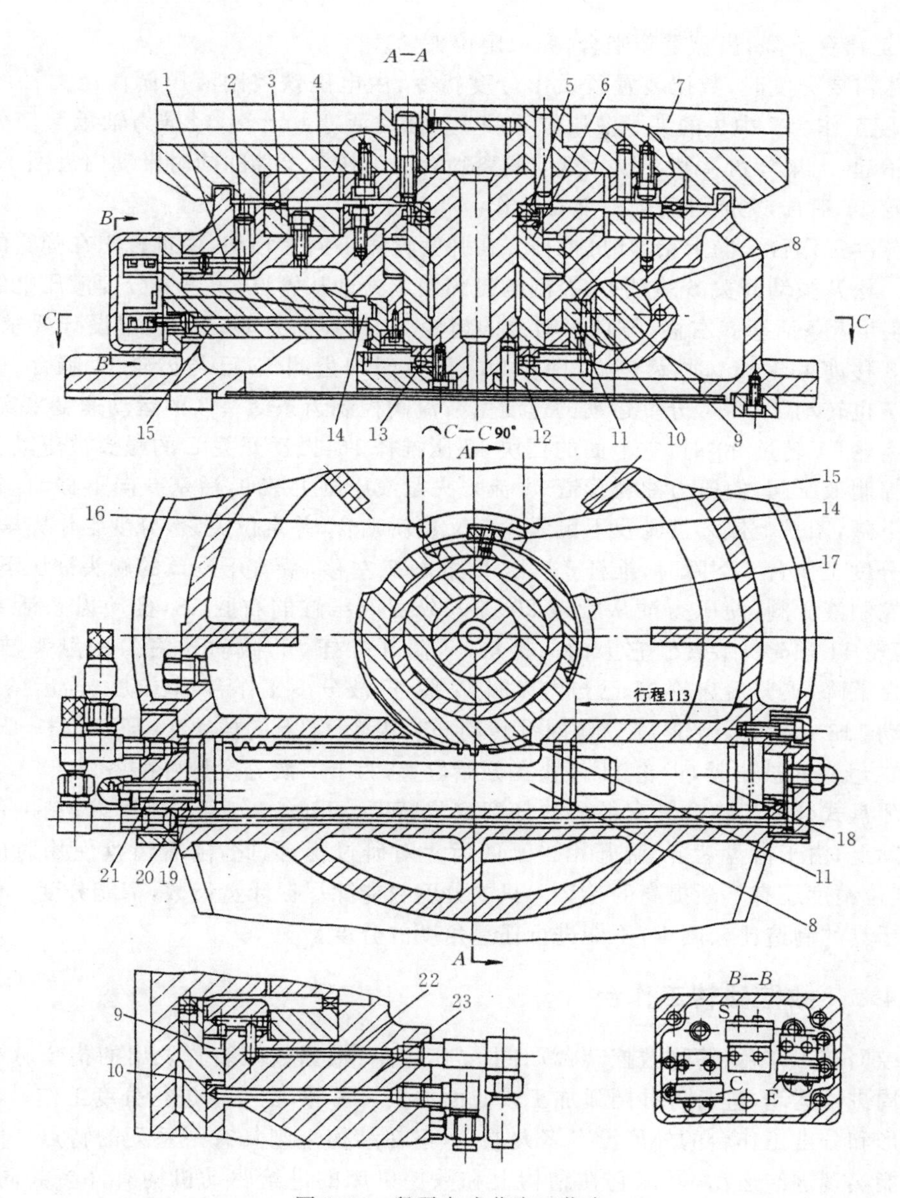

图 6-35　鼠牙盘式分度工作台

1、2、15、16—推杆；3—下鼠牙盘；4—上鼠牙盘；5、13—推力轴承；6—活塞；7—分度工作台；8—齿条活塞；9—夹紧液压缸上腔；10—夹紧液压缸下腔；11—齿轮；12—内齿圈；14、17—挡块；18—分度液压缸右腔；19—分度液压缸左腔；20、21—分度液压缸进回油管道；22、23—升降液压缸进回油管道

③ 工作台下降,齿盘重新啮合,完成定位夹紧。

机床需要分度时,数控装置就发出分度指令,由电磁铁控制液压阀使压力油经管道23至分度工作台7中央的夹紧液压缸下腔10,推动活塞6上移,经推力轴承5使分度工作台7抬起,上鼠牙盘4和下鼠牙盘3脱离啮合。工作台上移的同时带动内齿圈12上移并与齿轮11啮合,完成分度前的准备工作。

当分度工作台7向上抬起时,推杆2在弹簧作用下向上移动,使推杆1在弹簧的作用下右移。松开微动开关S的触头,控制电磁阀使压力油从管道21进入分度液压缸的左腔19内,推动齿条活塞8右移,与它相啮合的齿轮11作逆时针转动。根据设计要求,当齿条活塞8移动113 mm时,齿轮11回转90°,因这时内齿圈12已与齿轮11啮合,故分度工作台7也转动了90°。分度运动的速度由节流阀控制齿条活塞8的运动速度来实现。

当齿轮11转过90°时,它上面的挡块17压推杆16,微动开关E的触头被压紧。通过电磁铁控制液压阀,使压力油经管道22流入夹紧液压缸上腔9,活塞6向下移动,分度工作台7下降,于是上鼠牙盘4及下鼠牙盘3又重新啮合,并定位夹紧,分度工作完毕。

当分度工作台7下降时,推杆2被压下,推杆1左移,微动开关D的触头被压下,通过电磁铁控制液压阀,使压力油从管道20进入分度液压缸的右腔18,推动齿条活塞8左移,使齿轮11顺时针旋转。它上面的挡块17离开推杆16,微动开关E的触头被放松。因工作台下降,夹紧后齿轮11已与内齿圈12脱开,故分度工作台不转动。当齿条活塞8向左移动113 mm时,齿轮11就顺时针转动90°,齿轮11上的挡块14压下推杆15,微动开关C的触头又被压紧,齿轮11停止在原始位置,为下一次分度做好准备。

鼠牙盘式分度工作台具有很高的分度定位精度,可达±3″,定位刚度好,精度保持性好。实际上,由于齿盘啮合、脱开相当于两齿盘对研过程,因此,随着齿盘使用时间的延续,其定位精度还有不断提高的趋势。只要分度数能除尽鼠牙盘齿数,都能分度。但其缺点是鼠牙盘的制造比较困难,不能进行任意角度的分度。

6.4.2 数控回转工作台

数控回转工作台(简称数控转台)的主要作用是,根据数控装置发出的指令脉冲信号完成圆周进给运动,进行各种圆弧加工或曲面加工。另外,也可以进行分度工作。数控转台的外形和分度工作台的外形没有多大差别,但在结构上则具有一系列的特点。由于数控转台能实现进给运动,所以它在结构上和数控机床的进给驱动机构有许多共同之处。不同点是驱动机构实现的是直线进给运动,而数控转台实现的是圆周进给运动。数控转台可分为开环和闭环两种。

1. 开环数控转台

开环数控转台与开环直线进给机构一样,也可以用功率步进电动机来驱动。图6-36所示为某立式数控镗铣床的数控回转工作台。步进电动机3经过齿轮2($z_1=21$)、齿轮

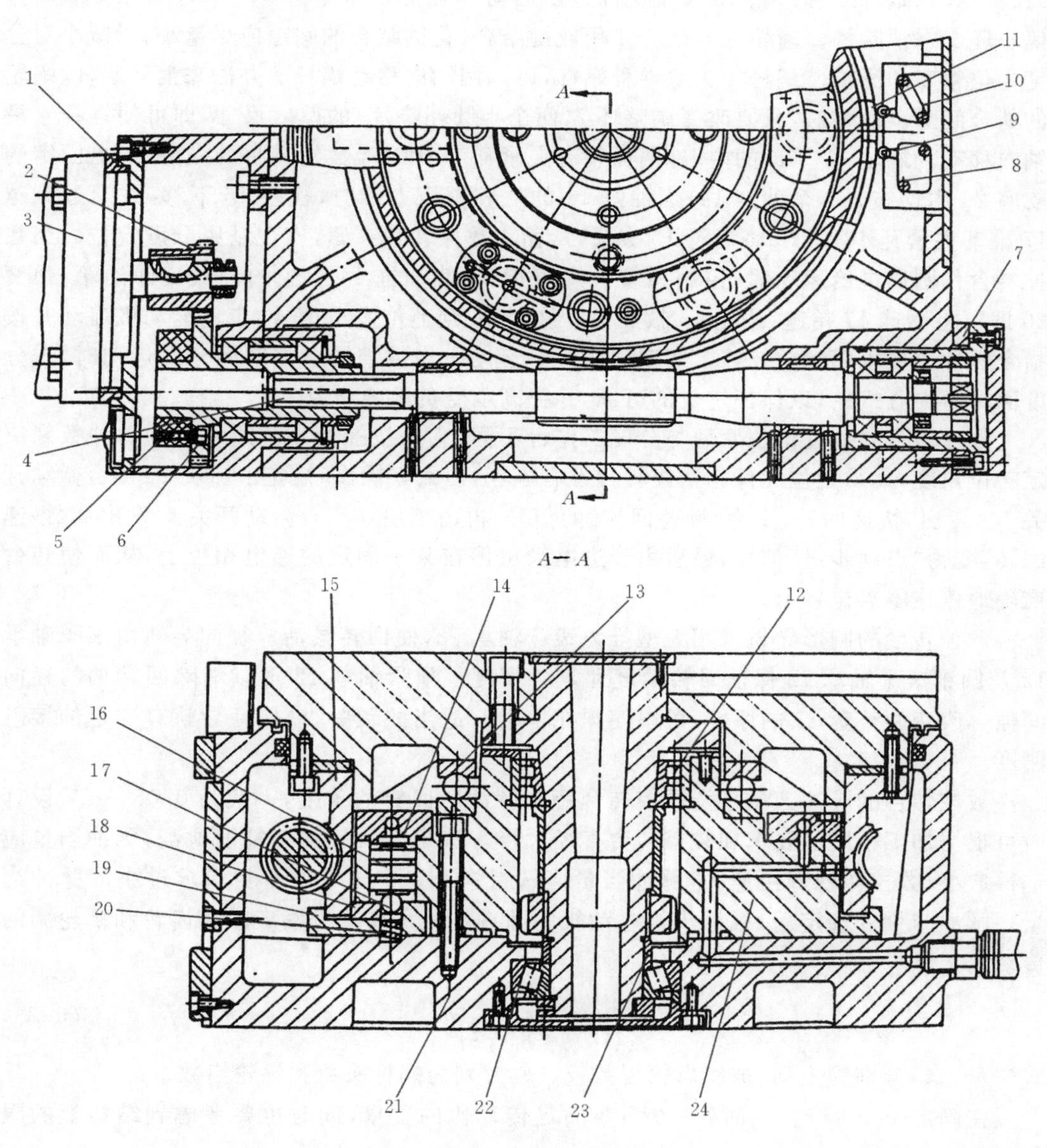

图 6-36　开环数控回转工作台

1—偏心环；2、6—齿轮；3—电动机；4—蜗杆；5—垫圈；7—调整环；8、10—微动开关；9、11—挡块；12、13—轴承；14—液压缸；15—蜗轮；16—柱塞；17—钢球；18、19—夹紧瓦；20—弹簧；21—底座；22—圆锥滚子轴承；23—调整套；24—支座

6(z_2=45)、蜗杆 4 和蜗轮 15 实现圆周进给运动。齿轮 2 和齿轮 6 的啮合间隙是靠调整偏心环 1 来消除的。齿轮 6 与蜗杆 4 用花键结合,花键结合的间隙应尽量小,以减小对分度定位精度的影响。蜗杆 4 为双导程蜗杆,可以用轴向移动蜗杆的办法来消除蜗杆、蜗轮的啮合间隙。调整时,只要改变调整环 7(两个半圆环垫片)的厚度尺寸,即可使蜗杆 4 沿轴向移动。蜗轮 15 下部的内、外两面装有夹紧瓦 18 和 19,数控转台的底座 21 上固定的支座 24 内均布有 6 个油缸 14,当油缸 14 的上腔进压力油时,柱塞 16 下移,并通过钢球 17 推动夹紧瓦 18 和 19 将蜗轮 15 夹紧,从而将数控转台夹紧,实现精密分度定位。当数控转台作圆周进给运动时,控制系统会发出指令,使油缸 14 上腔的油液流回油箱,弹簧 20 即可将钢球 17 抬起,蜗轮 15 被放松。柱塞 16 到上位发出信号,步进电动机启动并按指令脉冲的要求驱动数控转台实现圆周进给运动。当数控转台作圆周分度运动时,先分度回转再夹紧蜗轮,以保证定位的可靠,并提高承受负载的能力。

数控转台的分度定位原理与分度工作台不同,它是按控制系统所发出的脉冲数来决定转位角度,无须定位元件。数控转台设有零点,当回零操作时,先由挡块 11 压合微动开关 10,发出“快速回转”变为“慢速回转”的信号,再由挡块 9 压合微动开关 8,发出从“慢速回转”变为“点动步进”信号,最后由步进电动机停在某一固定的通电相位上,从而使转台准确地停在零点位置上。

数控转台的圆形导轨采用大型推力滚珠轴承 13,使回转灵活。径向导轨由滚子轴承 12 及圆锥滚子轴承 22 保证回转精度和定心精度。预紧轴承 12 可以消除回转轴的径向间隙。改变调整套 23 的厚度,可以使圆导轨上有适当的预紧力,保证导轨有一定的接触刚度。

数控转台的脉冲当量是指数控转台每个脉冲所回转的角度,一般为 $0.06'\sim2'$,设计时可根据加工精度的要求和数控转台直径大小来选定。一般加工精度愈高,脉冲当量应选得愈小;数控转台直径愈大,脉冲当量应选得愈小。但也不能盲目追求过小的脉冲当量。脉冲当量 δ 选定后,根据步进电动机的脉冲步距角 θ 就可确定减速齿轮和蜗轮副的传动。

$$\delta=\frac{z_1}{z_2}\times\frac{z_3}{z_4}\theta \tag{6-23}$$

式中:z_1、z_2分别为主动、被动齿轮齿数;z_3、z_4分别为蜗杆头数和蜗轮齿数。

在确定 z_1、z_2、z_3、z_4时,一方面要满足传动比的要求,同时也要考虑到结构上的限制。

2. 闭环数控转台

闭环数控转台的结构与开环数控转台的大致相同,其区别在于:闭环数控转台有转动角度的测量元件(圆光栅或圆感应同步器)。测量元件把所测量的结果反馈回去与指令值进行比较,按闭环原理进行工作,使转台定位精度更高。

图 6-37 所示为闭环数控转台的结构图,该数控转台用伺服电动机 15 通过减速齿轮 14、16 及蜗杆 12、蜗轮 13 带动工作台 1 回转,工作台 1 的转角位置通过圆光栅 9 测量。测量结果发出反馈信号与数控系统发出的指令信号进行比较,若有偏差,经放大后控制伺服电动机 15 朝消除偏差方向转动,使工作台 1 精确定位。当工作台 1 静止时,必须处于锁紧状态。台面的锁紧用均布的 8 个小液压缸 5 来完成。工作台的夹紧放松原理与图 6-36所示的相同。

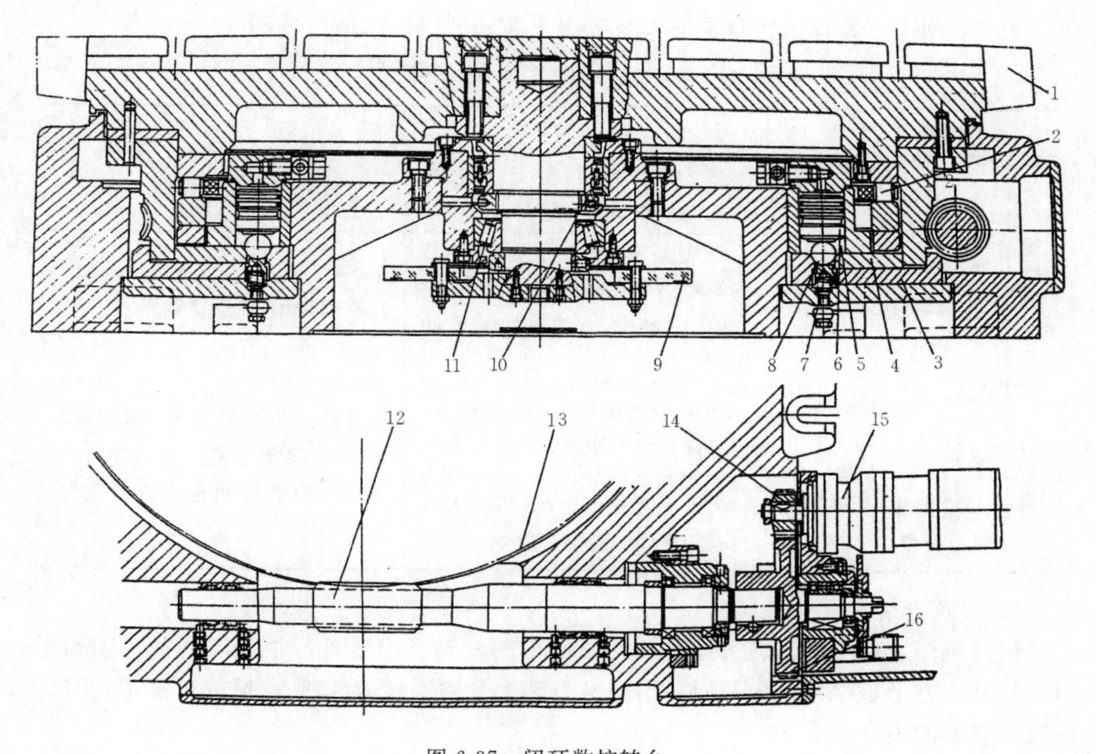

图 6-37 闭环数控转台

1—工作台;2—滚柱导轨;3、4—夹紧瓦;5—液压缸;6—活塞;7—弹簧;8—钢球;9—光栅;10、11—轴承;12—蜗杆;13—蜗轮;14、16—齿轮;15—电动机

数控转台的中心回转轴采用圆锥滚子轴承 11 及双列圆柱滚子轴承 10,并经预紧消除其径向和轴向间隙,以提高工作台的刚度和回转精度。工作台支承在镶钢滚柱导轨 2 上,运动平稳而且耐磨。

6.5 自动换刀装置

数控机床为了能在工件一次安装中完成多个工序甚至所有工序的加工,缩短辅助时间，减少因多次安装工件所引起的误差，应带有自动换刀装置。

自动换刀装置应当满足换刀时间短、刀具重复定位精度高、足够的刀具储存量、刀库占地面积小以及安全可靠等基本要求。

6.5.1 自动换刀装置的类型

各类数控机床的自动换刀装置的结构取决于机床的形式、工艺范围、刀具种类及数量等。表 6-5 列出了数控机床自动换刀装置的主要类型、特点、适用范围。

表 6-5 自动换刀装置的类型

类别形式		特点	适用范围
转塔型	回转刀架	多为顺序换刀，换刀时间短、结构简单紧凑、容纳刀具较少	各种数控机床、数控加工中心
	转塔头	顺序换刀，换刀时间短，刀具主轴都集中在转塔头上，结构紧凑，但刚度较差，刀具主轴数受限制	数控钻床、数控镗铣床
刀库式	刀具与主轴之间换刀	换刀运动集中，运动部件少，但刀库容量受限制	各种类型的自动换刀数控机床，要根据工艺范围和机床特点确定刀库数量和自动换刀装置类型
	用机械手配合刀具进行换刀	刀库只有选刀运动，机械手进行换刀运动，刀库容量大	

1. 回转刀架换刀

数控机床上使用的回转刀架是一种最简单的自动换刀装置。根据不同的加工对象，刀架具有四方形、六角形等多种形式，回转刀架上分别安装着 4 把、6 把或更多把刀具，并按数控装置的指令换刀。

回转刀架在结构上必须具有良好的强度和刚度，以承受粗加工时的切削抗力和减少刀架在切削力作用下的位移变形，提高加工精度。回转刀架还要选择可靠的定位方案和合理的定位结构，以保证回转刀架在每次转位之后具有高的重复定位精度（一般为 0.001～0.005 mm）。

1）六角回转刀架

图 6-38 所示为数控车床的六角回转刀架，适用于盘类零件的加工。在加工轴类零件时，可以换成四方刀架。由于两者底部的安装尺寸相同，更换刀架十分方便。六角回转刀架的全部动作由液压系统通过电磁换向阀和顺序阀进行控制。它的动作分为以下四个步骤。

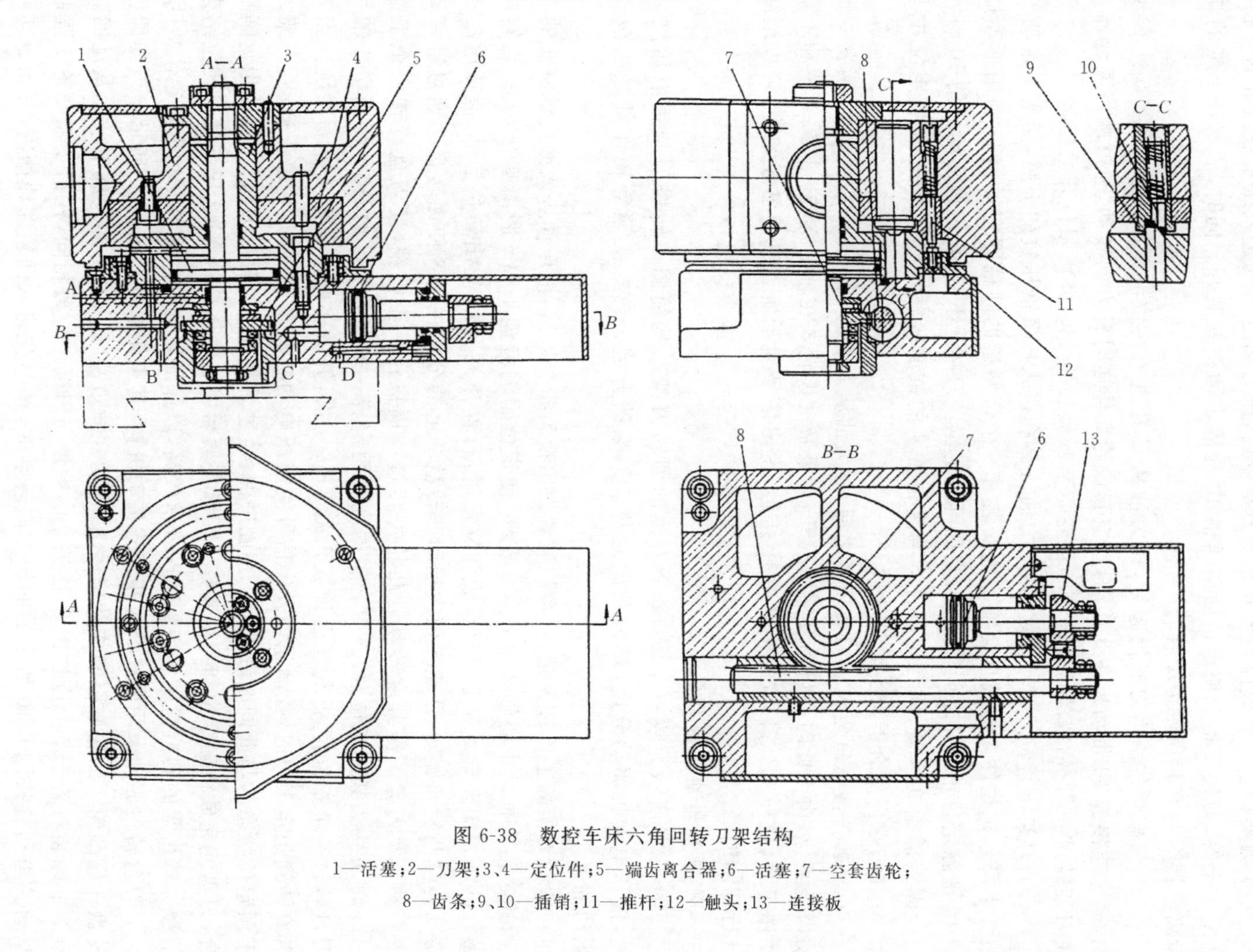

图 6-38 数控车床六角回转刀架结构

1—活塞;2—刀架;3、4—定位件;5—端齿离合器;6—活塞;7—空套齿轮;
8—齿条;9、10—插销;11—推杆;12—触头;13—连接板

(1) 刀架抬起。当数控装置发出换刀指令后，压力油由 A 孔进入压紧液压缸的下腔，活塞 1 上升，刀架 2 抬起使定位活动插销 10 与固定插销 9 脱开。同时，活塞杆下端的端齿离合器 5 与空套齿轮 7 结合。

(2) 刀架转位。当刀架抬起后，压力油从 C 孔进入转位液压缸左腔，活塞 6 向右移动，通过连接板 13 带动齿条 8 移动，使空套齿轮 7 作逆时针方向转动，通过端齿离合器 5 使刀架转过 60°。活塞的行程应等于齿轮 7 节圆周长的 1/6，并由限位开关控制。

(3) 刀架压紧。刀架转位之后，压力油从 B 孔进入压紧液压缸的上腔，活塞 1 带动刀架 2 下降。定位件 3 的底盘上精确地安装着 6 个带斜楔的圆柱固定插销 9，利用活动插销 10 消除定位销与孔之间的间隙，实现可靠定位。刀架 2 下降时，定位活动插销 10 与另一个固定插销 9 卡紧，同时定位件 3 与定位件 4 的锥面接触，刀架在新的位置定位并压紧。这时，端齿离合器与空套齿轮脱开。

(4) 转位液压缸复位。刀架压紧之后，压力油从 D 孔进入转位液压缸右腔，活塞 6 带动齿条复位，由于此时端齿离合器已脱开，齿条带动齿轮 3 在轴上空转。如果定位和压紧动作正常，推杆 11 与相应的接触头 12 接触，发出信号表示换刀过程已经结束，可以继续进行切削加工。

2) 液压驱动回转刀架

图 6-39 所示为数控车床 12 个刀位的回转刀架结构简图。转塔刀架用液压缸夹紧，液压电动机驱动分度，端齿盘副定位。刀架的升起、转位、夹紧等动作都是由液压驱动的。

这种刀架的工作过程是：当数控装置发出换刀指令以后，液压油进入液压油缸 1 的右腔，通过活塞推动中心轴 2 使刀盘 3 左移，使定位副端齿盘 4 和 5 脱离啮合状态，为转位做好准备。端齿盘 4、5 处于完全脱开位置时，行程开关 XK2 发出转位信号，液压电动机带动转位凸轮 6 旋转，凸轮 6 依次推动回转盘 7 上的分度柱销 8 使回转盘 7 通过键带动中心轴 2 及刀盘 3 作分度转动。凸轮每转过一周拨过一个柱销，使刀盘旋转一个工位（$1/n$周，n 为刀架的工位数）。中心轴的尾端固定着一个有 n 个齿的凸轮，每当中心轴和刀盘转过一个工位时，凸轮压合计数开关 XK1 一次，开关将此信号送入控制系统。当刀盘旋转到预定工位时，控制系统发出信号使液压电动机刹车，转位凸轮停止运动，刀架处于预定位状态。与此同时液压缸 1 左腔进油，通过活塞将中心轴和刀盘拉回，端齿盘副啮合，刀盘便完成精确定位和夹紧动作。刀盘夹紧后中心轴尾部将 XK2 压下发出转位结束信号。端齿盘的制造精度和装配精度要求较高，以保证转位的分度精度和重复定位精度。

刀盘转位驱动采用圆柱凸轮步进式传动机构，其工作原理如图 6-40 所示。刀架即回转盘 3 靠凸轮 1 的轮廓强制作转位运动，运动规律取决于凸轮 1 的轮廓形状。从动回转盘 3 下端装有若干个分度柱销 2，柱销 2 的数量与刀架工位数相同，柱销 2 靠凸轮 1 强制驱动。当凸轮按图 6-40 所示的回转方向转动时，销 B 先进入凸轮曲线槽内，开始驱动回

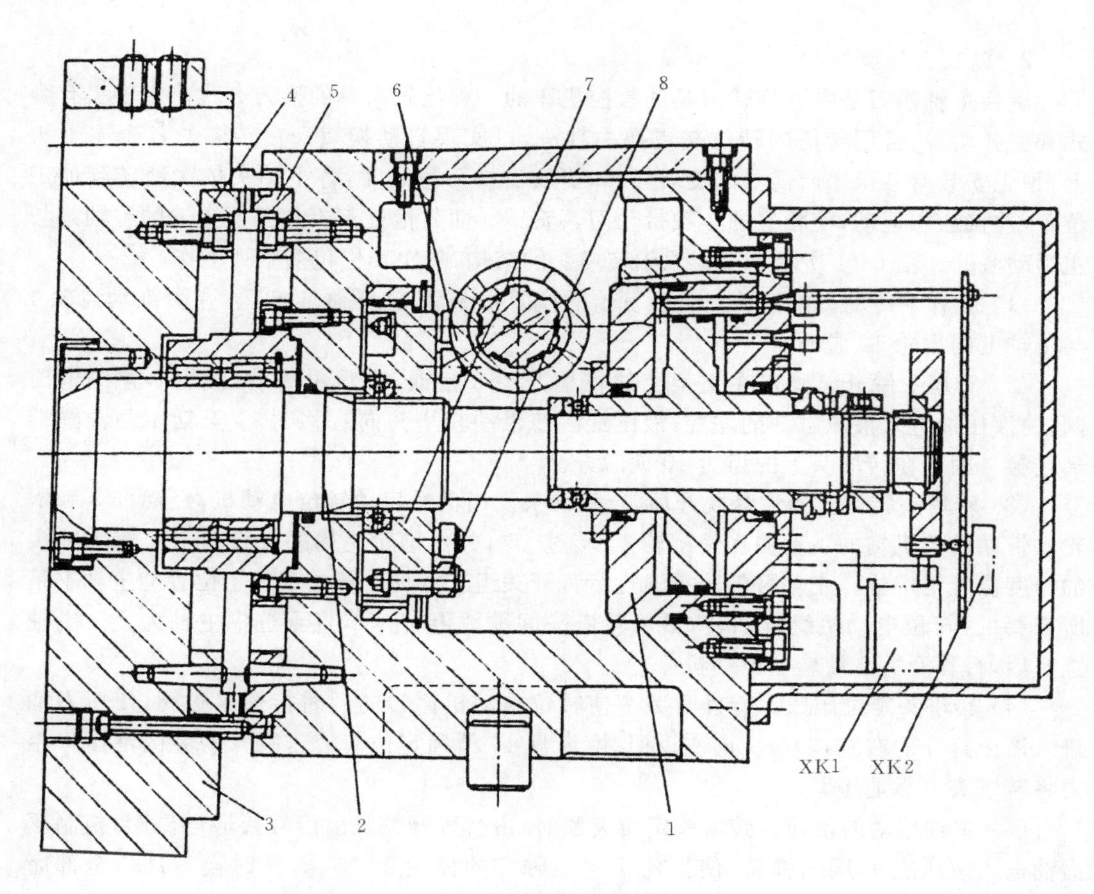

图 6-39　液压驱动回转刀架

1—液压缸；2—刀架中心轴；3—刀盘；4、5—端齿盘；6—转位凸轮；7—回转盘；8—分度柱销；XK1—计数行程开关；XK2—啮合状态行程开关

转盘 3 转位，与此同时，销 A 脱离凸轮槽，当凸轮转过 180°时，转位动作终了，销 B 从凸轮轮廓曲线段过渡到直线段；同时，与销 B 相邻的销 C 和凸轮的直线轮廓另一侧开始接触。此时，即使凸轮 1 继续回转，回转盘 3 也不会转动，因为销 B 和销 C 同时与凸轮直线轮廓的侧面接触，限制了回转盘 3 转动。此时刀架处于预定位状态，转位动作结束。由于转位凸轮 1 是两端开口的非闭合曲线，凸轮正反转均可带动回转盘 3 作正反两个方向的转动。圆柱凸轮步进式转位机构运动特性可根据需要自由设计，转位速度高，但精度低，制造成本较高。

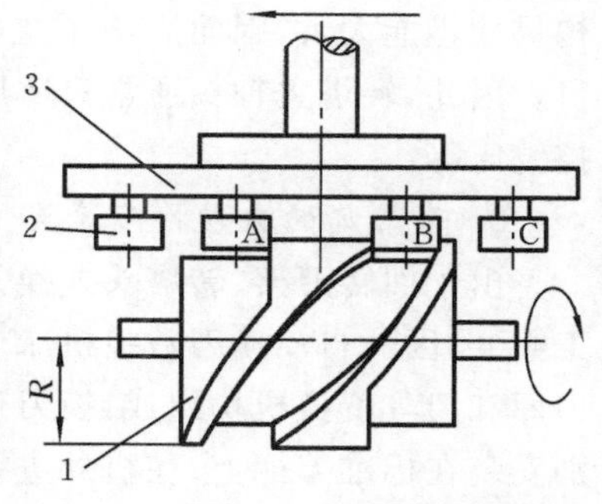

图 6-40　圆柱凸轮步进式传动机构

1—凸轮；2—分度柱销；3—回转盘

2. 更换主轴换刀

更换主轴换刀是带有旋转刀具的数控机床的一种比较简单的换刀方式。主轴头有卧式和立式两种,常用转塔的转位来更换主轴头,以实现自动换刀。在转塔的各个主轴头上,预先安装有各工序所需要的旋转刀具,当发出换刀指令时,各主轴头依次地转到加工位置,并接通主运动,使相应的主轴带动刀具旋转。而其他处于不加工位置上的主轴都与主运动脱开。图 6-41 所示为立式八轴转塔头的结构,每次转位包括下列动作。

(1) 脱开主传动。接到数控装置发出的换刀指令后,液压缸 4 卸压,弹簧推动齿轮 1 与主轴上的齿轮 12 脱开。

(2) 转塔头脱开。固定在支架上的行程开关 3 接通,表示主传动已脱开,控制电磁阀,使液压油进入液压缸 5 的左腔,液压缸活塞带动转塔头向右移动,直至活塞与油缸端部接触。固定在转塔头上的齿盘 10 便脱开。

(3) 转塔头转位。当齿盘脱开后,行程开关发出信号启动转位电动机,经蜗杆 8 和蜗轮 6 带动槽轮机构的主动曲拐使槽轮 11 转过 45°,并由槽轮机构的圆弧槽来完成主轴头的分度位置粗定位。主轴号的选择通过行程开关组来实现。若处于加工位置的主轴不是所需要的,转位电动机继续回转,带动转塔头间歇地再转 45°,直至选中主轴为止。主轴选好后,行程开关 7 使转位电动机停转。

(4) 转塔头定位压紧。行程开关 7 使转位电动机停转的同时接通电磁阀,使压力油进入液压缸 5 的右腔,转塔头向左返回,由齿盘 10 精确定位。液压缸 5 右腔的油压作用力将转塔头可靠地压紧。

(5) 主轴传动的接通。转塔头定位夹紧时,由行程开关发出信号接通电磁阀,控制压力油进入液压缸 4,压缩弹簧,使齿轮 1 与主轴上的齿轮 12 啮合,此时换刀动作全部完成。

更换主轴换刀,省去了自动松夹,卸刀、装刀,以及刀具搬运等一系列的复杂操作,从而缩短了换刀时间,并且提高了换刀的可靠性。但是由于空间位置的限制,使主轴部件结构尺寸不能太大,因而影响了主轴系统的刚度。为了保证主轴的刚度,必须限制主轴数目。因此,转塔主轴头通常只适用于工序较少、精度要求不太高的机床,例如数控钻床、数控铣床等。

3. 带刀库的自动换刀装置

由于回转刀架、转塔头式换刀装置容纳的刀具数量不能太多,满足不了复杂零件的加工需要,因此自动换刀数控机床多采用刀库式自动换刀装置。带刀库的自动换刀系统由刀库和刀具变换机构组成,换刀过程较为复杂。首先,要把加工过程中使用的全部刀具分别安装在标准刀柄上,在机外进行尺寸预调整后,按一定的顺序放入刀库。换刀时,先在刀库中选刀,然后由刀具交换装置从刀库或主轴(或是刀架)取出刀具,进行交换,将新刀装入主轴(或刀架),把旧刀放回刀库。刀库具有较大的容量,既可安装在主轴箱的侧面或

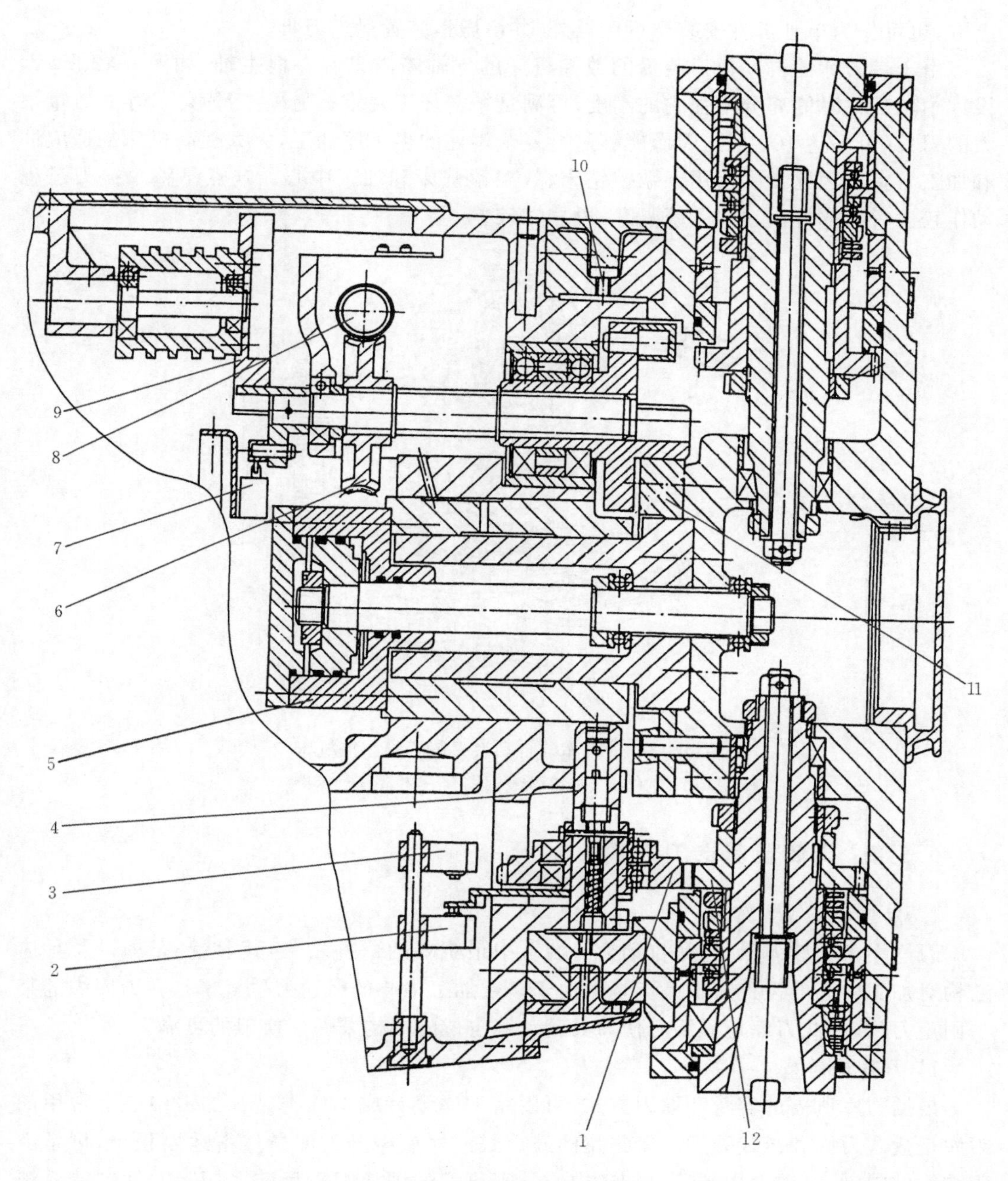

图 6-41 立式八轴转塔头的结构

1—齿轮;2、3、7—行程开关;4、5—液压缸;6—蜗轮;8—蜗杆;9、10—齿盘;11—槽轮;12—齿轮

上方，也可作为单独部件安装到机床以外，并由搬运装置运送刀具。

由于带刀库的自动换刀装置的数控机床的主轴箱内只有一根主轴，如图 6-42 所示，设计主轴部件时能充分增强它的刚度，可满足精密加工要求。另外，刀库可以存放数量很大的刀具(可多达 100 把)，因而能够进行复杂零件的多工序加工，大大提高机床的适应性和加工效率。因此特别适用于数控钻床、数控镗铣床和加工中心。缺点是整个换刀过程动作较多，换刀时间较长，系统复杂，可靠性较差。

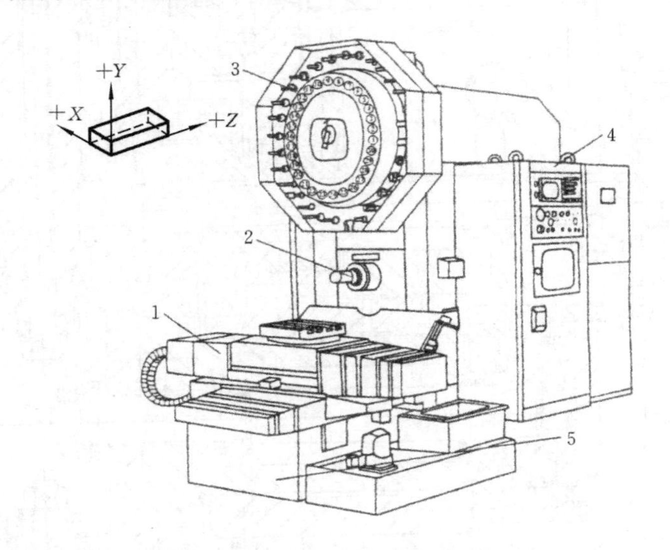

图 6-42　带刀库的自动换刀装置的数控机床

1—工作台；2—主轴；3—刀库；4—数控柜；5—床身

6.5.2　刀库及其选刀方式

1. 刀库的类型与容量

刀库用来存放刀具，它是自动换刀装置中最主要的部件之一，其容量、布局以及具体结构对加工中心的设计有很大影响。由于多数加工中心的取送刀位置都是在刀库中的某一固定刀位，因此刀库还需要有使刀具运动及定位的机构来保证换刀的可靠。

1) 刀库的类型

根据刀库所需的容量和取刀方式，可以将刀库设计成不同类型。加工中心上常用的刀库是盘式刀库和链式刀库。密集型的鼓筒式刀库或格子刀库虽然占地面积小，可是由于结构的限制，已很少用于单机加工中心。密集型的固定刀库目前多用于柔性制造系统中的集中供刀系统。

(1) 盘式刀库。盘式刀库结构简单，应用较多，如图 6-43 所示。由于刀具呈环形排

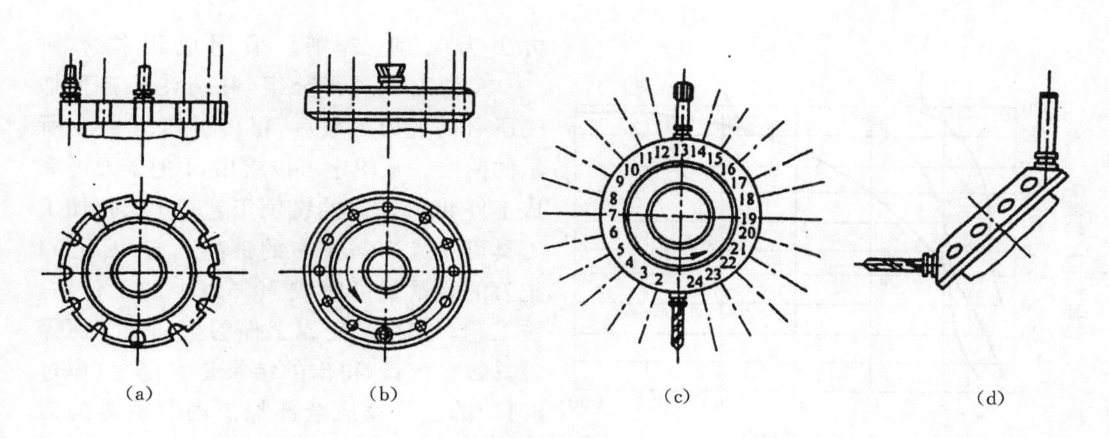

图 6-43　盘式刀库的形式

(a) 径向取刀形式；(b) 轴向取刀形式；(c)刀具径向安装；(d) 刀具斜向安装

列，空间利用率低，因此出现了将刀具在盘中进行双环或多环排列，以增加空间的利用率的设计。但这样一来，刀库的外径过大，转动惯量也很大，选刀时间也较长。因此，盘式刀库一般适用于刀具容量较少的刀库。

(2) 链式刀库。如图 6-44 所示，链式刀库结构紧凑，刀库容量较大，链环的形状可以根据机床的布局配置成各种形状，也可将换刀位突出以利换刀。当链式刀库需增加刀具容量时，只需增加链条的长度和支承链轮的数目，在一定范围内，无须变更线速度及惯量。这些特点也为系列刀库的设计与制造带来了很大的方便，可以满足不同使用条件。一般刀具数量在 30～120 时，多采用链式刀库。

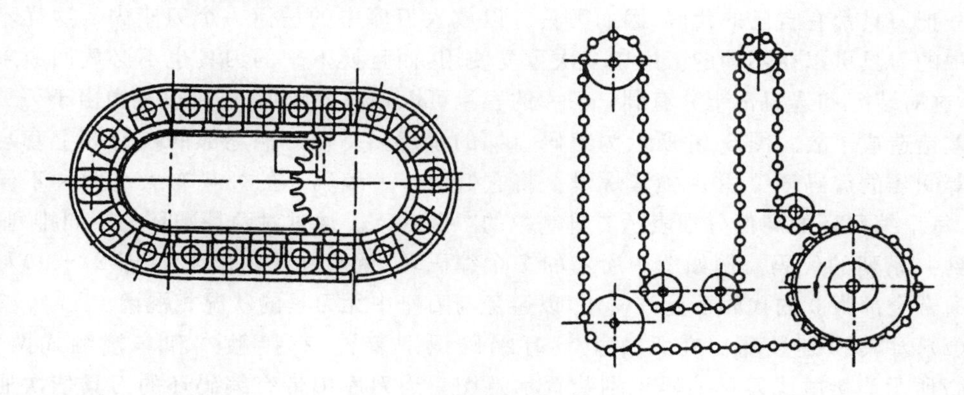

图 6-44　链式刀库的形式

2) 刀库的容量

刀库中的刀具并不是越多越好，太大的容量会增加刀库的尺寸和占地面积，使选刀过程时间增长。刀库的容量首先要考虑加工工艺的需要。例如，立式加工中心的主要加工

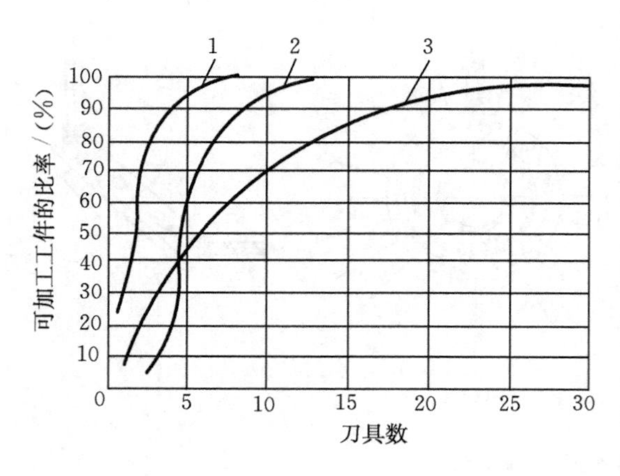

图 6-45　加工工件与刀具数量的关系

1—铣削;2—车削;3—钻削

方法为钻削、铣削。采用成组技术对15 000种工件进行分组,并统计了各种加工所必需的刀具数后,得出了如图 6-45 所示的曲线。从图中可以看出,4 把铣刀可完成工件 90%左右的铣削工艺,10 把孔加工刀具可完成 70%左右的钻削工艺,因此 14 把刀的容量就可完成 70%以上的工件钻、铣工艺。如果从完成工件的全部加工所需刀具数目统计,得出的结果是大部分(超过 80%)的工件完成全部加工内容所需的刀具数在 40 种以下。所以一般中小型立式加工中心配有 14～30 把刀具的刀库就能够胜任 70%～95%的工件加工需要。盲目地加大刀库容量,将会使刀库的利用率降低,结构复杂,造成不必要的浪费。

2. 刀库的选刀方式

按数控装置的刀具选择指令,从刀库中挑选各工序所需要的刀具的操作称为自动选刀。自动选刀的实现,需要对刀具进行编码,然后通过某种方式来选择。

1) 刀具的编码

(1) 刀具编码方式。刀具的编码方式采用了一种特殊的刀柄结构,对每把刀柄进行编码。换刀时通过编码识别装置,根据换刀指令代码,在刀库中寻找出所需要的刀具。由于每一把刀具都有自己的代码,因而刀具可以放入刀库中的任何一个刀座内。这样不仅刀库中的刀具可以在不同的工序中多次重复使用,而且换下来的刀具也不必放回原来的刀座,这对装刀和选刀都十分有利。刀库的容量可以相应地减小,还可以避免由于刀具顺序的差错造成事故。图 6-46 所示为编码刀柄的示意图。在刀柄尾部的拉钉 3 上套装着一组等间隔的编码环 1,并由锁紧螺母 2 将它们固定。编码环的外径有大小两种不同的规格,每个编码环的高低分别表示二进制数的“1”和“0”。通过对两种圆环的不同排列,可以得到一系列的代码。例如图中所示的 7 个编码环,就能够区别出 127(即 2^7-1)种刀具。通常全部为 0 的代码不允许使用,以避免与刀座中无刀具的状况相混淆。

(2) 刀具识别装置。在刀库上设有编码识别装置,有接触式和非接触式两类。图 6-47所示为接触式刀具编码识别装置示意图。当刀库中带有编码环的刀具依次通过编码识别装置时,识别装置中的触针分别与编码环的大环接触,相应的继电器通电,其数码为“1”;触针与小环不接触,相应的继电器不通电,其数码为“0”。当识别装置的继电器读出的数码与所需刀具的编码一致时,控制装置就发出信号使刀库停止回转。这时,加工所需刀具就准确地停留在取刀位置上,等待机械手从刀库中将刀具取出。接触式刀具识别

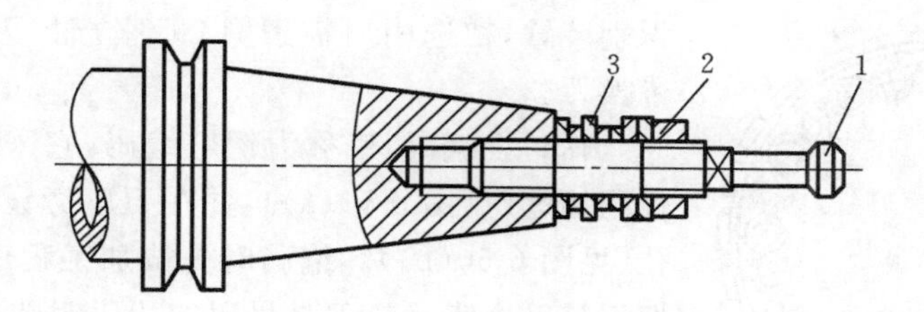

图 6-46　编码刀柄示意图

1—编码环;2—锁紧螺母;3—拉紧螺杆

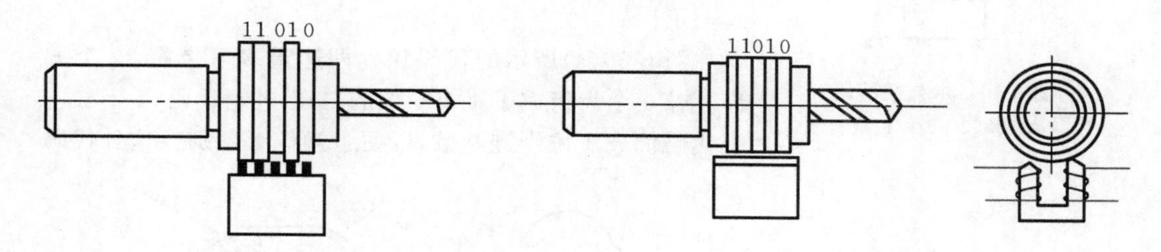

图 6-47　接触式刀具识码　　　　图 6-48　非接触式刀具识码

装置结构简单,但由于触针易磨损,故寿命较短,可靠性较差,且难以快速选刀。

除了机械接触识别方法之外,还可以采用非接触式的磁性或光电识别方法。图 6-48 所示为非接触式磁性刀具编码识别装置示意图。编码环用直径相等的导磁材料(如软钢等)和非导磁材料(如黄铜、塑料等)制成,分别表示二进制数“1”和“0”。识别装置由一组感应线圈组成。刀库中的刀具通过识别装置时,对应软钢编码环的线圈感应出高电平(表示 1),其余线圈则输出低电平(表示 0),然后再经过专门的识别电路选出所需刀具。磁性识别装置没有机械接触和磨损,因此可以快速选刀,而且结构简单、工作可靠、寿命长、无噪声。

(3) 刀座编码方式。刀座编码方式是对刀库的刀座进行编码,并将与刀座编码相对应的刀具一一放入指定的刀座中,然后根据刀座的编码来进行刀具选取的方式。刀座编码方式取消了刀柄中的编码环,使刀柄的结构大为简化,因此刀具识别装置的结构就不受刀柄尺寸的限制,而且可以放置在较为合理的位置。采用这种编码方式时,当操作者把刀具误放入与编码不符的刀座内,仍然会造成事故。而且在刀具自动交换过程中,必须将用过的刀具放回原来的刀座内,这样就增加了刀库动作的复杂性。

刀座编码方式可分为永久性编码和临时性编码两种。一般情况下,永久性编码是将一种与刀座编号相对应的刀座编码板安装在每个刀座的侧面,编码固定不变。图 6-49 所示为圆盘形刀库的刀座编码装置。圆盘周围均布若干个刀座,其外侧边沿装有相应的刀座编码块 1,在刀库的下方装有固定不动的刀座识别装置。刀库旋转使刀具(刀座)通过

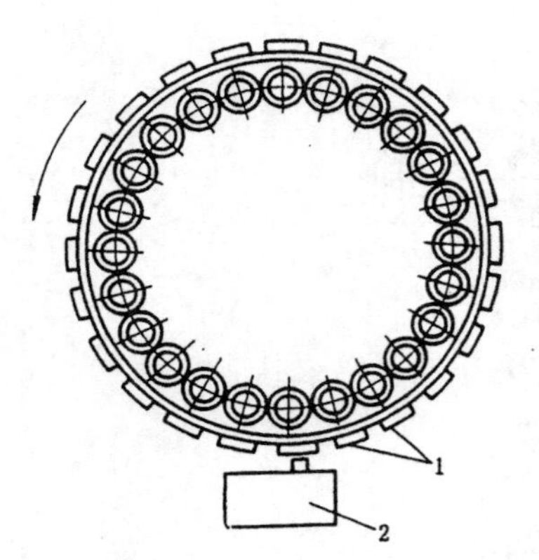

图 6-49　永久性编码

1—编码块；2—刀座识别装置

识别装置，在选中所需刀具（刀座）时，刀库停止转动，等待换刀。

临时性编码，也称为钥匙编码，它采用了一种专用的代码钥匙（见图 6-50(a)），并在刀座旁设专用的代码钥匙孔（见图 6-50(b)）。编码时先按加工程序的规定，给每一把刀具系上表示该刀具号码的代码钥匙，在刀具任意放入刀座的同时，将对应的代码钥匙插入该刀座旁的代码钥匙孔内，通过钥匙把刀具的代码记到该刀座上，从而给刀座编上了代码。

图 6-50(a)所示的代码钥匙两边最多可带有 22 个方齿，前 20 个齿组成了 1 个 5 位的二-十进制代码，4 个二进制代码代表 1 位十进制数，以便于操作者识别。这种代码

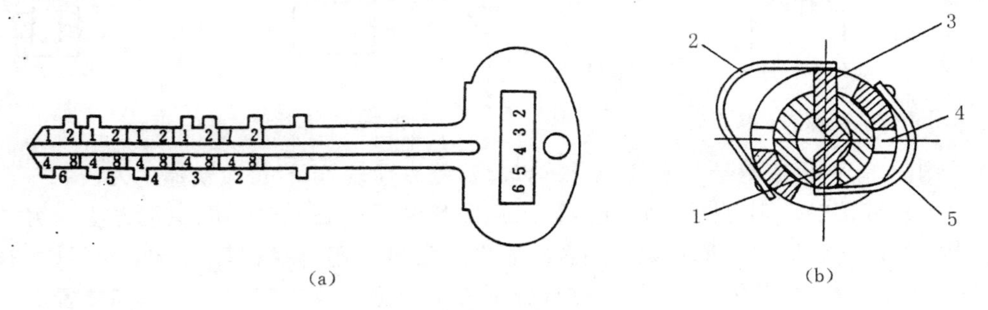

图 6-50　钥匙编码

(a) 代码钥匙；(b) 刀座编码原理

1—钥匙；2、5—接触片；3—钥匙齿；4—钥匙孔座

钥匙就可以给出从 1 到 99999 之间的任何一个号码，并将对应的号码打印在钥匙的正面。采用这种方法可以给大量的刀具编号。每把钥匙的最后两个方齿起定位作用，只要钥匙插入刀库，就发出信号表示刀座已编上了代码。

刀座编码原理如图 6-50(b)所示。钥匙 1 沿水平方向的钥匙缝插入钥匙孔座，然后顺时针方向旋转 90°，处于钥匙有齿部分 3 的接触片 2 被撑起，表示代码“1”，处于无齿部分的接触片 5 保持原状，表示代码“0”。刀库上装有数码读取装置，它由两排呈 180°分布的电刷组成。当刀库转动选刀时，钥匙孔座的两排接触片依次地通过电刷，依次读出刀座的代码，直到寻找到所需要的刀具。

这种编码方式称为临时性编码的原因是因为在更换加工对象、取出刀库中的刀具之后，刀座原来的编码会随着编码钥匙的取出而消失。这种方式具有更大的灵活性，各个工厂可以对大量刀具刀库中的每一种用统一的固定编码，对于程序编制和刀具管理都十分

有利。而且在刀具放入刀库时,不容易发生人为差错。但临时性编码方式仍然必须把用过的刀具放回到原来的刀座中,这是它的主要缺点。

2) **刀具的选择方式**

常用的刀具选择方式有顺序选刀和任意选刀两种。

(1) 顺序选刀。刀具的顺序选择方式是将刀具按加工工序的顺序,依次放入刀库的每一个刀座内,每次换刀时,刀库按顺序转动一个刀座的位置,并取出所需要的刀具。已经使用过的刀具可以放回到原来的刀座内,也可以按顺序放入下一个刀座内。采用这种方式的刀库,不需要刀具识别装置,驱动控制也较简单,可以直接由刀库的分度机构来实现。因此刀具的顺序选择方式具有结构简单、工作可靠等优点。但刀库中的刀具在不同的工序中不能重复使用,因而必须相应地增加刀具的数量和刀库的容量,这样就降低了刀具和刀库的利用率。此外,人工装刀必须十分谨慎,一旦刀具在刀库中的顺序发生差错,将会造成严重事故。这种方式适合加工批量较大、工件品种数量较少的中小型加工中心。

(2) 任意选刀。随着计算机技术的发展,目前绝大多数数控系统都具有刀具任选功能。任选刀具的换刀方式可以由刀座编码、刀具编码和记忆等方式来实现。

刀座编码或刀具编码都需要在刀具或刀套上安装识别编码条,一般都根据二进制数编码原理进行编码。刀具编码选刀方式采用了一种特殊的刀柄结构,并对每把刀具编码。由于每把刀具都具有自己的代码,因而刀具可以放在刀库中的任何一个刀座内,这样不仅刀库中的刀具可以在不同的工序中多次重复使用,而且换下的刀具也不用放回原来的刀座。这对装刀和选刀都十分有利,刀库的容量也可以相应减小,而且还可以避免由于刀具顺序的差错所造成的事故。但是由于每把刀具上都带有专用的编码系统,这会使刀具的长度加长,制造困难,刀具刚度降低,同时使得刀库和机械手的结构也变得比较复杂。对于刀座编码的方式,一把刀具只对应一个刀座,从一个刀座中取出的刀具必须放回同一刀座中,取送刀具十分麻烦,换刀时间长。因此,无论是刀具编码还是刀座编码都给换刀系统带来麻烦。

目前,在加工中心上绝大多数都使用记忆式的任选方式。这种方式能使刀库上的刀具与主轴上的刀具直接交换,即随机任意选刀、换刀。主轴上换上的新刀号及送回刀库中的刀具号,均在计算机内部相应的存储单元记忆,不论刀具放在哪个地址,都始终能跟踪记忆。刀库上装有位置检测装置,可以检测出每个刀座的位置。这样刀具就可以任意取出并送回。这种刀具选择方式需在计算机内部设置一个模拟刀库的数据表,其长度和表内设置的数据与刀库的刀座位置数和刀具号相对应。这种方法主要用软件完成选刀,从而消除了由于识别装置的稳定性、可靠性所带来的选刀失误。

3. *刀库结构*

下面以 JCS-018 型立式加工中心为例,介绍其刀库的结构组成及传动过程。

1) 换刀过程

刀库位于立柱左侧,其中刀具的安装方向与主轴轴线垂直,如图 6-51 所示。换刀前应改变在换刀位置的刀具轴线方向,使之与主轴轴线平行。某工序加工完毕,主轴在"准停"位置,由自动换刀装置换刀,其过程如下。

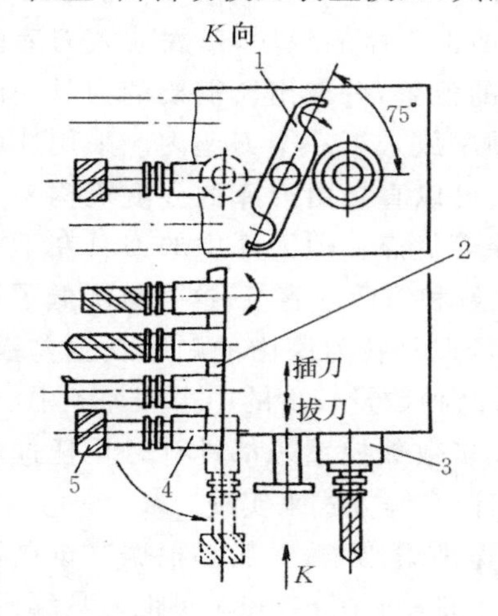

图 6-51 自动换刀过程示意图

1—机械手;2—刀库;3—主轴;4—刀座;5—刀具

(1) 刀座下转 90°。换刀前,刀库 2 转动,将待换刀具 5 送到换刀位置。之后,把带有刀具 5 的刀座 4 向下翻转 90°,使刀具轴线与主轴轴线平行。

(2) 机械手抓刀。机械手 1 从原始位置顺时针旋转 75°(*K* 向观察),两手爪分别抓住刀库上和主轴 3 上的刀柄。

(3) 刀具松开。机械手抓住主轴刀具的刀柄后,自动夹紧机构便松开刀具。

(4) 机械手拔刀。机械手下降,同时拔出两把刀具。

(5) 刀具位置交换。机械手带着两把刀具逆时针旋转 180°(*K* 向观察),交换主轴刀具和刀库刀具的位置。

(6) 机械手插刀。机械手上升,分别把刀具插入主轴锥孔和刀套中。

(7) 刀具夹紧。刀具插入主轴锥孔后,主轴内的刀具自动夹紧机构夹紧刀具。

(8) 液压缸活塞复位。驱动机械手逆时针旋转 180°的液压缸活塞复位(机械手无动作)。

(9) 机械手松刀。机械手 1 逆时针旋转 75°(*K* 向观察),松开刀具回到原始位置。

(10) 刀座上转 90°。刀座带着刀具向上翻转 90°。

2) 刀库的结构与传动

如图 6-52(a)所示,当数控装置发出选刀指令后,直流伺服电动机 1 经十字联轴器 2 和蜗杆 4、蜗轮 3 带动图 6-52(b)所示的刀盘 14 和安装在其上面的 16 个刀座 13 旋转,完成选刀工作。当待换刀具转到换刀位置时,刀座尾部的滚子 11 转入拨叉 7 的槽内。这时,汽缸 5 的下腔通入压缩空气,活塞杆 6 带动拨叉 7 上升,同时松开行程开关 9,用以断开相应的电路,防止刀库、主轴等出现误动作。如图 6-52(b)所示,拨叉 7 在上升的过程中,将带动刀座绕着销轴 12 逆时针向下翻转 90°,使刀具轴线与主轴轴线平行。这时,拨叉 7 上升到终点,压下行程开关 10,发出信号使机械手抓刀。利用图 6-52(a)中的螺杆 8 可以调整拨叉的行程,而拨叉的行程大小又决定刀具轴线相对主轴轴线的位置。

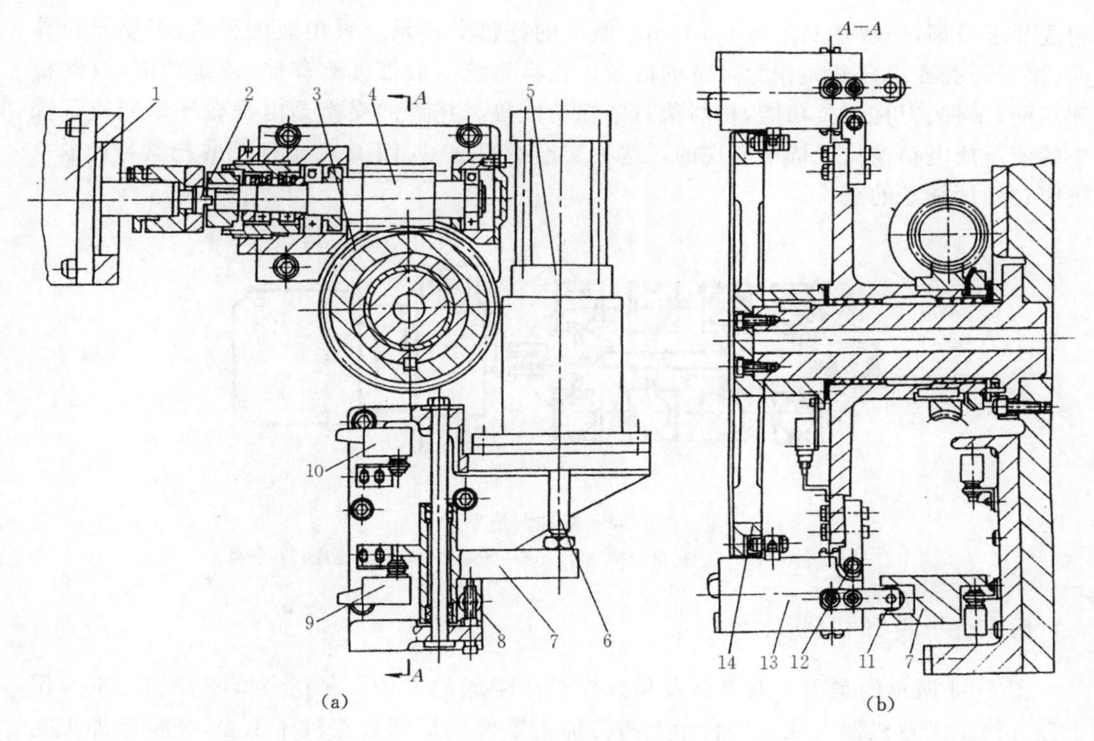

图 6-52　刀库结构图

1—电动机；2—联轴器；3—蜗轮；4—蜗杆；5—汽缸；6—活塞杆；7—拨叉；

8—螺杆；9、10—行程开关；11—滚子；12—销轴；13—刀座；14—刀盘

6.6　其他辅助装置

6.6.1　托盘交换装置

在柔性制造系统(FMS)中，工件一般是用夹具定位夹紧的，而夹具被安装在托盘上。当工件在机床上加工时，托盘支撑着工件完成加工任务；当工件输送时，托盘又承载着工件和夹具在机床之间进行传送。托盘结构形状一般类似于加工中心的工作台，通常为正方形结构，它带有大倒角的棱边和T形槽，以及用于夹具定位和夹紧的凸榫。

在加工中心的基础上配置更多(5个以上)的托盘，可组成环形回转式托盘库(automatic pallet changer，APC)，称为柔性制造单元(FMC)，如图6-53所示。托盘支承在圆柱环形导轨上，由内侧的环链拖动而回转，链轮由电动机驱动。托盘的选定和停止位置由可编程控制器(PLC)进行控制，借助终端开关、光电识别器来实现。精密的托盘交换定位

精度要求极高，一般达到±0.005 mm。更多的托盘交换系统采用液压驱动，滚动导轨导向，接近开关或组合开关作为定位的信号。托盘系统一般都具有存储、运送功能，自动检测功能，工件、刀具归类功能，切削状态监视功能等。托盘的交换是由设在环形交换系统中的液压或电动推拉机构来实现的。这种交换指的是在加工中心上加工的托盘与托盘系统中备用的托盘的交换。

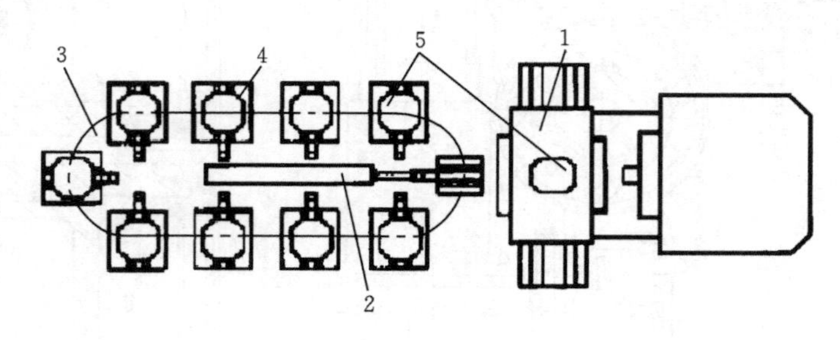

图 6-53　柔性制造单元

1—加工中心机床；2—托盘交换装置；3—环形工作台；4—托盘座；5—托盘

6.6.2　装卸机器人

图 6-54 所示的是由工业机器人和数控机床组成的 FMC，它在小型零件加工中应用十分方便。工业机器人从工件台架上将待加工零件搬运到数控机床上去，并将已加工完的工件运离数控机床。以这种形式出现的装卸料机器人还有许多。

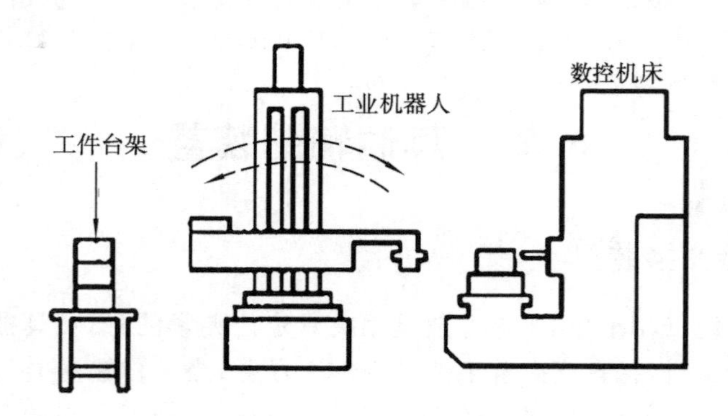

图 6-54　机器人与数控机床构成的 FMC

图 6-55 所示的是由美国某公司生产的 3 台数控机床与机器人组成的 FMC。3 台数控机床分别是车削中心、立式加工中心、卧式加工中心。机器人安装在沿导轨移动的传输小车上，按固定轨道运行实现机床间工件的传送。

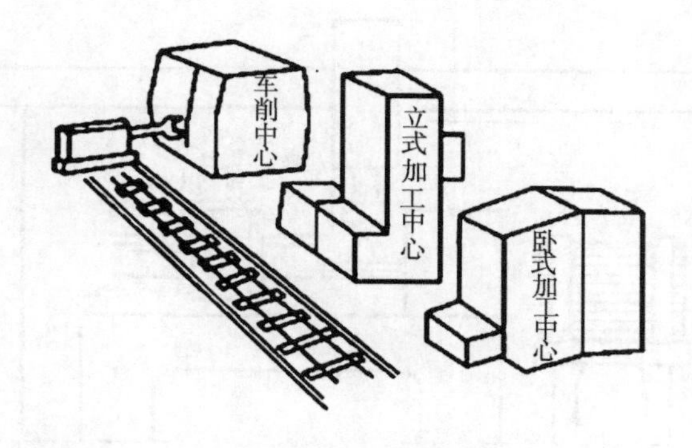

图 6-55　3 台数控机床与机器人组成的 FMC

图 6-56 所示的是由数控磨床与机器人和工件传输系统组成的 FMC，机器人安装在中央位置，它负责 2 台数控磨床与工件传输系统的上、下料工作。

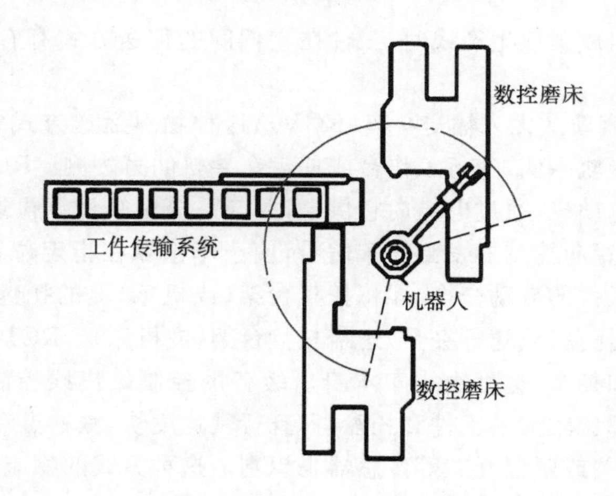

图 6-56　数控磨床与机器人组成的 FMC

图 6-57 所示的是采用龙门式机器人搬运工件的 FMC，目前在车削中心上用得较多。

综上所述，工业机器人可以在一台数控机床与工件台架之间完成工件的传送任务，也可以在 2～3 台数控机床之间，以及与工件台架之间完成复杂的工件传送任务，还可以执行刀具的交换、夹具的交换甚至装配等任务。它将加工与装配、成品与毛坯、工件、刀具和夹具等有机地联系起来，构成了一个完整的系统。所以工业机器人在柔性制造中承担了重要角色，但工业机器人搬运工件的承载能力有一定的限制，一般仅适用于体积较小和质量较轻的工件。

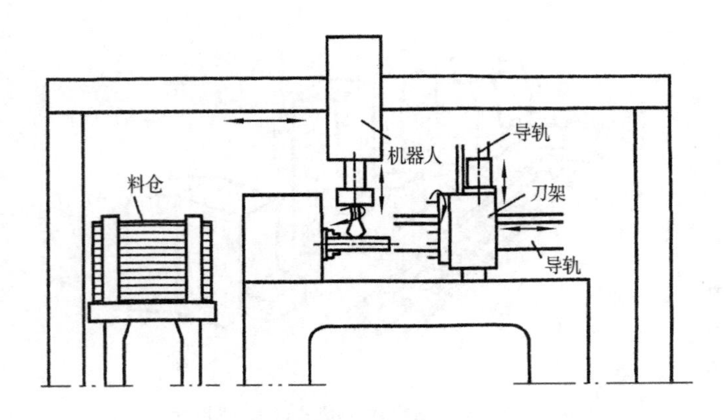

图 6-57　采用龙门式机器人的 FMC

6.6.3　有轨小车

当由多台机床组成柔性生产线时，工件在它们间的传送方式有有轨小车方式和无轨小车方式两种。

图 6-58 所示为有轨式无人输送小车（RGV），这种物料运送方式多数采用直线导轨，机床和加工设备在导轨一侧，随行工作台或托盘在导轨的另一侧。RGV 的驱动装置采用直流（或交流）伺服电动机，通过电缆向它供电，并与系统中央计算机通信。当 RGV 到达指定位置时，识别装置向控制器发出停车信号，使小车停靠在指定位置，由小车上的液压装置来完成托盘和工件的自动交换，即将托盘台架（或机床）上的托盘（或随行夹具）拉上小车，或将小车上的托盘（或随行夹具）送给托盘台架（或机床）。RGV 可以由系统的中央控制器从外部启动和控制，也可由小车本身所装备的控制站离线控制。这种 RGV 适用于运送尺寸和质量都比较大的工件和托盘，而且行驶速度快，减速点和准停点一般均由诸如光电装置、接近开关或限位开关等传感器来识别。这种方式的物流控制较简单，成本低廉，但它的铁轨一旦铺成后，便成为固定装置，改变路线非常困难，适用于运输路线固定不变的生产系统。

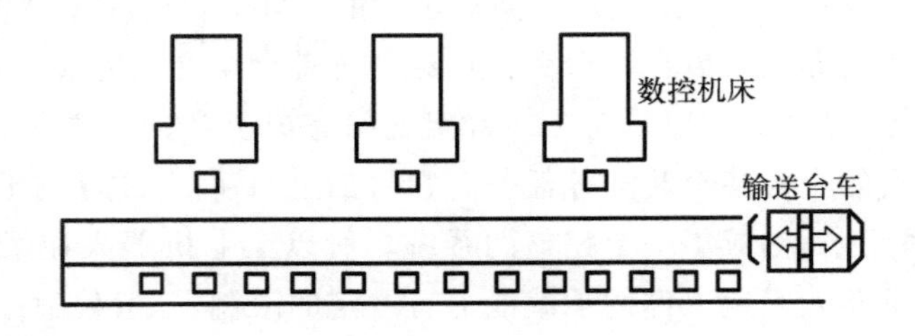

图 6-58　有轨式物流系统

6.6.4 无轨小车

无轨小车(AGV)是一种无人运输小车。它适用于机床的品种和台数较多、加工工序较复杂、要求系统柔性较大的场合。对于AGV行驶的路线,在总体设计阶段就要多方案地比较和论证。这种方式要在地下10～20 mm处埋一条宽3～10 mm的电缆。制导电缆埋在地沟内不易遭到破坏,工作可靠,不怕尘土污染,适宜于一般工业环境,投资费用较低。

常见的AGV的运行轨迹是通过电磁感应制导的。由AGV控制装置和电池充电站组成的AGV物料输送系统如图6-59所示。图中有两台AGV,由埋在地面下的电缆传来的感应信号对小车的运行轨迹进行制导,功率电源和控制信号则通过有线电缆传到小车。由计算机控制,小车可以准确停在任一个装载台或卸载台进行物料的装卸。电池充电站是用来为小车上的蓄电池充电用的。小车控制装置通过电缆与上一级计算机联网,它们之间传递的信息有以下几类:行走指令,装载和卸载指令,连锁信息,动作完毕回答信号,报警信息等。

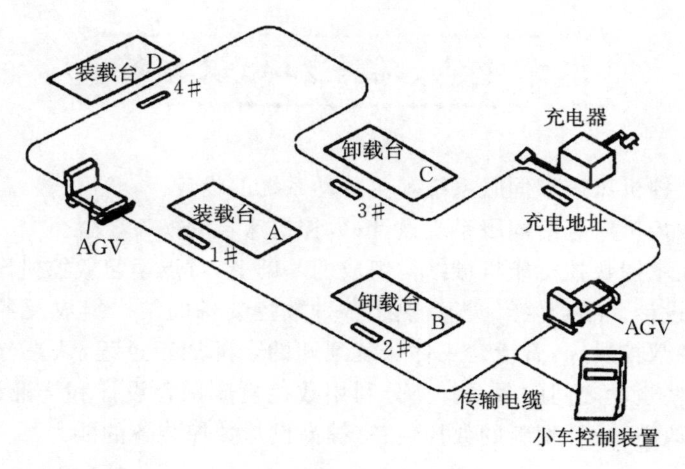

图 6-59　具有两台 AGV 的生产系统

6.6.5 自动排屑装置

为了使数控机床的自动切削加工能顺利进行和减少数控机床的发热,数控机床应具有合适的排屑装置。在数控车床和数控磨床的切屑中往往混合着冷却液,排屑装置应从其中分离出切屑,并将它们送入切屑收集箱(车)内,而冷却液则被回收到冷却液箱。数控铣床、加工中心和数控铣镗床的工件安装在工作台面上,切屑不能直接落入排屑装置,往往需要采用大流量冷却液冲刷,使切屑进入排屑槽,然后回收冷却液并排出切屑。

排屑装置是一种具有独立功能的附件,常用的有以下几种。

(1) 平板链式排屑装置。该装置以滚动链轮牵引钢质平板链带在封闭箱中运转,切屑由链带带出机床。

(2) 刮板式排屑装置。该装置的传动原理与平板链式的基本相同,只是链板不同,带有刮板链板。这种装置常用于输送各种材料的短小切屑,排屑能力较强。

(3) 螺旋式排屑装置。该装置是利用电动机经减速装置驱动安装在沟槽中的一根螺旋杆进行工作的。螺旋杆工作时,沟槽中的切屑即由螺旋杆推动连续向前运动,最终排入切屑收集箱。这种装置占据空间小,安装在机床与立柱间间隙狭小的位置上。螺旋槽排屑结构简单、性能良好,但只适合沿水平或小角度倾斜的直线运动排屑,不能大角度倾斜、提升和转向排屑。

排屑装置一般尽可能安装在靠近刀具切削区域,车床的排屑装置装在旋转工件下方,以利于简化机床和排屑装置结构、减小机床占地面积、提高排屑效率。排出的切屑一般都落入切屑收集箱或小车中,有的直接排入车间的排屑系统。

本章重点、难点和知识拓展

本章重点:数控机床进给伺服系统和主传动系统的设计。

本章难点:数控机床进给伺服系统设计;数控机床自动换刀装置。

知识拓展:在掌握数控机床机械结构组成的基础上,重点学习数控机床进给伺服系统和主传动系统的设计。结合生产实习,熟悉各种数控装备的结构组成及各组成部分的功用,至少针对一种数控机床,看清楚工件从装到卸的全部加工过程,认真分析机床完成的各个运动以及这些运动之间的联系。充分利用数控机床课程设计和毕业设计环节,对普通机床进行数控改造,或开发新的数控装备,提高设计数控装备的能力。

思考题与习题

6-1　数控机床与普通机床相比,在机械传动和结构上有哪些特点?

6-2　数控机床对进给伺服传动系统有哪些要求?

6-3　齿轮传动间隙的消除有哪些措施?各有何优点?

6-4　试述滚珠丝杠轴向间隙调整及预紧的基本原理。常用哪几种结构形式?

6-5 机床导轨的功用是什么？机床导轨有哪几种类型？对数控机床导轨有哪些要求？

6-6 直线滑动导轨有哪几种基本结构形式，各用于什么场合？

6-7 直线运动导轨有哪几种组合形式，各有何优点？试举例说明。

6-8 圆周运动导轨主要用于什么场合？

6-9 什么是塑料滑动导轨？塑料滑动导轨有什么特点？

6-10 什么是滚动导轨？滚动导轨有什么优点？滚动导轨有哪几种类型？

6-11 选择滚珠丝杠时应考虑哪些因素？

6-12 同步带传动的主要优点有哪些？试述同步带传动的设计步骤。

6-13 精密齿轮传动的特点是什么？精密齿轮传动的设计要点是什么？

6-14 数控机床主传动系统大致可分为哪几类？对主传动系统有哪些要求？

6-15 分度工作台和数控转台在结构上有何区别？试述其工作原理及功用。

6-16 数控机床自动换刀装置有哪几种主要类型？各自的适用范围如何？

6-17 数控车床上的回转刀架是如何实现自动换刀的？

6-18 加工中心与一般的数控机床有何不同？加工中心是如何实现自动换刀的？

6-19 刀库有哪几种类型？刀库容量如何选择？

6-20 刀库的选刀方式有哪几种，各有何特点？

6-21 刀具的选择方式有哪几种，各有何特点？

6-22 有轨小车和无轨小车的功用是什么？二者有何区别？

第7章 数控机械设计实例

通过前几章的学习，我们已经对数控机械的机械结构、数控结构，以及工作原理有了一定的认识，本章通过具体的设计实例对前面所学知识进行综合的概括和应用。

数控机械应用十分广泛，本章主要介绍两个典型的设计实例，力求从实例出发，阐述数控机械的设计方法。

7.1 数控车床的设计实例

随着市场经济的快速发展，机械加工企业都面临着激烈的市场竞争，不断提高加工质量和生产效率是企业生存和发展的必要条件。通过购买新的机床设备虽然可以增强企业加工能力，但投资花费巨大。因此对原有机床进行改造，提高加工精度，扩大加工范围成为增强企业加工能力的一条重要途径。

将普通机床改造为数控机床是旧机床改造的主要方式。数控机床相对于普通机床，具有机械结构简单、精度容易保证等优点。数控机床一般使用伺服电动机作为驱动元件，调速范围宽、驱动能力强，因此机床的传动链结构大为简化。数控机床普遍采用了滚珠丝杠、滚动导轨等专用部件，这些部件均由专业厂家生产，部件自身的导向、定位精度高，供货周期比加工制造周期短，且降低了对其他机械部分的加工要求，使得整体精度容易保证。一般来说，旧机床的数控化改造费用约为新机床购买费用的一半。

本例将一台CA6140普通车床改造为中档数控车床，采用西门子802C Baseline数控系统，主传动系统保留原机床功能，进给伺服系统采用日本安川交流伺服电动机，组成半闭环伺服控制系统。

7.1.1 总体方案设计

总体方案设计中应对机床的加工内容和加工要求进行分析，明确机床的主运动和各个进给运动的伺服控制要求，提出机械传动系统方案，选择合适的数控系统（CNC装置）和伺服驱动系统。

1. 设计参数

在设计工作开始之前，先要收集机床的基本参数和设计要求，作为设计、计算和方案选择的依据。

以CA6140型车床的改造为例，设计参数如下。

最大加工直径：在床面上的为400 mm。

在床鞍上的为 210 mm。

最大加工长度：1 000 mm。

快速进给速度：纵向的为 2.4 m/min。

横向的为 1.2 m/min。

最大切削进给速度：纵向的为 0.5 m/min。

横向的为 0.25 m/min。

溜板及刀架重量：纵向的为 1 500 N。

横向的为 800 N。

主电动机功率：7.5 kW。

定位精度：±0.02 mm。

重复定位精度：±0.01 mm。

脉冲当量：纵向的为 0.01 mm/脉冲。

横向的为 0.005 mm/脉冲。

2. 机械改造方案

车床是金属切削加工中最常用的一类机床。图 7-1 所示为 CA6140 型普通车床的外形图。工件随主轴的回转运动是车床的主运动。车床的进给运动包括刀架的纵向移动和横向移动。普通车床刀架纵向移动时可加工内外圆柱面和螺纹面，刀架横向移动时可加工端面，通过手工摇动上溜板可加工圆锥面，借助成形刀具还能加工各种成形回转表面。

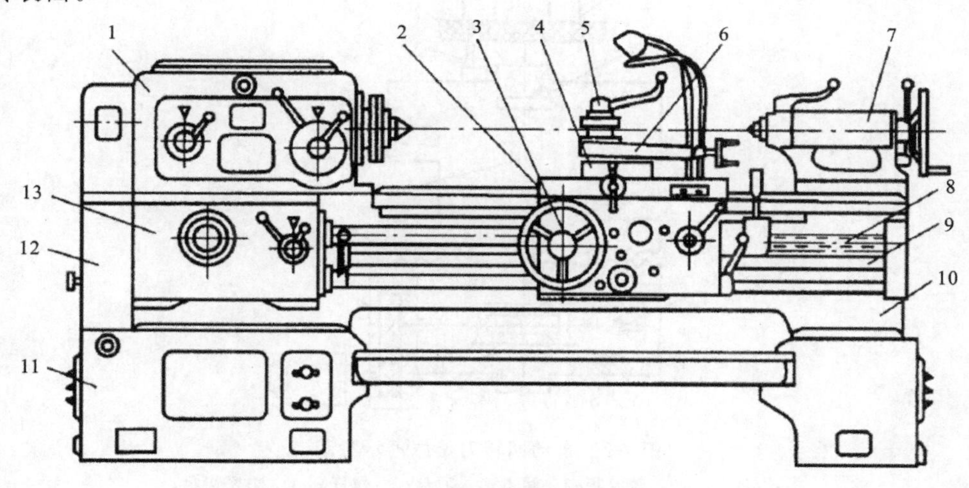

图 7-1　CA6140 型普通车床的结构布局

1—主轴箱；2—纵溜板；3—溜板箱；4—横溜板；5—刀架；6—上溜板；

7—尾座；8—丝杠；9—光杠；10—床身；11—床脚；12—挂轮；13—进给箱

普通车床的主运动和两个方向的进给运动均由同一台电动机带动。刀架纵向和横向的进给运动是由主轴的回转运动经挂轮传递而来的，通过进给箱变速后，由光杠或丝杠带动溜板箱、纵溜板、横溜板移动。由于机械结构的限制，普通车床刀架的纵向进给运动和横向进给运动不能联动，且进给速度必须在停车状态下预先设定好，切削过程中不能修改进给速度和主轴转速。

对普通车床进行数控化改造，主要是将刀架的纵向和横向进给系统改造成为能同时、独立运动的进给伺服系统，车床刀架的横向运动速度和纵向进给速度可以单独调节，在数控装置控制下可以实现两个进给运动的联动，从而可方便地加工出带有锥度、圆弧等复杂轮廓的回转体零件。

为了实现自动换刀，可以采用电动回转刀架，从而实现多工序自动切削，提高生产效率和加工精度，更加适应小批量、多品种复杂零件的加工。

图 7-2 所示为自动回转刀架的工作原理示意图。当数控加工程序要求换刀时，数控系统首先检查当前在位刀号，如果要求使用刀号与实际在位的刀号不一致，就发出控制信号令电动机正转。电动机通过螺杆推动螺母使刀台上升到精密端齿盘脱开时的位置，当刀台随螺杆体转动至与刀号要求相符的位置时，数控系统发出反转信号，使电动机反转，此时刀台被定位卡死而不能转动，便缓慢下降至精密端齿盘的啮合位置，实现精密定位并锁紧。当夹紧力增大到可推动弹簧，蜗杆发生轴向窜动压缩触点时，电动机立即停转，并向控制计算机发出换刀完成的应答信号，程序继续执行。

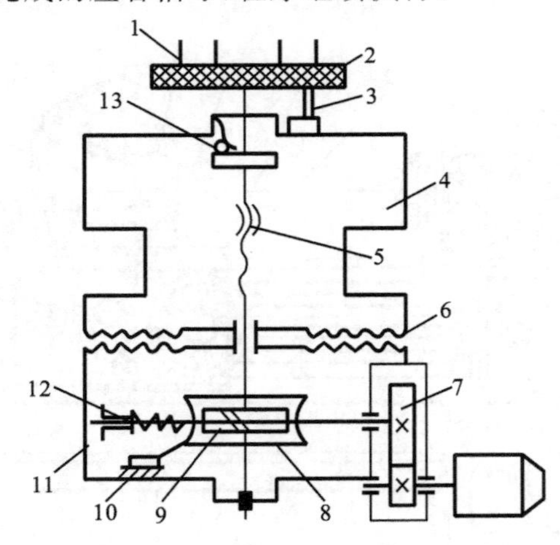

图 7-2　自动回转刀架原理示意图

1—刀位触头；2—胶木板；3—触点；4—刀台；5—螺杆副；6—精密齿盘；
7—变速齿轮；8—蜗轮；9—滑套式蜗杆；10—停车开关；11—刀架座；12—压簧；13—粗定位

普通数控车床改造方案之一是可不改变其主传动系统，即保留原主电动机和主传动系统的分级变速机构，主轴变速仍采用人工控制。这样做的原因是如果主传动去掉变速机构，改用交流变频驱动，虽然可以实现和原机床相同的调速范围，但由于缺少了减速传动链的扭矩放大和转速匹配功能，改造后的主轴在低速时能提供的切削功率和转矩都很小，无法进行大吃刀量切削，生产效率将大大降低。如果条件许可，也可以将主轴电动机改为变频驱动，并保留原有的分级变速机构，这样可以实现主运动的分段无级调速，改造效果更加理想。

如果对加工精度要求较高，进给传动系统可采用滚珠丝杠、滚动导轨或对原有导轨进行贴塑处理，以便减小摩擦因数，避免出现"爬行"现象，实现微量进给。如果对加工精度要求一般，或机床原来的精度尚可，改造目的仅是为了实现刀架联动，则可以保留原有的传动结构。

在本设计中，综合考虑加工精度的要求、生产任务、改造成本等因素，最终决定机械部分的改造方案如下。

(1) 挂轮架部分全部拆除，在原挂轮主动轴处安装光电脉冲编码器。

(2) 进给箱部分全部拆除，在该处安装纵向进给步进电动机与齿轮减速箱总成。

(3) 拆除"三杠"(丝杠、光杠和操纵杠)，齿轮箱连接滚珠丝杠。滚珠丝杠的另一端支承座安装在车床尾座端原来装"三杠"轴承座的部位。

(4) 溜板箱部分全部拆除，在此处安装滚珠丝杠的螺母座，丝杠螺母固定在其上。在该处还可以安装部分操作按钮。

(5) 横溜板中原来的丝杠、螺母拆除，在该处安装横向进给滚珠丝杠螺母副，横向进给步进电动机与齿轮减速箱总成安装在横溜板后方。

(6) 刀架部分更换为自动回转刀架总成。

3. 电气改造方案

电气改造方案首先要考虑伺服驱动系统和数控系统的选择，其次要考虑编码器、限位开关、原点开关等的选型和安装，以及液压、冷却等辅助系统功能的实现方式等。

1) 进给伺服系统的选择

进给伺服电动机可以选择步进电动机或交流伺服电动机。步进电动机驱动系统的优点是控制简单、成本低，但其输出转矩随转速提高下降很快，且一般没有反馈装置，当切削力突变或转速过高时容易发生失步。近年来也出现了集成编码器的步进电动机，可以和配套的驱动器、控制单元一起组成半闭环控制系统。

为保证改造后机床的加工精度和快速响应能力，可以采用交流伺服驱动系统。交流伺服驱动系统的伺服性能优于步进电动机驱动系统的伺服性能，且一般都具有光电式脉冲编码器，可以组成半闭环伺服系统。

如果对加工精度要求不高，可以采用步进电动机组成的开环控制系统；如果加工精度要求较高，可以采用步进电动机或交流伺服电动机组成的半闭环控制系统，如果对加工精度要求非常高，也可以加装光栅尺等直接位置测量元件，组成全闭环控制系统。

本实例以进给伺服系统采用步进电动机开环控制系统的方式来完成。

2) **数控系统的选择**

数控装置(CNC 装置)是机床数控系统的核心,数控装置的性能很大程度上决定了数控机床的整体性能。一般来说,数控装置有以下几个组成方案可供选择。

(1) 通用控制系统方案。许多数控设备厂家都生产了通用于各种车床的数控装置,如西门子的 802S/C 系统、发那科(FANUC)的 Oi 系统、华中数控的 HNC-210A 系统、广州数控(GSK)的 980T 系统等。这些系统都针对车床上的应用进行了专门设计,功能完善,安装调试方便,可靠性最高,改造后的机床通用性好,缺点是采购成本相对较高。

(2) 工业 PC 机+专用运动控制卡方案。该方案采用在工业 PC 机内插入专用运动控制卡的硬件组成方式,可通过编写专用的计算机软件完成数控程序输入、加工状态显示等人机交互接口(HMI)功能,也可通过运动控制卡实现伺服运动控制、辅助功能逻辑控制和 I/O 处理等功能。常用的运动控制卡有 PAMC、GALIL 等国外公司产品,以及深圳固高(GOOGOL)等国内公司产品。该方案结合了 PC 机人机交互接口友好和运动控制卡控制能力强的优点,功能强大,配置灵活,可以实现专用控制系统无法实现的特殊功能,且成本较低。该方案的缺点是对系统设计人员的技术水平要求高,需要编写专用的 PC 机软件,开发周期长,系统整体可靠性不如专用控制系统的。

(3) 嵌入式专用控制系统方案。在一些功能单一、对成本非常敏感或对体积、功率、可靠性等指标有非常苛刻的要求的应用场合,可采用嵌入式专用控制系统。这种系统采用微控制器(MCU,如 MCS-51 单片机等)或数字信号处理器(DSP)作为控制核心,采用专门设计的硬件和软件,具有成本低、可靠性高、体积小、耗电省、容易批量生产等优点,但缺点是功能单一、灵活性差、开发难度大、开发周期长。该方案目前在线切割机床、刻字机、火焰/等离子切割机等设备上使用较多。

由于市场上当前有大量的通用控制系统可供直接选择,因此没有必要自行开发专用的软件和硬件。综合考虑改造后车床的加工精度、功能丰富程度、操作人员习惯,以及数控装置和伺服电动机接口是否方便、整机改造成本等因素,可采用技术上比较成熟的西门子 802 系列作为改造后车床的数控装置。

在普通车床车上削螺纹时,为了保证工件旋转和刀架移动之间具有准确的传动比,在机床中设计有内联(刚度)传动链。进行数控改造后,原车床的进给箱和溜板箱都拆掉了,内联传动链不复存在。为了使改造后的车床能够车削螺纹,需要在主轴尾部加装光电编码器作为主轴位置检测装置。车削螺纹时,主轴按照固定的转速旋转,刀架在数控系统控制下进行随动,用伺服运动的方式实现主轴旋转和刀架移动之间的准确的传动比。西门子 802 系列数控系统上已经留有主轴编码器信号的输入接口,经过配置即可使用。如果采用工业 PC 机方式,可以通过扩展计数器卡来实现主轴编码器信号的计数功能。如果采用嵌入式专用控制系统,需要在微控制器外部扩展计数器芯片以实现该功能。

3）辅助系统功能的实现方式

辅助系统的功能一般通过开关量I/O信号来实现。通用控制系统一般都有配套的内置或外置PLC系统，专门用来实现机床的辅助功能。如西门子802系列数控系统有内装的与S7-200系列软件兼容的PLC系统。如果采用工业PC机方式，可以通过扩展I/O接口卡来实现辅助功能。如果采用嵌入式专用控制系统，需要在微控制器外部扩展I/O接口。

限位开关在机床加工过程中起到限位保护的作用，当某个方向的进给运动碰到限位开关后，数控装置会自动停车。限位开关一般安装在有效行程的极限位置，在正常的自动切削加工过程中，限位开关是不会被触发的。

数控车床上电或复位后，需要进行回原点操作才能获得刀架当前位置在机床坐标系中的绝对坐标，因此每一个坐标方向都要安装一个原点开关。为保证回原点操作时刀具不会撞上工件或主轴，原点开关一般安装在刀架远离工件方向的行程的极限位置，一般比该方向的限位开关稍微靠里一些安装。在保证安全的前提下，也可以把行程远端的限位开关和该进给方向的原点开关合二为一。

7.1.2　纵向进给传动链的设计计算

1. 切削力的计算

在丝杠、导轨、伺服电动机等的选型计算中都要用到切削力、切削力矩等参数，因此在进给传动系统的设计中，首先要计算切削力。计算切削力常用的方法有三种，即用经验公式计算切削力、用切削用量计算切削力和用主电动机功率折算切削力。对于专门用途的专用数控机床，应该根据具体的加工条件选用合理的切削用量，按照切削力计算公式来计算切削力。但对于数控车床等通用机床来说，实际生产中切削用量的选择范围很大，这时可以采用经验公式法或用主电动机功率折算切削力的方法计算切削力。

采用主电动机功率计算纵车外圆时切削力的过程如下。

(1) 计算切削功率 P_c(kW)，公式为

$$P_c = P\eta$$

式中：P 为主电机功率(kW)，本例为7.5 kW；η 为主转动系统总的机械效率，对于精密机床取 $\eta=0.8\sim0.85$，对于中型机床取 $\eta=0.75\sim0.8$，对于大型机床取 $\eta=0.7\sim0.85$。

(2) 计算主轴传递扭矩 M_n(N·m)，公式为

$$M_n = 9550\frac{P_c}{n}$$

式中：n 为主轴计算转速(r/mim)，是主轴传递全部功率时的最低转速。

纵车外圆时主切削力 F_z 的计算公式为

$$F_z = M_n\frac{2}{d}\times 10^3$$

式中:d 为工件直径(mm),可采用床鞍上可加工的最大工件直径。

本例中,已知机床主电机功率为 7.5 kW,取机械效率 $\eta=0.8$,主轴计算转速为 85 r/min,床鞍上可加工的最大工件直径为 210 mm,计算可得主切削力 $F_z=6\ 420$ N。

(3) 按照切削力各分力的比例关系求得走刀抗力 F_x 和切深抗力 F_y,即

$$F_z : F_x : F_y = 1 : 0.25 : 0.4$$

$$F_x = 0.25 \times 6\ 420\ \text{N} = 1\ 605\ \text{N}$$

$$F_y = 0.4 \times 6\ 420\ \text{N} = 2\ 568\ \text{N}$$

2. 导轨摩擦力的计算

坐标轴导轨水平时的导轨摩擦力 F_μ 的计算公式为

$$F_\mu = \mu(W + F_g + F_z + F_y)$$

式中:W 为坐标轴上移动部件的总重量(N);F_g 为镶条紧固力(N),其推荐值见表 7-1;F_z、F_y 为垂直于导轨方向的两个切削分力(N)。

表 7-1 镶条紧固力推荐值

电动机功率/kW	2.2	3.7	5.5	7.5	11	15	18
镶条紧固力(贴塑滑动导轨)/N	500	800	1 500	2 000	2 500	3 000	3 500

在切削状态下,坐标轴导轨垂直时导轨摩擦力 F_μ 的计算公式为

$$F_\mu = \mu\left(\frac{W}{2} + F_g + F_z + F_y\right)$$

本例中,纵车外圆时,坐标轴导轨为水平方向,移动部件总重量为 1 500 N,取导轨动摩擦因数为 $\mu=0.05$(贴塑滑动导轨),计算得到导轨摩擦力为

$$F_\mu = 0.05 \times (1\ 500 + 2\ 000 + 6\ 420 + 2\ 568)\ \text{N} = 624.4\ \text{N}$$

3. 滚珠丝杠螺母副的计算和选型

(1) 计算进给牵引力 F_m。

进给牵引力 F_m 是选择丝杠螺母副的重要依据,本例中

$$F_m = F_x + F_\mu = (1\ 605 + 624.4)\ \text{N} = 2\ 229.4\ \text{N}$$

(2) 根据预期工作寿命计算滚珠丝杠的最大动载荷 C_{am}(N),计算公式为

$$C_{am} = \sqrt[3]{60 n_m L_h}\,\frac{f_w F_m}{100}$$

$$n_m = \frac{1\ 000 v_s}{L_0}$$

式中:n_m 为滚珠丝杠的当量转速(r/min);L_h 为丝杠预期工作寿命(h),按 20 000 h 计算;f_w 为载荷性质系数,无冲击时 $f_w=1\sim1.2$,轻微冲击时 $f_w=1.2\sim1.5$,有冲击或振动时 $f_w=1.5\sim2$,有强烈冲击或振动时 $f_w=2\sim3.5$;v_s 为最大切削力下的进给速度,可取最高

进给速度的1/2～1/3；L_0为滚珠丝杠导程，初选为6 mm。

$$n_m = \frac{1\,000V_s}{L_0} = \frac{1\,000 \times 0.5 \times 0.5}{6}\ \text{r/min} = 41.67\ \text{r/min}$$

$$C_{am} = \sqrt[3]{60n_m L_h}\ \frac{f_w F_m}{100}$$

$$= \sqrt[3]{60 \times 41.67 \times 20\,000} \times \frac{1.2 \times 2\,229.4}{100}\ \text{N}$$

$$= 9\,856\ \text{N}$$

根据以上计算，可初步选择南京工艺装备公司生产的型号为FFZL4006-3的内循环双螺母预紧式滚珠丝杠螺母副。其公称直径d_0＝40 mm，导程L_0＝6 mm，额定动载荷C_a＝15.1 kN，螺纹底径d_2＝35.9 mm。

4. 滚珠丝杠的刚度验算和稳定性校核

先画出车床纵向进给系统计算草图，丝杠采取两端固定的支承方式，支承间距L＝1 500 mm，丝杠螺母及轴承均进行预紧，预紧力为最大轴向负载的1/3。

(1) 丝杠的拉伸或压缩变形量δ_1。

从图7-3中可以查出所选丝杠在支承间距为L＝1 500 mm时的刚度为K_1＝0.6 kN/μm，可算出

$$\delta_1 = F_m/K_1 = (2\,229.4/600)\ \mu\text{m} = 3.72\ \mu\text{m}$$

(2) 滚珠与螺纹滚道间的接触变形δ_2。

查产品资料得所选丝杠的滚珠与滚道的接触刚度为K＝1 017 N/μm，由于螺母进行了预紧，可得实际使用中滚珠与螺纹滚道间的接触刚度为

$$K_2 = K\left(\frac{F_m}{0.1C_a}\right)^{\frac{1}{3}} = 1\,017 \times \left(\frac{2\,229.4}{0.1 \times 15\,100}\right)^{\frac{1}{3}}\ \text{N}/\mu\text{m}$$

$$= 1\,158\ \text{N}/\mu\text{m}$$

$$\delta_2 = F_m/K_2 = (2\,229.4/1\,158)\ \mu\text{m} = 1.93\ \mu\text{m}$$

(3) 支承滚珠丝杠轴承的轴向接触变形δ_3。

采用8107型推力球轴承，d_1＝35 mm，滚动体直径d_Q＝6.35 mm，滚动体数量Z＝18，则

$$\delta_c = 0.52\sqrt[3]{\frac{{F_m}^2}{d_Q Z^2}} = 0.52 \times \sqrt[3]{\frac{2\,229.4^2}{6.35 \times 18^2}}\ \mu\text{m} = 6.98\ \mu\text{m}$$

因为轴承进行了预紧，故

$$\delta_3 = \frac{1}{2}\delta_c = 3.49\ \mu\text{m}$$

根据以上计算，总的变形量

$$\delta = \delta_1 + \delta_2 + \delta_3 = (3.72 + 1.93 + 3.49)\ \mu\text{m} = 9.14\ \mu\text{m} < \text{定位精度}$$

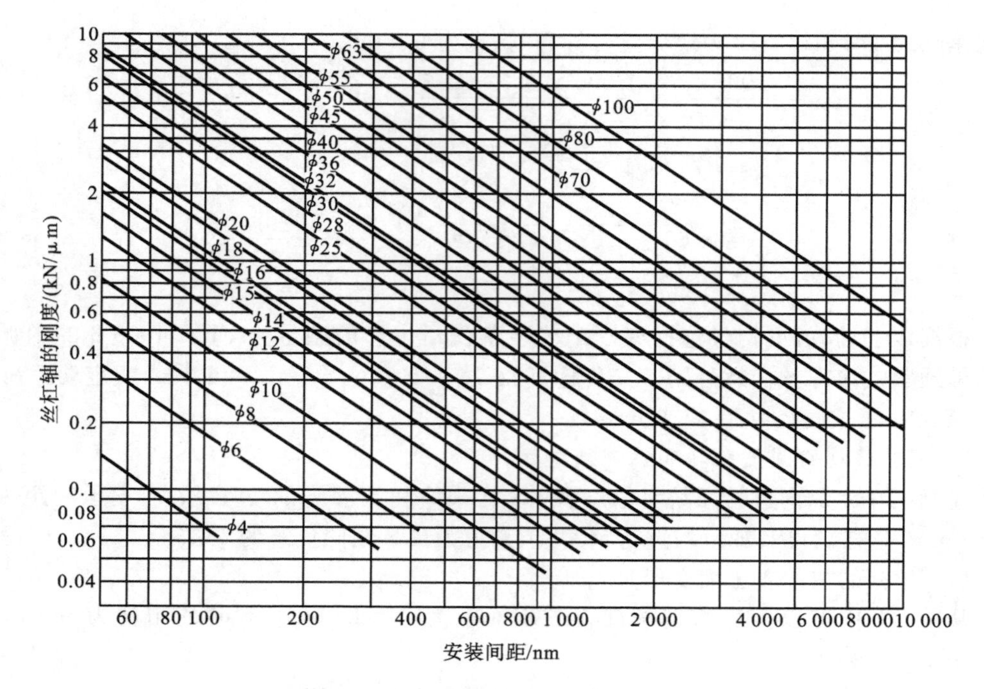

图 7-3 丝杠的轴向刚度(固定-固定)

因滚珠丝杠两端都采用了推力球轴承,不会产生失稳现象,无须进行稳定性校核。

5. 齿轮传动比计算

已确定纵向进给脉冲当量 $\delta_p=0.01$ mm,滚珠丝杠导程 $L_0=6$ mm,初选步进电动机步距角 0.9°,可计算总传动比为

$$i=\frac{360\delta_p}{\theta_b L_0}=\frac{360\times 0.01}{0.9\times 6}=0.6667$$

因 $i=\frac{z_1}{z_2}$,故齿数 z_1 可取 30,z_2 可取 45(或 z_1 取 20,z_2 取 30)。

因进给运动齿轮受力不大,可取模数 $m=2$,齿宽 $b=20$。$z_1=30$,$z_2=45$,则齿轮分度圆直径 $d_1=60$ mm,$d_2=90$ mm。

6. 初选步进电动机

(1) 计算步进电动机的切削进给时的负载转矩 T_m。

$$T_m=\frac{F_m L_0 i}{2\pi\eta}=\frac{2229.4\times 0.6\times 0.6667}{2\pi\times 0.98\times 0.99\times 0.99\times 0.94}\ \text{N}\cdot\text{cm}$$
$$=157.2\ \text{N}\cdot\text{cm}$$

式中:η 为电动机到丝杠的传动效率,为电动机、齿轮、轴承、丝杠效率之积。电动机、齿轮、轴承、丝杠的效率分别为 0.98、0.99、0.99和 0.94。

(2) 估算步进电动机的启动转矩 T_q。

启动转矩 T_q可初选为负载转矩 T_m的 2～5 倍，有

$$T_q = 5T_m = 5 \times 157.2\ \text{N} \cdot \text{cm} = 786\ \text{N} \cdot \text{cm}$$

(3) 计算刀架快速移动时步进电动机的摩擦负载转矩 T_μ。

$$T_\mu = \frac{F\mu L_0 i}{2\pi\eta} = \frac{624.4 \times 0.6 \times 0.6667}{2\pi \times 0.98 \times 0.99 \times 0.99 \times 0.94}\ \text{N} \cdot \text{cm} = 44.03\ \text{N} \cdot \text{cm}$$

(4) 计算步进电动机的最大切削运行频率和最大快速运行频率。

步进电动机对应于最大切削进给速度 v_c的频率为最大切削运行频率 f_c，对应于最大快速移动速度 v_{max}的频率为最大快速运行频率 f_k。

$$f_c = \frac{1\,000 v_c}{60\delta_p} = \frac{1\,000 \times 0.5}{60 \times 0.01}\ \text{Hz} = 833.3\ \text{Hz}$$

$$f_k = \frac{1\,000 v_{max}}{60\delta_p} = \frac{1\,000 \times 2.4}{60 \times 0.01}\ \text{Hz} = 4\,000\ \text{Hz}$$

(5) 计算折算到电动机轴上的负载惯量 J_L。

传动系统折算到电动机轴上的负载惯量为

$$J_L = J_1 + \left(\frac{Z_1}{Z_2}\right)^2 \left[(J_2 + J_s) + m\left(\frac{L_0}{2\pi}\right)^2 \right]$$

式中：J_1、J_2为齿轮 z_1、z_2的转动惯量($\text{kg} \cdot \text{cm}^2$)；$J_s$为滚珠丝杠的转动惯量($\text{kg} \cdot \text{cm}^2$)；$m$为移动部件的质量(kg)。

本例中，

$$J_1 = 0.78 \times 10^{-3} \times d_1^4 L_1 = 0.78 \times 10^{-3} \times 6^4 \times 2\ \text{kg} \cdot \text{cm}^2 = 2.02\ \text{kg} \cdot \text{cm}^2$$

$$J_2 = 0.78 \times 10^{-3} \times d_2^4 L_2 = 0.78 \times 10^{-3} \times 9^4 \times 2\ \text{kg} \cdot \text{cm}^2 = 10.24\ \text{kg} \cdot \text{cm}^2$$

$$J_s = 0.78 \times 10^{-3} \times d^4 L = 0.78 \times 10^{-3} \times 4^4 \times 150\ \text{kg} \cdot \text{cm}^2 = 29.95\ \text{kg} \cdot \text{cm}^2$$

$$m = \frac{1\,500}{9.8}\ \text{kg} = 153.06\ \text{kg}$$

代入上式得，

$$J_L = 2.02 + \left(\frac{30}{45}\right)^2 \left[(10.24 + 29.95) + 153.06\left(\frac{0.6}{2\pi}\right)^2 \right]\ \text{kg} \cdot \text{cm}^2$$
$$= 20.5\ \text{kg} \cdot \text{cm}^2$$

(6) 初选步进电动机型号。

通过对比步进电动机的矩频特性曲线进行步进电动机的初选。初选得到的步进电动机要满足以下几个条件：步进电动机的保持转矩应大于所需最大静转矩 T_{jmax}，步进电动机低频时的输出转矩应大于 T_q，步进电动机在 f_k频率下的输出转矩应大于 T_μ，步进电动机在 f_c频率下的输出转矩应大于 T_m。

步进电动机的转子转动惯量 J_m与折算到电动机轴上的负载惯量 J_L接近相等时的动

态响应性能最好,因此初选的步进电动机还要满足转动惯量匹配条件:$0.25<\frac{J_m}{J_L}<4$。

本例中,初选上海步科自动化有限公司生产的KINCO品牌的型号为2S130Y-039M0两相四线式步进电动机,与型号为2M1180N的两相微步驱动器配合使用,保持转矩为27 N·m,在脉冲频率1 kHz时的输出转矩为19.6 N·m,在脉冲频率为4 kHz时的输出转矩为18.2 N·m,转子转动惯量为33.3 kg·cm²。该步进电动机的步距角为1.8°,驱动器具有2/4/5/8/10/16/20/32/50/64/100/128,共12挡细分功能,选二分频即可满足脉冲当量的要求。

KINCO-2S130Y-039M0步进电动机的矩频特性如图7-4所示。

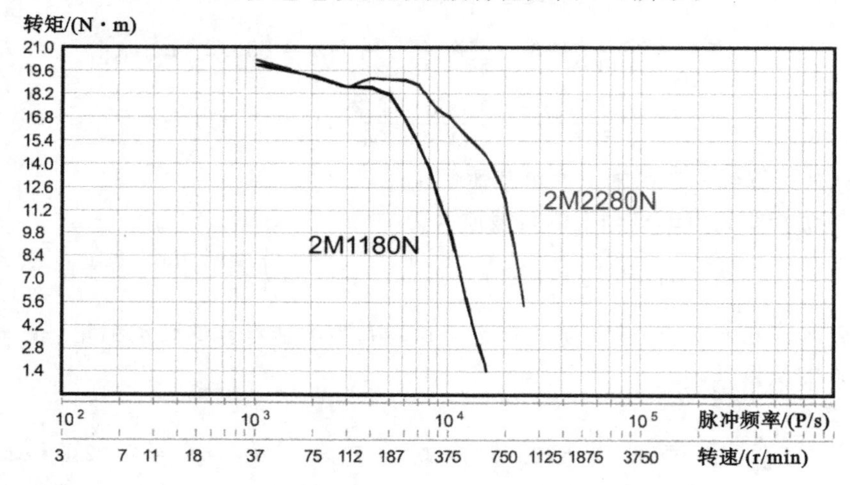

图7-4　KINCO-2S130Y-039M0步进电动机的矩频特性

7. 校核纵向进给系统加速性能

加速时间是反映机床快速响应能力的重要指标,对于开环系统,一般可取加速时间$t_a=0.05$ s,当从静止加速到最大快速移动速度v_{max}时,加速力矩T_a为

$$\begin{aligned}T_a &= T_\mu + J_\Sigma \frac{2\pi v_{max}}{60 i L_0 t_a}\\ &= \left(44.03+\frac{20.5+33.3}{100}\times\frac{2\times3.14\times2\,400}{60\times0.666\,7\times6\times0.05}\right)\ \text{N}\cdot\text{cm}\\ &= 719.72\ \text{N}\cdot\text{cm}\end{aligned}$$

式中:J_Σ为折算到电动机轴上的全部转动惯量,包括负载转动惯量J_L和转子转动惯量J_m,即$J_\Sigma=J_m+J_L$。

T_a小于所选步进电动机在f_k频率下的输出转矩(18.2 N·m),加速性能满足要求。

横向进给系统的滚珠丝杠、步进电动机选型、计算过程与纵向的基本相同,此处不予赘述。经过选择，可选用 KINCO 型号为 2S110Q-054K1 的步进电动机。

7.1.3 数控系统硬件连接

本设计选用 SINUMERIK 802S Baseline 系统对普通车床进行数控化改造。西门子 SINUMERIK 802S Baseline 是在 SINUMERIK 802S 基础上新开发的经济型数控系统，由 PLC、操作面板、机床控制面板、I/O 单元及系统软件等部分组成。它可以控制两到三个步进电动机轴和一个伺服主轴或变频器主轴。步进电动机的控制信号为脉冲信号、方向信号和使能信号。

SINUMERIK 802S Baseline 是集成式控制系统，可以安装在机床操作站上，步进电动机驱动器可安装在机床电柜中。如果电柜距离机床操作位置较近，也可以把 SINUMERIK 802S Baseline 系统直接安装在电柜上。

SINUMERIK 802S Baseline 系统的正面面板布局如图 7-5 所示，背面接口位置如图 7-6 所示。

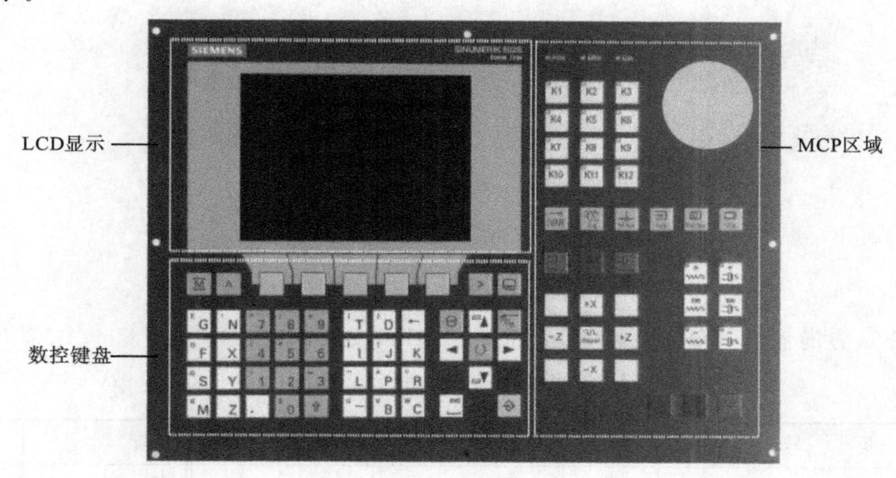

图 7-5 SINUMERIK 802S Baseline 系统正面面板布局图

SINUMERIK 802S Baseline 系统各个接口的作用如下。

X1 接口用于引入直流 24 V 电源。

X2 接口为 RS-232 串行通信接口，可以连接计算机(PC)或外部编程器(PG)，用于将外部编写的 NC、PLC 程序传入 SINUMERIK 802S Baseline 系统，或者与外部计算机上运行的上位机软件(如 WINPCIN 等)进行通信，还可以用于系统备份和恢复。

X7 为 SUB-D 50 芯针型插座，用于连接步进电动机和主轴电动机的驱动器。X7 接口的定义如表 7-2 所示。X7 中包含了四组控制信号，每组信号对应一个电动机驱动器，按序号分别控制 *X* 轴、*Y* 轴、*Z* 轴和主轴。每组包含三个控制信号，即脉冲信号

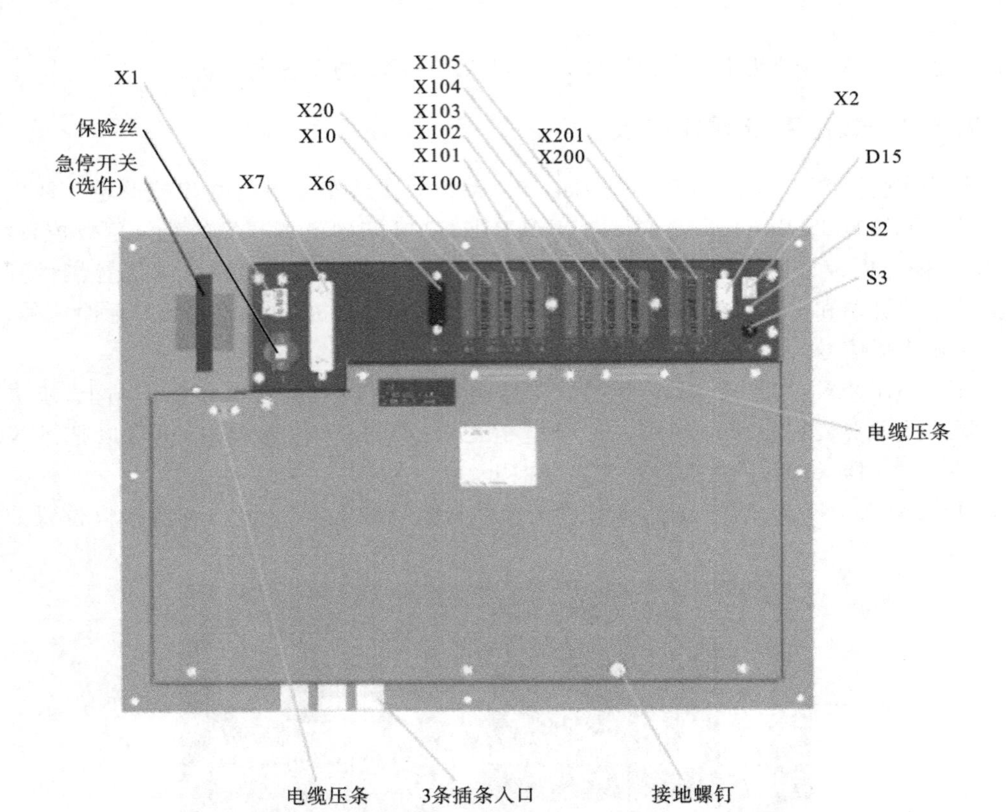

图 7-6　SINUMERIK 802S Baseline 系统背面接口布置图

(PULSE)、方向信号(DIR)和驱动器使能信号(ENABLE)。

表 7-2　驱动器接口 X7 引脚分配(在 SINUMERIK 802S Baseline 中)

引脚	信　　号	说明	引脚	信　　号	说明	引脚	信　　号	说明
1	n. c.	—	11	PULS4_N	O	21	ENABLE2_N	O
2	n. c.	—	12	DIR4_N	O	22	M	VO
3	n. c.	—	13	n. c.	—	23	M	VO
4	AGND4	AO	14	n. c.	—	24	M	VO
5	PULS1	O	15	n. c.	—	25	M	VO
6	DIR1	O	16	n. c.	—	26	ENABLE3	O
7	PULS2_N	O	17	SE4. 1	K	27	ENABLE3_N	O
8	DIR2_N	O	18	ENABLE1	O	28	ENABLE4	O
9	PULS3	O	19	ENABLE1_N	O	29	ENABLE4_N	O
10	DIR3	O	20	ENABLE2	O	30	n. c.	—

续表

引脚	信　号	说明	引脚	信　号	说明	引脚	信　号	说明
31	n. c.	—	38	PULS1_N	O	45	DIR4	O
32	n. c.	—	39	DIR1_N	O	46	n. c.	—
33	n. c.	—	40	PULS2	O	47	n. c.	—
34	n. c.	—	41	DIR2	O	48	n. c.	—
35	n. c.	—	42	PULS3_N	O	49	n. c.	—
36	n. c.	—	43	DIR3_N	O	50	SE4. 2	K
37	AO4	AO	44	PULS4	O			

X6 为主轴编码器接口，提供 5 V 直流电源输出和 A、B、Z 三相差分信号输入。

X10 接口用于连接电子手轮。

X20 为高速数字量输入接口，在 SINUMERIK 802S Baseline 系统中用于连接三个坐标轴的参考点信号。

X100～X105 为数字量输入信号，共有 48 个数字信号输入端子。X200～X201 为数字量输出信号，共有 16 个数字信号输出端子。为提高系统工作的可靠性，数字 I/O 信号使用独立的 24 V 直流电源。数字 I/O 信号的地址定义见表 7-3。

表 7-3　PLC 中数字 I/O 信号的地址定义

序　号	名　称	符 号 定 义
1	DI_1	X100，　I0. 0～I0. 7
2	DI_2	X101，　I1. 0～I1. 7
3	DI_3	X102，　I2. 0～I2. 7
4	DI_4	X103，　I3. 0～I3. 7
5	DI_5	X104，　I4. 0～I4. 7
6	DI_6	X105，　I5. 0～I5. 7
7	DO_1	X200，　Q0. 0～Q0. 7
8	DO_2	X201，　Q1. 0～Q1. 7

数控系统各个组成部分的硬件连接如图 7-7 所示。

7.1.4 PLC 程序设计

在机床数控系统中，除了要完成高速度、高精度的运动伺服控制任务以外，还有一些其他的辅助功能需要完成。这些辅助功能包括按钮、指示灯等人机交互接口（HMI）和行

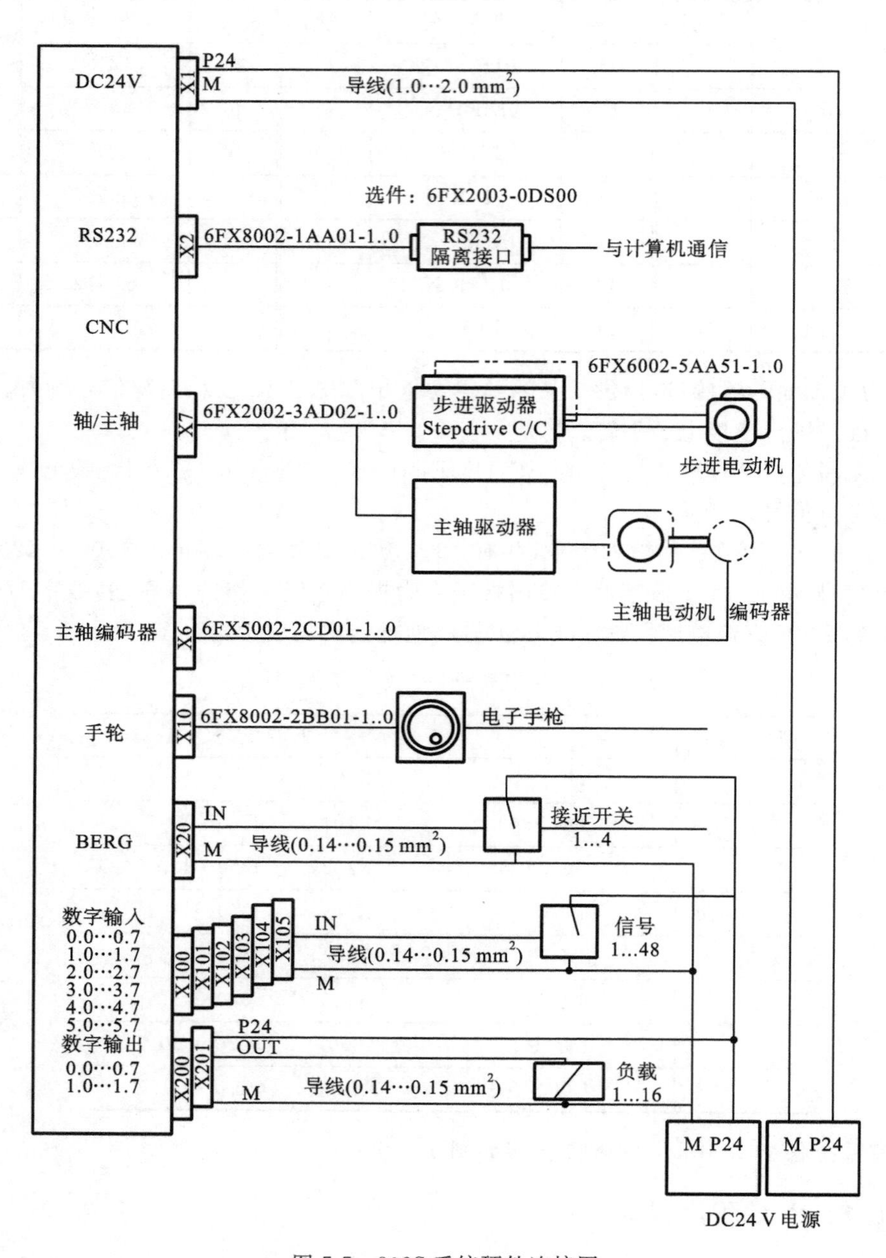

图 7-7　802S 系统硬件连接图

程开关、限位开关、润滑、冷却、夹紧/松开等开关量 I/O 控制功能。机床辅助功能对处理速度、运算精度的要求一般不高，但和外部环境的关系非常密切，随着机床类型、生产工艺等现场条件的变化，辅助功能的控制逻辑、实现方法都不相同，需要具有很大的灵活性。

因此，在现代数控系统的组成中，一般都使用 NC 来完成高速、高精度的运动控制功能，而用 PLC 来实现辅助控制功能。在一般的中、低档数控系统中，人机接口（HMI）功能较为简单，可由 PLC 实现；在一些高档数控系统中，为了得到更加友好的人机交互界面，把 HMI 部分独立出来，让单独的上位机完成这部分功能。

NC 运行速度较快，辅助功能一般都是慢速信号，PLC 可以居中起到速度匹配的作用；PLC 本身也能实现一些逻辑运算和数学运算，可以完成速度不高、精度要求不高的控制功能，从而大大减轻了 NC 的负担，也增强了数控系统的灵活性，使其可以非常方便地应用于不同的控制场合。

西门子 SINUMERIK 802S Baseline 系列控制器内置了软件 PLC 程序和相应的硬件接口电路。当系统各部件连接完毕后，首先必须调试 PLC 应用程序中的相关动作，如伺服使能、急停、限位功能等。只有在所有安全功能都正确无误后，才可以进行 NC 参数和驱动器功能的调试。

SINUMERIK 802S Baseline 系统出厂时已经预装了集成 PLC 的示例程序，该示例程序可配置用于车床系统或铣床系统。在示例程序的基础上稍加修改即可得到与现场情况匹配的最终 PLC 应用程序。

示例程序包括一个子程序库。该子程序库可在 802S/C Baseline 的 ToolBox 光盘中找到。子程序库由说明文件和两个 PLC 项目文件组成。其中“UBR_LIBRARY. PTP”是包含了全部子程序和空白主程序的 PLC 项目文件，“SAMPLE. PTP”是一个完整的 PLC 项目文件，包含全部子程序和适用于车床/铣床的主程序。子程序库中提供了实现各种基本功能的子程序，例如急停处理、冷却控制、润滑控制、刀架控制等。子程序模块功能如表 7-4 所示。

表 7-4 示例程序中子程序模块功能说明

子程序模块序号	名　称	功能说明
0～30	—	为用户保留，由用户自行定义
31	USR_INI	为用户保留，用于用户初始化程序
32	PLC_INI	PLC 初始化程序
33	EMG_STOP	急停处理（驱动器上电/下电时序控制）
34	X_CROSS	点动键布局控制
35	SPINDLE	主轴控制
36	MINI_HHU	西门子手持单元（由 PLC I/O 输入）

续表

子程序模块序号	名　称	功能说明
38	MCP_NCK	机床面板和操作面板激活 NCK 功能
39	HMI_HW	手轮选择
40	AXES_CTL	坐标使能,硬限位控制,抱闸释放
41	GEAR_CHG	铣床模拟主轴两挡变速
44	COOLING	冷却控制
45	LUBRICAT	定时定量润滑控制
46	TURRET1	简易刀架控制(4/6/8 工位刀架)
48	TOOL_DIR	计算就近换刀方向
49	LOCK_UNL	夹紧/放松控制
51	Trg_key_OR	进给/主轴速度修调功能实现
62	FILTER	I/O 信号分配器,仅用于 SAMPLE. PTP 程序

西门子 SINUMERIK 802S Baseline 系统中内置 PLC 的系统资源中有一部分已经被子程序库使用,其余资源预留给用户程序使用。PLC 系统资源划分情况如表 7-5 所示。

表 7-5　PLC 系统资源的划分

资源(数量)	为用户预留	为子程序库预留
I/O(48input/16output)	所有输入输出(单及性主轴时 Q0. 0/Q0. 1 作为主轴方向和使能信号被占用)	无
定时器(16)	8:T0~T7	8:T8~T15
计数器(32)	24:C0~C23	8:C24~C31
存储器(128Bytes)	64:M0. 0~M63. 7	64:M64. 0~M127. 7
记忆存储器(64Bytes)	32:V14000000. 0~V14000031. 7	32:V14000032. 0~V14000063. 7
报警(32)	16:V16000000. 0~V16000001. 7	16:V16000002. 0~V16000003. 7
参数 MD14510(32)	16:MD14510[0]~MD14510[15]	16:MD14510[16]~MD14510[32]
参数 MD14512(32)	16:MD14512[0]~MD14512[15]	16:MD14512[16]~MD14512[32]
子程序(64)	32:SBR0~SBR31	32:SBR32~SBR63
符号表(32)	15:USR1~USR15	17:USR16~USR31

下面以本设计中要用到的自动回转刀架控制子程序“YURRET1”为例，说明子程序的使用方法。

子程序“YURRET1”专用于以开关量作为位置检测的简易车床刀架控制。子程序的两个输出控制两个接触器，分别驱动刀架电动机的正转和反转。刀架电动机正转为寻找指定刀号的刀具，刀架电动机反转为锁紧定位。在 AUTO 方式或 MDA 方式下，可以通过数控程序中的 T 指令自动换刀；在手动方式下，可以通过换刀按钮启动换刀程序，每按一次按钮可以更换为相邻的一把刀具。在刀架转动过程中，PLC 到 NC 的接口信号“读入禁止”(V32000006.1)和“进给禁止”(V32000006.0)自动置位，保证在换刀过程没有完成时，加工程序暂停等待换刀结束。在发生急停、刀架电动机过载等故障，或者程序测试运行时，不能执行换刀动作。

执行换刀动作的时序如图 7-8 所示。从图 7-8 中可以看出，当刀具旋转到某个刀位时，对应刀号的数字信号输入为低电平，否则为高电平。换刀子程序“TURRET1”的流程图如图 7-9 所示。换刀子程序“TURRET1”中使用的系统资源如表 7-6 所示。

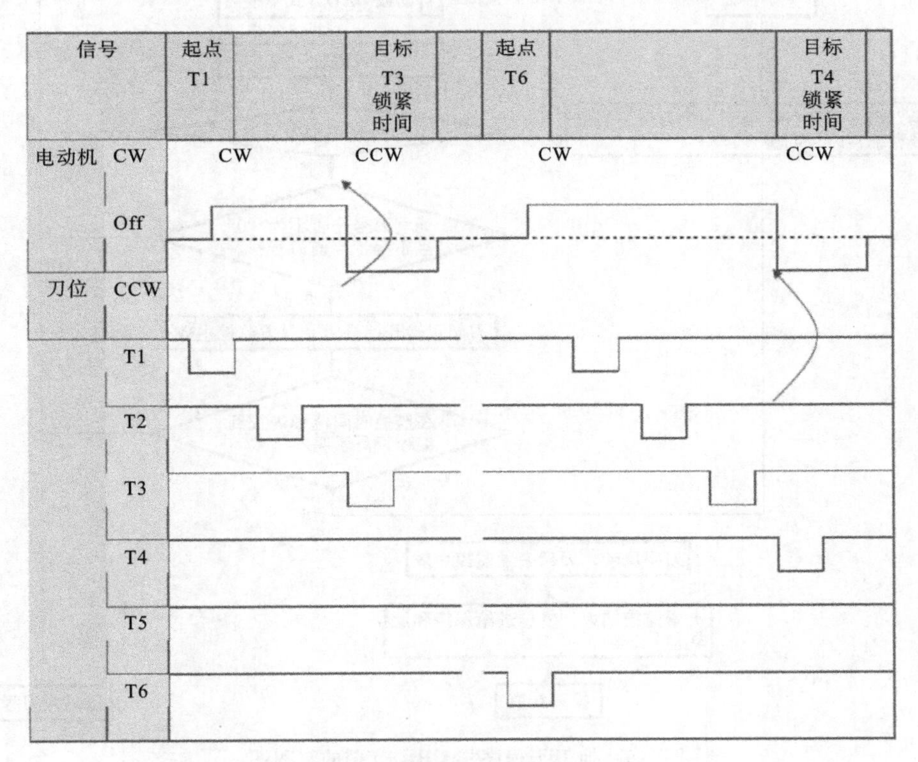

图 7-8　换刀子程序工作时序

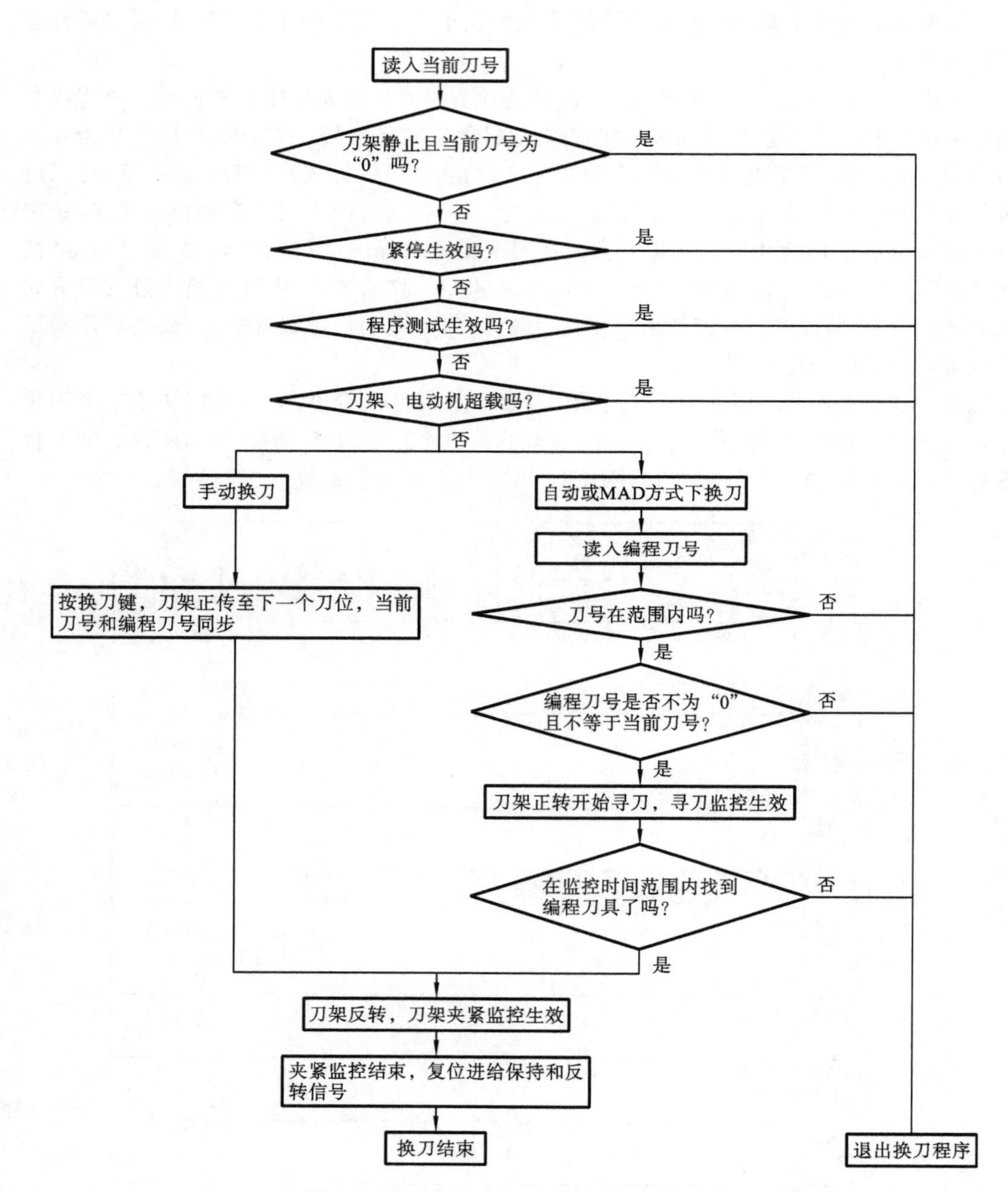

图 7-9　换刀子程序“TURRET1”的流程图

表 7-6 换刀子程序“TURRET1”中使用的系统资源表

资源类型/数据方向	变量名	数据类型/地址	功能说明
局部变量/输入	Tmax	WORD	刀架上的刀位个数(4、6 或 8)
	C_time	WORD	刀架锁紧(反转)时间(单位:0.1 s)
	M_time	WORD	刀架监控时间(单位:0.1 s)
	T01～T07	BOOL	刀位检测输入(常开点)
	T_key	BOOL	手动换刀按钮
	OVload	BOOL	刀架电动机过载信号(常闭点)
局部变量/输出	T_cw	BOOL	刀架定位输出(搜索刀号)
	T_ccw	BOOL	刀架锁紧输出
	T_LED	BOOL	刀架工作状态显示
	ERR1	BOOL	错误:无刀架定位信号
	ERR2	BOOL	错误:编程刀位号大于刀架刀位数
	ERR3	BOOL	错误:找刀监控时间超出
	ERR4	BOOL	错误:刀架电动机过载
占用的标志寄存器	ClampTime	MD108	当前刀位锁紧时间
	Status bits	MB112	状态标志位
	Status bits	MB113	状态标志位
	C_TIMER	T14	刀架锁紧延时定时器
	M_TIMER	T15	刀架监控延时定时器

此外还有以下三个机床参数与该子程序有关。

MD14510[20]:刀架刀位数 4/6/8。

MD14510[21]:刀架监控时间(单位为 0.01 s ,最大取值为 200)。

MD14510[22]:刀架锁紧时间(单位为 0.01 s,最大取值为 30)。

自动换刀子程序可在 PLC 程序的主模块 OB1 中进行周期性扫描执行。调用示例如图 7-10 所示。

7.1.5 系统参数设置

西门子 SINUMERIK 802S Baseline 系列数控系统是功能非常完善的标准化通用数控系统,为了适应可能遇到的各种问题,系统中有许多参数可供设置。西门子公司将这些

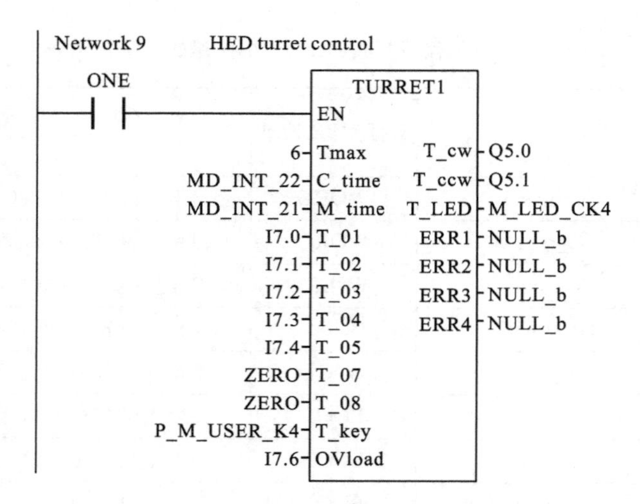

图 7-10　子程序“TURRET1”调用示例

参数划分为五类:显示参数、基本参数、通道相关参数、轴相关参数、设定参数,这些统称为机床数据(MD)。

许多机床数据在西门子 SINUMERIK 802S Baseline 系列 NC 面板上即可修改。在修改数据之前,先要输入一个保护密码,以获得数据修改权限。

不同的数据在修改完成后生效的方式也不同。有些数据可以在修改完成后立即生效,有些需在按下面板上的“RESET”键后才能生效,有些需按下“数据生效”键后才能生效,有些则必须在系统重新启动后才能生效。

多数机床数据都有一个缺省值,许多数据的缺省值不需修改就可以使用。但我们在进行机床参数设置时,要尽可能的修改相关数据,以使机床数据更加符合实际情况。

在本实例设计计算中涉及的一些参数的设置情况如表 7-7 所示。其他机床参数的详细含义说明请读者参阅西门子公司的相关手册。

表 7-7　802S 系统部分机床参数设置表

MD 序号	参数说明	缺省值	设定值	备　注
30130	给定值输出类型 0—仿真输出 2—从接口 X7 输出	0	2	设为 0 时说明系统工作在仿真状态,无真正输出信号
30240	编码器类型 0—仿真编码器 2—方波发生器 3—用于步进电动机	0	3	设为 0 时系统不识别编码器实际信号,而总认为信号正确

续表

MD序号	参数说明	缺省值	设定值	备　注
31020	每转编码器脉冲数	1 000	400	步进电动机每转步数，步距角为0.9°
31030	丝杠螺距	10	6	按设计参数设置
31050	齿轮传动比分母	1	45	如有多级齿轮传动
31060	齿轮传动比分子	1	30	需折算为一组比值
31100	丝杠每转电动机脉冲数监控	2 000	600	脉冲当量为0.01 mm
31400	步进电动机每转步数	1 000	400	与31020相同
32000	最大轴速度 单位：直线轴 mm/min 旋转轴 r/min	100 000	3 000	考虑电动机、丝杠、机械结构承受能力设置
32010	点动快速 单位：直线轴 mm/min 旋转轴 r/min	10 000	2 400	按设计要求
32020	点动速度 单位：直线轴 mm/min 旋转轴 r/min	2 000	480	考虑实际情况
34070	参考点定位速度 单位：直线轴 mm/min 旋转轴 r/min	1 000	200	回参考点速度应慢一些，以保证参考点重复精度

这些机床数据设定以后，只需要对机床数据再进行很少的调整工作，步进电动机就可处于运行状态。

7.2　典型数控铣床设计实例

数控铣床是一种功能很强大的数控机床，目前迅速发展起来的加工中心、柔性制造单元等都是在数控铣床、数控镗床的基础上产生的。数控铣床加工范围广，应用十分广泛，可用于加工平面和曲面轮廓的零件，还可以用于加工复杂形面的零件，如凸轮、样板、模具、螺旋槽等，同时还可以对零件进行钻孔、扩孔、铰孔、锪孔和镗孔加工。

数控铣床种类繁多，除各有其特点外，数控铣床通常可以实现点位控制、连续轮廓控制、刀具半径自动补偿、镜像加工及其他特殊的功能，具有柔性高及工序复合化、加工精度高、生产效率高等特点。

立式数控铣床是数控铣床中数量最多的一种，应用范围也最为广泛，因此，本节将以一台中档的三坐标立式数控铣床为例来介绍数控铣床的基本设计方法，其中重点介绍常用装置和系统的工作原理和设计要求。

7.2.1 典型数控铣床的结构设计

图 7-11 所示的是一台典型的目前普遍使用的立式数控铣床的外形结构图。该铣床配有高精度、高性能、带有 CNC 控制软件系统的三坐标数控铣床，若有特定要求，还可考虑加进一个回转的 A 坐标或 C 坐标，即增加一个数控分度头或数控回转工作台，这时机床相应地配制成了四坐标控制系统。

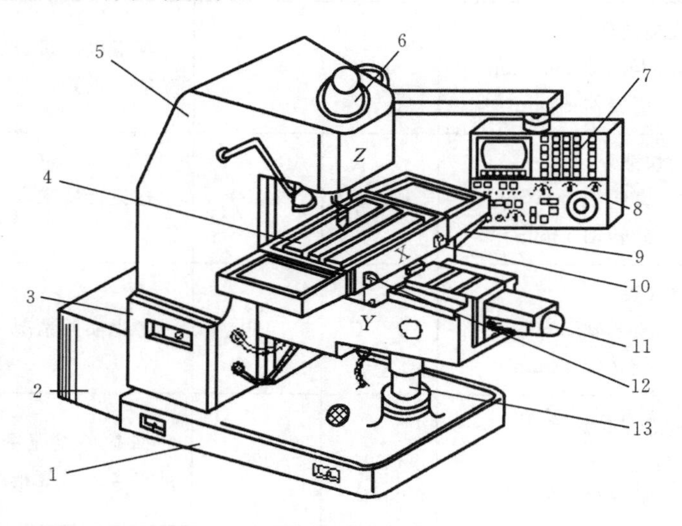

图 7-11 立式数控铣床的外形图

1—底座；2—变压器箱；3—强电柜；4—纵向工作台；5—床身立柱；6—Z 轴伺服电动机；7—数控操作面板；8—机械操作面板；9—纵向进给伺服电动机；10—横向溜板；11—横向进给伺服电动机；12—行程限位开关；13—工作台支承（可手动升降）

1. 数控铣床的主传动系统设计

1) 主传动系统变速方式

目前，数控铣床的主传动电动机基本不再使用普通交流异步电动机和传统的直流调速电动机，它们已逐步被新兴的交流变频无级调速主轴电动机代替。这种电动机使数控机床主传动实现了无级调速，解决了直流电动机长期运转产生整流火花和导致电刷磨损的难题。

数控机床的主传动要求有较大的调速范围，以保证加工时能选用合理的切削用量，从而获得最佳的生产率、加工精度和表面质量。为了适应各种工件加工的要求，数控铣床的调速范围应进一步扩大。为了确保低速时的转矩，有的数控机床在交流电动机无级变速的基础上配以齿轮变速器。数控机床主传动主要有以下三种配置方式。

(1) 串联分级变速机构的主传动系统。

对于通用型数控铣床，要求主轴变速 $R_{np} \geqslant 100$，恒功率区的变速范围尽量大；当主轴最低转速确定后，主轴的计算转速应较低，以满足低速大转矩的切削加工要求。为了实现这些功能，应在交流无级调速主轴电动机后串联分级变速机构，以扩大电动机的恒功率区变速范围。

设计数控铣床时之所以要选用较大额定功率的电动机，是因为电动机在恒转矩区运行时，应保证主轴在最低转速切削时有足够大的功率；主轴在恒功率区工作时，有些系统会出现功率缺口，为了在缺口低谷处功率能保证传递全部功率，只有选择额定功率较大的电动机给予补偿。

(2) 皮带传动的主传动方式。

这种方式适用于低转矩特性要求的主轴，可以避免齿轮传动引起的振动与噪声，但系统的调速范围受电动机调速范围的约束。

(3) 调速电动机直接驱动的主传动方式。

该主传动方式大大简化了主轴箱体与主轴的结构，有效地提高了主轴部件的刚度。但主轴输出扭矩小，电动机发热对主轴的精度影响较大。

本节仅就通用的数控铣床进行分析，并对串联分级变速机构的主传动无级调速系统的设计方法结合设计实例从理论上加以分析论述。

2) 串联分级变速机构的主传动系统设计

(1) 分级变速机构设计。

分级变速机构级数 Z 主要取决于主轴要求的恒功率变速范围 R_{np}、电动机的恒功率变速范围 R_{dp} 和分级变速机构的变速范围 R_f，同时，还和机构的复杂程度和主轴是否允许有功率缺口有关，常用的级数 $Z=2,3,4$。

① 假设 $Z=2$，传动比为 i_1、i_2，且 $i_1>i_2$，则级数比 $\varphi=i_1/i_2=R_f$，要使主轴转速连续，功率无缺口的条件是 $\varphi \leqslant R_{dp}$(即 $R_f \leqslant R_{dp}$)，这与要求主轴的恒功率区变速范围 R_{np} 尽量大相矛盾，使得主轴转速不连续，功率有缺口，如图 7-12(a)所示。由图 7-12(a)可以看出，采用一个 $Z=2$ 的变速机构(即Ⅱ轴为主轴)时，只有级数比 $\varphi \leqslant R_{dp}$ 时，主轴的恒功率区转速才连续，但主轴变速范围 R_{np} 很小，不能满足机床要求。若再增加一个 $Z=2$ 的传动组(见图 7-12(a)中的Ⅱ-Ⅲ轴)，主轴为第Ⅲ轴，则 R_{np} 扩大范围很宽，但要经常换挡且操纵机构复杂，主轴转速不连续，功率有缺口，因此不可取。

② 假设 $Z=4$，如图 7-12(b)所示，采用四联滑移齿轮或两个双联滑移齿轮，这使变速

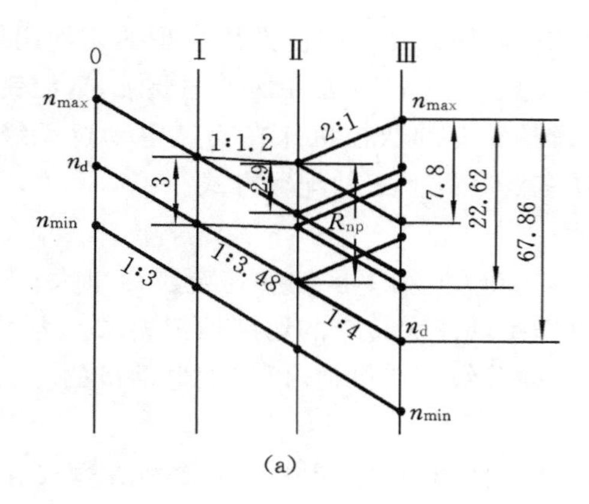

(a)

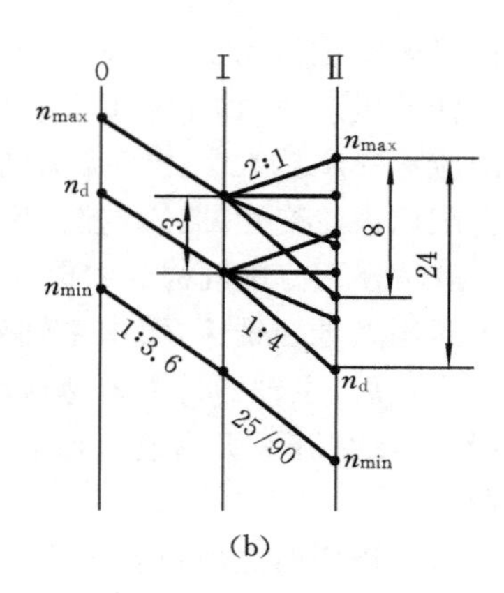

(b)

图 7-12　转速图

机构轴向尺寸增大,也不可取。

③ 假设 $Z=3$,传动比为 i_1、i_2、i_3,$i_1>i_2>i_3$,则级数比 $\varphi_1=i_1/i_2$,$\varphi_2=i_2/i_3$,$R_f=\varphi_1\cdot\varphi_2$,令 $\varphi=\varphi_1\cdot\varphi_2$,则 $R_f=\varphi$,如图 7-13 所示。当 $R_{dp}=3$,$\varphi\leqslant3$ 时,主轴无功率缺口,采用一级带轮(或齿轮)和一个三联滑移齿轮传动,较为理想。采用图 7-13 所示的变速组来实现分级变速机构较为理想,主轴的恒功率区范围较宽,功率无缺口,转速连续。

上述理论分析及其设计计算步骤方法举例说明如下。

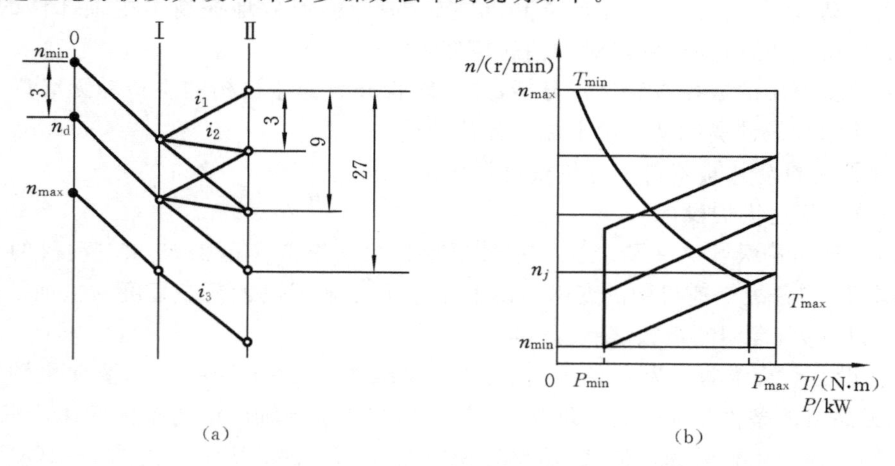

图 7-13　转速图和功率特性图($Z=3$)

(2) 实例计算。

假设本例数控铣床,其主轴变速范围 $R_{np}=100$,最高转速 $n_{max}=2\ 500$ r/min,最低转速 $n_{min}=25$ r/min,最大切削功率 10 kW,在最低转速工作时的功率 $P_{nmin}=3$ kW,主传动机械总效率 $\eta=0.9$。具体设计计算过程如下。

① 初选电动机功率。根据机床要求来初选电动机功率,并考虑主传动的机械总效率。如果电动机功率选得适当,则主轴的恒功率区无缺口或有微小缺口;当电动机功率选得较大时,主轴的恒功率区允许有略大的缺口。

在本例中,初选电动机功率 $P_D>10$ kW,根据电动机规格,可选用额定功率为 11 kW 或 15 kW 的电动机。

② 确定最小输出功率。计算主轴在最低转速($n_{min}=25$ r/min)达到最小功率($P_{nmin}=3$ kW)时,电动机应输出的功率 P'_{Dmin} 为

$$P'_{Dmin}=P_{nmin}/\eta=3/0.9\ \text{kW}=3.3\ \text{kW}$$

③ 计算电动机实用的最低转速 n_{Dmin}。

$$n_{Dmin}=\frac{P_{Dmin}}{P_D}\times n_d$$

式中:n_d 为电动机的基本转速,取 $n_d=1\ 500$ r/min。

当 P_D 分别取 11 kW 和 15 kW 时,有

$$n_{Dmin1}=\frac{P'_{Dmin}}{P_D}\times n_d=\frac{3.3}{11}\times 1\ 500\ \text{r/min}=450\ \text{r/min}$$

$$n_{Dmin2}=\frac{P'_{Dmin}}{P_D}\times n_d=\frac{3.3}{15}\times 1\ 500\ \text{r/min}=330\ \text{r/min}$$

④ 计算电动机额定转矩 T_D。

$$T_D=9\ 550\,\frac{P_D}{n_d}$$

当 P_D 分别取 11 kW、15 kW 时,有

$$T_{D1}=9\ 550\,\frac{P_{D1}}{n_d}=9\ 550\times\frac{11}{1\ 500}\ \text{N}\cdot\text{m}=70\ \text{N}\cdot\text{m}$$

$$T_{D2}=9\ 550\,\frac{P_{D2}}{n_d}=9\ 550\times\frac{15}{1\ 500}\ \text{N}\cdot\text{m}=95.5\ \text{N}\cdot\text{m}$$

⑤ 计算电动机的最小转矩 T_{Dmin}。

$$T_{Dmin}=9\ 550\,\frac{P_D}{n_{dmax}}$$

式中:n_{dmax} 为电动机的最高转速,取 $n_{dmax}=4\ 500$ r/min。

当 P_D 分别取 11 kW、15 kW 时,有

$$T_{Dmin1}=9\ 550\,\frac{P_{D1}}{n_{dmax}}=9\ 550\times\frac{11}{4\ 500}\text{N}\cdot\text{m}=23.3\ \text{N}\cdot\text{m}$$

$$T_{Dmin2}=9\ 550\,\frac{P_{D2}}{n_{dmax}}=9\ 550\times\frac{15}{4\ 500}\text{N}\cdot\text{m}=31.8\ \text{N}\cdot\text{m}$$

⑥ 计算电动机实用的恒转矩变速范围 R_{DT}。

$$R_{DT}=\frac{n_d}{n_{Dmin}}$$

当 P_D分别取 11 kW、15 kW 时，有

$$R_{DT1}=\frac{n_d}{n_{Dmin1}}=\frac{1\ 500}{450}=3.3$$

$$R_{DT2}=\frac{n_d}{n_{Dmin2}}=\frac{1\ 500}{330}=4.5$$

电动机实用的恒转矩区的变速范围 R_{DT}也是主轴的恒转矩区变速范围的对应值 R_{nT}，即

$$R_{nT}=R_{DT}$$

⑦ 根据上述计算画出电动机实用转速范围的功率转矩特性曲线，如图 7-14(a)、(b)所示。

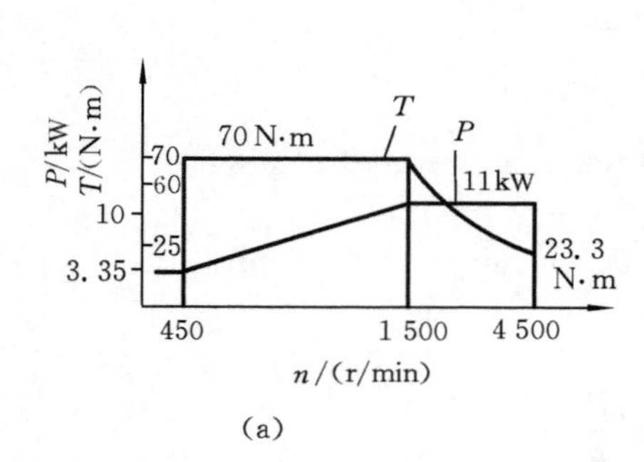

(a)

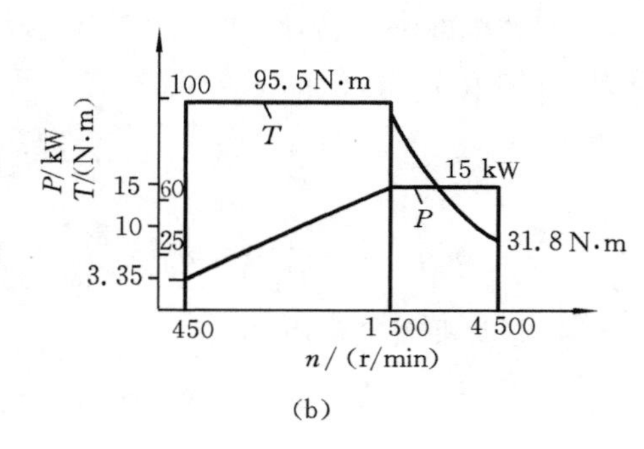

(b)

图 7-14 电动机功率转矩特性曲线

⑧ 主轴变速系统其他参数的计算。

主轴计算转速 n_j为

$$n_j=n_{min}\times R_{nT}$$

主轴恒功率变速范围 R_{np}为

$$R_{np}=n_{max}/n_j$$

分级变速机构的变速范围 R_f为

$$R_f=R_{np}/R_{dp}$$

式中：R_{dp}为电动机的恒功率区变速范围。

$$R_{dp}=n_{dmax}/n_{dmin}$$

式中：n_{dmax}、n_{dmin}分别为电动机的最高转速和最低转速。

主传动系统总降速比 i_{Σ}为

$$i_{\Sigma}=n_j/n_d$$

以上各参数计算结果如表 7-8 所示，由表 7-8 可知：如果选用不同功率的电动机，而

要求主轴在最低转速($n_{min}=25$ r/min)达到最小功率($P_{nmin}=3$ kW)相同,则会导致两种方案的主要技术参数有较大差别。

表 7-8　主传动两种方案有关数据对照表

方案	交流主轴电动机				主轴与变速机构				
	P_D/kW	R_{dp}	n_{Dmin}/(r/min)	R_{DT}	n_j/(r/min)	R_{np}	R_{nT}	R_f	i_{Σ}
方案 1	11	3	450	3.3	83	30	3.3	10	1/18
方案 2	15	3	330	4.5	112	22.3	4.5	7.44	1/13

⑨ 串联分级变速机构的转速和功率转矩特性曲线。

根据表 7-8 所示的各个参数,可画出两种方案的转速和对应的功率转矩特性曲线,如图 7-15(a)、(b)所示为 11 kW 的电动机串联分级变速机构的转速和功率转矩特性曲线。图 7-16(a)、(b)所示为 15 kW 的电动机串联分级变速机构的转速和功率特性曲线。

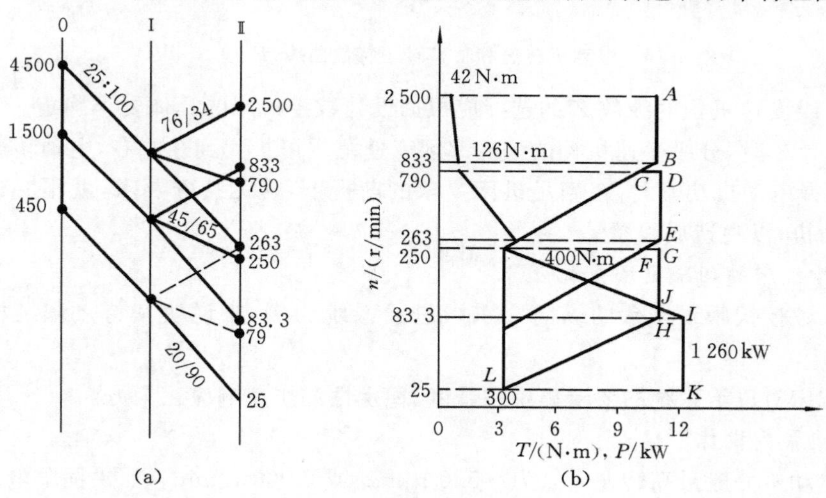

图 7-15　电动机转速和功率转矩特性曲线($P_D=11$ kW)

从图 7-15(b)中可以看出:主轴的恒功率区对应有小缺口,而主轴转速区段为恒转矩,在换挡时降低功率约0.5 kW,影响不大,能满足要求。从图 7-16(b)中可以看出:主轴的恒功率区无缺口,但电动机功率大,有些浪费,因此,选用 11 kW 的交流调频电动机较理想。

⑩ 由以上分析计算可以得出以下结论。

(a) 带有分级变速机构的变速范围 R_f 取决于交流调速电动机恒功率调速范围 R_{dp} 和级数 Z。当电动机确定后,主轴转速连续的条件是级数比 $\varphi \leqslant R_{dp}$,否则,主轴转速不连续,产生功率缺口。

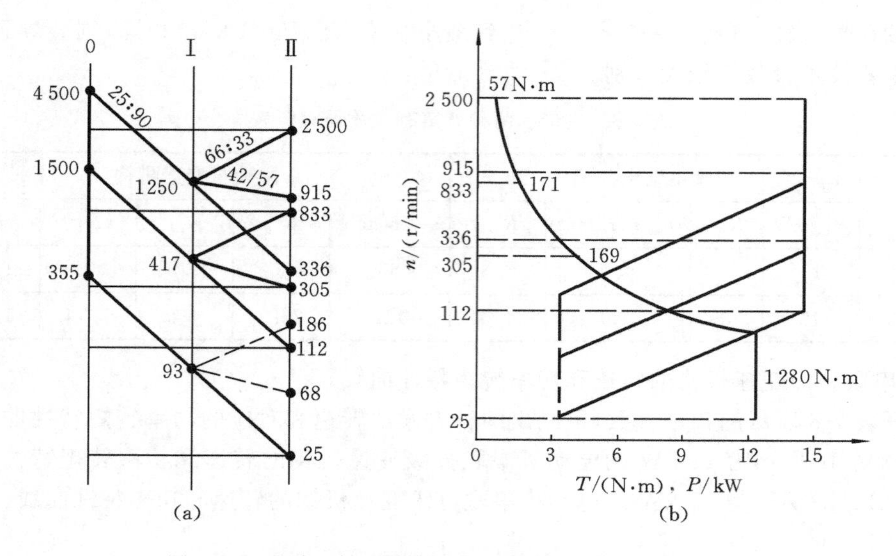

图 7-16　电动机转速和功率转矩特性曲线（P_D=15 kW）

（b）分级变速机构的级数 Z 的选择应根据设计数控机床的具体要求确定。通常 Z=3 时，若 R_{dp}=3 时，分级变速机构的恒功率区变速范围可扩大到 9 左右，主轴转速连续。

（c）选择电动机功率时，在满足机床要求的前提下，若无特殊要求，就不必选择较大功率的电动机，以免造成浪费。

2. 数控铣床的伺服进给系统设计

下面以数控铣床工作台的纵向（X 轴）进给系统为例，来说明其特点和结构设计方法。

数控铣床对进给系统的要求集中在精度、稳定性和快速响应三个方面。

1）传动系统设计

伺服电动机一般最高转速 n_{max} 为 1 500 r/min 或 2 000 r/min。如果伺服电动机通过联轴器与丝杠直接连接，即 $i=1$，并假设工作台快速进给的最高速度要求达到 v_{max}=15 m/min，取电动机的最高转速 n_{maxo}=1 500 r/min，则丝杠的最高转速 n_{max} 也为 1 500 r/min。

基本丝杠导程为

$$P_h=\frac{v_{max}}{n_{max}}=\frac{1\ 000\times 15}{1\ 500}\ \mathrm{mm}=10\ \mathrm{mm}$$

假设定位精度要求为±0.012/300 mm，重复定位精度为±0.006 mm，则根据精度要求，数控铣床的脉冲当量可定为 δ=0.001 mm/脉冲。伺服电动机每转发出的脉冲数应达到

$$b=\frac{P_{\mathrm{h}}}{\delta}i=\frac{10}{0.001}\times 1\text{个}=10\ 000\text{个}$$

伺服系统中常用的位置反馈器有旋转变压器和脉冲编码器。旋转变压器的分解精度为每转 2 000 个脉冲，如果采用旋转变压器方案，则应在伺服电动机和旋转变压器之间安装 5∶1 的升速齿轮。采用编码器方案时，因脉冲编码器有每转 2 000 个、2 500 个、5 000 个脉冲等数种产品，故编码器后面应加倍频器。

速度反馈装置中，与旋转变压器配套的，可采用测速发电机。其性能为电动机按 1 000 r/min输出一定的电压量 U_g。如采用脉冲编码器方案，则可在倍频器后加频率/电压转换器(F/U)。其转换比例为每分钟 10^7 个脉冲，输出电压为 U_{g}(如 6 V)。本例中，通过上面的计算知：伺服电动机每转发出的脉冲为 10^4 个，故其转换比例仍为 6(V)/1 000 (r/min)。

图 7-17 所示为上述两种方案的传动系统图。这两种方案都可采用，各配不同的数控系统即可。

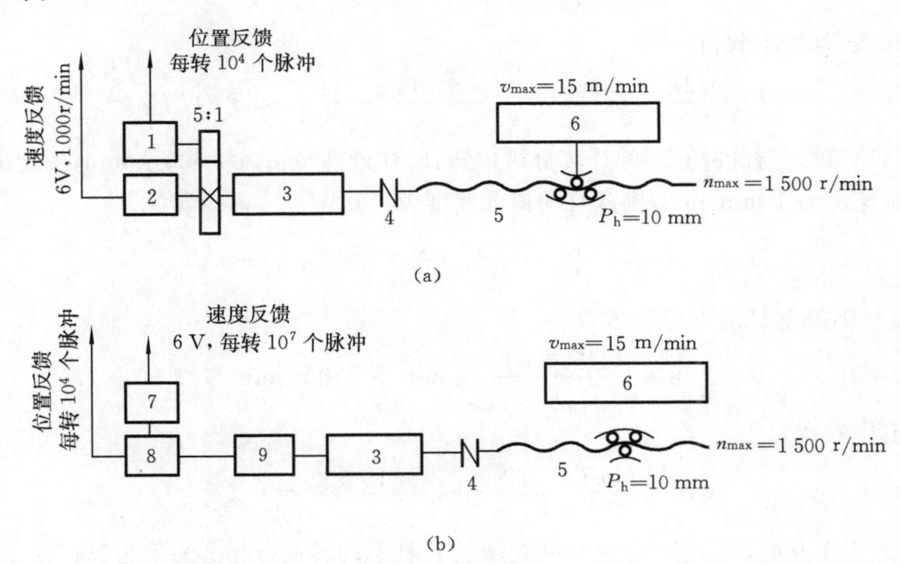

图 7-17　伺服系统的传动系统图

1—旋转变压器；2—测速发电机；3—伺服电动机；4—挠性联轴器；5—滚珠丝杠；6—工作台；7—频率/电压转换器；8—倍频器；9—脉冲编码器

2) 滚珠丝杠的选择

(1) 滚珠丝杠的精度。

假设本系统要达到±0.012/300 mm 的定位精度，根据要求查阅滚珠丝杠样本，对于

1 级（P_1）精度丝杠，任意 300 mm 内导程允许误差为 0.006 mm；2 级（P_2）精度丝杠的导程允许误差为 0.008 mm。初步设丝杠的任意 300 mm 行程内的行程变动量 V_{300_P} 为定位精度的 1/3～1/2，即 0.004～0.006 mm，因此，可取滚珠丝杠精度为 P_1级，即 1 级精度丝杠。

（2）滚珠丝杠的选择。

滚珠丝杠的名义直径、滚珠的列数和工作圈数，应按当量动载荷 C_m选择。

丝杠的最大载荷为切削时的最大进给力加上摩擦力，而最小载荷为摩擦力。假设最大纵向进给力 F_f=5 000 N，工作台质量 300 kg，工件与夹具的最大质量为 500 kg，采用贴塑导轨，则工作台加上工件与夹具的质量为(300+500) kg=800 kg。

因为贴塑导轨的摩擦因数为 0.04，故丝杠的最小载荷（即摩擦力）为

$$F_{min} = f_G = 0.04 \times 800 \times 9.8 \text{ N} = 314 \text{ N}$$

丝杠最大工作载荷为

$$F_{max} = (5\,000 + 314) \text{ N} = 5\,314 \text{ N}$$

轴向工作载荷（平均载荷）[①]为

$$F_m = \frac{2F_{max} + F_{min}}{3} = \frac{2 \times 5\,314 + 314}{3} \text{ N} \approx 3\,647 \text{ N}$$

从“(1)滚珠丝杠的精度”的计算分析中知：丝杠最高转速为 1 500 r/min，假定工作台最小进给速度为 1 mm/min，则丝杠的最低速度为

$$n_{min} = \frac{v_{min}}{P_h} = \frac{1}{10} \text{ r/min} = 0.1 \text{ r/min}$$

可取 n_{min}=0，则丝杠的平均转速为

$$n = \frac{(1\,500 + 0)}{2} \text{ r/min} = 750 \text{ r/min}$$

故丝杠工作寿命为

$$L = \frac{60nT}{10^6} = \frac{60 \times 750 \times 15\,000}{10^6} = 675$$

式中：L 为工作寿命，以 10^6r 为一个单位；n 为丝杠平均转速(r/min)；T 为丝杠使用寿命，对于数控铣床可取 T=15 000 h。

当量动载荷为

$$C_m = \frac{F_m \sqrt[3]{L} K_P}{K_a} = \frac{3\,647 \times \sqrt[3]{675} \times 1.5}{1} \text{ N} \approx 48 \text{ kN}$$

① 当载荷按照单调连续或周期性单调连续变化时，$F_m=(2F_{max}+F_{min})/3$，其中，F_{max}、F_{min}分别为丝杠的最大、最小轴向载荷。

式中：K_P为载荷性质系数，无冲击时取1～1.2，一般情况下取1.2～1.5，有较大冲击振动时取1.5～2.5，本例中取$K_P=1.5$；K_a为精度影响系数，对于1、2、3级精度的滚珠丝杠取$K_a=1$，对于4、5级滚珠丝杠取$K_a=0.9$，本例中取$K_a=1$。

根据以上计算，查滚珠丝杠样本中与C_m相近的额定动载荷C_a，使得$C_m<C_a$，然后由此确定滚珠丝杠副的型号和尺寸。

3）滚珠丝杠的支承选择

本传动系统的丝杠采用一端轴向固定，另一端浮动的支承形式，如图7-18所示。固定端采用一对60°接触的角接触球轴承面对面组配，简支端支承采用深沟球轴承，只承受丝杠的重力。

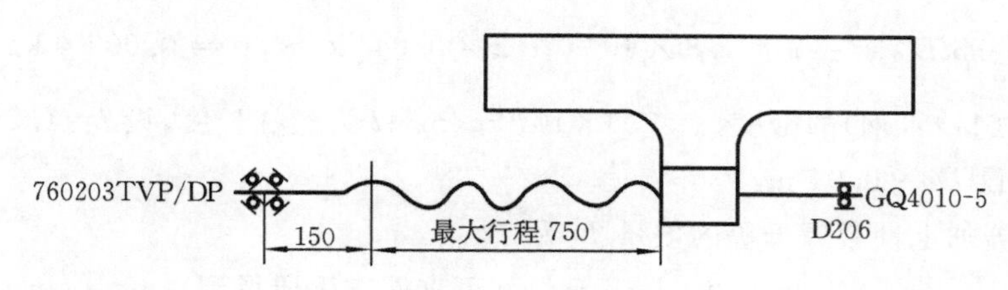

图7-18 选定后的丝杠的支承简图(单位：mm)

4）伺服电动机的选择

伺服电动机的选择，应考虑三个要求：最大切削负载转矩不得超过电动机的额定转矩；电动机的转子惯量J_M应与负载惯量J_r相匹配(匹配条件可根据伺服电动机样本提供的匹配条件，也可以按照一般的匹配规律)；快速移动时，转矩不得超过伺服电动机的最大转矩。

(1) 最大切削负载转矩为

$$T=\left(\frac{F_{max}P_h}{2\pi\eta}+T_{P0}+T_{f0}\right)i=\left(\frac{5\,314\times0.01}{2\pi\times0.9}+4.7+0.64\right)\text{N}\cdot\text{m}=14.7\ \text{N}\cdot\text{m}$$

式中：F_{max}为丝杠最大工作载荷，前面已计算出，其值为5 134 N；P_h为丝杠导程，前面已计算出，其值为10 mm，即0.01 m；η为滚珠丝杠的机械效率，取$\eta=0.9$；T_{f0}为滚珠丝杠轴承的摩擦力矩，取$T_{f0}=2\times0.32\ \text{N}\cdot\text{m}=0.64\ \text{N}\cdot\text{m}$；$i$为伺服电动机至丝杠的传动比，伺服电动机与丝杠直连时，传动比$i=1$；T_{P0}为滚珠丝杠螺母预加载荷引起的附加摩擦力矩，其值为

$$T_{P0}=\frac{F_PP_h}{29.8}=\frac{14\,000\times0.01}{29.8}\text{N}\cdot\text{m}\approx4.7\ \text{N}\cdot\text{m}$$

式中：F_P为预紧力，已假设为14 000 N。

(2) 负载惯量的计算。

伺服电动机的转子惯量 J_M应与负载惯量 J_r相匹配。负载惯量可以按以下次序计算。

① 工件、夹具与工作台折算到电动机轴上的惯量 J_1为

$$J_1 = m\left(\frac{v}{\omega}\right)^2 = m\left(\frac{P_h n}{2\pi n}\right)^2 = 800 \times \left(\frac{0.01}{2\pi}\right)^2 \text{ kg} \cdot \text{m}^2 = 0.002 \text{ kg} \cdot \text{m}^2$$

式中:v 为工作台移动速度(m/s);ω 为伺服电动机的角速度(rad/s);m 为直线移动件(工件、夹具、工作台)的质量,已假定 $m=800$ kg。

② 丝杠加在电动机轴上的惯量 J_2为

$$J_2 = \frac{1}{32}\pi\rho l D_0^4 = \frac{1}{32}\pi \times 7.8 \times 10^3 \times 1.2 \times 0.04^4 \text{ kg} \cdot \text{m}^2 = 0.002\ 4 \text{ kg} \cdot \text{m}^2$$

式中:ρ 为丝杠材料(钢)的密度,$\rho=7.8\times10^3$ kg/m^3;l 为丝杠长度,设 $l=1.2$ m;D_0为丝杠名义直径,设 $D_0=0.04$ m。

③ 联轴器加上锁紧螺母等的惯量 J_3为

$$J_3 = 0.001 \text{ kg} \cdot \text{m}^2 \quad \text{(可直接查手册得到)}$$

负载总惯量 J_r为

$$J_r = J_1 + J_2 + J_3 = (0.002 + 0.002\ 4 + 0.001) \text{ kg} \cdot \text{m}^2 = 0.005\ 4 \text{ kg} \cdot \text{m}^2$$

按照小型数控铣床惯量匹配条件($1<J_M/J_r<4$),所选伺服电动机的转子惯量 J_M应在 0.005 4~0.021 6 kg·m^{2}范围内。根据上述计算可初步选定伺服电动机。

7.2.2 数控铣床的控制系统设计

数控系统是数控铣床的核心。目前,在国内外投入使用的有很多规格不同、性能指标各异的数控系统,数控铣床可根据功能和性能要求,配置不同的数控系统。在国内,一些广泛使用的国外知名品牌的数控系统稳定性好、可靠性高,得到了国内众多企业的普遍认可,但这些系统技术相对封锁,难以进行二次开发。而国内数控的代表产品——华中Ⅰ型数控系统采用了以工业 PC 机为硬件平台,DOS、Windows 及其丰富的支持软件为软件平台的技术路线,其主控系统具有质量好、性能价格比高、新产品开发周期短、系统维护方便、系统更新换代和升级快、系统配套能力强、系统开放性好、便于二次开发和集成等许多优点。与 SIMENS、FANUC 的普及型数控系统相比,华中Ⅰ型数控系统在功能上毫不逊色,在价格上更低廉,在维护和更新换代方面更为方便。因此,本实例数控铣床采用华中世纪星 HNC-21M 型数控装置。

1. 数控系统总体设计

将本实例的三坐标数控铣床,增加一个回转的 A 坐标,即增加一个数控分度头或数

控回转工作台，用以满足某些特殊要求，这时铣床应相应地配制成四坐标控制系统。X、Y、Z 为直线坐标轴，A 为旋转坐标轴；主轴控制采用变频器同机械变速机构配合的方案，液压换挡，分高速、低速两挡。

数控装置 HNC-21M 采用先进的开放式体系结构，内置嵌入式工业 PC 机、高性能 32 位中央处理器，配置 7.5 in(1 in＝25.4 mm)彩色液晶显示屏和标准机床面板，进给轴接口、主轴接口、手持单元接口、内嵌式 PLC 接口、远程 I/O 板接口集成于一体；最大联动轴数为 4，可选配各种类型的脉冲式、模拟式交流伺服驱动器。

2. 数控系统总体框图

图 7-19 所示为 HNC-21M 数控装置与其他装置、单元连接的总体框图。XS40～XS43 为 4 个串行伺服进给轴输出接口，连接 4 个交流伺服驱动装置(可选华中数控的 HSV-11 系列)，与 4 个交流伺服电动机构成的交流伺服驱动系统分别控制 X、Y、Z、A 轴的伺服进给；XS59 为主轴输出接口，控制交流变频调速主轴单元，在一定范围内实现主轴的无级变速；XS10、XS11 为输入开关量接口，接收操作按钮、机床检测等输入开关量信号；XS20 为输出开关量接口，用以实现伺服检测、主轴换挡、冷却的继电器控制；XS8 为手持单元接口，连接手持单元，实现手摇、急停、使能、坐标选择、倍率选择控制；XS6 为远程扩展 I/O 接口。

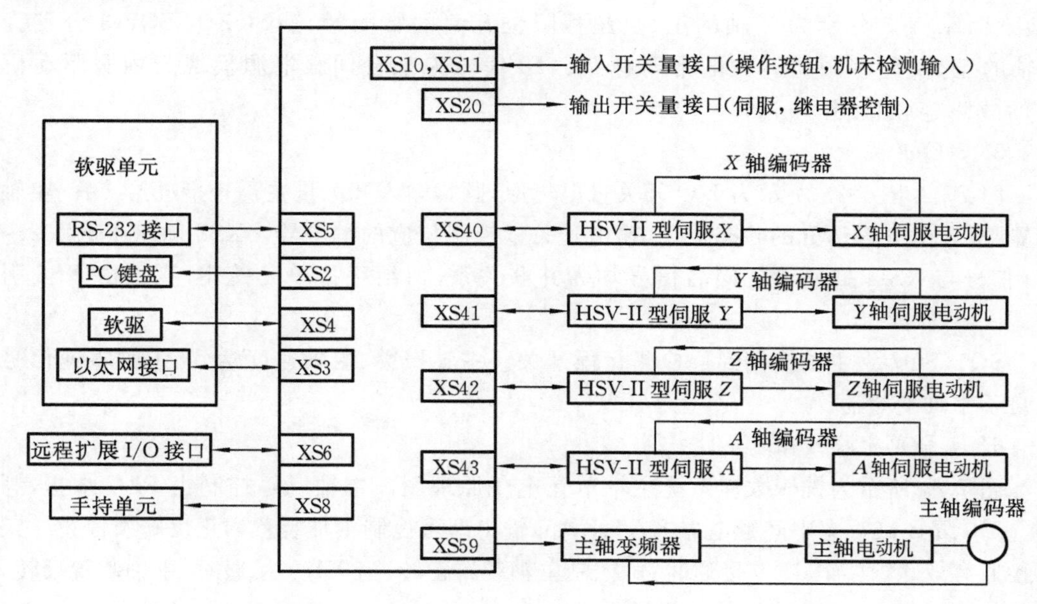

图 7-19　铣床数控系统设计总体框图

3. 电源部分

图 7-20 所示为铣床数控系统电气原理图的电源部分。数控系统采用三相交流 380 V 供电。图 7-20 中,QF0～QF4 为三相空气开关;KM1～KM4 为三相交流接触器,分别控制伺服电源模块、主轴变频器、液压电动机及冷却电动机的电源,可看出,KM1～KM4 受运行允许继电器 KA1 的控制;QF5～QF11 为单相空气开关;RC1～RC3 为三相阻容吸收器(灭弧器);RC4～RC7 为单相阻容吸收器;VD1、VD2、VD3、VDZ 为续流二极管;YV1、YV2、YV3、YVZ 为电磁阀和 Z 轴电动机抱闸。

控制电源通过控制变压器提供,分别输出电流(AC 220 V、AC 110 V,两个 AC 24 V);照明灯的电源(AC 24 V)和数控系统 HNC-21MC 的电源(AC 24 V)是各自独立工作的。电流较大的电磁阀的电源(DC 24 V)与输出开关量(如继电器伺服控制信号等)的电源(DC 24 V)也是各自独立的,且中间用一个低通滤波器隔离开来。

4. 继电器部分

图 7-21 所示为铣床数控系统电气原理图的继电器部分,KA1～KA10 为 DC 24 V 中间继电器,由输出开关量控制,主要控制主轴的正反转、换挡、冷却、润滑、刀具及伺服控制等。

图 7-21 中,SQX-1、SQX-3 分别为 X 轴的正、负超程限位开关的常闭触点;SQY-1、SQY-3 分别为 Y 轴的正、负超程限位开关的常闭触点;SQZ-1、SQZ-3 分别为 Z 轴的正、负超程限位开关的常闭触点;440 信号为来自伺服电源模块与伺服驱动模块的故障连锁信号。

5. I/O 开关量

图 7-22、图 7-23 所示为 I/O 开关量电气原理图,输入开关量主要是指进给装置、主轴装置、机床电气等部分的状态信息,输出开关量控制相应的继电器。XS8 插座中的 I32～I39 信号与 XS11 插座中各同名信号均为并联关系,留给手持单元使用,直接由 XS8 引出。

SQ1、SQ2 为主轴换挡到位检测行程开关。主轴报警、主轴速度达到、主轴零速信号来自于主轴变频器。

6. 主轴单元接线图

图 7-24 所示为铣床数控系统主轴单元电气原理图。主轴启停控制由 PLC 承担,利用 Y1.0、Y1.1(对应中间继电器 KA4、KA5)输出即可控制主轴装置的正反转及停止。定义接通有效,这样当 Y1.0 接通时,可控制主轴装置正转;当 Y1.1 接通时,主轴装置反转;二者都不接通时,主轴装置停止旋转。

HNC-21M 通过 XS9 主轴接口中的模拟量输出可控制主轴转速,由图 7-24 可知:本系统采用单极性速度指令控制,由 KA4、KA5 控制主轴的正转和反转。

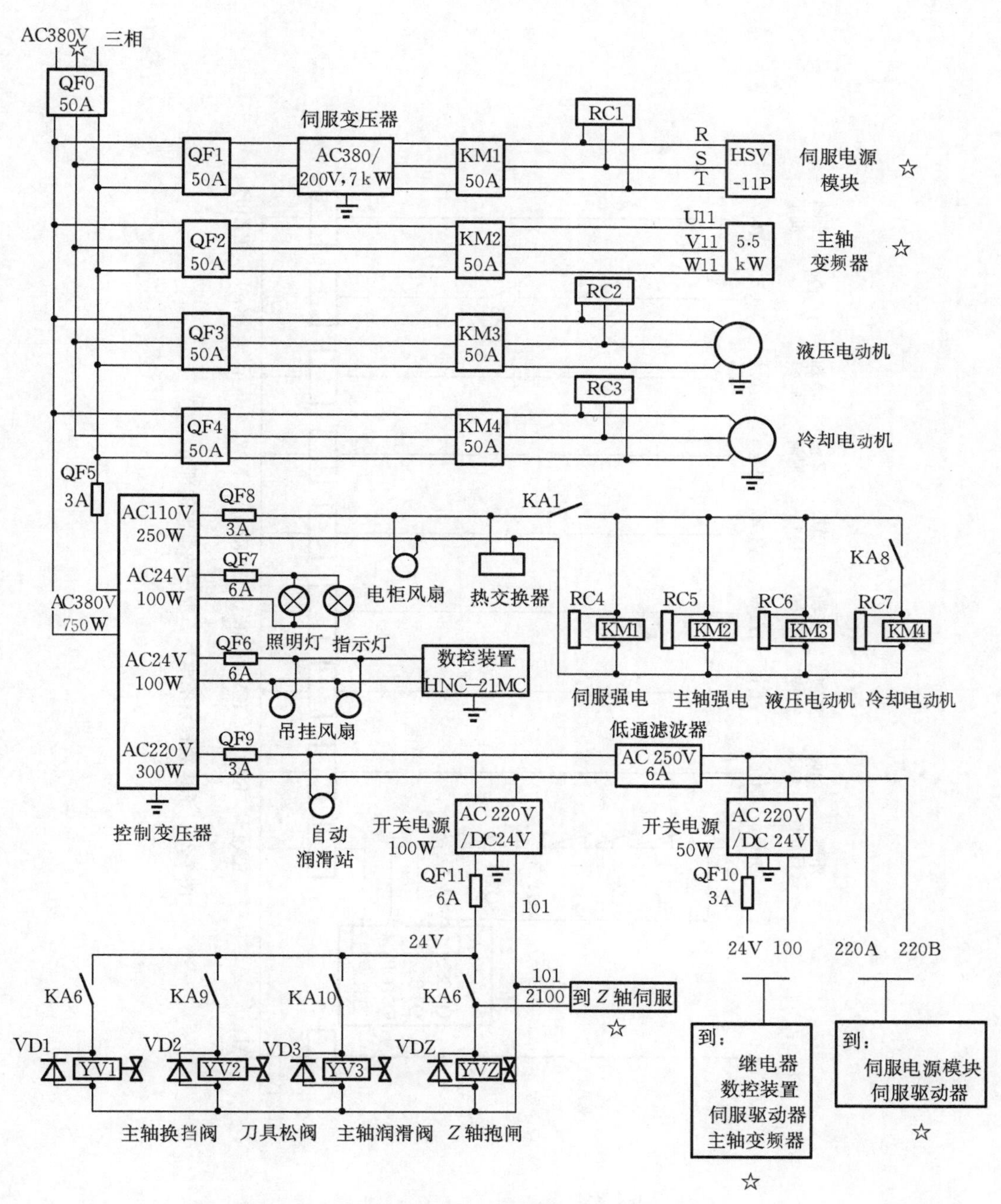

图 7-20　典型铣床数控系统电气原理图的电源部分

☆ 表示该部分信号在其他原理图中需要使用

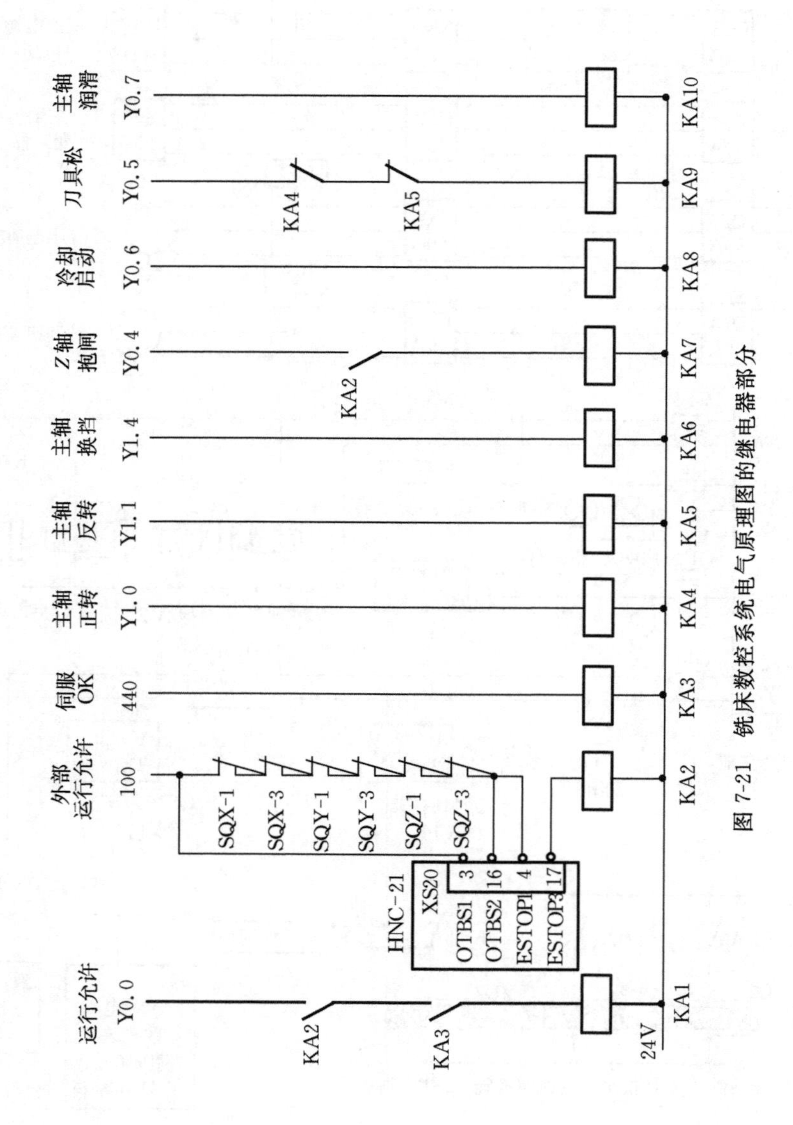

图 7-21　铣床数控系统电气原理图的继电器部分

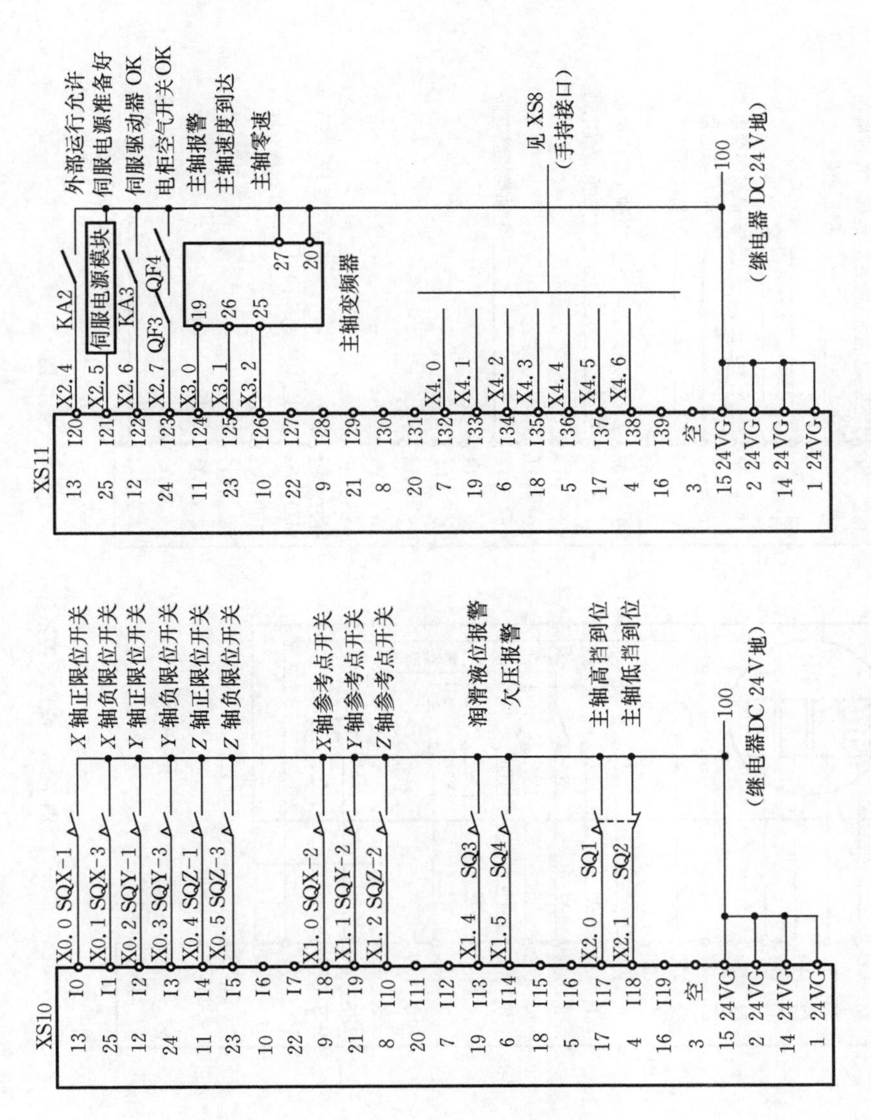

图 7-22 铣床数控系统 I/O 开关量电气原理图 1

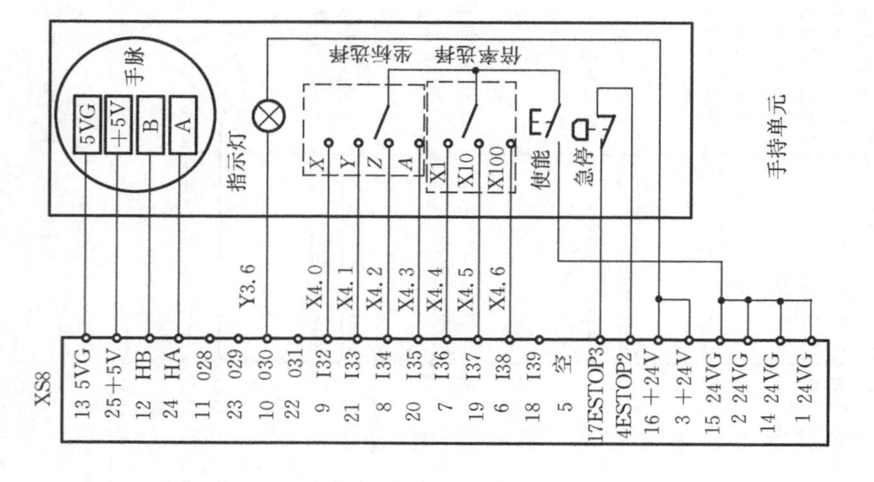

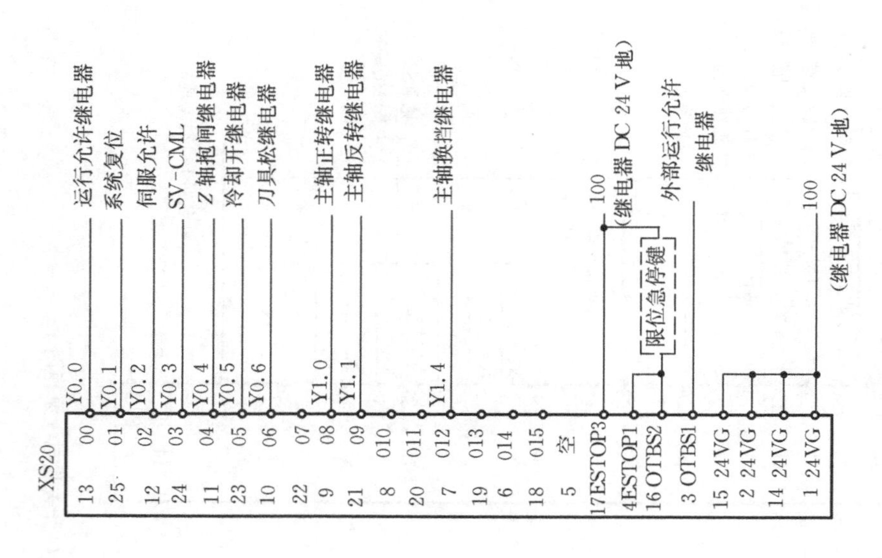

图 7-23　铣床数控系统 I/O 开关量电气原理图 2

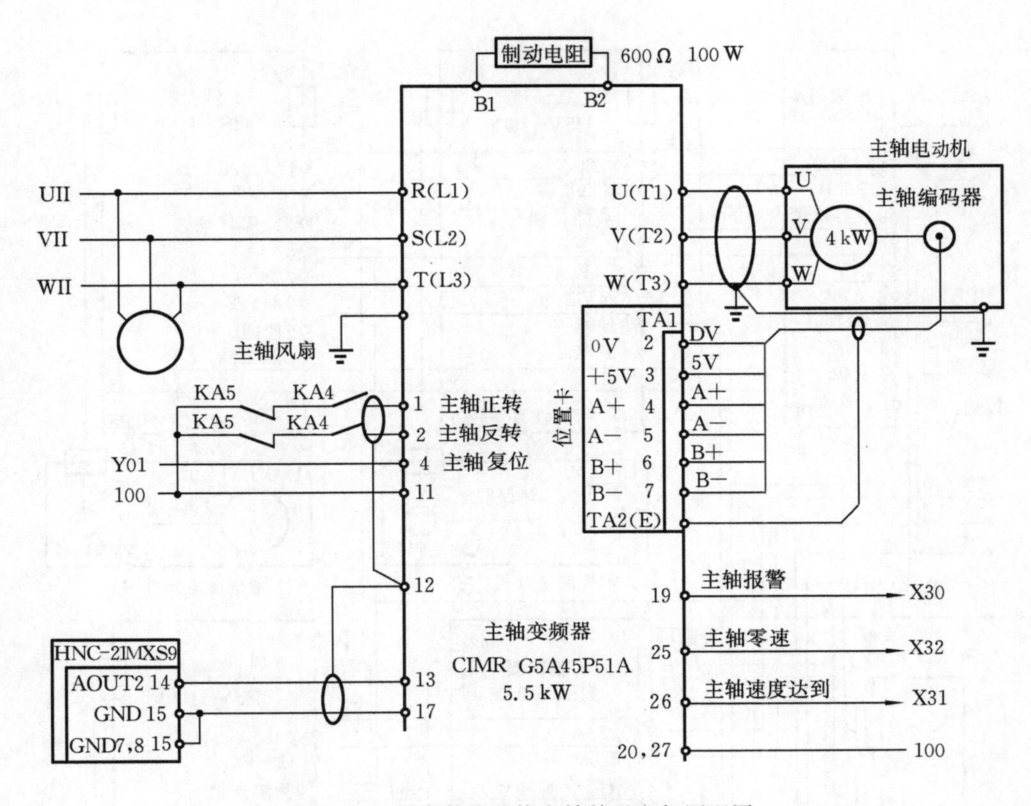

图 7-24 铣床数控系统主轴单元电气原理图

7. 伺服单元接线图

本铣床数控系统选用了 HNC-21M 数控装置,配置了与华中数控生产的 HSV-11 系列交流伺服驱动装置连接的专用串行进给驱动接口,连接方便,抗干扰能力强,无漂移。图 7-25 所示为典型铣床数控系统伺服驱动电气原理图。电源模块的工作电源为三相 AC 380 V,由 R、S、T 端输入,输出电流(220 V)为 4 个伺服驱动模块提供工作电源,由 220A、220B 端引出。图中,440 信号端为电源模块和 4 个伺服驱动模块故障连锁信号的串联,正常为“0”,KA3(见图 7-21)吸合,伺服正常运行;只要有一个模块出现故障,440 信号就变为“1”,KA3 失电,外部允许继电器 KA1 断开,电源模块的使能信号断开。KA7 信号(见图 7-21)为 Z 轴的抱闸信号。Y03 端为 Z 轴的减电流信号,从 XS20(见图 7-23)输出。

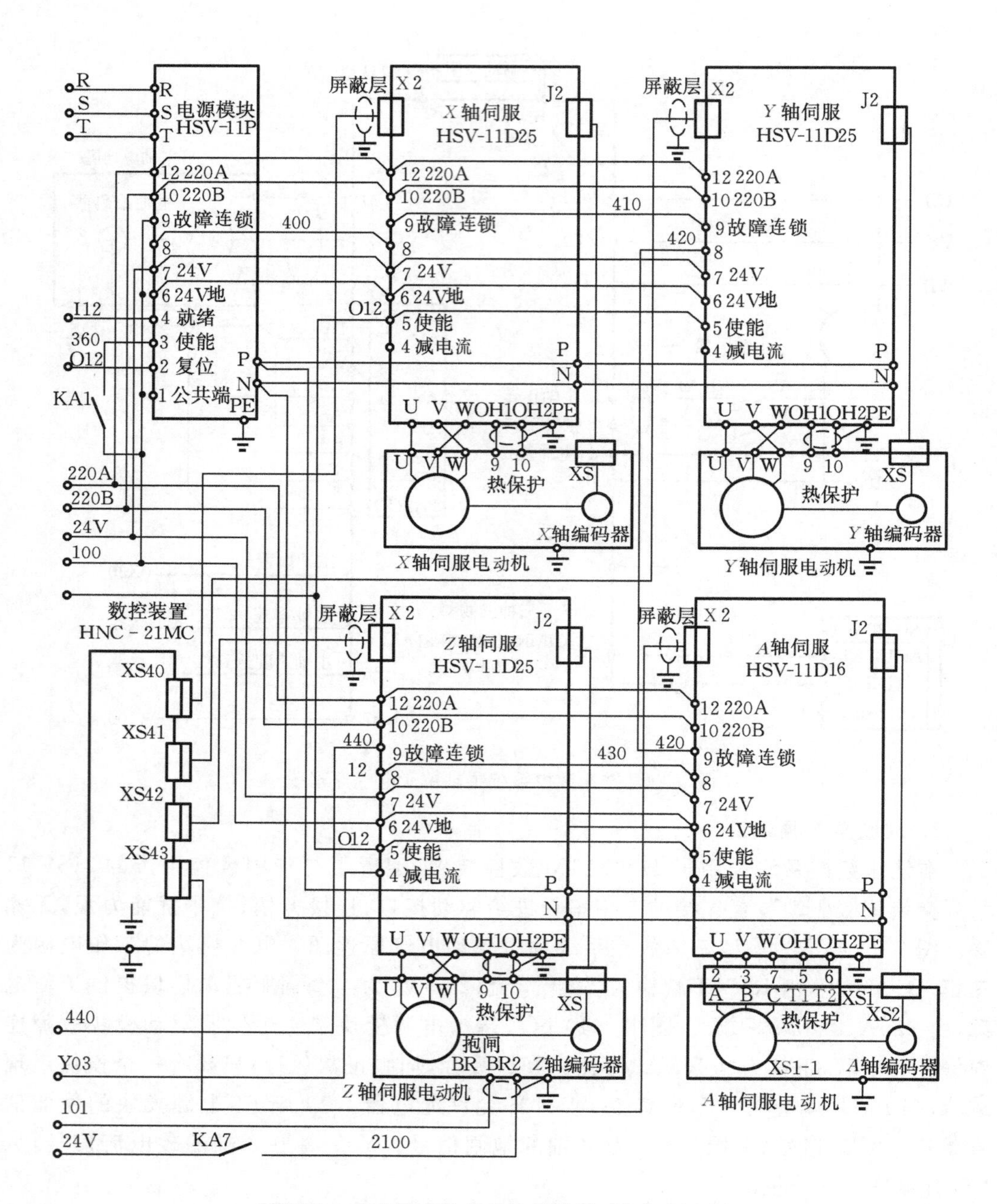

图 7-25　典型铣床数控系统伺服驱动电气原理图

本章重点、难点和知识拓展

本章重点：通过本章的学习，应掌握数控机械及其部件的基本设计理论和方法、常用装置或系统的工作原理；了解先进数控机床的结构和控制系统，从实际需要出发，吸收国外先进设计理念和技术，提高设计质量和设计水平。

本章难点：数控装备通常由机械、液压、数控、强电等部分构成，根据产品功能要求进行合理的方案设计有一定的难度，特别是伺服进给系统的机械传动结构和伺服电动机的选择与匹配，需要一定的理论知识与实践经验结合。

知识拓展：华中Ⅰ型数控系统是我国具有自主知识产权的高性能数控系统之一。它以通用的工业PC机为基础，采用开放式的体系结构，系统的可靠性和质量得到了保证。它适合多坐标(2～5轴)数控镗床、铣床和加工中心，在增加相应的软件模块后，也可适应于其他类型的数控机床(数控磨床、车床、齿轮加工机床等)以及特种加工机床(激光加工机、线切割机等)。

华中Ⅰ型数控系统软件的实时操作环境是在DOS操作系统上扩充扩展而成的。以该环境为内核，实现了一个开放式的数控系统软件平台，它能提供方便的二次开发环境，使之能灵活地组配不同类型的数控系统和扩充系统的功能。因而，这种结构具有良好的开放性和可维护性。

思考题与习题

7-1　试述数控机械的主系统的设计步骤及要求。

7-2　有一数控铣床，主轴转速为4 000 r/min，最低转速为30 r/min，计算转速为150 r/min，最大切削功率为5.5 kW。采用交流调频主轴电动机，其额定转速为1 500 r/min，最高转速为4 500 r/min。试设计分级变速箱的传动系统并选择电动机的功率。

参 考 文 献

[1] 廖效果.数控技术[M].武汉:湖北科学技术出版社,2000.

[2] 彭晓南.数控技术[M].北京:机械工业出版社,2001.

[3] 裴炳文.数控加工工艺与编程[M].北京:机械工业出版社,2005.

[4] 王永章,杜君文,程国全.数控技术[M].北京:高等教育出版社,2001.

[5] 易红.数控技术[M].北京:机械工业出版社,2005.

[6] 徐宏海.数控机床刀具及其应用[M].北京:化学工业出版社,2005.

[7] 贺曙新,张思弟,文公波.数控加工工艺[M].北京:化学工业出版社,2005.

[8] 李郝林,方捷.机床数控技术[M].北京:机械工业出版社,2001.

[9] 方建军.数控加工自动编程技术[M].北京:化学工业出版社,2005.

[10] 黄圣杰,王俊祥.实战 Pro/Engineer NC 入门宝典[M].北京:中国铁道出版社,2002.

[11] 曹岩.Pro/ENGINEER Wildfire 数控加工实例精解[M].北京:机械工业出版社,2006.

[12] 赵德永,刘学江,王会刚.Pro/ENGINEER 数控加工[M].北京:清华大学出版社,2002.

[13] 席文杰.最新数控机床加工工艺编程技术与维护维修实用手册[M].长春:吉林电子出版社,2004.

[14] 王润孝,秦观生.机床数控原理与系统[M].西安:西北工业大学出版社,1997.

[15] 毕毓杰.机床数控技术[M].北京:机械工业出版社,1999.

[16] 杨有君.数字控制技术与数控机床[M].北京:机械工业出版社,1999.

[17] 张超英,罗学科.数控机床加工工艺[M].北京:机械工业出版社,2003.

[18] 罗学科,谢富春.数控原理与数控技术[M].北京:化学工业出版社,2004.

[19] 娄锐.数控应用关键技术[M].北京:电子工业出版社,2005.

[20] 罗学科,赵玉侠.典型数控系统及其应用[M].北京:化学工业出版社,2006.

[21] 廖常初.PLC 编程及应用[M].北京:机械工业出版社,2005.

[22] 文兴怀.数控铣床设计[M].北京:化学工业出版社,2006.